新世纪电子信息平台课程系列教材

单片机技术及工程实践

林土胜　编著

机 械 工 业 出 版 社

51 系列单片机是应用得最广泛、最适合初学者学习的单片机。本书结合工程实践系统地介绍了单片机技术原理及其应用。

全书共 9 章，内容分为三个层次。第 1~6 章为基础部分，介绍了单片机硬件结构、指令系统、内部功能、总线扩展、外围接口和调试方法。第 7 章为单片机技术的应用实践部分，所提供的示例和思考方法都与基础原理紧密结合，通过动手实验验证以加深基础知识的理解和培养实践能力。第 8、9 章对工程应用中出现的问题开展单片机技术的进阶学习和串行总线扩展技术的系统性学习，以提高对单片机技术的实际运用能力。

本书融合了作者多年的教学和科研实践以及工程经验，书中内容和技术资料丰富，提供的实例全部通过验证，并附有汇编语言和 C 语言的程序源代码供对照参考，读者也可根据不同层次的需求来选择学习。

本书既可作为工科院校本科生单片机课程的教材，也可供研究生学习以及从事单片机技术培训、开发和应用的工程技术人员阅读参考。

图书在版编目（CIP）数据

单片机技术及工程实践/林土胜编著. —北京：机械工业出版社，2010.2
（新世纪电子信息平台课程系列教材）
ISBN 978-7-111-28795-7

Ⅰ. 单… Ⅱ. 林… Ⅲ. 单片微型计算机－教材 Ⅳ. TP368.1

中国版本图书馆 CIP 数据核字（2009）第 217621 号

机械工业出版社（北京市百万庄大街 22 号 邮政编码 100037）
策划编辑：贡克勤 责任编辑：贡克勤 版式设计：霍永明
封面设计：陈 沛 责任校对：刘怡丹 责任印制：杨 曦
保定市中画美凯印刷有限公司印刷
2010 年 2 月第 1 版第 1 次印刷
184mm×260mm·22.5 印张·558 千字

标准书号：ISBN 978-7-111-28795-7
定价：38.00 元

凡购本书，如有缺页、倒页、脱页，由本社发行部调换

电话服务　　　　　　　　　　网络服务

社服务中心：(010) 88361066　门户网：http：//www.cmpbook.com
销 售 一 部：(010) 68326294
销 售 二 部：(010) 88379649　教材网：http：//www.cmpedu.com
读者服务部：(010) 68993821　**封面无防伪标均为盗版**

新世纪电子信息平台课程系列教材
编　委　会

前　言

　　"单片机技术"是一门与工程应用实践紧密结合的课程，其涉及面广、通用性强、工程应用创新成果多，已成为电子科技和自动控制系统中最普遍的应用手段，并且在课程设计、毕业设计、研究生论文课题、学生课外科技活动以及各个级别的电子设计大赛中发挥着重要作用。用单片机系统解决各类自动控制问题已成为趋势。20世纪，51系列单片机的出现，确立了单片机作为微控制器的地位，今后相当长的时间内8位单片机的主流地位不会改变。对于初学者而言，先从入门级的51系列单片机学起，是公认的学习方法，很多特殊的单片机都是在51单片机内核基础上进行功能扩充的。

　　很多书籍通常都详细讲述了单片机的基础知识，但学生更希望知道如何运用学到的知识解决实际问题，如何进行工程应用的构思和设计，又能在实际运用中对单片机知识加深理解和开拓视野，从而启发思维、指导学习和创新。本书引用工程实例进行思路剖析，结合科研经历丰富内容，重运用、重器件、强调实施能力。要使单片机技术的学习从入门进阶到运用自如，必须要多思考、多看电路图、多读程序、多编程序、多查技术手册，多动手实践，也就是说，知识结合工程实现，才能达到得心应手掌握这门技术的目标，本书具有这种特色。

　　本书内容共9章分为三个层次，从第1~6章属于基础部分的学习。第7章为单片机技术的应用实践部分，所提供的示例和思考方法都与基础原理紧密结合，且配备汇编语言程序及C语言程序供对照参考，通过动手实验验证以加深基础知识的理解和培养实践能力，很适合希望借鉴书中的示例进一步掌握单片机技术、体验工程应用的学生。对于基础较好、能力较强，希望灵活运用单片机技术并有所创新的学生，可进入第8、9章单片机技术进阶及串行总线扩展技术内容的学习，这两章结合科研实践中有代表性的电路范例，着重于单片机技术的工程运用。全书各层次的内容既独立又相互关联，可根据不同的教学要求进行部分或全部的讲授。每章均配有练习和思考题，特别是第7~9章的习题，结合工程项目示例进行训练，旨在提高学生的工程意识和工程能力。

　　本书可作为工科院校本科生单片机课程的教材，也可供研究生学习以及从事单片机技术培训、开发和应用的工程技术人员阅读参考。

　　藉此对本书工作给予大力协助的研究生表示感谢。其中，林上港组建了全书的实验电路并对其功能进行了测试和验证，为第7章实验电路的汇编语言程序编写了对应的C语言程序，对全书各章节的文字内容进行了细致的润色和修校，使之通俗易懂；刘文哲、郑元华为第9章的实验电路编写了C语言程序并进行了仿真验证。另外，感谢工程师张小玲录入全书的文字以及绘制第8章和第9章部分附图所付出的辛勤劳动。本书参考或引用了所列国内外相关文献中的一些内容，在此向原作者表示感谢。最后，感谢华南理工大学电子与信息学院对本书出版的大力支持。

　　作者力图使本书成为与工程实践相结合的教材，由于时间仓促，书中难免有不足或差错之处，敬请读者和同行批评指正。

作　者

2009年10月于华南理工大学

目　　录

第1章 51系列单片机的硬件结构

1.1 单片机概述

1.1.1 微型计算机的基本功能构件

从基本组成结构看，微型计算机（简称通用微机）有中央微处理器（CPU，或称微处理器）、存储器、I/O接口三大功能部分，通过三总线（地址总线、数据总线、控制总线）有机连接而成，通过I/O接口与各类外围设备（简称外设）连接，实现所需的扩展功能。微型计算机的基本功能构件见图1-1。

下面以微型计算机的基本功能构件为基础，根据不同的组构形式介绍4种不同类型的计算机，让读者可以对它们的发展历程有基本的了解。

1. 单板机

把微处理器（CPU）、存储器、I/O接口电路以及简单的输入/输出设备组装在同一块印制电路板（PCB）上，称为单板微型计算机，简称单板机。我国20世纪70年代流

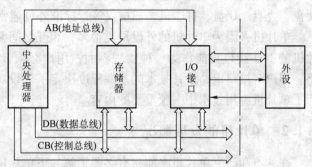

图1-1 微型计算机的基本功能构件

行的TP801型单板机就是一个典型的代表。该单板机组装在一块大小为 $34\text{cm} \times 26\text{cm}$ 的PCB上，设置有录/放音插座，可通过外部的卡式磁带录音机传输和记录数据。

2. 单片机

把微处理器（CPU）、存储器、I/O接口电路和实时控制器件等集成在一块芯片上，称为单片微型计算机，简称单片机。

3. 微型计算机

把微处理器（CPU）、存储器、I/O接口电路通过总线有机地联系在一起的整体，称为微型计算机，如20世纪80年代流行于我国的TRS80型简单微型计算机。

4. 微型计算机系统

微型计算机与外围设备（如CRT显示器、磁盘机、打印机）、电源、系统软件一起构成的系统，称为微型计算机系统，如20世纪80年代以来我国流行的APPLE/Ⅱ型和如今的IBM PC个人计算机。

从结构上讲，单片机具有微型计算机的功能，只要加入所需的输入/输出设备，就能成为一个完整的系统，实现各种的功能。但单片机又与通用微机在具体的功能特点上有许多不同之处，与通用微机属于两个不同的发展分支，两者的区别主要有如下几个方面：

1. 应用方面

通用微机：主要面向数据处理，以提高计算速率和计算精度为发展目标。支持浮点运算，以流水线作业的工作方式实施并行处理，具有高速缓存等技术，字长多达 32 位，主频在几百兆赫以上。

单片机：主要面向过程控制，属于功能很强的过程控制机，但数据处理能力较弱，大多不支持浮点运算，采用串行工作方式，CPU 多为 4 ~ 8 位字长，16 位字长的机型只在大规模应用系统中使用，较少采用 32 位字长机型，主频在百兆赫以内。

2. 存储器方面

通用微机：存储器主要是以增大存储容量和提高数据存取速度为发展目标，采取特殊的管理模式，内存容量在数百兆字节以上。

单片机：存储器的结构比较简单，能够直接与单片机总线连接并对物理地址单元进行寻址，寻址空间一般为 64KB。

3. 外设方面

通用微机：I/O 接口主要通过标准总线与标准外设配接，如 CRT 显示器、键盘、鼠标、硬盘、光盘、U 盘、打印机、扫描仪等，标准外设通常能即插即用。

单片机：因为单片机的外设种类很多，相互之间差别很大，且均属非标准外设，所以单片机的 I/O 接口只能作为一种物理界面，用户必须针对具体的外围设备设计相应的接口电路。用户对接口电路设计技术的掌握程度决定了外设功能能否实现，因此接口电路的设计成为了单片机应用技术中一项重要的内容。

1.1.2 单片机的发展概况

在学习和研究单片机之前，有必要了解一下单片机的发展概况。计算机硬件技术经历的三个发展阶段是巨型化、微型化和单片化，而单片机也经历了 4 位机、8 位机、16 位机、32 位机几个典型的发展阶段，简介如下：

1. 单片机硬件技术的发展过程

单片微型计算机（Single Chip Micro Computer），直译为单片机，但考虑到它的实质是用作控制，现已普遍改用微控制器（Micro Controller）一词，缩写为 MCU（Micro Controller Unit）；此外，从单片机的结构以及微电子的设计特点来考虑，也有人把单片机称为嵌入式微处理器（Embedded Microprocessor）或嵌入式微控制器（Embedded Microcontroller）。这里统一沿用"单片机"一词作为称谓。

（1）4 位单片机 1971 年由美国 Intel 公司推出了 4 位单片机 4004，随后是美国和日本的多家公司推出各自的 4 位系列单片机，主要用于家用电器、电子玩具等。

（2）8 位单片机 1976 年美国 Intel 公司首先推出了 MCS-48 系列 8 位单片机，它包括了计算机的三个基本单元，性能较低，随后其他公司的 8 位单片机陆续诞生，单片机的发展进入了一个新的阶段。1986 年 Intel 公司推出的 MCS-51 系列 8 位单片机，具有 16 位的地址总线和 64KB 的寻址能力，片内程序储存器容量为 4 ~ 8KB，还具有特殊功能的 I/O 接口，功能较强，被称为高档 8 位单片机，广泛地应用于工业控制、智能接口、仪器仪表、消费电子、办公自动化等众多领域。

（3）16 位单片机 1983 年美国 Intel 公司推出了 MCS-96 系列 16 位单片机，随后其他公司也逐渐推出了 16 位单片机系列。

（4）32 位单片机 近年来各个芯片生产厂商着力于研制性能更高的 32 位单片机，但由于控制领域的需求不迫切，因此 32 位单片机的应用并不广泛。

单片机的发展过程中出现的 4 位、8 位、16 位单片机，由于各自的特点对应于各自的应用领域和场合，因此不存在高端产品淘汰或替代低端产品的情况。这是因为工程应用中要考虑成本因素，在低端单片机能完成所需功能的情况下，就没有必要采用高端单片机，例如在 8 位机的发展时期，考虑到 4 位单片机工艺成熟、价格低廉，仍有不少进口仪器仪表采用 4 位单片机来实现。总的说来，单片机各种机种均有不同程度的应用，尤其 8 位单片机的性能在不断地增强和提高，所以在未来相当长的时期内 8 位单片机在中小规模的应用场合仍占据主流位置。

2. 单片机的特点

以 MCS-51 系列单片机为例，其结构有别于通用微机，主要特点如下：

1）单片机的 ROM（程序存储器）和 RAM（数据存储器）分开成为两个严格独立的地址空间，各自采用不同的寻址方式。对于面向工业控制的应用，存放程序的 ROM 空间要求较大而存放数据的 RAM 空间则相对要求较小。

2）单片机的指令系统主要面向控制，在逻辑控制和位控制方面显得更强，可由相应的指令来实现功能的选择和控制的切换而不必依靠硬件跳线。

3）单片机的 I/O 口线可通过程序的控制实现双功能复用，能够有效解决有限引脚数目与更多功能设置之间的矛盾。

4）单片机的外部扩展功能很强，接口与许多通用的微机芯片兼容，能对 ROM、RAM、I/O 口等进行扩展。

3. 常用单片机系列

单片机发展至今已达几十个系列、几百种型号。其中，MCS 是 Intel 公司的注册商标，MCS-51 系列中的第一位成员是 8051 单片机，Intel 公司把基于 8051 内核的单片机统称为 MCS-51 系列。人们现在泛指的 8051 系列单片机，是包括了 Intel 公司在内的所有公司如 Philips、Atmel、Winbond、Siemens、AMD、OKI、NEC 等生产的基于 8051 内核的单片机。此外还有 80C51 系列单片机，采用了与 8051 系列 HMOS 工艺不同的低功耗型 CHMOS 工艺，它的增强型版本是 80C52 系列单片机。本书把上述所有单片机统称为 51 系列单片机。

除了基于 8051 内核的 51 系列单片机外，还有另外一些常见的系列，如 68H 系列、PIC16 系列等，但它们的指令系统与 51 系列的均不兼容。鉴于 51 系列单片机程序设计简单、性能可靠、实用性强、便于初学者学习入门，本书把它作为学习讨论的重点。

在 51 系列单片机中，Intel 公司的 MCS-51 系列单片机和 Atmel 公司的 AT89 系列单片机是相互兼容的，它们均属于 8051 内核。不同的是前者的片内程序存储器为掩膜 ROM 或 EPROM（紫外光擦写）存储器，而后者则是 Flash（闪速）存储器，使用起来后者更为方便，因此目前被广泛采用。本书所述内容所指的主要是这两种系列，不加区分。

下面是一些常见的单片机，其中前 4 种同属 51 系列，指令系统相互兼容。

Intel 的 MCS 系列，如 8051、8751。

Atmel 的 AT89 系列，如 89C51、89C52。

Philips 的 80C51 系列，如 80C51、87C51。

Winbond 的 W78 系列，如 W78E51B，W78E52B。

Motorola 的 68H 系列，如 MC6801，MCHC6801。

Microchip 的 PIC 系列，如 PIC12C508，PIC16C61。

1.1.3 51 系列 8 位单片机的基本类型

学习单片机技术之前若能对各种单片机芯片有概括性的了解，具体应用时就能够根据不同的设计需要选择不同的芯片。如果以片内程序存储器的特征对单片机进行分类，则 Intel 公司最早推出的 MCS-48 系列 8 位单片机可分为三种基本类型：8039（内部无 ROM），8049（内含工厂掩膜的 2KB ROM），8749（内含紫外光可擦写的 2KB EPROM）。同样地，51 系列 8 位单片机也可分为这三种基本类型，其中包含了 51 子系列和 52 子系列。

1）MCS-51/52 系列 8 位单片机（HMOS 工艺）如：

8031/8032（内部无 ROM）

8051/8052（内含工厂掩膜的 4KB/8KB ROM）

8751/8752（内含紫外光可擦写的 4KB/8KB EPROM）

2）MCS-51/52 系列 8 位单片机（CHMOS 工艺）如：

80C31/80C32（内部无 ROM）

80C51/80C52（内含工厂掩膜的 4KB/8KB ROM）

87C51/87C52（内含紫外光可擦写的 4KB/8KB EPROM）

3）AT89 系列 8 位单片机（CHMOS 工艺）如：

89C1051（属于精简型，内含电可写可擦 1KB Flash ROM）

89C2051（属于精简型，内含电可写可擦 2KB Flash ROM）

89C4051（属于精简型，内含电可写可擦 4KB Flash ROM）

89C51/89C52（内含电可写可擦 4KB/8KB Flash ROM）

89LV51/89LV52（89C51/89C52 的低电压型）

89S51/89S52（内含在线下载电可写可擦 4KB/8KB Flash ROM）

另外，还有与 MCS 系列兼容的 GMS97 系列 8 位单片机，如 97C51/97C52（内含 4KB/8KB OTP ROM，一次性可编程存储器）。

说明：

1）MCS-48 系列是 MCS-51 系列之前的 8 位单片机类型，MCS-51 系列在其基础上作了许多功能的改进，最后发展成为主流的 MCS-51 系列。提及一下早期的 MCS-48 系列单片机是为了让读者更好地了解单片机的发展历程。

2）内部无 ROM 的单片机，其程序存储器必须通过外部方式扩展，组成"最小系统"（将在后续章节介绍）才能正常运行。这种最小系统方式需要较多的电路板空间和电路引线，使用不方便；但在单片机发展的初期，由于其价格是其他内部自带 EPROM 型号的几分之一甚至十几分之一，因而曾被广泛使用，尤其是当时一般性的电路实验。

3）芯片内建掩膜 ROM 的单片机，用户使用前必须先向生产厂商提供定制的源程序代码，由厂商在芯片中制作掩膜，把程序固化在内。此类单片机适用于程序已定型的批量生产，成本相对较低，缺点是需要有相当的投产数量且一经出厂程序就不能再改变。作废或过时、过剩的掩膜 ROM 单片机可当作内部无 ROM 的 8031/8032 单片机使用。

4）芯片内含紫外光可擦写 EPROM 的单片机，封装体正面设置有一个石英窗口（见图 1-2a）。用紫外光管照射十几分钟即可把芯片内的程序擦除，用户可通过这种方法进行程序的写入/擦除或设置加密位等操作。

5）芯片内含电可写可擦 Flash（闪速）存储器的单片机（见图 1-2b），不必再用到紫外光的方法进行操作，只需通过编程器就能用电擦除或写入芯片中的程序，使用起来很方便，价格比紫外光可擦写的 EPROM 单片机更为便宜，目前已被广泛使用。

a)87C51

b)87C52

图 1-2　内带程序存储器的单片机外形

6）芯片内含在线下载电可写可擦 Flash 存储器的单片机，只要通过 ISP 下载线就能对芯片编程，使用更为方便，其价格已迅速下降，已是当今使用最广泛的类型。

7）内含低电压型 Flash 存储器的单片机，可在电源电压为 2.7V 甚至更低的情况下工作，尤其适合使用在通过电池供电的便携式应用场合。

8）芯片内含 OTP ROM（一次性可编程存储器）的单片机，与 Flash ROM 单片机的唯一区别是仅允许用户写入程序一次。相当于芯片厂商把制作掩膜 ROM 的步骤交由用户来完成。OTP 芯片的成本较低，有利于程序定型后的芯片生产，且生产多少均可由用户自定，灵活性很大。

1.2　51 系列单片机芯片结构

1.2.1　51 系列单片机基本组成结构

图 1-3 所示为 51 系列单片机的基本组成结构，主要包括：中央处理器 CPU、程序存储器 ROM、数据存储器 RAM、定时器/计数器、并行 I/O 口、串行接口、中断系统、时钟源电路等，通过内部总线连接在一起。下面将分别对各个功能部件进行介绍，读者如有需要，可根据部件中的英文关键词检索相关英文资料。

1. 中央处理器

单片机中的中央处理器（Central Processor Unit，CPU）是单片机的核心（Core），与通用微机的 CPU 作用基本相同。它与控制信号线结合，主要实现算术逻辑运算和控制功能。CPU 内部专门设置了一个结构完整和功能极强的布尔（位）处理器，使单片机能实现字节的按位操作，在实际应用中带来极大的便利，是单片机一个突出的优点。

2. 程序存储器

单片机的片内程序存储器（Program Memory）有三种基本形态：内部无自带 ROM、内部带有掩膜 ROM 和内部带有 EPROM 或 Flash ROM（容量一般为 4KB 或 8KB）。当片内存储器容量不足时，可通过并行扩展技术扩展片外程序存储器，从单片机片内程序存储器的发展来看，其容量已能够满足绝大多数的控制应用，外扩程序存储器的必要性不大。

3. 数据存储器

单片机片内数据存储器（Data Memory）采用了随机存取存储器（RAM）来储存程序运行期间的变量和数据。除了划分有供用户使用的 128B 或 256B 的自由 RAM 空间外，片内数据储存器还设置有 21个特殊功能寄存器 SFR（Special Function Register）。当片内 RAM 容

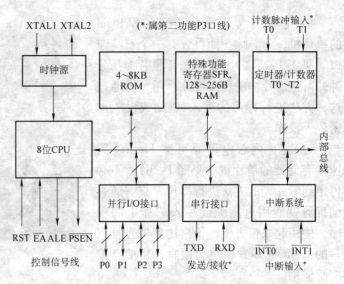

图 1-3　51 系列单片机的基本组成结构

量不够时，可以通过并行或串行总线扩展技术扩展片外数据存储器。这在单片机系统中是经常用到的。

4. 并行 I/O 接口

单片机提供了 4 组功能强大、使用灵活的并行输入/输出接口（Parallel I/O Port），分别是 P0 ~ P3 口，每组 8 个引脚，且 P3 口线还有复用的第二功能。此外，在应用并行或串行外扩技术时 I/O 口线还可作数据线、地址线和控制线复用。早期生产的芯片，I/O 口线的负载驱动能力不强，往往要通过晶体管或其他 IC 芯片来增强驱动能力，经过改良的芯片，I/O口线驱动能力逐渐增强，如 AT89 系列中的每条口线的负载驱动能力已达 20mA，可直接驱动 LED 等负载。

5. 串行接口

单片机中的串行接口（Serial Port）属于全双工 I/O 口，用来实现设备间的串行通信，用户可通过软件的设置来激活 P3 口引脚的第二功能，实现串行收/发通信。

6. 定时器/计数器

51 子系列单片机中设置了两个 16 位定时器/计数器（Timer/Counter）（52 子系列设置有三个），用来进行精确的定时操作或者对外部脉冲进行计数，是单片机的重要组成部分。

7. 中断系统

51 系列单片机设置有内部/外部共 5 个中断源，两级中断优先级嵌套，每个中断源都有独立的中断向量。单片机技术中离不开中断系统（Interrupt System）与定时器/计数器两者有机地结合运用。

8. 时钟源

单片机的时钟源（振荡及时序单元）（Oscillator），CPU 在时钟信号的驱动下按严格的时序节拍执行程序。由于单片机内部设置有振荡电路，通过外接的石英晶体振荡器（简称晶振）就能进行工作，也可直接从外部送入时钟信号。

1.2.2　51 系列单片机的引脚及其功能

51 系列单片机芯片的封装引脚见图 1-4。

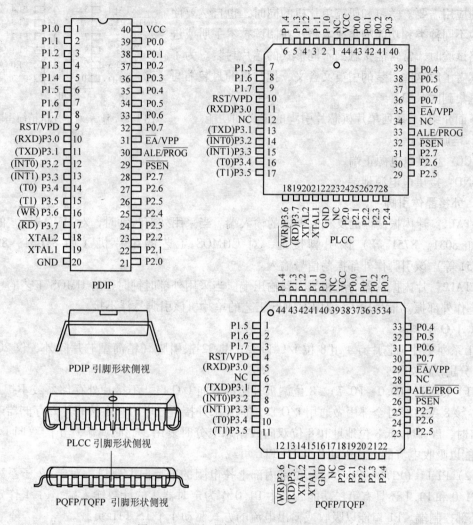

图 1-4　51 系列单片机芯片的封装引脚

其中 40 引脚 PDIP（Plastic Dual In-line Package）属塑料双列直插式封装，是最常用的封装形式，适合于各种应用场合；由于一般应用多采用这种塑料封装的芯片，所以习惯上称之为 DIP 封装。44 引脚 PLCC（Plastic Leaded Chip Carrier）属塑料有引脚芯片载体式封装，需要配合方形的专用插座使用，具体的做法是：把专用插座焊牢在印制电路板上，单片机芯片放入插座的凹槽中即可使用，安装和拆卸都非常方便。44 引脚 PQFP（Plastic Quad Flat Package）/TQFP（Thin Quad Flat Package）属塑料方形/薄方形引脚扁平式封装，体积很小，适用于双面印制电路板上的 SMT（表面贴片技术）焊接。

51 系列单片机精简型芯片封装引脚见图 1-5，属于窄型 20 引脚 PDIP 芯片。

随着集成电路芯片的封装技术的不断改进，芯片的封装形式从最初的晶体管封装形式

（TO）和双列直接式封装（DIP）发展到现在某些集成电路已采用了先进芯片级尺寸封装（CSP），其间经历了 TO→DIP→PLCC→QFP→BGA→CSP 的转变，适应了不同时期的应用需要。学习和研究单片机的同时，也自然要使用其他不同种类和功能的集成电路，在阅读技术手册或进行电路试验时，常常能接触到不同形式的芯片封装。为了便于读者了解这些封装的中英文含义，把常见的封装缩写字符汇集到附录 D。

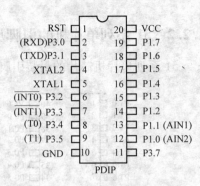

图 1-5 51 系列单片机精简型芯片
封装引脚

下面介绍 51 系列单片机芯片引脚的定义和功能。

1. 电源引脚

VCC：接供电电源正端

GND：接供电电源地端

2. 外接晶体引脚

XTAL1：片内振荡器的反相放大器的输入端。当采用外部时钟时，对 HMOS 工艺的单片机（如 8031，8751 等）该引脚接地，对 CHMOS 工艺的单片机（如 87C51，89C51，89C2051 等）该引脚作外部振荡信号输入。

XTAL2：片内振荡器的反相放大器输出端。当采用外部时钟时，对 HMOS 工艺的单片机该引脚作外部振荡信号输入，对 CHMOS 工艺的单片机该引脚悬浮不接。

3. I/O 引脚

51 系列单片机芯片有 4 组 8 位 I/O 口线，共 32 根引脚（精简型芯片除外，仅 20 根引脚），分别说明如下：

（1）P0 口（P0.0 ~ P0.7） 8 位漏极开路准双向 I/O 口。不接片外存储器或不扩展 I/O 口时，该 8 条口线可全部用做通用 I/O 口，但要求外接上拉电阻；在接有片外存储器或扩展 I/O 口时，P0 口作低 8 位地址和 8 位双向数据总线分时复用，此时属于真正的双向 I/O 口。P0 口能以吸收电流的方式驱动 8 个 LS TTL 负载。

（2）P1 口（P1.0 ~ P1.7） 8 位带内部上拉电阻的准反向 I/O 口。对于 52 子系列单片机，P1.0 和 P1.1 还具有第二功能，其中 P1.0 作为定时器 2 的计数输入端，P1.1 作定时器 2 的外部控制端。P1 口能以吸收或输出电流的方式驱动 4 个 LS TTL 负载。

（3）P2 口（P2.0 ~ P2.7） 8 位带内部上拉电阻的准双向 I/O 口。在接有片外存储器或扩展 I/O 时，P2 口作为高 8 位地址总线使用。P2 口能以吸收或输出电流的方式驱动 4 个 LS TTL 负载。

（4）P3 口（P3.0 ~ P3.7） 8 位带内部上拉电阻的准双向 I/O 口。除了用做通用的 I/O 口外，P3 口每个引脚还具有第二功能，用户可通过软件设置的方法使用这些功能。P3 口能以吸收或输出电流的方式驱动 4 个 LS TTL 负载。P3 口的第二功能如下：

P3.0——RXD，串行输入口

P3.1——TXD，串行输出口

P3.2——INT0，外部中断 0 输入，低电平或下降沿有效

P3.3——INT1，外部中断 1 输入，低电平或下降沿有效

P3.4——T0，定时器/计数器 0 外部输入

P3.5——T1，定时器/计数器 1 外部输入

P3.6——$\overline{WR}$，片外数据存储器写选通信号输出，低电平有效

P3.7——$\overline{RD}$，片外数据存储器读选通信号输出，低电平有效

4. 控制线

（1）RST 系统复位线，单片机上电复位或掉电保护端（CPD）。该引脚出现两个机器周期以上的持续高电压，即可实现系统复位。考虑到振荡器起振需要一定的时间，为了保证有效复位，实际应用中施加在该脚的高电平应保持在 10ms 以上。此外，可以把该引脚与备用电源相连接，在电源电压跌落至供电门限之下时把备用电源接入，以保证系统的正常运行。

（2）$\overline{EA}$/VPP 当 $\overline{EA}$ 接低电平（接地）时，单片机只访问片外程序存储器；当 $\overline{EA}$ 接高电平（电源正端）时，单片机访问片内程序存储器，如果程序计数器（PC）值大于片内程序存储器容量值时，单片机自动转向访问片外程序存储器。对于紫外光擦写的 EPROM 型单片机，该引脚用于施加 21V 的编程电压（VPP）实现对芯片的编程。

（3）$\overline{PSEN}$ 片外程序存储器读选通信号输出端，低电平有效。片外程序存储器读取指令或常数期间，每个机器周期内该引脚两次有效。当访问片外程序存储器时，不会出现上述的有效信号，使得与前者访问的空间不会发生冲突。

（4）ALE/$\overline{PROG}$ 地址锁存有效信号输出端，ALE 在每个机器周期内输出两个脉冲信号。在访问片外程序存储器时，其下降沿用来控制锁存 P0 口输出的低 8 位地址。即便不访问片外程序存储器，ALE 仍以固定的频率（振荡器频率的 1/6）周期性地输出正脉冲，可作为时钟脉冲源对外输出。能以吸收电流或输出电流的方式驱动 8 个 LS TTL 负载。当访问片外数据存储器时，ALE 只出现一个脉冲，此时不宜用作时钟输出。此外，对于紫外光擦写的 EPROM 型单片机，该引脚用于在编程期间输入编程脉冲（$\overline{PROG}$），该脉冲低电平有效。

1.3 51 系列单片机的中央处理器

51 系列单片机内部结构框图见图 1-6。

其核心部件是中央处理器（Central Processing Unit，CPU），CPU 的总体结构见图 1-7。

CPU 在结构上分为两大部分：一部分是运算器（包括独立的布尔处理机）；另一部分是控制器。下面分别讨论两者的构成。

1.3.1 运算部件

运算部件由算术逻辑运算单元 ALU、累加器 ACC、暂存器 1、暂存器 2、程序状态字 PSW 和 BCD 码运算调整电路等组成。片内还设置有通用寄存器 B 和专用寄存器以及位处理逻辑电路等，以提高数据处理和位控制的能力。算术/逻辑运算单元 ALU 结构框图见图 1-8。

1. 算术逻辑运算单元 ALU

算术逻辑运算单元 ALU（Algorithm and Logical Operation Unit）实质上是一个全加器，由加法器和其他逻辑电路等组成，具有数据的四则运算和逻辑运算、移位操作、位操作等能力。ALU 有两个操作数输入端：一个输入端是通过暂存器 2 的累加器 ACC；另一个输入端是暂存器 1。数据运算的结果通过内部总线送回累加器 ACC，数据运算结果的状态标志送至程序状态字 PSW。

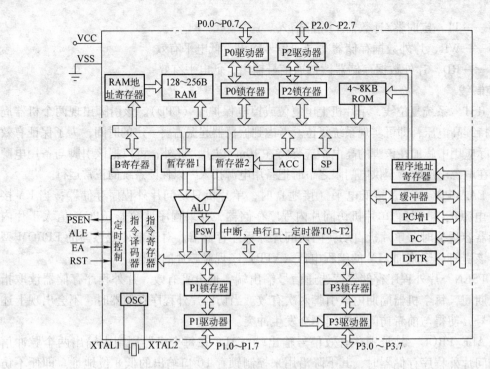

图 1-6   51 系列单片机内部结构框图

图 1-7   CPU 的总体结构

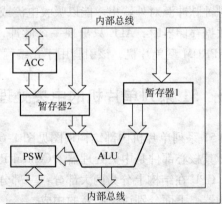

图 1-8   算术/逻辑运算单元 ALU 结构框图

2. 累加器 ACC

累加器 ACC（Accumulator）是一个 8 位寄存器，简称寄存器 A，通过暂存器 2 与 ALU 相连。ACC 是 CPU 执行指令时使用最频繁、访问速度最快的寄存器，用来存放 ALU 的一个操作数或作为 ALU 运算结果的暂存单元使用。

3. 寄存器 B

寄存器 B（Register B）是一个 8 位寄存器，在通常的情况下可以作为片内 RAM 的一个单元来使用。而在乘法和除法运算中，累加器 A 和寄存器 B 分别参与 ALU 的数据运算操作。乘法运算的积的低 8 位数据存放在 A 中，高 8 位数据存放在 B 中；除法运算中的被除数取自 A，除数取自 B，运算后商数存放于 A，余数存放于 B。

4. 程序状态字 PSW

程序状态字 PSW（Program Status Word）是一个可进行位寻址的 8 位特殊功能寄存器，用于存储单片机运行过程中的状态信息，其内容主要来自算术逻辑运算单元 ALU 的输出，程序状态字 PSW 的位定义见图 1-9。PSW 的字节地址为 D0H，位地址从高位到低位分别为 D7H ~ D0H。PSW.1 属于保留位。

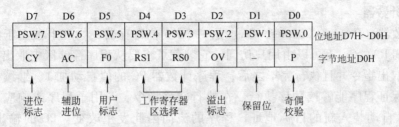

图 1-9　程序状态字 PSW 的位定义

CY（PSW.7）：进位标志位，在算术的加或减运算时，表示运算过程中是否出现进位或借位。出现进位或借位时被硬件置 1，也可通过软件置 1 或清 0。CY 又用做布尔处理机位操作的位累加器。

AC（PSW.6）：辅助进位标志位，又称半进位标志位。进行算术的加或减运算时，如果出现低 4 位向高 4 位进位或借位的情况，AC 被硬件置 1，否则被硬件清 0。AC 位又可作为 BCD 码十进制调整的判断位来使用。

F0（PSW.5）：用户标志位。用户可以把 F0 定义为一个状态标记，通过软件置 1 或清 0。

RS1、RS0（PSW.4、PSW.3）：寄存器工作区选择位。用户可以通过软件修改 RS1、RS0 的值，从而使单片机切换到指定的某个工作寄存器区。采用换区的做法，这在子程序调用时需要维持原区数据不变的场合特别有用（工作寄存器区的切换关系详见 1.4.2 节的表 1-1）

OV（PSW.2）：溢出标志位。进行算术运算时由硬件置 1 或清 0，以表示溢出状态。以执行带符号数的加法指令 ADD 或减法指令 SUBB 为例，如果 D6 位向 D7 位进位或借位，而 D7 位没有向 CY 位进位或借位，则 OV = 1；反之，如果 D6 位没有向 D7 位进位或借位，而 D7 位向 CY 位进位或借位，则 OV = 0。溢出位的值是对 D6 位和 D7 位两位的值进行异或运算得到的。

P（PSW.0）：奇偶标志位。每个指令周期均由硬件置 1 或清 0，表示累加器 A 中位为 1 的个数的奇偶性。若 1 的个数为奇数，则 P 置 1；若 1 的个数为偶数，则 P 清 0。P 可用于串行通信的奇偶校验，奇偶校验方法的目的是用来校验数据是否被正确传输，在串行通信中是一种常用的校验方法。所有改变累加器 ACC 中内容的指令均会影响标志位 P 的值。

5. 布尔处理机

布尔处理机（Boolean Processor）又称位处理机，是 ALU 的一个特殊功能模块，由指令系统中的位处理指令集、片内数据存储器中的位地址空间、以及借用 PSW 中的进位标志 CY 作为操作累加器共同构成。布尔处理机能够对可直接寻址位的变量进行置 1、清 0、取反、测试转移以及逻辑与、逻辑或等位操作，还能够设置可直接位寻址标志，使控制和状态判断变得十分方便。

1.3.2 控制部件

控制部件由程序计数器 PC、指令寄存器、指令译码器、定时控制与条件转移逻辑电路等组成。其控制部件的功能是控制指令的读出、译码和执行，对指令的执行过程进行定时控制，并根据执行结果完成指令所规定的任务。

1. 程序计数器

程序计数器（Program Counter，PC）是一个 16 位寄存器，物理上独立于片内特殊功能寄存器（SFR）区，不可以由用户访问。它装载了将要从程序存储区中取出的下一条指令的地址，取出指令并且执行完毕之后，程序计数器 PC 的值自动加 1，继续指向下一条指令地址，保证程序能够按顺序执行。在执行转移指令、调用子程序或响应中断时，程序计数器 PC 自动装入新的目标地址，程序的流向因此发生改变。PC 的输出与 ALE 和 PSEN 信号有关。

2. 指令寄存器

指令寄存器（Instruction Register，IR）是一个 8 位寄存器，用来暂时存放待执行的指令的操作码。操作码等待输出至指令译码器进行译码处理。

3. 指令译码器

指令译码器（Instruction Decoder，ID）对指令寄存器中的指令进行译码，把指令变成执行所需的电信号。译码结果送至定时控制逻辑电路，以产生指令所需要的各种控制信号。

4. 数据指针

数据指针（Data Pointer，DPTR）是一个 16 位的特殊功能寄存器，位于片内 SFR 区内，可拆分成两个独立的 8 位寄存器，高 8 位字节为 DPH（地址 83H），低 8 位字节为 DPL（地址为 82H），用户可以进行访问。DPTR 作为数据地址指针，可用来间接寻址 64KB 片外数据存储器或 I/O 端口，DPTR 的输出与 ALE、$\overline{\text{WR}}$、$\overline{\text{RD}}$ 信号有关。

5. 堆栈指针

堆栈指针（Stack Pointer，SP）是一个 8 位的特殊功能寄存器，用来指示堆栈顶部在片内 RAM 区的位置，可通过软件访问并且修改其内容。系统初始化时 SP 的值为 07H，因此要先把 SP 移置到片内 RAM 的高端，以防止用户 RAM 空间被堆栈占据。响应中断或调用子程序时，16 位 PC 值自动入栈保存，但 PSW 不会自动入栈保存，需要用堆栈操作指令压入或弹出。数据压入堆栈或弹出堆栈都会使 SP 的值随之自动增加或减少。

6. 时钟电路

单片机的定时控制功能是通过片内的时钟电路和定时电路来实现的，产生片内时钟有内部时钟和外部时钟两种方式。其内部时钟方式见图 1-10。

片内高增益反相放大器通过 XTAL1、XTAL2 引脚外接石英晶体振荡器。外部石英晶体振荡器作为感性反馈元件与电容组成一个自激振荡器的并联谐振回路，向内部时钟电路提供振荡时钟信号。晶体的振荡频率决定了振荡器的频率（在 1.2 ~ 12MHz 之间，某些单片机型号高端可达 40MHz），电容有微调作用，通常在 20 ~ 30pF 之间。采用外部时钟方式时的连接方法见 1.2.2 节。

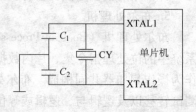

图 1-10 外接晶振的内部时钟方式

1.3.3　CPU 的工作时序

CPU 在执行指令时，把一条指令拆分成若干个微小的基本操作，这些操作所对应的脉冲信号在时间上的次序称为 CPU 工作时序，51 系列单片机的 CPU 时序由下面 4 种信号周期组成，见图 1-11。

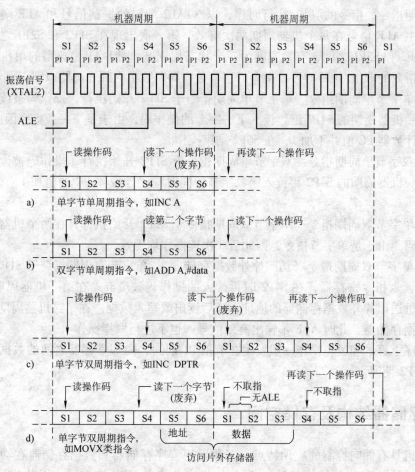

图 1-11　单片机指令的取址/执行时序

1. 振荡周期

振荡脉冲的周期是时钟信号的基础。

2. 状态周期

由两个振荡周期组成，分为 P1 和 P2 两个节拍，又称时钟周期，用 S 表示。前半周期节拍 P1 有效。后半周期节拍 P2 有效。

3. 机器周期

包含 6 个状态周期，共 12 个节拍，分别表示为 S1P1、S1P2、…、S6P1、S6P2。机器周期是单片机最小的时间单位，若晶振频率为 12MHz，则机器周期为 1μs。

4. 指令周期

执行一条指令所需要的时间，是单片机时序中最大的时间单位。不同的指令有不同的指令周期，绝大多数指令是单周期指令和双周期指令，而乘法、除法指令是 4 周期指令。若使用 12MHz 晶振，则指令最长的执行时间为 4μs。

5. 指令的取指/执行时序

51 系列单片机共有 111 条指令，分为单字节单机器周期指令、单字节双机器周期指令、双字节单机器周期指令、双字节双机器周期指令、三字节双机器周期指令和乘除法的单字节四机器周期指令。指令的取指/执行时序，以 XTAL2 端口的振荡信号和 ALE 端口的信号为参考，其中 ALE 信号在每个机器周期两次有效，第一次出现在 S1P2 和 S2P1 之间，第二次出现在 S4P2 和 S5P1 之间，有效宽度为一个状态周期 S。图 1-11 是典型的单机器周期和双机器周期指令的取指/执行时序，指令的字节数、周期数由内部译码器识别。

（1）单字节单周期指令 单字节单周期指令于 S1P2 开始执行，操作码被读入指令寄存器，在同一机器周期的 S4P2 继续读入下一字节的操作码，由于是下一条指令因此不予考虑，此时程序计数器 PC 值并不加 1，在 S6P2 结束操作。

（2）双字节单周期指令 双字节单周期指令于 S1P2 开始执行，操作码被读入指令寄存器，在同一机器周期的 S4P2 再读入第二字节，同时程序计数器 PC 的值加 1，在 S6P2 结束操作。

（3）单字节双周期指令 单字节双周期指令于 S1P2 开始执行，在两个机器周期内 4 次读取操作码，由于是单字节指令，因此后 3 次读操作均无效。

（4）单字节双周期指令（访问片外数据存储器） 单字节双周期指令于 S1P2 开始执行，操作码被读入指令寄存器，在 S4P2 时再读入的操作码被废弃。在第一机器周期的 S5 开始时，单片机送出片外数据存储器的地址，随后读出或写入数据。在第二机器周期，单片机访问片外数据存储器，此时 ALE 不输出有效信号，也不进行取指操作。

在时序上算术和逻辑操作一般发生在节拍 P1 期间，内部寄存器之间的数据传输一般发生在节拍 P2 期间。

1.4 存储器结构及存储空间

单片机具有面向控制的应用特点，多数采用程序存储器和数据存储器在物理上相互独立、分别寻址的存储器结构。51 系列单片机有 4 个物理存储空间：①片内程序存储器；②片外程序存储器；③片内数据存储器；④片外数据存储器。从用户使用的角度出发则有三个独立的存储器寻址空间：①片内片外统一编址的 64KB 程序存储器地址空间；②256B（对 51 子系列）或 384B（对 52 子系列）的片内数据存储器地址空间；③64KB 片外数据存储器地址空间。这三个存储器寻址空间通过不同的指令进行访问。从功能上分则有 5 部分的存储器空间：①程序存储器；②片内数据存储器；③特殊功能寄存器；④位地址空间；⑤片外数据存储器。

1.4.1 程序存储器

单片机的程序存储器用来存放编译后的程序和表格常数。由于程序存储器和地址总线的字长均为 16 位，使得程序存储器片内片外统一编址的寻址空间可达 64KB。在如图 1-12 所示的三个独立存储器寻址空间中，程序存储器的片内和片外寻址空间的访问可通过控制 EA

引脚的电平信号进行选择。

1）$\overline{EA}=1$，即引脚接高电平时，程序从片内程序存储器的 0000H 开始访问片内存储器，当执行至超过 0FFFH（51 子系列）或 1FFFH（52 子系列）寻址空间时，单片机自动转向片外程序储存器寻址空间的 1000H（51 子系列）或 2000H（52 子系列）执行程序。

2）$\overline{EA}=0$，即引脚接低电平时，迫使单片机全部执行片外程序存储器从 0000H 开始

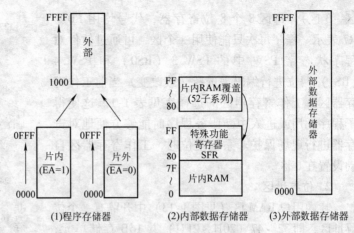

图 1-12　三个独立存储器寻址空间

的程序，对于 80C31/80C32 这类片内无程序存储器的单片机芯片，正是采用这种方式访问片外程序储存器。对于有片内程序存储器的单片机芯片，$\overline{EA}=0$ 也可以用于调试程序；通过其他途径把待调试的程序写入与片内程序存储器空间相同的片外程序存储器中，$\overline{EA}=0$ 时单片机即可执行片外存储器的程序以达到调试目的。

3）程序存储器中保留了 7 个固定单元，作为特定的程序入口，具体的地址是：

复位	0000H
外部中断 0	0003H
定时器/计数器 0 溢出	000BH
外部中断 1	0013H
定时器/计数器 1 溢出	001BH
串行口中断	0023H
定时器/计数器 2 溢出	002BH

或 T2EX 端负跳变（52 子系列）

实际编程时，通常在这些入口地址处放置一条绝对跳转指令，使程序能够从 0000H 复位地址跳转到用户主程序段的入口地址，又或者跳转至中断服务程序段对应的起始地址。

1.4.2　片内数据存储器

51 系列单片机的片内（内部）、片外（外部）数据存储器是两个独立的寻址空间。片内数据存储器有用户 RAM 区和特殊功能寄存器（或称专用寄存器）SFR 区，其结构见图 1-12。对于 51 子系列，RAM 编址从 00H～7FH 共有 128B；对于 52 子系列，RAM 编址除了有从 00H～7FH 的 128B 外，还有从 80H～FFH 与特殊功能寄存器区地址重叠的另外 128B。重叠的区域分别采用不同的指令访问，不会造成混乱。片内数据存储器又分为如下几个不同的寻址区域：

1. 工作寄存器区

片内数据存储器的用户 RAM 空间见图 1-13。

从 0～31（00H～1FH）共 32 个存储单元，称为工作寄存器。工作寄存器分为 4 组（0

区~3区），每区 8 个 8 位寄存器，代号均用 R0 ~
R7 表示。程序每次只能使用一个区，可通过软件对
程序状态字 PSW 中的 PSW.3（RS0）和 PSW.4
（RS1）两位进行编码来选择（或改变）当前工作寄
存器区，工作寄存器区的选择表见表 1-1。这使得
子程序调用或进入中断服务程序时能够方便地对寄
存器进行现场保护。系统复位时，工作寄存器区自
动设置在 0 区。

2. 位寻址区

片内用户 RAM 区（见图 1-13）中开辟有一个位
寻址区，即 32 ~ 47（20H ~ 2FH）共 16B 存储单元，
内含 128 个可寻址位，位地址是 0 ~ 127（00H ~
7FH）。该区可进行字节寻址，也可进行位寻址，进
行字节寻址或者位寻址则是通过不同的指令来实现。
位寻址区未作位寻址使用时均可作为用户 RAM 单元
使用。

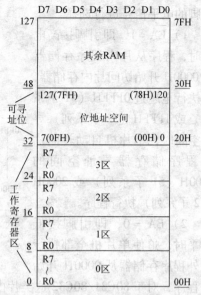

图 1-13　片内数据存储器的
用户 RAM 空间

表 1-1　工作寄存器区的选择表

RS1	RS0	区　号	工作寄存器地址
0	0	0	00H ~ 07H
0	1	1	08H ~ 0FH
1	0	2	10H ~ 17H
1	1	3	18H ~ 1FH

3. 字节寻址区

片内用户 RAM 区（见图 1-13）中的 48 ~ 127（30H ~ 7FH）共 80 个存储单元，属字节
寻址区，作为用户 RAM 单元使用。52 子系列片内 RAM 增加了 128B（80H ~ FFH），使用户
RAM 区达到 256B，增加的部分与 51 系列的特殊功能寄存器 SFR 区寻址空间重叠，两者通
过不同的寻址方式来访问。

4. 堆栈和堆栈指针 SP

堆栈的作用是为子程序调用和中断操作时提供断点保护和现场保护。程序中的断点地址
会自动进栈和出栈，现场保护和现场恢复是通过进栈和出栈指令来实现的。堆栈区设置在图
1-13 所示的片内用户 RAM 区中，堆栈深度不能超过用户 RAM 空间，实际操作中应设置在
高端，避免与工作寄存器区、位寻址区和用户实际用到的 RAM 区产生冲突。堆栈指针 SP 是
一个 8 位特殊功能寄存器，用来指示堆栈区当前栈顶所指的存储单元地址。51 系列单片机
的堆栈是向上生成的，即向高端地址延伸。进栈时 SP 内容自动增加，出栈时 SP 内容自动减
少。系统复位时堆栈指针（栈底）指向工作寄存器区内的 07H，应首先把堆栈指针指向高
端，如 60H，堆栈便从 61H 开始存放数据。

1.4.3 特殊功能寄存器

51系列单片机中的特殊功能寄存器（Special Function Register，SFR）也称专用寄存器，分布在片内RAM的高128B地址中，SFR区的地址空间为128~255，见图1-14。

51子系列单片机拥有21个SFR，52子系列较其增加了5个SFR，共定义了26个SFR，其中PC寄存器在物理上是独立的。特殊功能寄存器（SFR）综览表见表1-2（为方便查索，收录于附录B中）。有12个SFR单元可以位寻址，用户可以通过软件对其中的字节或位进行设定。SFR为片内RAM统一编址，可直接寻址（注意：SFR区与52子系列的高128字节RAM区重叠，访问这些RAM区只能通过间接寻址的方式），但其空间不能自由移动。特殊功能寄存器专门用作控制和管理片内算术逻辑部件、并行I/O口、串行I/O口、定时器/计数器、中断系统等功能模块的运作，是51系列单片机中最有特色的部分。由于有不少地址空间没有定义，单片机机型功能的增加和扩展都可集中在这部分实现。为了方便读者查找，图1-15给出了51系列单片机片内RAM空间的结构布局关系（收录于附录C中）。片内程序存储器不同的区域对应不同的功能，在设计应用中对这些存储单元进行合理的分配和安排，就能充分利用有效的片内存储资源。

图1-14 特殊功能寄存器空间

表1-2 特殊功能寄存器（SFR）综览表

位功能与位地址								字节地址	符 号	SFR的名称
D7	D6	D5	D4	D3	D2	D1	D0			
F7	F6	F5	F4	F3	F2	F1	F0	F0H	B	B寄存器
Acc.7 E7	Acc.6 E6	Acc.5 E5	Acc.4 E4	Acc.3 E3	Acc.2 E2	Acc.1 E1	Acc.0 E0	E0H	A	A累加器
CY D7	AC D6	F0 D3	RS1 D4	RS0 D3	OV D2	— D1	P D0	D0H	PSW	程序状态字
不可位寻址								CDH	TH2*	定时器/计数器2 高字节
不可位寻址								CCH	TL2*	定时器/计数器2 低字节
不可位寻址								CBH	RLDH*	定时器/计数器2 自动重装高字节
不可位寻址								CAH	RLDL*	定时器/计数器2 自动重装低字节

（续）

D7	D6	D5	D4	D3	D2	D1	D0	字节地址	符　号	SFR 的名称
位功能与位地址										
TF2 CF	EXF2 CE	RCLK CD	TCLK CC	EXEN2 CB	TR2 CA	C/T2 C9	CP/RL2 C8	C8H	T2CON*	定时器/计数器 2 控制
— —	— —	PT2 BD	PS BC	PT1 BB	PX1 BA	PT0 B9	PX0 B8	B8H	IP	中断优先级控制
P3.7 B7	P3.6 B6	P3.5 B5	P3.4 B4	P3.3 B3	P3.2 B2	P3.1 B1	P3.0 B0	B0H	P3	P3 口
EA AF	— —	ET2 AD	ES AC	ET1 AB	EX1 AA	ET0 A9	EX0 A8	A8H	IE	中断允许控制
P2.7 A7	P2.6 A6	P2.5 A5	P2.4 A4	P2.3 A3	P2.2 A2	P2.1 A1	P2.0 A0	A0H	P2	P2 口
不可位寻址								99H	SBUF	串行数据缓冲器
SM0 9F	SM1 9E	SM2 9D	REN 9C	TB8 9B	RB8 9A	TI 99	RI 98	98H	SCON	串行接收控制
P1.7 97	P1.6 96	P1.5 95	P1.4 94	P1.3 93	P1.2 92	P1.1 91	P1.0 90	90H	P1	P1 口
不可位寻址								8DH	TH1	定时器/计数器 1 高字节
不可位寻址								8CH	TH0	定时器/计数器 0 高字节
不可位寻址								8BH	TL1	定时器/计数器 1 低字节
不可位寻址								8AH	TL0	定时器/计数器 0 低字节
GATE	C/T	M1	M0	GATE	C/T	M1	M0	89H	TMOD	定时器/计数器 0、1 模式控制
不可位寻址										
TF1 8F	TR1 8E	TF0 8D	TR0 8C	IE1 8B	IT1 8A	IE0 89	IT0 88	88H	TCON	定时器/计数器 0、1 控制
SMOD	—	—	—	GF1	GF0	PD	IDL	87H	PCON	电源控制
不可位寻址										
不可位寻址								83H	DPH	数据指针高字节
不可位寻址								82H	DPL	数据指针低字节
不可位寻址								81H	SP	堆栈指针
P0.7 87	P0.6 86	P0.5 85	P0.4 84	P0.3 83	P0.2 82	P0.1 81	P0.0 80	80H	P0	P0 口

注：带 * 的寄存器为 52 子系列所属有。

片内 RAM 存储单元位地址								字节地址	存储单元用途	存储区划分
D7	D6	D5	D4	D3	D2	D1	D0			
							↙	FFH	任意数据储存（只能间接寻址）	数据缓冲区
（重叠于 SFR 空间）		52 子系列所属范围						⁝		
							↖	80H		
							↙	7FH	任意数据储存（直接/间接寻址）	
51 子系列所属范围								⁝		
							↖	30H		
7F	7E	7D	7C	7B	7A	79	78	2FH	位地址单元或任意数据储存	位寻址区（共16字节）
77	76	75	74	73	72	71	70	2EH		
6F	6E	6D	6C	6B	6A	69	68	2DH		
67	66	65	64	63	62	61	60	2CH		
5F	5E	5D	5C	5B	5A	59	58	2BH		
57	56	55	54	53	52	51	50	2AH		
4F	4E	4D	4C	4B	4A	49	48	29H		
47	46	45	44	43	42	41	40	28H		
3F	3E	3D	3C	3B	3A	39	38	27H		
37	36	35	34	33	32	31	30	26H		
2F	2E	2D	2C	2B	2A	29	28	25H		
27	26	25	24	23	22	21	20	24H		
1F	1E	1D	1C	1B	1A	19	18	23H		
17	16	15	14	13	12	11	10	22H		
0F	0E	0D	0C	0B	0A	09	08	21H		
07	06	05	04	03	02	01	00	20H		
R7								1FH	工作寄存器 3 区或任意数据储存	工作寄存器区
⁝								⁝		
R0								18H		
R7								17H	工作寄存器 2 区或任意数据储存	
⁝								⁝		
R0								10H		
R7								0FH	工作寄存器 1 区或任意数据储存	
⁝								⁝		
R0								08H		
R7（复位时堆栈）								07H	工作寄存器 0 区或任意数据储存	
⁝								⁝		
R0								00H		

图 1-15　片内 RAM 空间结构布局图

1.4.4   片外数据存储器

51 系列单片机外部扩展的 RAM 区域称为片外数据存储器，这些区域只能通过间接寻址方式访问，指令用的助记符为 MOVX，采用的寄存器为 8 位数据指针 R0 或 R1，或 16 位数据指针 DPTR。若使用 R0 或 R1，最大寻址范围为 256B；使用 DPTR，最大寻址范围为64KB。片外数据存储器的扩展可通过并行总线实现，也可以通过串行总线实现（详见后续章节）。与片外程序存储器的扩展相比，片外数据存储器的扩展是很常用的。

1.5   并行 I/O 接口

51 系列单片机有 4 个 8 位并行 I/O 接口，称为 P0、P1、P2、P3 口，共 32 根 I/O 口线，均为双向口，可以由并行方式输入或输出 8 位数据，又可以按位独立作为输入或输出口使用。每个口都有一个锁存器（即特殊功能寄存器，与 P0 ~ P3 同名）、一个输出驱动器和一个三态输入缓冲器（或称三态门）。对 P0 ~ P3 口的控制，实际上就是分别对与其名称相同的特殊功能寄存器的控制。I/O 接口设计得很有技巧，数据输出锁存，数据输入不锁存。了解其逻辑电路和工作方式，对正确使用 I/O 接口和设计合适的外围电路均有很大的帮助。

1.5.1   P0 口的结构及功能

1. P0 口的结构

P0 口是可位寻址的 8 位双向口，字节地址为 80H，位地址从高位至低位分别为 87H ~80H。以 P0 口中的某一位为例，P0 口的 1 位结构图见图 1-16。

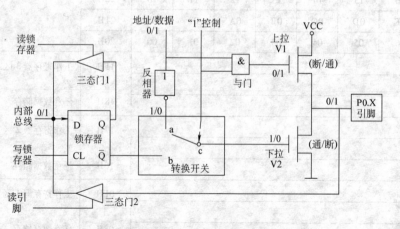

图 1-16   P0 口的 1 位结构图

由一个输出锁存器（由 D 触发器组成，8 个锁存器构成特殊功能寄存器 P0）、一个输出驱动电路（由一对上拉和下拉场效应晶体管 V1 和 V2 组成，以增大带载能力）、两个三态门（三态门 1 用于读锁存器端口，三态门 2 作引脚输入缓冲）和一个控制电路（含有一个与门、一个反相器和一个转换开关）组成。输出驱动电路的工作状态受控制电路的控制。

2. P0 口的功能

P0 口是一个三态双向口，既可用作低 8 位地址/数据分时复用，以访问片外存储器，也可用做通用 I/O 口。

（1）P0 口做地址/数据复用 访问片外存储器时，需要从 P0 口输出低 8 位地址或数据，此时 CPU 会自动向 P0 口的锁存器写入 FFH，对用户来说，这时的 P0 口可称为真正的三态双向口。对于从 P0 口输出地址/数据信息的情况（见图 1-16），CPU 从内部总线发出高电平控制信号"1"，打通与门，连接上拉场效应晶体管 V1，同时使转换开关的（a～c）接通，内部总线的地址/数据信息（0/1）经反相器后与输出驱动电路的下拉场效应晶体管 V2 连接，使两个场效应晶体管处于反相状态，构成带载能力强的推挽式输出电路，引脚端输出地址/数据信息（0/1）。

而对于从 P0 口输入数据的情况，输入的数据（0/1）是从引脚通过输入缓冲器（三态门 2）由"读引脚"操作进入内部总线的。

前面章节讲述的片内无 ROM 的 8031 类单片机，如果要外扩程序存储器构成最小系统，或者有片内 ROM 的单片机要外扩数据存储器，需要把 P0 口做低 8 位地址/数据分时复用，此时的 P0 口就不能再用做通用 I/O 口。

（2）P0 口作通用输出口 P0 口作 I/O 口输出数据见图 1-17，CPU 从内部总线发出低电平控制信号"0"，使与门输出"0"，上拉场效应晶体管 V1 截止；同时使转换开关的（b～c）接通，输出驱动级变为漏极开路电路，"写锁存器"操作使锁存器与内部总线相连的 D 端数据（0/1）取反后从 $\bar{Q}$ 端输出（1/0），再经下拉场效应晶体管 V2 反相，在引脚上输出与内部总线相同的数据（0/1）。注意：由于上拉场效应晶体管 V1 截止，下拉场效应晶体管为开漏状态，因此为了保证数据

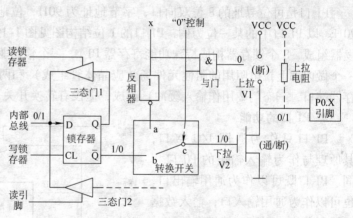

图 1-17 P0 口作 I/O 口输出数据

"1"正常输出，需要外接上拉电阻，以消除数据的不稳定现象。（工程应用中 8 位端口通常使用一种 9 引脚的集成电阻排作为上拉电阻，阻值可在 4.7～10kΩ 之间选取）

（3）P0 口作通用输入口 P0 口作 I/O 口输入数据见图 1-18，要先把端口置"1"（从锁存器的 D 端写"1"），基于这一特点，P0 用做通用 I/O 口时被称为准双向口。此时锁存器的 $\bar{Q}$ 端为 0，两个场效应晶体管 V1 和 V2 均截止，引脚处于悬浮的状态，可作为高阻输入。

1）读引脚方式：端口应先置"1"，使下拉 FET 保持截止状态，引脚上的外部信号便能沿着图 1-18 中的虚线方向从三态门 2 读入内部总线，得到正确的引脚信息。

2）读锁存器方式：适用于单片机的"读-修改-写"指令，如 ANL、JBC、INC、DJNE、SETB 等。CPU 先把端口的数据读入内部总线，在算术/逻辑运算单元 ALU 中进行运算，再

把运算结果送回端口。这实际上是通过三态门 1 以读回锁存器 Q 端数据的方式实现的，读锁存器是为了消除某位口线输出为 1 时，因外接器件（如晶体管）导通而将该口线拉为低电平的误读现象，经三态门 2 读引脚状态则为 0（读得的是引脚的实际电平），而经三态门 1 读锁存器的 Q 端状态则为 1（读得的是内部总线原先向口线输出的电平）。CPU 自动根据所执行的指令的性质选择读引脚或者读锁存器。

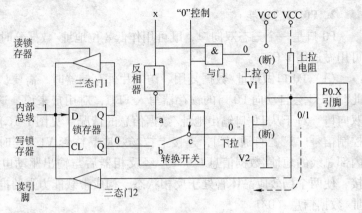

图 1-18   P0 口作 I/O 口输入数据

1.5.2   P1 口的结构及功能

1. P1 口的结构

P1 口是可位寻址的 8 位双向口，字节地址为 90H，位地址从高位至低位分别为 97H ~ 90H。以 P1 口中的某一位为例，P1 口的 1 位结构图见图 1-19，由一个输出锁存器（由 D 触发器组成，8 个锁存器构成特殊功能寄存器 P1）、一个输出驱动电路（由场效应晶体管 V 和一个做内部上拉电阻用的阻性元件场效应晶体管组成）和两个三态门（三态门 1 用于读锁存器端口，三态门 2 用作输入缓冲）组成，但没有转换开关及其控制电路。

2. P1 口的功能

P1 口只作为通用 I/O 接口，其原理与作为输入输出的 P0 口相同。P1 口既可以作为通用输出口，也可以作为通用输入口，输入数据时同样分为读引脚和读锁存器两种方式。为了避免误读，读引脚之前必须先向锁存器置 1，使场效应晶体管 V 截止，然后才能读引脚。

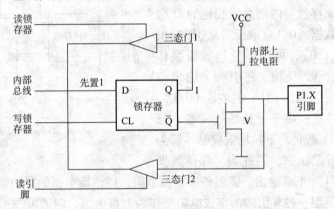

图 1-19   P1 口的 1 位结构图

对于 52 子系列，P1 口除了作为通用 I/O 口用外，P1.0 和 P1.1 还可作为多功能口使用。P1.0 是定时器/计数器 2 的外部计数触发输入端 T2，P1.1 是定时器/计数器 2 的外部控制输入端 T2EX。

1.5.3   P2 口的结构及功能

1. P2 口的结构

P2 口是可位寻址的 8 位双向口，字节地址为 A0H，位地址从高位至低位分别为 A7H ~

A0H。以 P2 口中的某一位为例，P2 口的 1 位结构图见图 1-20，由一个输出锁存器（由 D 触发器组成，8 个锁存器便构成特殊功能寄存器 P2）、一个输出驱动电路（由场效应晶体管 V 和一个作内部上拉电阻用的阻性元件场效应晶体管组成）、一个转换开关、一个反相器和两个三态门（三态门 1 用于读锁存器端口，三态门 2 用做输入缓冲）。

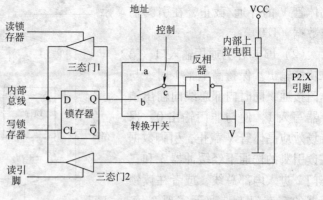

图 1-20　P2 口的 1 位结构图

2. P2 口的功能

P2 口在结构上有了一个转换开关，因此既可以作为通用 I/O 口使用，也可以作为地址总线使用。

P2 口作为通用 I/O 口使用时，内部控制信号使转换开关的（b～c）接通，连接了锁存器的输出端 Q，构成一个准双向口，其功能与 P1 口相同，既可以输出数据，又可以输入数据。输入数据时同样分为读引脚和读锁存器两种方式。读引脚之前必须先向锁存器置 1，使场效应晶体管 V 截止，避免误读现象。

P2 口用作扩展系统外部的地址总线时，内部控制信号使转换开关的（a～c）接通，地址信号出现在引脚上。在访问大于 256B 的外部扩展存储器时，P2 口按照指令的性质提供片外 ROM 或片外 RAM 的高 8 位地址，与 P0 口提供的片外低 8 位地址共同组成最大 64KB 的寻址范围。当片外访问结束后，转换开关自动切换到锁存器 Q 端，引脚恢复到原来的状态。P2 口作为地址总线时，会连续不断地输出高 8 位地址，因此其中未使用到的口线一般不能再作为通用 I/O 口使用。然而，当扩展的片外存储器容量不超过 256B 时，可以通过指令只让 P0 口输出低 8 位地址，P2 口不输出任何地址。在这种情况下 P2 口仍可作为通用 I/O 口使用。

1.5.4　P3 口的结构及功能

1. P3 口的结构

P3 口是可位寻址的 8 位多功能双向口，字节地址为 B0H，位地址从高位至低位分别为 B7H～B0H。以 P3 口中的某一位为例，P3 口的 1 位结构图见图 1-21，与 P1 口相比，增加了一个与非门（其中一个输入端是输出锁存器的 Q 端，另一个输入端是第二功能输出的控制端，与非门的输出端控制场效应晶体管 V）和一个缓冲器 3（缓冲器的输出作为第二功能的输入）。

2. P3 口的功能

P3 口既可以作为通用 I/O 口（又称第一功能口），也可以作为第二功能口。端口的第二功能需由软件激活，否则 P3 口自动设置为第一功能。

（1）P3 口作为通用输出口　第二功能输出端保持高电平 1 时，与非门接通，内部总线把数据（1/0）通过输出锁存器 Q 端送出（1/0），经与非门反相输出（0/1），控制场效应晶体管 V 的导通/截止，在引脚输出数据（1/0）。

（2）P3 口作为通用输入口　第二功能输出端保持高电平 1 时，与非门接通，同时内部总线向输出锁存器写入 1，使与非门输出 0，保持场效应晶体管 V 截止，引脚数据在读引脚的选通下经缓冲器 3 和三态门 2 进入内部总线，或者在读锁存器的三态门 1 选通下实现"读-修改-输出"指令的操作。

（3）P3 口作为第二功能输出口　内部总线向输出锁存器置 1

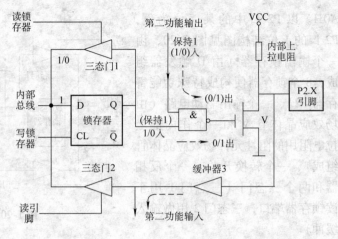

图 1-21　P3 口的 1 位结构图

时，Q 端令与非门接通，此时第二功能输出端的数据通过与非门输出至引脚端口。第二功能输出信号有 TXD、$\overline{WR}$ 和 RD。

（4）P3 口作为第二功能输入口　内部总线向输出锁存器置 1 并且第二功能输出端保持高电平 1 时，与非门输出 0，场效应晶体管 V 截止，引脚信号进入缓冲器 3 后，从缓冲器 3 的输出端取出第二功能的输入信号。第二功能输入信号有 RXD、$\overline{INT0}$、$\overline{INT1}$、T0 和 T1。

1.5.5　I/O 口的带载能力及要求

1）P0 口输出级的结构与 P1 ~ P3 口输出级的结构不同，因此 P0 口的带载能力和要求与 P1 ~ P3 口不相同。P0 口每一位可以驱动 8 个 LSTTL 负载。作为通用输出端口时，输出驱动级为漏极开路电路，驱动 NMOS 型或其他吸电流负载时需要外接上拉电阻才能输出高电平；作为地址/数据总线复用时，不需要外接上拉电阻。

2）P1 ~ P3 的输出驱动级内部均接有上拉电阻，每一位的输出可以驱动 4 个 LSTTL 负载。对于 HMOS 型和 CHMOS 单片机，P1 ~ P3 口作为输入端时均可被集电极开路或漏极开路的电路驱动，不需要再外接上拉电阻。由于 CHMOS 型单片机端口只能提供几毫安输出电流，作输出口去驱动一般晶体管基极时，应在端口与基极间串入限流电阻。

3）P0 ~ P3 口作为通用 I/O 口用时，P0 口需外接上拉电阻，而 P1、P2、P3 本身已设置有内部上拉电阻，端口不存在悬浮的高阻抗状态，所以称为准双向口。P0 口只有作为地址/数据总线复用时，端口才会处于悬浮的高阻抗状态，此时 P0 口称为真正的双向口。

4）P0 ~ P3 口用作读引脚输入时，执行前必须先向端口锁存器写入 1，使场效应晶体管 V 截止，端口引脚才不至于被钳位在电平 0 而造成引脚信号的读入出错。单片机复位时，CPU 会自动向所有端口锁存器写入 1。读写引脚的操作是以 P0 ~ P3 口的源操作数为依据进行判断的。

5）P0 ~ P3 口用作读锁存器输入时，CPU 首先把锁存器所代表的端口的值通过读锁存器三态门读入内部总线，数值修改后又重新写回锁存器中，从而达到了控制端口引脚状态的目的。读锁存器的操作是以 P0 ~ P3 口作目的操作数。

1.6　51 系列单片机的工作方式

单片机的 CPU 时序电路在时钟脉冲的控制下工作，主要的工作方式有：复位方式、程序执行方式、低功耗方式和在线编程方式 4 种。工作方式的恰当运用，能够产生良好的效果。

1.6.1　复位方式

单片机通过复位（Reset）实现初始化操作，把 PC 初始化为 0000H，程序从 0000H 单元开始执行。如果程序执行过程中出错使系统进入"死机"状态，可以通过手动方式使系统复位或利用微处理器监视器（Watchdog）迫使系统复位。这些均属于系统硬件复位方式。

1. 复位电路

51 系列单片机的复位信号为高电平信号，只要复位信号输入端 RST 出现两个机器周期以上的高电平就能实现系统的复位。实际的复位电路如图 1-22a 所示，电容 C 和电阻 R 通路实现上电复位，其工作原理是：当系统供电电源 VCC 接通时，VCC 电压全部加到电阻 R 上，使 RST 端产生高电平。由于电容 C 在不断充电直至充满，电阻 R 上的电压降为低电平，

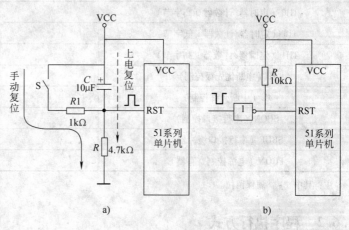

图 1-22　复位电路

系统完成复位操作，从 0000H 开始执行程序。手动复位是通过按键 S、电阻 $R1$ 和 R 实现的，按键 S 按下时，电容 C 上的电压通过 S 和 $R1$ 放电，电阻 R 上出现高电平 VCC，系统复位；按键 S 松开时，电容 C 恢复充电，电阻 R 上的电压又逐渐降为低电平，系统复位结束。理论上复位引脚上的高电平信号只需要大于两个机器周期，实际应用时采用图中元件的参数即可实现系统的可靠复位。RST 复位引脚也可以通过外部脉冲复位，图 1-22b 为负脉冲经反相器复位的电路接法。

2. 复位状态

单片机复位后，PC 值为 0000H。复位后的 SFR 状态见表 1-3。这里特别要注意的是：堆栈 SP 指向 07H 单元，并行 I/O 口 P0 ~ P3 全部置为 "1"。因此，主程序开始时首先要把 SP 移向片内 RAM 的高端地址。

表 1-3　复位后的 SFR 状态

寄存器及其符号	复位时的内容
PC（程序计数器）	0000H
SP（堆栈）	07H
PSW（程序状态字）	00H

（续）

寄存器及其符号	复位时的内容
ACC（累加器）	00H
B（累加器）	00H
P0～P3（输入/输出口）	FFH
DPTR（数据指针）	00H
TMOD（定时器/计数器模式）	00H
TCON（定时器/计数器控制）	00H
T2CON（定时器/计数器2控制）	00H
TL0（定时器/计数器0低字节）	00H
TH0（定时器/计数器0高字节）	00H
TL1（定时器/计数器1低字节）	00H
TH1（定时器/计数器1高字节）	00H
IP（中断优先级控制）	--000000B
IE（中断允许控制）	0-000000B
SCON（串行接口控制）	00H
SBUF（串行接口缓冲器）	（不变化）
PCON（电源控制寄存器）	0---0000B

注：其中"-"属保留位。

1.6.2　程序执行方式

程序执行模式属于单片机最基本的工作方式，单片机复位后程序总是从0000H开始执行。由于其后续地址为中断入口地址单元，因此需要在0000H单元中加入一条绝对跳转指令，转到主程序入口地址。主程序入口地址设在0030H时，可避免与各个中断入口单元发生冲突，程序参考写法如下：

```
      ORG   0000H
      AJMP  MAIN            ;转主程序
      ORG   0030H
MAIN：MOV  SP,#60H          ;堆栈上移
      ⋮
```

1.6.3　低功耗方式

51系列单片机的低功耗方式包括：待机方式和掉电保护方式。这两种方式均由电源控制寄存器PCON（Power Control Register）的相关位来控制，PCON的字节地址为87H，可位寻址，结构如下：

D7	D6	D5	D4	D3	D2	D1	D0	
SMOD	—	—	—	GF1	GF0	PD	IDL	PCON 87H
波特率倍增位	保留位	保留位	保留位	通用标志	通用标志	掉电方式	待机方式	（可位寻址）

低功耗方式的硬件内部结构见图 1-23。

1. 待机方式

通过软件把 PCON 寄存器的
最低位 IDL 置为 1，系统便进入
待机方式。如图 1-23 所示，待机
状态时振荡器继续运行，因与非
门 1 仍然接通，继续为中断逻辑、
串行口和定时器提供时钟信号，
但与门 2 被封锁，提供给 CPU 的
内部时钟信号被切断，CPU 内部
包括 PC、SP、PSW、ACC 及所有

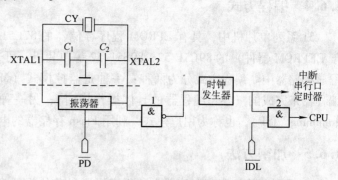

图 1-23　低功耗方式的硬件内部结构

工作寄存器在内的寄存器状态在待机期间全部被保留。+5V 供电时，处于待机状态的
CHMOS 型单片机电流消耗从正常的 24mA 降为 3mA。这对于工作时间较短而长期处于空闲
状态的应用设计（如单片机控制的密码保险柜）来说，待机方式有利于系统节能和提高电
路的工作稳定性。执行如下一条指令（使 IDL 置1），单片机便能进入待机方式：

```
MOV  PCON,#01H        ;进入待机状态的指令
```

待机方式的唤醒方法有两种：

1）任意一个被允许的中断被激活，则 IDL 被硬件清零，待机状态结束。在中断服务程
序中执行了返回指令 RETI 后，系统将要执行待机指令的后续一条指令。实际的做法是在待
机指令之后使用一条无条件跳转指令，即可再次进入待机状态：

```
JIDL：MOV  PCON,#01H   ;进入待机状态的指令
      AJMP  JIDL       ;待机指令的后续指令
```

PCON 中的 GF0 和 GF1 是通用标志位，用户可以在进入待机的同时把上述其中一个标志
置 1，当待机方式被中断终止并进入中断服务程序时，可先检查该标志以确定该次中断是否
发生在待机时刻，从而决定中断服务的性质。

2）通过硬件复位，终止待机方式。

2. 掉电方式

通过软件把 PCON 寄存器的 PD 置 1，系统进入掉电方式。片内振荡器停止工作，与门 1
被封锁，不能产生时钟信号，一切功能都停止。只有片内 RAM 内容和特殊功能寄存器内容
仍然保持，并行 I/O 口的输出值保存在各自的 SFR 中，ALE 和 PSEN 引脚输出低电平。此时
VCC 可降到 2V，耗电仅为 50μA。掉电方式通过最少的电流消耗保持片内 RAM 数据。执行
如下一条指令（使 PD 置 1），便能进入掉电模式：

$\vdots$

```
MOV  PCON,#02H        ;进入掉电模式的指令
```

退出掉电方式的唯一途径是硬件复位。要注意的是，进入掉电方式之前 VCC 不应下降，
而在掉电方式结束之前，VCC 就应恢复到正常值，否则不要进行复位操作，这种掉电方式
适用于 CHMOS 工艺的单片机。对于 HMOS 工艺的单片机，由于自身功耗较大，因此应用掉
电方式需要把备用电池电路接入 RST/VPD 引脚，使单片机在 VCC 掉电时由备用电池供电，
维持片内 RAM 的数据不丢失。

1.6.4   编程方式

51 系列单片机中，具有 EPROM 程序存储器的 87C51/52 和具有 Flash 闪速存储器（属于 EEPROM 器件）的 89C51/52、89S51/52 等单片机，可通过编程方式把编译后的程序写入程序存储器中。编程方式分为两种：一种是监控模式（Monitor Mode），程序的写入是通过编程器来完成的（参考编程器的具体操作指南）；另一种是在线编程模式（In-System Programming，ISP），也称为用户模式，利用 Flash 存储器的电可擦写特性，在线写入程序。

1.6.5   加密方法

51 系列单片机程序存储器中的程序可通过芯片设置有的加密位进行加密保护，这在一定程度上为防范程序的非法窃取提供了相应的技术保障。

1. EPROM 型 8751/52、87C51/52 的加密

这类单片机设置有一个加密位，可通过编程器对加密位编程。编程时保持 P2.6 为高电平，P0、P1 和 P2.0 ~ P2.3 可为任何状态，一经加密后，片内程序存储器的程序可正常执行，但片外不能访问或读出，只有将芯片的程序储存器完全擦除才能解密，此时可以重新对程序存储器编程。

2. Flash 型 89C51/52 的加密

该类单片机有 3 个可编程加密锁存位（lock bit），相互独立，为代码提供不同级别的保护，从低到高的编程顺序为 LB1、LB2、LB3，其加密功能分别为

LB1：禁止使用片外存储器访问指令 MOVC 访问片内存储器的代码或编程。

LB2：同 LB1，且禁止校验存储器中的程序。

LB3：同 LB2，且禁止执行片外程序。

通过对这 3 个加密/锁存位进行组合编程，可实现不同的加密效果。LB2 包含了 LB1 的保密功能，而 LB3 包含了 LB2 的保密功能。只有把程序储存器完全擦除才能解密，然后可以重新编程。

3. 特殊加密措施

在实践过程中，产生了下述一些非标准的加密措施，也可以实现芯片程序的加密保护。

（1）OTP 加密方式   击穿硅片使加密锁定位烧坏，但不会损坏其他部分，此做法使加密位被永久性破坏，程序存储器的代码不能再被擦写和重新编程。效果与 OTP 型单片机 97C51/52 相同。

（2）烧总线加密方式   把 P1.0 口烧断，读出的 8 位数据与正确的代码产生偏差，但要求设计应用电路时空出 P1.0 口不做它用。

练习与思考

1. 什么叫单片机？在功能和外设方面与通用微机有哪些主要区别？

2. 51 系列单片机本书是如何定义的，包含了哪些基本类型？

3. 51 系列单片机从程序存储器上区分主要有哪几种类型？特点如何？

4. 51 系列单片机从实验研究的角度考虑，选用哪种类型较合适？

5. 列举单片机中一些经常用到的引脚封装，并说明使用场合。

6. 51系列单片机CPU由运算部件和控制部件组成，这两大部分中各含哪些功能单元？

7. 说明51系列单片机振荡周期、机器周期、指令周期之间的关系。

8. 51系列单片机在取址执行过程中，ALE信号如何随指令结构的不同而变化？

9. 51系列单片机有哪几类存储器，物理地址如何分配？

10. 51系列单片机内部数据存储器功能上分为几个区？位寻址区有何特点？

11. 51子系列的特殊功能寄存器与52子系列的RAM区有何关系？如何区分？

12. 51系列单片机的$\overline{EA}$引脚有何作用？用法如何？

13. 51系列单片机的P0～P3口结构上有什么异同？使用上需注意什么问题？

14. 51系列单片机的4个并行I/O口应该用高电平还是低电平输出来驱动LED负载？为什么？

15. 51系列单片机有哪几种复位方法？系统复位后并行I/O口的状态如何？

16. 利用现有的万用表，通过哪些引脚的状态就能初步判断单片机正在工作？

17. 51系列单片机在工程应用中关系最密切的低功耗方式是哪种？利用了其中的什么特点？

18. 51系列单片机有哪些加密方式？

第 2 章　指 令 系 统

2.1　指令系统概述

单片机内所有指令的集合称为指令系统。MCS-51 系列单片机的指令系统具有功能强、指令精简和执行速度快等特点，用 42 个助记符代表 33 种操作功能，共 111 条指令。按指令的字节长度来分，有 49 条单字节指令，46 条双字节指令和 16 条三字节指令。按指令的执行时间（即机器周期数）来分，有 64 条单周期指令，45 条双周期指令和两条四周期指令。占字节数多的指令不一定执行时间就长，反之亦然。有的双字节指令仅需要一个指令周期，而有的单字节指令却需要两个指令周期。指令的字节数和机器周期数是程序设计中要考虑的最基本和最重要的两个因素，例如延时程序的编写就以这两个因素为依据的。AT89 和 P89 系列单片机的指令系统与 MCS-51 系列单片机的指令系统完全兼容。

2.1.1　指令格式

MCS-51 单片机的汇编语言指令格式的组成有如下几个部分：

［标号］：操作码［目的操作数］［，源操作数］［；注释］

这几个部分的含义和规定说明如下：

标号——又称指令地址符号，由字母开头的 1~6 个字符组成，与操作码之间用冒号"："隔开。方括号［ ］为可选项。

操作码——由助记符表示的字符串，用以规定指令的操作功能。

操作数——参加操作的数据或数据的地址。

注释——给指令加上便于阅读的说明，应养成注释的习惯，与操作数之间用分号"；"隔开。

方括号［ ］为可选项，操作码和操作数之间需由空格隔开。有些指令中的操作数可以没有，也可以有 1 个、2 个、或 3 个操作数，因此，对多操作数的指令，其操作数之间需用逗号"，"隔开。

2.1.2　指令分类

按指令的功能属性，MCS-51 指令系统可分为如下 5 类：

1）数据传送类，共 29 条指令，包括：片内 RAM、片外 RAM、程序 ROM 的传送、交换和堆栈操作。

2）算术运算类，共 24 条指令，包括：加、带进位加、减、乘、除、加 1、减 1。

3）逻辑运算类，共 17 条指令，包括：逻辑与、逻辑或、逻辑异或、移位。

4）控制转移类，共 17 条指令，包括：无条件转移与调用、条件转移与调用、返回与空操作。

5）位操作类，共 17 条指令，包括：位传送、位与、位或、位转移。

2.1.3　符号说明

指令的一些描述符号汇总如下：

A：累加器，又可写成 ACC。

B：专用寄存器，多用于乘法 MUL、除法 DIV 指令中。

C：进位标志或进位位，又用作位处理机中的累加器。

@：间接寻址寄存器或基址寄存器的前缀，如@ Ri，@ A + DPTR.

/：对该位操作数取反，如/bit。

Rn：现行选定的工作寄存器区中的 8 个寄存器（n = 0 ~ 7）

Ri：现行选定的工作寄存器区中的两个寄存器（i = 0，1），多用作间接寻址寄存器的地址指针。

Direct：直接寻址的 8 位地址，包括片内 RAM 单元，地址 0 ~ 127，或特殊功能寄存器（SFR）地址 128 ~ 255，或 I/O 地址。

#data：指令中的 8 位立即数。

#data16：指令中的 16 位立即数。

Addr16：16 位目标地址，可指向 64KB 的程序存储器中的任何空间。

Addr11：11 位目标地址，用于 ACALL 和 AJMP 指令中，目标地址必须存放在与下一条指令第一个字节同一个 2KB 的绝对空间内。

rel：以补码形式表示的 8 位相对偏移量，用于相对寻址的指令中，在-128 ~ +127 范围内取值。

Bit：片内数据 RAM 或特殊功能寄存器中的直接寻址位。

DPTR：数据指针，作 16 位地址寄存器。

(×)：×单元中的内容。

((×))：由×寻址的单元中的内容；即以×单元的内容为地址的存储器单元内容。

←：表示用箭头右边的内容代替箭头左边的内容。

$：表示指令自身的首地址，用作跳转指令的自循环地址标号。

2.2　寻址方式

指令由操作码和操作数组成，操作数又分为源操作数和目标操作数，操作数总是存放在某一存储单元中，寻找操作数实际上是寻找操作数所在的单元地址，称为寻址方式，具体的寻址方式取决于单片机自身的硬件结构。总体来说，寻址方式越丰富，CPU 指令功能越强，编程灵活性越大，随之而来的则是结构越复杂。MCS-51 单片机分为 7 种寻址方式，分别是：立即寻址、直接寻址、寄存器寻址、寄存器间接寻址、基址加变址间接寻址、相对寻址和位寻址。以下所述的各类寻址方式均附上英文索引词，便于学习查阅。

2.2.1　立即寻址

立即寻址方式（Immediate Addressing）中的操作数包含在指令字节中，跟随在操作码的后面，与操作码一起存放在程序存储器中，可以立即执行，所以称为立即寻址。该寻址方式一般是双字节指令，第一字节为操作码，第二字节为操作数（又称立即数），可把数值写成十进制数、十六进制数或二进制数的形式，其前面需加"#"标志，只能作为源操作数使用。在程序录入过程中要特别注意不要出现"#"标志遗漏的现象，以免造成程序调试的隐患。

  例如：MOV A,#18H;   ;十六进制立即数送入累加器 A

      MOV R3,#18;   ;十进制立即数送入寄存器 R3

      MOV A,#10100010B   ;8 位二进制立即数送入累加器 A

      MOV DPTR,#1203H   ;16 位十六进制立即数送入数据指针

  第一条和第二条指令立即寻址执行过程示意图见图 2-1，A 和 R3 属于特殊功能寄存器单元，指令执行后 A 和 R3 的内容分别被数值 18H 和 18 替代。

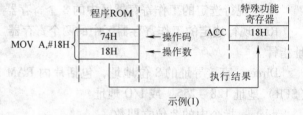

2.2.2　直接寻址

  直接寻址方式（Direct Byte Addressing）中的指令直接给出了操作数所在的存储器地址，该地址指出了参与操作的数据所在的字节地址或位地址，称为直接寻址。除少数指令如 MOV A，Rn 为单字节指令外，一般为双字节指令或三字节指令。直接寻址有两种情况，如图 2-2 所示。图 a 是片内 RAM 数据传送指

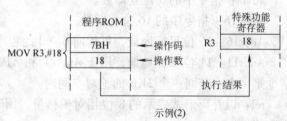

图 2-1　第一条和第二条指令立即寻址执行过程示意图

令的直接寻址；图 b 是长转移指令的直接寻址。图 a 属 8 位地址范围，可访问片内 RAM 低 128B 单元（00H ~ 7FH）和高 128 个特殊功能寄存器（SFR）单元；因 MCS-52 系列的片内 RAM 有 256 个单元，高 128B 单元 RAM 与 SFR 地址重迭，所以高 128B 单元 RAM 只能用寄存器间接寻址方式访问。图 b 属于 16 位地址范围，可访问程序存储器中的 64KB 空间；指令中的第一字节为操作码，第二、第三字节为操作数的地址码。

  例如：MOV A,36H   ;把片内 RAM 的 36H 地址单元的内容送入 A,属单字节指令

     MOV R0,38H   ;把片内 RAM 的 38H 地址单元的内容送入 R0,属双字节指令

     LJMP 0203H   ;把 16 位地址 0203H 送入 PC 中,属三字节指令

  第一条和第三条指令直接寻址执行过程示意图见图 2-2。第一条指令是先把 36H 单元的内容 09H 取出，然后放到累加器 A 中。第三条指令是把新地址 0203H 装入程序计数器（PC），然后按新的 PC 值执行。

2.2.3　寄存器寻址

  寄存器寻址方式（Register Addressing）是将某一个寄存器中的内容作为操作数。R0 ~ R7 由指令操作码的低 3 位编码表示，而累加器 A、B、位累加器 C 和数据指针（DPTR），则隐含在指令的操作码中。有很多指令都涉及到寄存器寻址。

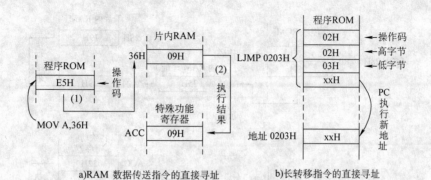

a)RAM 数据传送指令的直接寻址　　　　b)长转移指令的直接寻址

图 2-2　第一条和第三条指令直接寻址执行过程示意图

例如：MOV　A,R7　　　　　　　;把寄存器 R7 中的内容送入 A

　　　MOV　38H,R1　　　　　　;把寄存器 R1 中的内容送入片内 38H 地址单元

第一条指令寄存器寻址执行过程
示意图见图 2-3。寄存器 R7 位于片内
RAM 的低端，把其中的内容 23H 装
入累加器 A。

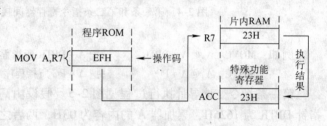

2.2.4　寄存器间接寻址

寄存器间接寻址（Register-Indi-
rect Addressing）是将某个寄存器的内

图 2-3　第一条指令寄存器寻址执行过程示意图

容作为操作数的地址。存放在寄存器中的内容不是操作数，而是操作数所在的存储器单元地
址。访问片内 256B RAM 或扩展的片外 256BRAM，可用 8 位工作寄存器 R0 或 R1 作间接寻
址寄存器；访问片外 64KBRAM，可用 16 位数据指针（DPTR）作间接寻址寄存器。访问片
内 RAM 时指令助记符用 MOV，访问片外 RAM 时指令助记符用 MOVX，所用寄存器均需加
前缀 "@" 符号。

　　例如：MOV　28H,@ R0　　　　;把 R0 所指片内 RAM 地址的内容送入片内 28H 地址单元

　　　　　MOVX　A,@ R1　　　　　;把 R1 所指 8 位片外 RAM 地址的内容送入累加器 A

　　　　　MOVX　A,@ DPTR　　　　;把 DPTR 所指 16 位片外 RAM 地址的内容送入累加器 A

第一条和第二条指令寄存器间接寻址执行过程示意图见图 2-4。

第一条指令假设 R0 的内容是 35H，但代表的是 RAM 地址，把该地址的内容 19H 送到
RAM 地址单元 28H 中。同理，第二条指令假设 R1 的内容是片外 RAM 地址单元 15H，把该
地址的内容 22H 送入累加器 A。

2.2.5　基址加变址间接寻址

基址加变址间接寻址方式（Indexed Addressing）简称变址寻址方式，以 16 位程序计数
器（PC）或 16 位数据指针（DPTR）作基址寄存器，以 8 位累加器作变址寄存器，两者内
容相加之和作为程序存储器地址，即操作数地址，然后从该地址单元读取数据，均需加前缀
"@" 符号。此方式常用作查表操作。

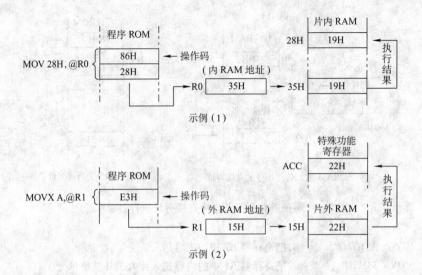

图 2-4　第一条和第二条指令寄存器间接寻址执行过程示意图

例如：MOVC　A,@ A + DPTR　　　　;把 A + DPTR 所指程序 ROM 单元的内容送入累加器 A

　　　　MOVC　A,@ A + PC　　　　　;把 A + PC 所指程序 ROM 单元的内容送入累加器 A

　　第一条指令变址寻址执行过程见图 2-5。假设由高字节 DPH 和低字节 DPL 构成的数据指针 DPTR 为 1626H，累加器 A 的内容为 03H，两者之和所指地址为 1629H，把该地址的内容 88H 再送回累加器中，执行结果是累加器的原内容 03H 被新内容 88H 所替代。

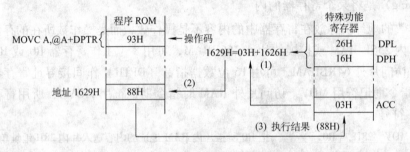

图 2-5　第一条指令执行过程示意图

2.2.6　相对寻址

　　相对寻址方式（Relative Addressing）是把当前程序计数器（PC）的值加上指令中第二字节给出的偏移量 rel，构成程序转移的目的地址，用于访问程序存储器，此方式多用于相对转移指令中。以图 2-6 为例，有两方面的问题需要注意：

　　1）由于相对转移指令多为双字节指令，当前 PC 值指的是该相对转移指令执行后的 PC 值，数值等于相对转移指令的存储器地址加上该指令的字节数（对双字节指令，其字节数为 2），相对寻址指令执行过程见图 2-6。图 2-6a 的指令 JZ AFLAG 表示：如果检测到累加器内容为零，则跳转到地址标号 AFLAG 处。该指令的存放占用了程序存储器的两个字节，假设指令未执行时的 PC 值为 1234H，则当前 PC 值应为 1234H + 2 = 1236H，图中偏移量为

9H，所以地址标号 AFLAG 数值应为：1236H + 09H = 123FH。计算式为：目标地址 = 当前 PC 值 + 偏移量 rel = 指令存储地址 + 指令字节数 + rel。

2）偏移量是以补码表示的带符号单字节数，取值范围为 −128 ~ +127，负数表示从当前 PC 值向前转移（地址标号值减少），正数表示从当前 PC 值向后转移（地址标号值增加）。

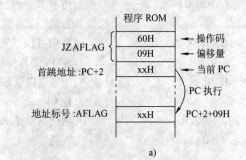

a)

需要说明的是：实际编写程序时程序中只需给出地址标号，汇编过程中编译器会自动计算出偏移量 rel，如果 rel 值超越规定的有效范围，会自动给出出错提示。此情况下需利用跳转范围较大的绝对转移指令（如 AJMP）转移到所需的地址标号。具体做法就是分两步转移，在程序中增加一个小于偏移量的附加标号，第一步先用相对转移指令转移到这个附加标号，以确保相对转移指令的

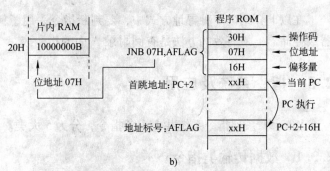

b)

图2-6 相对寻址指令执行过程

转移范围没有超限；第二步改用绝对转移指令，从这个附加标号转移到最终的地址标号，就能使程序的编译恢复正常。

图2-6b的指令 JNB 07H，AFLAG 属于位操作指令（详见下一节），因此 07H 表示位地址，属于字节 20H 中的最高位。如果检测到该位不是1，则程序跳转到标号 AFLAG 处执行。该指令未执行时的 PC 值加2就是当前 PC 值（也即首跳地址），假设偏移量为 16H，则跳转到地址标号处的 PC 值应为 PC + 2 + 16H。

2.2.7 位寻址

位寻址方式（Direct Bit Addressing）是在位操作指令中直接给出位操作数的地址。片内 RAM（字节地址 20H ~ 2FH）的位寻址区共有 128 位，特殊功能寄存器（SRF）中的可寻址位共有 93 位，每个可寻址位都有自己的位地址。进位位 C 用作位操作的累加器，位寻址方式对程序控制尤其方便。需要注意的是，位地址和字节地址的表示形式完全一样，位地址和字节地址是根据指令的功能来区分的。如果是位操作指令，则所操作的是位地址，属字节地址中的某一位；如果是字节操作指令，则所操作的是字节地址，属整个字节。

例如：MOV C,00H   ;对位累加器 C 操作，00H 是位地址（属字节地址 20H 的最低位）

MOV A,00H   ;对累加器 A 操作，00H 是字节地址（属0区工作寄存器的 R0）

MCS-51 指令系统中的位地址，可采用下述几种表示形式：

　　(1) MOV　C,00H　　　　　　　　；直接采用寻址空间中的绝对地址00H(注意,工作寄存器
　　　　　　　　　　　　　　　　　　　　　　R0~R7入栈保护时必须采用绝对地址)

　　(2) MOV　C,20H.0　　　　　　　；用字节中的位序号表示,此例表示片内数据储存器20H的
　　　　　　　　　　　　　　　　　　　　　　首位

　　(3) MOV　C,SCON.0　　　　　　；利用可位寻址的SFR的位序号表示,此例表示串行控制器
　　　　　　　　　　　　　　　　　　　　　　SCON的首位

　　(4) MOV　C,RI　　　　　　　　　；用可位寻址SFR的位名称表示,此例表示SCON的接收标志
　　　　　　　　　　　　　　　　　　　　　　位RI

　　(5) SDA　EQU P3.0　　　　　　；用伪指令把P3.0定义为字符SDA再使用(此形式对I/O口
　　　　　MOV　C,SDA　　　　　　　　　线的编程尤为方便,P3.0改变时程序中的SDA符号均不必
　　　　　　　　　　　　　　　　　　　　　　改动)

　　在以上介绍的7种寻址方式中,要判断指令采用了何种类型的操作数、使用了哪些寄存器或存储器,最有效的办法是查阅附录A中的指令表。

2.3　指令系统及应用

　　MCS-51系列指令系统共111条指令,分为5大类。

2.3.1　数据传输类指令

　　数据传输类指令(Data Transfer Instructions)共29条,采用的8个助记符分别是MOV、MOVX、MOVC、XCH、XCHD、SWAP、PUSH、POP。操作过程是把源操作数送到指定的目标地址,结果是目的操作数被源操作数替代,而源操作数不改变。数据传送类指令使用频率很高,尤其是片内传送的MOV指令,除相对寻址和位寻址方式外,可以用于其余5种寻址方式。为了便于掌握,29条指令按特性再细分。

　　1. 片内传送用MOV指令(16条)

　　汇编格式：MOV [目的操作数],[源操作数]

　　(1) 源操作数采用立即寻址方式传送(5条)

MOV　A,#data　　　　　　　；(A)←data,立即数替代累加器中的内容

MOV　direct,#data　　　　　；(direct)←data,立即数替代RAM单元的内容

MOV　Rn,#data　　　　　　　；(Rn)←data,(n=0~7),立即数替代寄存器单元的内容

MOV　@Ri,#data　　　　　　；((Ri))←data,(i=0,1),立即数替代寄存器指针所指地址单元的
　　　　　　　　　　　　　　　　　　内容

MOV　DPTR,#data16　　　　　；(DPTR)←data16,立即数替代数据指针中的内容

　　前面4条指令传送的是8位立即数,最后一条指令传送给数据指针的是16位立即数。数据存放到数据指针(DPTR)时,高8位立即数送入DPH,低8位立即数送入DPL,在查表应用时作表头赋值。

　　编写程序的过程中,如果不小心漏写了前缀符"#",立即数便成了存储器地址,编译照样能通过,不会当作出错处理,但指令执行的结果就全然是另一回事了。这种不显眼的差错往往会耗掉不少程序调试时间,应尽量避免这种差错的出现。

　　例：把十六进制立即数23H送入片内50H单元,有两种编程方式：

方式 1：MOV　50H,#23H　　　　　　;直接传送
方式 2：MOV　R0,#50H　　　　　　　;入口数据赋值 R0
　　　　MOV　A,#23H　　　　　　　;入口数据赋值 A
　　　　MOV　@R0,A　　　　　　　　;间接传送

后者利用 R0 作为数据指针，只需更改入口语句的赋值，程序内其余相关语句不需更改，编程灵活性较强。

（2）片内 RAM 之间的数据传送（5 条）

MOV　direct2,direct1　　　　;(direct2)←(direct1)，片内 RAM1 的内容替代 RAM2 的内容
MOV　direct,Rn　　　　　　　;(direct)←(Rn)，工作寄存器的内容替代片内 RAM 单元的内容
MOV　Rn,direct　　　　　　　;(Rn)←(direct)，片内 RAM 单元的内容替代工作寄存器的内容
MOV　direct,@Ri　　　　　　;(direct)←((Ri))，寄存器指针所指地址内容替代内 RAM 单元的内容
MOV　@Ri,direct　　　　　　;((Ri))←(direct)，RAM 单元内容替代寄存器指针所指地址单元的内容

第二条和第三条指令的关系互为对应，第四条和第五条指令的关系互为对应。凡使用寄存器间接寻址指令，在指令执行之前都需要对指针 Ri 或 DPTR 执行赋值的指令。

例：用寄存器间接寻址方式把 R0 内容指定的片内 RAM 地址（设为 30H）的内容送入堆栈 SP 中。

MOV　R0,#30H　　　　　　　;将立即数赋值 R0，作为间接寻址指令的地址
MOV　SP,@R0　　　　　　　　;把 RAM 地址 30H 的内容送入堆栈 SP 中

（3）累加器的数据传送（6 条）

MOV　A,Rn　　　　　　　　;(A)←(Rn)，工作寄存器的内容替代累加器的内容
MOV　Rn,A　　　　　　　　;(Rn)←(A)，累加器的内容替代工作寄存器的内容
MOV　A,direct　　　　　　　;(A)←(direct)，片内 RAM 单元的内容替代累加器的内容
MOV　direct,A　　　　　　　;(direct)←(A)，累加器的内容替代片内 RAM 单元的内容
MOV　A,@Ri　　　　　　　　;(A)←((Ri))，寄存器指针所指地址单元的内容替代累加器的内容
MOV　@Ri,A　　　　　　　　;((Ri))←(A)，累加器的内容替代寄存器指针所指地址单元的内容

这 6 条指令均是累加器和片内 RAM 单元之间不同寻址方式的数据传送，通过累加器方式实现编程操作十分常用且操作方便。

例：用累加器对片内 RAM 单元 30H、31H 清零。

MOV　A,#00H　　　　　　　;累加器先清零
MOV　30H,A　　　　　　　　;片内 RAM 单元清零
MOV　31H,A　　　　　　　　;片内 RAM 单元清零

2. MOVX 类传送指令（4 条）

助记符为 MOVX 的指令属于片外寻址操作指令。如果用 8 位数据指针 Ri（i=0，1），只能在片外 256B 范围内间接寻址；用 16 位数据指针（DPTR）则可以在片外 64KB 范围内间接寻址。这一类指令只能通过累加器来传送，不能与其他存储器和片内 RAM 直接进行传送。

单片机要扩展片外 RAM，需用到 P0 口和 P2 口，其中 P0 口作数据/地址分时复用。也

就是说，P0 口一方面作 8 位数据传送线，另方面作 64KB 寻址的低 8 位地址线（作地址线输出由地址锁存器锁定），高 8 位地址线则由 P2 口提供。

MOVX　A,@ Ri	;(A)←((Ri))，8 位数据指针所指片外地址单元的内容替代累加器内容
MOVX　@ Ri,A	;((Ri))←(A)，累加器内容替代 8 位数据指针所指片外地址单元的内容
MOVX　A,@ DPTR	;(A)←(DPTR)，16 位数据指针所指片外地址单元的内容替代累加器内容
MOVX　@ DPTR,A	;(DPTR)←(A)，累加器内容替代 16 位数据指针所指片外地址单元的内容

第一条和第二条指令的关系互为对应，第三条和第四条指令的关系互为对应。使用时，先对数据指针赋值。

例：设片外 RAM 单元（60H）的内容为 09H，把它传送到片内 RAM 单元（20H）中，需通过累加器来传送。

MOV　R0,#60H	;对 8 位数据指针赋值
MOVX　A,@ R0	;用间接寻址方式送入累加器 A
MOV　20H,A	;片内 20H 单元的内容被十六进数 09H 替代

例：设单片机外扩设备的端口地址为 B000H，把片内 30H 单元的数据送至该端口，需通过累加器来传送。

MOV　DPTR,#0B000H	;对 16 位数据指针赋值
MOV　A,30H	;片内 30H 单元内容送至累加器 A
MOVX　@ DPTR,A	;用间接寻址方式把累加器 A 中内容送至外部端口

3. MOVC 类传送指令（2 条）

助记符为 MOVC 的指令是针对程序存储器进行数据传送的，通常用于查表，又称查表指令。表格的地址称为表头，被查表格通常放在程序存储器的尾部。用 16 位 PC 或 DPTR 作基址寄存器，累加器 A 作变址寄存器，基址的内容与变址的内容相加，产生新的 16 位地址，把该地址的内容送入累加器 A，此类指令只能通过累加器 A 进行间接寻址。

MOVC　A,@ A + DPTR	;(A)←((A) + (DPTR))
MOVC　A,@ A + PC	;(PC)←(PC) + 1,(A)←((A) + (PC))

第一条指令属单字节指令，使用前需用表头（16 位地址）对基址寄存器 DPTR 赋值，能在 64KB 程序存储器内进行查表；变址寄存器 A 装入查表偏移量，范围在 256B 之内。第二条指令属单字节指令，用 PC 当前值作为基址，PC 当前值是指令自身的存储地址加 1 的值；变址寄存器 A 的内容为 8 位无符号数，因此查表的偏移量只能在当前 PC 值之后的 256B 范围之内。在编程时要对该指令所在地址与表格首地址间的字节偏移量进行计算。

偏移量 = 表格首地址 − (MOVC 指令的地址 + 1)

应用例：设查表程序段及其后随的表格如下，查表指令执行之前需有偏移量赋值和表头赋值的指令。

1000H:MOV　A,#02H	;2 字节指令,(A)←02H,偏移量赋值 A

```
1002H:MOV  DPTR,#3000H        ;3 字节指令,(DPTR)←3000H,表头赋值
1005H:MOVC  A,@ A + DPTR      ;取偏离表头 2 字节处的数据送入 A
    ⋮
3000H:00H                     ;在 3000H 单元存有数据 00H
3001H:01H                     ;在 3001H 单元存有数据 01H
3002H:02H                     ;在 3002H 单元存有数据 02H
3003H:03H                     ;在 3003H 单元存有数据 03H
    ⋮
```

指令执行的结果:(A) = 02H,(PC) = 1006H

实际编程时,用字符标号代替程序存储器的绝对地址,表格可放于 64KB 任意范围(通常放于程序段之末)。表格可表示为

```
TAB:00H                       ;TAB 为表头标号
    01H
    02H
    03H
```

则上述查表指令段可写成:

```
PROG1:MOV  A,#02H
      MOV  DPTR,#TAB
      MOVC  A,@ A + DPTR
```

4. XCH、XCHD、SWAP 类指令（5 条）

用于片内 RAM 单元和累加器 A 之间的全字节交换、半字节交换、高低 4 位数据交换。

（1）全字节交换指令

```
XCH  A,Rn        ;(A)← →(Rn),工作寄存器的内容与累加器的内容互换
XCH  A,direct    ;(A)← →(direct),片内 RAM 单元的内容与累加器的内容互换
XCH  A,@ Ri      ;(A)← →((Ri)),8 位数据指针所指地址单元的内容与累加器内容互换
```

（2）低半字节交换

```
XCHD  A,@ Ri     ;(A_{3~0})← →((Ri))_{3~0},采取间接寻址方式,8 位数据指针所指地址单元的
                  低半字节内容与累加器低半字节内容交换
```

（3）高 4 位与低 4 位交换

```
SWAP  A          ;(A_{7~4})← →(A_{3~0}),累加器中高 4 位和低 4 位互换
```

例:在用 4 位压缩 BCD 码进行硬件译码的 LED 数码管显示应用中,运用此指令尤其简便,把两个 4 位 BCD 码装入累加器 A 后,先送出高 4 位作第一个 BCD 码的显示,然后把低 4 位换到高 4 位,送出第二个 BCD 码作显示。

5. PUSH、POP 类指令（2 条）

堆栈操作的进栈和出栈,执行的是压入数据和弹出数据的操作,用于保护现场和恢复现场。进栈和出栈的数据对象是片内低 128B RAM 单元和特殊功能寄存器（SFR）的内容。

```
PUSH  direct     ;(SP)←(SP) + 1,堆栈指针先加 1,指向栈顶存储单元
                 ;(SP)←(direct),然后把直接寻址单元的内容压入 SP 所指单元内
POP  direct      ;(direct)←(SP),栈顶的内容先弹出,放到直接寻址单元中
                 ;(SP)←(SP) - 1,然后堆栈指针减 1,指向新的栈顶位置
```

例：设当前采用的是工作寄存器 1 区，把 R0 和 DPTR 入栈保护和出栈恢复。

```
PUSH   08H                ;入栈保护需用 R0 在 1 区的绝对地址 08H,不能压入寄存器符号 R0
PUSH   DPH                ;把数据指针 DPTR 的高 8 位字节压入堆栈
PUSH   DPL                ;然后把数据指针 DPTR 的低 8 位字节压入堆栈
   ⋮
POP    DPL                ;弹出数据指针 DPTR 的低 8 位字节
POP    DPH                ;然后弹出数据指针 DPTR 的高 8 位字节
POP    08H                ;最后弹出 1 区的工作寄存器 R0
```

注意：

1）堆栈操作遵循先入后出的原则，否则数据恢复会发生混乱。

2）单片机上电复位或手动复位后，堆栈 SP 的默认值为 07H，大于 07H 以上的存储单元都属于堆栈范围，没有空间为程序所用；编程时主程序首先给堆栈 SP 赋值，使其上移到片内 RAM 的高端；上移的范围既要保证堆栈有一定的深度空间作现场保护之用，又不要占据过多 RAM 空间，初值的设置如：

```
MOV    SP,#60H       ;较为合适
```

2.3.2　算术运算类指令

算术运算类指令（Arithmetic Instructions）共 24 条，采用 8 个助记符分别为 ADD、ADDC、INC、DA、SUBB、DEC、MUL、DIV（前 4 个属加法类指令，后 4 个属减法和乘除法类指令）这些指令对 8 位无符号数直接进行加减乘除的 4 种基本算术运算（没有 16 位数的运算指令）。算术运算的执行结果会影响到程序状态字（PSW）中的进位标志（CY）、半进位标志（AC）、溢出标志（OV），使这三个标志置位或复位（加 1 和减 1 指令不影响这些标志）。借助溢出标志，可对带符号数进行 2 的补码运算；借助进位标志，可进行多精度的加、减和循环移位，也可以对压缩 BCD 码进行运算（压缩 BCD 码是在一个字节中存放 2 位 BCD 码），但后续需进行十进制数调整。

1. 加法指令（目的操作数只能是累加器 A）

（1）ADD 不带进位加指令（4 条）

```
ADD    A,#data       ;(A)←(A)+data,累加器 A 的内容与立即数相加,替代 A 的内容
ADD    A,Rn          ;(A)←(A)+(Rn),n=0,1,…7,累加器 A 的内容加寄存器的内容,替代 A 的
                      内容
ADD    A,direct      ;(A)←(A)+(direct),累加器 A 的内容加片内 RAM 的内容,替代 A 的内容
ADD    A,@Ri         ;(A)←(A)+((Ri)),i=0,1,累加器 A 的内容加 8 位数据指针所指地址单
                      元的内容,替代 A 的内容
```

各标志变化的判断依据：

1）相加过程中，若第 3 位和第 7 位向高位有进位，则半进位标志（AC）和进位标志（CY）置位，否则清零。

2）相加过程中，若第 6 位有进位而第 7 位没有进位，或者第 7 位有进位而第 6 位没有进位，则溢出标志（OV）置位，否则清零。

3）相加的结果中，累加器 A 中"1"的个数为偶数时，奇偶检验位 P=0；"1"的个数为奇数时，P=1，在串行通信中作校验用。

例：设（A）= 65H，#data = BAH，执行 ADD A,#data

相加结果： 0110 0101

        + 1101 1010

        10011 1111

（ACC）= 3FH，CY = 1，AC = 0，OV = 0，P = 0

CY = 1； 依据 1），第 7 位有进位。

AC = 0； 依据 1），第 3 位无进位但第 7 位有进位。

OV = 0； 依据 2），第 6 位有进位，且第 7 位也有进位。

P = 0； 依据 3），ACC 中有 6 个 "1"，为偶数。

（2）ADDC 带进位加指令（4 条）

ADDC A,#data ；(A)←(A) + (data) + (CY)，累加器 A 和进位标志二者的内容与立即数相加，替代 A 中的内容

ADDC A,Rn ；(A)←(A) + (Rn) + (CY)，累加器 A、工作寄存器和进位标志三者的内容相加，替代 A 中的内容

ADDC A,direct ；(A)←(A) + (direct) + (CY)，累加器 A、片内 RAM 和进位标志三者的内容相加，替代 A 中的内容

ADDC A,@Ri ；(A)←(A) + ((Ri)) + (CY)，累加器 A、8 位数据指针所指地址单元、进位标志三者的内容相加，替代 A 中的内容

运算结果对 PSW 中标志位的影响情况与不带进位的加法指令相同。带进位加法指令通常用于多字节的加法运算，从低字节开始相加。执行带进位加法指令之前，首先需把进位标志清零。

例：设两个 16 位的无符号数 35E8H 和 5A64H，在片内 RAM 单元 23H ～ 20H 中存放的次序为：（23H）= 35H，（22H）= E8H；（21H）= 5AH，（20H）= 64H。把两数相加的结果按照从高字节到低字节的次序存放到 21H 和 20H 单元中，指令执行语句如下：

CLR C ;CY 清零

MOV A,#0E8H ;取第 1 个 16 位数的低字节内容送入 A

ADD A,#64H ;取第 2 个 16 位数的低字节内容与 A 相加

MOV 20H,A ;存放低字节结果

MOV A,#35H ;取第 1 个 16 位数的高字节内容送入 A

ADDC A,#5AH ;取第 2 个 16 位数的高字节内容与 A 相加

MOV 21H,A ;存放高字节结果

低字节相加的计算过程为

     1110 1000

   + 0110 0100   （ACC）= 4CH，CY = 1，AC = 0，OV = 0，P = 1

    10100 1100

高字节相加的计算过程为

     0011 0101

     0101 1010   （ACC）= 90H，CY = 0，AC = 0，OV = 0，P = 0

 +   1

    1001 0000

最后结果为 904CH，其中存放的情况为：（21H）= 90H，（20H）= 4CH。

（3）INC 增 1 指令（5 条）

INC   A   ;(A)←(A)+1,累加器内容加 1

INC   Rn   ;(Rn)←(Rn)+1,n=0,1,…,7,工作寄存器内容加 1

INC   direct   ;(direct)←(direct)+1,片内 RAM 单元内容加 1

INC   @Ri   ;((Ri))←((Ri))+1,8 位数据指针所指地址单元的内容加 1

INC   DPTR   ;(DPTR)←(DPTR)+1,16 位数据指针的内容加 1

例：设（R1）=3EH,（3FH）=FEH,（DPTR）=F0FEH

INC   R1   ;把 R1 的内容从 3EH 变为 3FH

INC   @R1   ;把 3FH 单元的内容从 FEH 变为 FFH

INC   DPTR   ;把 DPL 变为 FFH,DPH 保持不变

INC   DPTR   ;把 DPL 变为 00H,DPH 变为 F1H

（4）DA 十进制调整指令（1 条）

DA   A   ;对累加器 A 中 BCD 码加法运算结果进行十进制调整

4 位二进制数有 16 种状态,对应于 0~9、10~15 共 16 个数字,BCD 码只采用前面 10 种状态来表示十进制数字 0~9,其余状态均属无效码。

两个 BCD 码相加,其和值在 10~15 之间则属无效码,必须通过把结果加 6 的方法进行修正,才能得到正确的 BCD 码。十进制调整指令需跟随在加法指令 ADD 和 ADDC 之后使用,且参与运算的必须是 BCD 码。

十进制调整指令属单字节指令,所实现的操作为

$$DA\ A: \begin{cases} A_{3\sim0}>9\ \text{或}（AC）=1,\text{则修正为}\ A_{3\sim0}\leftarrow A_{3\sim0}+06H \\ A_{7\sim4}>9\ \text{或}（CY）=1,\text{则修正为}\ A_{7\sim4}\leftarrow A_{7\sim4}+06H \end{cases}$$

十进制调整的原因和调整结果举例如下:

· 不调整的结果

$$3+8=11 \qquad\qquad 9+7=16$$

```
      0011              1001
   +  1000           +  0111
   ─────────         ─────────
      1011 （非 BCD 码）  10000 ← （非 BCD 码）
```

· 调整后的结果

```
        1011              10000
     +  0110           +  0110
     ─────────         ─────────
       10001             10110
```

个位 BCD 码为 1,向高位进位为 1。   个位 BCD 码为 6,向高位进位为 1。

例：用 BCD 码正确表示 85+46=131

```
     1000 0101
  +  0100 0110
  ─────────────
     1100 1011      ;高低 4 位均大于 9
  +  0110 0110      ;高低 4 位均加 6 修正
  ─────────────
    10011 0001      ;修正后得到的 3 个正确 BCD 码为 131
```

2. 减法指令

（1）SUBB 带借位减法指令（共 4 条）

```
SUBB   A,Rn        ;(A)←(A)-(Rn)-(CY), 累加器内容减寄存器内容再减进位标志
SUBB   A,@Ri       ;(A)←(A)-((Ri))-(CY),累加器内容减 8 位数据指针所指地址单元的内容再减
                    进位标志
SUBB   A,direct    ;(A)←(A)-(direct)-(CY),累加器内容减片内 RAM 内容再减进位标志
SUBB   A,#data     ;(A)←(A)-#data-(CY),累加器内容减立即数再减进位标志
```

注：· 如果第 7 位有借位，则 CY 置 "1"，否则清 "0"。

· 如果第 3 位需借位，则 AC 置 "1"，否则清 "0"。

· 如果第 6 位需借位而第 7 位没有借位，或第 7 位需借位而第 6 位没有借位，则 OV 置 "1"，否则清 "0"。

例：（A）=95H，（R0）=63H，（CY）=1

执行指令 SUBB A，R0，

```
        1001 0101
        0110 0011
    - )         1
        0011 0001
```

结果为：（ACC）=31H，（CY）=0，AC=0，OV=1，P=1

（2）DEC 减 1 指令（共 4 条）

```
DEC   A            ;(A)←(A)-1，累加器内容减 1
DEC   Rn           ;(Rn)←(Rn)-1，工作寄存器内容减 1
DEC   @Ri          ;(Ri)←((Ri))-1，8 位数据指针所指地址单元的内容减 1
DEC   direct       ;(direct)←(direct)-1，片内存储器内容减 1
```

指令对累加器 A 操作时只影响 P 标志，其余指令操作不影响标志。没有 16 位数据指针（DPTR）的减 1 指令。

3. 乘法指令

```
MUL   AB           ;(A)←(A)×(B)的乘积低 8 位,(B)←(A)×(B)的乘积高 8 位
```

· A、B 都是无符号整数，A 装入被乘数，B 装入乘数。

· 指令执行后，A 装入乘积低 8 位，B 装入乘积高 8 位。

· 乘积若大于 255，则溢出标志 OV=1，否则为 0。

· 进位标志 CY 总是零。

4. 除法指令

```
DIV   AB           ;(A)←(A)÷(B)为除法的商,(B)←(A)÷(B)为除法的余数
```

· A、B 都是无符号整数，A 装入被除数，B 装入除数。

· 指令执行后，A 装入所得的商，B 装入余数。

· 若除数为 "0"，A 和 B 中的内容为不确定值，则溢出标志 OV=1，说明除法有溢出，否则为 0。

· 进位标志 CY 总是零。

2.3.3 逻辑运算类指令

逻辑运算类指令（Logical Instructions）共 24 条，采用 9 个助记符分别为 ANL、ORL、XRL、RL、RLC、RR、RRC、CLR、CPL。通常指令执行时不影响程序状态寄存器（PSW），

只有当目的操作数为累加器 A 时才会影响奇偶标志位 P，带进位的移位指令影响进位位 CY。逻辑运算按位执行，逻辑运算类指令分为对累加器 A 的单操作数指令和双操作数指令两大类。

1. 单操作数的逻辑操作指令

（1）CPL 累加器取反

CPL　A　　　；(A)←($\overline{A}$)，把 A 中内容逐位取反

例： 设（A）=89H=10001001B，执行 CPL A，结果（A）=01110110B=76H

（2）CLR 累加器清零

CLR　A　　　；(A)←0，把 A 中内容清为 0

（3）RL 不带进位循环左移

RL　A　　　；

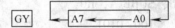

　　　　　；相当于 A 中内容乘以 2

例： 设（A）=90H=10010000B，执行 RL A，结果（A）=00100001B=21H。

（4）RR　不带进位循环右移

RR　A　　　；

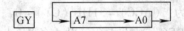

　　　　　；相当于 A 中内容除以 2

（5）RLC 带进位循环左移

RLC　A　　　；

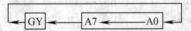

　　　　；最高位左移到进位位，其余位依次左移一位，进位位左循环移到 A 的最低位

例： 设（A）=10H=00010000B，CY=1，执行 RLC A，结果（A）=00100001B=21H，CY=0。

（6）RRC 带进位循环右移

RRC　A　　　；

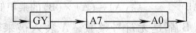

　　　　；进位位右移到最高位，A 中其余位依次右移一位，最低位右循环移到进位位

2. 双操作数逻辑操作指令

（1）ANL 逻辑"与"运算指令（6 条），符号为"∧"，按位进行，两位同为"1"时结果才为"1"。

ANL　A,#data　　　；(A)←(A)∧data，影响奇偶标志位 P

ANL　A,Rn　　　；(A)←(A)∧(Rn)，影响奇偶标志位 P

ANL　A,@Ri　　　；(A)←(A)∧((Ri))，影响奇偶标志位 P

ANL　A,direct　　　；(A)←(A)∧(direct)，影响奇偶标志位 P

ANL　direct,A　　　；(direct)←(direct)∧(A)，影响奇偶标志位 P

ANL　direct,#data　　　；(direct)←(direct)∧data，影响奇偶标志位 P

例： 设（A）=25H，（36H）=AAH，执行 ANL A,36H

　　　0010 0101　；A

　∧　1010 1010　；(36H)

　　─────────

　　　0010 0000

结果（ACC）=20H，（36H）=AAH，P=1

例：屏蔽（36H）= AAH 的低四位（相当于清零），执行 ANL 36H，#0F0H

    1010 1010   ;（36H）

∧ 1111 0000   ;data

    1010 0000

结果（36H）= A0H

（2）ORL 逻辑"或"运算指令（6 条），符号为"∨"，按位进行，两位中一位为"1"，结果便为"1"。

ORL A,#data   ;（A）←（A）∨ data（此 6 条指令均影响奇偶标志位 P）

ORL A,Rn   ;（A）←（A）∨（Rn）

ORL A,@ Ri   ;（A）←（A）∨（（Ri））

ORL A,direct   ;（A）←（A）∨（direct）

ORL direct ,A   ;（direct）←（direct）∨（A）

ORL direct ,#data ;（direct）←（direct）∨ data

例：提取端口（P1）= AAH 的高 4 位（使之保持不变），执行 ORL P1，# 0FH

    1010 1010   ;（P1）

∨ 0000 1111   ;data

    1010 1111

（3）XRL 逻辑"异或"运算指令（6 条），符号为"⊕"，按位进行，两位不相同时结果才为"1"，否则为"0"。

XRL A,#data   ;（A）←（A）⊕ data（此 6 条指令均影响奇偶标志位 P）

XRL A,Rn   ;（A）←（A）⊕（Rn）

XRL A,@ Ri   ;（A）←（A）⊕（（Ri））

XRL A,direct   ;（A）←（A）⊕（direct）

XRL direct ,A   ;（direct）←（direct）⊕（A）

XRL direct ,#data ;（direct）←（direct）⊕ data

例：设（28H）= 3AH，执行 XRL 28H，#5CH

    0011 1010   ;（28H）

⊕ 0101 1100   ;data

    0110 0110

结果（28H）= 66H

2.3.4 控制转移类指令

程序计数器（PC）装入不同的数值，可改变程序的执行顺序，转移到新的 PC 地址执行。改变 PC 值的控制转移指令共有 17 条。

1. 无条件转移指令（4 条），不影响 PSW 标志位

（1）LJMP 长转移指令

LJMP addr16   ;（PC）←addr16,将 16 位地址装入 PC,属 3 字节指令,16 位操作数的高 8 位装入 DPH,低 8 位装入 DPL,可在 64KB 地址空间内转移。

（2）AJMP 绝对转移指令

AJMP addr11   ;（PC）←addr11,将 11 位地址装入 PC,指令由双字节组成,第一字节从高位到低位装入 11 位地址中的高 3 位 A_{10}、A_9、A_8，然后装入操作码 00001，第二字节装入 11 位地址中的低 8 位 $A_7 \sim A_0$，构成了 16 位的转移地址。也就是说 PC 转移地址中的低 11 位地址信息分布在指令的第一和第二字节之中，只可在 2KB 绝对地址空间内转移。

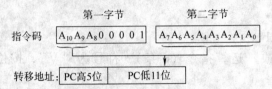

PC 当前值的高 5 位（PC15、PC14、PC13、PC12、PC11）有 32 种组合，64KB 空间可分成对应的 32 个页码，每页含 2KB，由 PC 的高 5 位来指定。

例：设（PC）= 3060H，执行 AJMP 18AH

结果：（PC）←（PC + 2）= 3062H

PC 高 5 位地址不变，只修改 PC 低 11 位地址，所以，转移地址 = 0011 0001 1000 1010B = 318AH。

（3）SJMP 相对转移指令

SJMP rel   ;（PC）←（PC）+ 2 + rel

属双字节指令，目的地址为当前 PC 与偏移量 rel 之和所指的单元，其中相对地址为带符号 8 位偏移量 rel（2 的补码），偏移字节范围为 – 128 ~ + 127，负数表示向后转移，正数表示向前转移。编译时相对地址值能自动算出，如果超限，编译时会有出错提示。

例：（PC）= 1300H 单元存放有 SJMP 指令：1300H SJMP 16H

rel = 16H 为正数，正向转移

目的地址为：1300H + 02H + 16H = 1318H

（4）JMP 相对长转移指令

JMP @ A + DPTR   ;（PC）←（A）+（DPTR）

属无条件散转指令，目的地址为数据指针 DPTR 与累加器 A（作偏移量）的内容之和，相加后两者内容不修改，根据 A 的不同值可在 64KB 范围内作分支转移。

例：   MOV DPTR,#TAB ;表头地址送入 DPTR

         JMP @ A + DPTR ;按照 A 值转移

TAB: AJMP NN1   ;（A）= 0 时转 NN1 分支

         AJMP NN2   ;（A）= 2 时转 NN2 分支

         AJMP NN3   ;（A）= 4 时转 NN3 分支

         ⋮

因为 AJMP 属双字节指令，所以 A 值必须为偶数。

2. 条件转移指令（8 条）

以上一条指令的执行结果作为判断条件，条件满足时转移执行，不满足时仍按原顺序执行。

（1）判零条件转移（2 条），属双字节指令

JZ   rel   ;（A）= 0,（PC）←（PC）+ 2 + rel,否则继续（PC）←（PC）+ 2

JNZ   rel   ;（A）≠ 0,（PC）←（PC）+ 2 + rel,否则继续（PC）←（PC）+ 2

（2）CJNE 数值比较转移（4 条），属 3 字节指令。

```
CJNE   A,#data,rel        ;(A)≠data,(PC)←(PC)+3+rel
                          ;(A)=data,(PC)←(PC)+3
CJNE   A,direct,rel       ;(A)≠direct,(PC)←(PC)+3+rel
                          ;(A)=direct,(PC)←(PC)+3
CJNE   Rn,#data,rel       ;(Rn)≠data,(PC)←(PC)+3+rel
                          ;(Rn)=data,(PC)←(PC)+3
CJNE   @Ri,#data,rel      ;((Ri))≠data,(PC)←(PC)+3+rel
                          ;((Ri))=data,(PC)←(PC)+3
```

注：指令执行后不影响操作数，但会影响 CY 位（指令的比较过程相当于执行减法），所以结合进位位 CY，可以用作大于转移或小于转移的判断条件。

例：如果 A≥26，要求转移到 LOOP 分支，

如果 A<26，要求转移到 OK 分支。

实现方法：

```
        CJNE   A,#26,LP1      ;A≠26,转移
        AJMP   LOOP           ;A=26
LP1:    JNC    LOOP           ;A>26(CY=0)
        AJMP   OK             ;A<26(CY=1)
LOOP:   NOP                   ;A≥26
```

（3）DJNZ 减 1 条件转移（2 条）

```
DJNZ   Rn,rel        ;(Rn)-1≠0,(PC)←(PC)+2+rel
                     ;(Rn)-1=0,(PC)←(PC)+2
DJNZ   direct,rel    ;(direct)-1≠0,(PC)←(PC)+3+rel
                     ;(direct)-1=0,(PC)←(PC)+3
```

注：前者属双字节指令，后者属三字节指令。在循环程序中十分有用，指令执行一次，计数器就减 1，直到减为零则循环结束。

例：二层循环的软件延时程序（尽量用高端的寄存器作计数器）

```
Dely0:  MOV   R7,#10          ;第一层循环计数初值
Dely1:  MOV   R6,#250         ;第二层循环计数初值
Dely2:  DJNZ  R6,Dely2        ;R6≠0,自身循环
        DJNZ  R7,Dely1        ;R7≠0,重装 R6 循环
```

3. 子程序调用及返回指令（4 条）

程序设计中需对子程序进行调用，子程序执行完成后需返回原先调用的程序，所以常需用到子程序调用和子程序返回指令。执行子程序调用指令时，把断点地址压入堆栈保护，然后程序转向子程序入口，子程序执行完后返回程序断点处继续执行后续程序。它和转移指令有本质的区别。

（1）LCALL，ACALL 子程序调用指令

```
LCALL   addr16        ;修改(PC)←(PC)+3
                      ;修改(SP)←(SP)+1,入栈((SP))←(PC₇~₀)
                      ;修改(SP)←(SP)+1,入栈((SP))←(PC₁₅~₈)
                      ;转向(PC)←addr16
```

ACALL   addr11   ;修改(PC)←(PC)+2

                               ;修改(SP)←(SP)+1,入栈((SP))←(PC$_{7\sim0}$)

                               ;修改(SP)←(SP)+1,入栈((SP))←(PC$_{15\sim8}$)

                               ;转向(PC10~PC0)← addr11

注：第一条为三字节指令，可调用64KB范围内的子程序。先修改（PC)←(PC)+3，作为下一条指令的地址，并把修改后的PC内容（先低字节，后高字节）压入堆栈保护，备作返回地址。此时堆栈指针SP加了2，然后把目的地址addr16装入PC。

第二条为双字节指令，只能调用与PC在同一个2KB绝对地址范围内的子程序。先修改(PC)←(PC)+2，作为下一条指令的地址，其余过程同第一条指令。11位调用地址的形成规则与AJMP指令相同，指令机器码组成为

A$_{10}$ A$_9$ A$_8$ 1 0 0 0 1	A$_7$ A$_6$ A$_5$ A$_4$ A$_3$ A$_2$ A$_1$ A$_0$

（2）RET，RETI 返回指令

RET   ;子程序返回

                               ;从堆栈弹出(PC$_{15\sim8}$)←((SP)),修改(SP)←(SP)-1

                               ;从堆栈弹出(PC$_{7\sim0}$)←((SP)),修改(SP)←(SP)-1

注：RET必须是子程序的最后一条指令，用来恢复返回地址。

RETI   ;中断返回。

                               ;从堆栈弹出(PC$_{15\sim8}$)←((SP)),修改(SP)←(SP)-1

                               ;从堆栈弹出(PC$_{7\sim0}$)←((SP)),修改(SP)←(SP)-1

注：RETI必须是中断服务程序的最后一条指令，用来恢复断点地址，并且还用于清除已置位而不可用户寻址的优先级状态触发器，使后续的同级或低级的中断请求得以响应。

4. NOP 空操作指令

NOP   ;(PC)←(PC)+1

产生一个指令周期时间的延时，常融入双字节和三字节指令中使用，能产生一定的抗软件错位干扰的效用。

2.3.5 位操作类指令

位操作又称布尔变量操作，以位（bit）为单位进行运算和操作，由单片机中一个布尔处理机来实现，借用进位标志CY作为累加器。位操作指令集共有17条指令。

位操作指令中的位地址有几种不同的表示方法，现以定时控制寄存器TCON中的第4位为例加以说明：

1）用直接位地址表示：如BCH。

2）用带点的位序号表示：如TCON·4。

3）用位名称表示：如TR0。

4）用伪指令的用户定义名表示：如STARTO bit TR0。则STARTO便可代替TR0。

上述4种方式均表示TCON中的第4位。

1. 位传送指令（2条）

MOV   C,bit   ;(CY)←(bit)

MOV   bit,C   ;(bit)←(CY)

把源操作数送入目的操作数,其中一个为进位标志,用作位处理机的位累加器,另一个为直接寻址位(可用各种位表示方式)。

例: MOV   C,20H   ;20H 属于 24H 字节地址单元中的第一个位地址

     MOV   F0,C   ;PSW 中的第 5 位名称为 F0

2. 位修改指令(6 条)

CLR   C   ;(CY)←0,把进位位清零

CLR   bit   ;(bit)←0,把某位清零

CPL   C   ;(CY)←($\overline{CY}$),把进位位取反

CPL   bit   ;(bit)←($\overline{bit}$),把某位取反

SETB   C   ;(CY)←1,把进位位置 1

SETB   bit   ;(bit)←1,把某位置 1

注:指令执行后不影响其它标志。

例: SETB   P3.0   ;把 P3 口的第 1 位置为 1

     CLR   07H   ;把 20H 字节的最高位清为 0

区分:CLR   A   ;只有唯一的一条清累加器 A 的指令(整个字节清零),因此上述 07H 必定属于位地址

3. 位逻辑指令(4 条)

ANL   C,bit   ;(CY)←(CY)∧(bit),逻辑"与"操作

ANL   C,$\overline{bit}$;(CY)←(CY)∧($\overline{bit}$),逻辑"与"操作

ORL   C,bit   ;(CY)←(CY)∨(bit),逻辑"或"操作

ORL   C,$\overline{bit}$;(CY)←(CY)∨($\overline{bit}$),逻辑"或"操作

4. 位条件转移指令(5 条)

JC   rel   ;(CY)=1,转至(PC)←(PC)+2+rel,否则往下执行

JNC   rel   ;(CY)=0,转至(PC)←(PC)+2+rel,否则往下执行

JB   bit,rel   ;(bit)=1,转至(PC)←(PC)+3+rel,否则往下执行

JNB   bit,rel   ;(bit)=0,转至(PC)←(PC)+3+rel,否则往下执行

JNC   bit,rel   ;(bit)=1,转至(PC)←(PC)+3+rel,且清(bit)=0
                      ;否则往下执行

例:用位操作指令完成下述逻辑运算,结果存于标志位 F0 中。

$$L = \overline{Y}Z + Y\overline{Z}$$

实现:MOV   C,$\overline{Y}$;把 $\overline{Y}$ 位存于 CY

     ANL   C,Z   ;完成第一项与运算

     MOV   F0,C   ;把结果存于 F0

     MOV   C,Y   ;把 Y 位存于 CY

     ANL   C,$\overline{Z}$;完成第二项与运算

     ORL   C,F0   ;进行前后两项的或运算

     MOV   F0,C   ;把结果存于 F0

2.4   伪指令

伪指令在汇编时不产生目标代码,不要求单片机作任何操作,也不影响程序的执行。伪

指令在编译过程中起控制作用，如指定程序或数据的起始位置、给出连续存放数据的地址或保留一定数量的空白存储空间以及表示程序结束等等。下面介绍几条常用的伪指令：

1. ORG　　程序起点伪指令

格式：　　ORG　　16 位地址

用来定义程序的起始地址或数据块的起始地址，放在程序段或数据块的开始处，后面是 4 位十六进制地址。一个程序中可采用多个 ORG 指令来区分程序段或子程序段（各 ORG 的起始地址必须从小到大安排，不能相同或重叠），这种做法便于程序的阅读，但不足之处在于当某一程序段内容增加时，需要重新调整后续 ORG 的起始地址，以避免造成程序范围的重叠。

例：　　　ORG　　0000H　　　　　　　;程序开始
　　　　　LJMP　　MAIN
　　　　　ORG　　0003H　　　　　　　;外中断 0 入口
　　　　　LJMP　　INT0
　　　　　ORG　　0030H　　　　　　　;主程序入口
MAIN:　　MOV　　SP,#60H　　　　　　;设定堆栈
　　　　　⋮

2. EQU　　等值伪指令

格式：　　标号　　EQU　　操作数

把操作数的值赋给标号（不带冒号），使两边量值相等。操作数可以是数据或符号，但等值伪指令必须在程序中先定义然后才能使用，定义后的标号值在整个程序中不能再改变。

例：　　　Area　EQU　2000H
　　　　　Regi　EQU　R2
使用：　　MOV　A，Regi　　　　　　;相当于 A←R2

3. DB　　定义字节伪指令

格式：　　标号：DB　　字节常数/字符/表达式

用于定义"字节"，字节数据串之间需用逗号隔开，ASCⅡ码字符串需加单引号，存入以标号地址（带冒号）开始的连续存储单元。

例：　　　ORG　1000H
　DA1:DB　73H,01H　　　　　　　;存放字节常数
　DA2:DB　'A','6'　　　　　　　;存放 ASCⅡ码

由于定义了 DA1 的标号地址是 1000H，因此字节伪指令的结果是把常数 73H 存入 1000H 单元，常数 01H 存入 1001H 单元，把 A 的 ASCII码 41H 存入 1002H 单元，6 的 ASCII码 36H 存入 1003H 单元。

4. DW　　定义字伪指令

格式：　　标号：DW　　字或字符串

用来定义"字"，字或字符串之间需用逗号隔开，并按高 8 位在先、低 8 位在后的次序存放到以标号地址（带冒号）开始的连续存储单元。

例：　　　ORG　2000H
　TAB:DW　7583H,0136H

由于定义了 TAB 标号地址是 2000H，因此字伪指令的结果是把 16 位数 7583H 的高 8 位

数据 75H 存入 2000H 单元，低 8 位数据 83H 存入 2001H 单元，把 0136H 的高 8 位数据 01H 存入 2002H 单元、低 8 位数据 36H 存入 2003H 单元。

5. DATA　　定义标号的 16 位地址

格式：　标号　DATA　16 位地址

用来定义标号（不带冒号）的数据地址，在程序中不管定义先后均可使用。

例：　　Addr1　　DATA　　0100H

　　　　Addr2　　DATA　　2000H

使用：　MOV　DPTR #Addr1　　　　　;把 16 位地址 0100H 赋值给数据指针 DPTR

6. DS　　预留存储空间

格式：　标号　　DS　　数字或表达式。

用来从标号地址开始保留所述字节的内存空间。

例：　　ORG　2000H

　　　　DS　　30H

结果从 2000H 开始，预留 30H（即 48）个连续字节的内存单元。

7. BIT　　定义位伪指令

格式：　标号　BIT　位地址

用来给标号赋位地址，程序中便可使用标号代替位地址。

例：　　SCL　　BIT　　P3.0

　　　　SDA　　BIT　　P3.1

结果口线 P3.0 由标号 SCL 代替，P3.1 由标号 SDA 代替。

8. END　　汇编结束伪指令

格式：　　END

用来表示程序结束，一个程序只有一个 END 命令，位于程序段的最后，其后续的程序在编译时不予处理。

2.5　部分指令用法说明

1. 数据传送

$$\begin{cases} \text{MOVX　A,@ Ri} \\ \text{MOVX　@ Ri,A} \end{cases}$$　　　　　;256B 片外 RAM 空间内

$$\begin{cases} \text{MOVX　A,@ DPTR} \\ \text{MOVX　@ DPTR,A} \end{cases}$$　　　　;64KB 片外 RAM 空间内

2. 远程查表

　　CLR　A　　　　　　　　　　;清变址 A（偏移量）

　　MOV　DPTR,#TAB　　　　　;装表头

　　MOVC A,@ A + DPTR　　　　;查表

　　　⋮

TAB:　DB　2AH　　　　　　　　;数据表头

　　DB　A3H

注：远程查表指令的数据表头可放在 64KB 空间内，通常放在程序段的最后。

3. 近程查表

```
                MOV    A,#06H              ;装入变址 A(偏移量)
PC→ 8500:      MOVC  A,@ A + PC          ;(PC)←(8501 +6),表格地址装入 PC
                 ⋮
    → 8507:     DB   25H                 ;(A)←25H,查表取数
    →           DB   28H
```

注：近程查表指令可和数据表靠在一起（256B 空间内），此时 DPTR 可作它用。

4. 无条件跳转

1) LJMP   Addr16   ;64KB 地址范围内
2) AJMP   Addr16   ;2KB 绝对地址范围内(见图 2-7)

图 2-7 AJMP 指令的跳转范围

例：

```
    ORG   0003H      ;外部中断 0 入口
    AJMP INO         ;转移的目标地址须与 AJMP 下一条指令的首字节在同一个 2KB 区内
     ⋮
INO: CLR   EA
    INC   21H
2045: AJMP BRY       ;这条指令占两个字节,要跳转到标号 BRY
2047: NOP            ;指令 AJMP 的下一条指令的首字节,位于区底 2047H
BRY: SETB P1. 2      ;BRY 地址为 2048H,属另外 2KB 区的首址,所以 AJMP 无法跳转
    RETI
```

3) SJMP   rel   ;两字节指令,偏移字节在 - 128 ~ + 127 范围

例： 求下述程序语句后向或前向转移的偏移量（目的地址减源地址）

```
地址单元      标号:      语句
0003H                 MOV   R0,#34
0005H       BACK:    MOV   A,#10H
0007H                 MOV   R1,#33
0009H                 SJMP  BACK             ;后向转移(两字节指令)
000BH                 INC   R1
000CH                 SJMP  FORE             ;前向转移(两字节指令)
000EH                 MOV   A,#16
0010H                 MOV   R0,#20
0012H       FORE:    DEC   R1
0013H                 INC   DPTR
             ⋮
```

求：BACK（后向偏移量）

　　09H + 02H = 0BH　　　　　　　　　　　　;执行 SJMP BACK 指令后的跳转

　　　　　　　　　　　　　　　　　　　　　　　源地址

　　05H − 0BH = 05H + (0BH)补　　　　　　　　;求偏移量(负值由补码代替)

　　(0BH)补 = (0BH)反 + 1 = F4H + 01H = F5H　　;补码为反码 + 1

得　05H + F5H = FAH　　　　　　　　　　　　;偏移量(负数)

求：FORE(前向偏移量)

　　0CH + 02H = 0EH　　　　　　　　　　　　;执行 SJMP FORE 指令后的跳转

　　　　　　　　　　　　　　　　　　　　　　　源地址

所以 12H − 0EH = 04H　　　　　　　　　　　　;偏移量(正数)

例：偏移字节数为 FEH 时，SJMP 指令相当于"原地"循环。

地址单元　　　　　标号　　　　指令

0060H　　　　　LOOP:　　　SJMP　　LOOP

源地址为：60H + 02H（指令执行后）。

终地址为：60H。

偏移量为：60H − (60H + 02H) = −02H

(−02H) = (02H)补 = (02H)反 + 1 = FEH。

验证目的地址为：60H + 02H + FEH = 60H。

5. 子程序调用

ACALL　　　　　　　　;2KB 空间内

LCALL　　　　　　　　;64KB 空间内

6. 累加器左、右移位

RL　A　　　　　　　　;循环左移,等于乘以 2

RR　A　　　　　　　　;循环右移,等于除以 2

7. 单字节 BCD 码求补

1）方法一：补码 = 100 − 原码

例：　CLR　C　　　　　;清进位位 CY

　　　ADD　A,#9AH　　;机内码 100

　　　DA　A,　　　　　;十进制调整

　　　SUBB A,R2　　　;100 − 原码

　　　MOV R2,A　　　;存补码

2）方法二：补码 = 反码 + 1

例：　MOV　A,R2　　　;装入原码

　　　CPL　A　　　　;取反码

　　　ADD　A,#9BH　　;机内码 + 1

　　　DA　A　　　　　;十进制调整

　　　MOV　R2,A　　　;存补码

练习与思考

1. 51 系列单片机有哪几种寻址方式？在编程时对立即寻址和直接寻址方式应避免什么差错？

2. 编程时可查阅什么资料来判断指令配搭的操作数、寄存器或存储器类别正确？

3. 访问片内、片外程序存储器采用什么寻址方式?

4. 访问片内数据存储器和特殊功能寄存器采用什么寻址方式?

5. 访问片外数据存储器采用什么寻址方式?

6. 转入主程序段后,编写的第一条关键语句应是什么? 解释原因。

7. 指令 MOVX A,@DPTR 和指令 MOVC A,@A+DPTR 有何不同?

8. 说明位地址有哪些表示方式? 举例说明如何从指令语句区分位地址和字节地址?

9. 程序语句 PUSH R1 和 PUSH 01H 都能执行吗? 说明道理。

10. 若 A≥38,则执行 Gra,否则执行 Less,写出对应的汇编源程序。

11. 要提取 A 中的低 7 位,汇编语言程序应如何编写?

12. 比较下面每组中两指令的含义和区别:

(1) MOV A,#13H 与 MOV A,13H

(2) MOV A,R0 与 MOV A,@R0

(3) MOV A,@R1 与 MOVX A,@R1

(4) MOVX A,@R0 与 MOVX A,

13. 十进制调整指令 DA A 用在什么场合? 为何要采用?

14. 如果 (A)=39H,(R1)=28H,(28H)=63H,分析每条指令执行后的结果以及程序段执行的最后结果。

```
ANL A,#28H
ORL 28H,A
XRL A,@R1
RRC A
CPL A
```

15. 说明指令 AJMP addr11 和 LJMP addr16 的区别和使用场合。

16. 用位操作指令编写表达式的程序,结果放在标志位 F0 中:

(1) PSW.5 = P1.5 × ACC.3 + B.4 × P1.2

(2) P1.6 = ACC.1 × (B.2 + P2.6)

17. 说明下列程序从 0100H 开始的存储单元的内容:

```
      ORG   0100H
      INT   EQU 3456H
TAB:  DB    30H,16H
      DW    1010H,3121H
      DW    INT,80H
```

18. 程序中的查表操作采用哪种指针? 如果使用过程中出现指针需要嵌套或复用的情况,该如何处理才不会发生错乱?

19. 对下列程序的含义进行注释:

```
      ORG   0000H
      AJMP  MAIN
      ORG   0030H
MAIN: MOV SP,#60H
      NOP
      MOV P2,#0F0H
      LCALL DELAY
      MOV A,P2
```

```
AA1：  DJNZ A，AA2
       LJMP AA1
AA2：  PUSH ACC
       PUSH PSW
       PUSH DPH
       PUSH DPL
       AJMP 4 $
```

20. 编程时用相对转移指令跳转到某标号，但编译时出现有效范围超越的错误，应采取怎样的措施才能消除错误？

第3章 51 系列单片机内部功能

在 51 系列单片机中，定时器/计数器、中断系统和串行通信接口是三个重要的结构和功能部分，工程中多是相互结合在一起运用。了解它们的结构组成和功能特点，掌握它们的使用方法，对发挥单片机的潜能会起到很大的作用。

3.1 定时器/计数器功能

在很多情况下，电路需要实现定时控制或计数的功能。要实现这些功能，有几种方法可以采用。一种是硬件法，例如用集成电路结合分立的外部阻容元件组建电路，通过电路阻容充放电实现定时功能。这种方法的优点是不易受外界干扰、性能较稳定，但电路缺乏灵活性，要改变定时时长只能采用改变电路阻容参数的方法。硬件法在单片机出现之前采用得比较多。单片机问世后，软件法被广泛地采用。单片机执行一段循环程序来进行延时式定时，无需增加额外的硬件，定时也比较准确，但定时的过程中单片机 CPU 无法处理其他的任务，不适合用在定时时间较长或对时间控制敏感的场合。第三种方法是可编程定时器/计数器法。这种方法结合了硬件法和软件法两者的优点，可以通过编程来实现定时时长的控制，由中断或查询方式得知定时或计数是否结束，占用 CPU 很少的资源，工作方式灵活且简化了外围电路。有专用芯片提供做可编程定时器/计数器，如日历时钟芯片 DS12C887、可编程定时/计数芯片 Intel 8253 等。由于可编程定时器/计数器的使用广泛，常用的单片机都配备了定时器/计数器（Timer/Counter）。定时器/计数器是 51 系列单片机内部重要的功能模块之一。

不论是独立的定时器/计数器芯片，还是单片机内部的定时器/计数器，它们的共同特点是：

1）可工作在定时方式或计数方式。

2）可改变定时值或计数值，最大定时/计数值由定时器/计数器的位数决定。

3）到达预置的定时/计数值时能发出中断请求，以实现定时控制。

4）定时方式是对内部机器周期计数，计数方式是对外部脉冲计数。

3.1.1 定时器/计数器 T0、T1 的结构及原理

51 系列单片机中，51 子系列设置有两个 16 位定时器/计数器 T0 和 T1，52 子系列增加了一个定时器/计数器 T2。定时器/计数器 T0 和 T1 的结构见图 3-1，由 16 位计数寄存器、模式控制寄存器 TMOD 和工作控制寄存器 TCON 等构成。除定

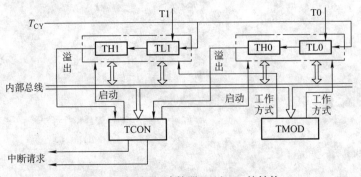

图 3-1　定时器/计数器 T0 和 T1 的结构

时和计数功能外，定时器/计数器 T0 和 T1 还可用做串行接口的波特率发生器，实现串行通信。

1. 16 位计数寄存器

特殊功能寄存器 TH0、TL0 和 TH1、TL1 分别组成的两个 16 位计数寄存器，是定时器/计数器的功能核心。TH0、TL0 和 TH1、TL1 分别表示定时器/计数器 T0 和 T1 计数寄存器的高 8 位和低 8 位。计数寄存器都是字节寻址的可读/可写寄存器，不需要经过缓冲即可直接操作当前的计数值。系统复位后，计数寄存器全部初始化为 0。计数寄存器的工作方式及其原理如下：

（1）计数器方式　16 位计数寄存器对芯片引脚 T0（P3.4）或 T1（P3.5）的输入脉冲进行计数，此时引脚 T0 和 T1 起到第二功能的输入作用。当输入脉冲每发生一次从 1 至 0 的跳变（出现下降沿），计数寄存器的值增加 1，低 8 位计数器计满则向高 8 位计数器进位，高 8 位计数器计满溢出时可通过 TCON 控制寄存器向 CPU 发出中断请求信号。计数器在每个机器周期的 S5P2（见 1.3.3 节）期间对外部输入脉冲进行一次采样，如果在第一个机器周期采样值为高电平，而在第二个机器周期采样值变为低电平，则认为有一个脉冲输入，在下一个机器周期的 S3P1 期间计数寄存器的值加 1。由于判断一次脉冲跳变需要两个机器周期，也就是 24 个振荡周期，因此计数器的最高计数频率为（$f_{osc} \times 1/24$）。通常情况下，晶振频率 $f_{osc} = 12\text{MHz}$ 时计数器的最高计数频率为 0.5MHz。计数器对外部输入的脉冲信号的占空比没有要求，但脉冲信号高、低电平的持续时间都应该大于一个机器周期，以保证计数器能检测到电平的变化。

（2）定时器方式　16 位计数寄存器对内部机器周期进行计数。由于每个机器周期为定值（等于 12 个振荡周期），因此，定时器实质上就是对机器周期进行计数。晶振频率 $f_{osc} = 12\text{MHz}$ 时，最大计数频率为 $f_{osc} \times 1/12 = 1\text{MHz}$。由此可见，内部定时的计数频率是外部输入脉冲计数频率的 2 倍。工作在定时方式时，定时器的定时时间可由软件预置的定时初值和所选择的定时器长度（16 位、8 位等）来确定。

2. 模式控制寄存器 TMOD

定时器/计数器 T0、T1 均有 4 种工作模式，通过定时器/计数器模式控制寄存器 TMOD（Timer/Counter Mode Register）进行选择。TMOD 是一个 8 位的特殊功能寄存器，只能字节寻址，字节地址为 89H。TMOD 的低 4 位用于设置定时器/计数器 T0，高 4 位用于设置定时器/计数器 T1，系统复位后 TMOD 的值全部为 0。TMOD 的位定义如下：

D7	D6	D5	D4	D3	D2	D1	D0	
GATE	C/$\overline{\text{T}}$	M1	M0	GATE	C/$\overline{\text{T}}$	M1	M0	TMOD 89H
定时器 1				定时器 0				（不可位寻址）

（1）M1、M0　定时器/计数器工作模式选择位。定时器/计数器的工作模式见表 3-1。

表 3-1　定时器/计数器的工作模式

M1	M0	工 作 模 式	模 式 说 明
0	0	0	13 位定时器/计数器
0	1	1	16 位定时器/计数器
1	0	2	具有自动重装初值的 8 位定时器/计数器
1	1	3	定时器/计数器 0 分成两个 8 位定时器/计数器

（2）C/T̄　定时或计数功能选择位。C/T̄ = 1 时为计数方式；C/T̄ = 0 时为定时方式。

（3）GATE　门控位。用于决定定时器/计数器的启动是否受外部中断请求信号的控制。若 GATE = 0，定时器/计数器的启动与引脚INT0、INT1无关；若 GATE = 1，则定时器/计数器 T0 的启动受引脚INT0（P3.2）的控制，定时器/计数器 T1 的启动受引脚INT1（P3.3）的控制。门控位与外部中断的联合控制方式特别适用于测量外部输入脉冲的宽度。

3. 工作控制寄存器 TCON

定时器/计数器工作控制寄存器 TCON（Timer/Counter Control Register）是一个 8 位的特殊功能寄存器，既可以字节寻址也可以位寻址，字节地址为 88H，位地址从高位到低位分别为 8FH ~ 88H。其中，高 4 位用于控制定时器/计数器，低 4 位与中断系统相关（见 3.2.1 节），系统复位后 TCON 的值全部为 0。TCON 的位定义如下：

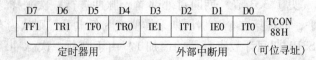

（1）TR0（TR1）　定时器/计数器 T0（T1）运行控制位。TR0（TR1）= 1 时启动定时器/计数器 T0（T1）；TR0（TR1）= 0 时停止定时器/计数器 T0（T1）。该位可由软件进行置 1 和清 0。

（2）TF0（TF1）　定时器/计数器 T0（T1）溢出中断标志位。该定时/计数溢出标志位自动由硬件置位，并可作为查询标志由软件清零。在中断使能的情况下，该标志位能向 CPU 发出中断请求信号，转向中断服务程序时则由硬件自动把该位清零。

（3）IT0（IT1）和 IE0（IE1）　分别为外部中断 0（外部中断 1）的触发类型选择位和边沿触发中断请求标志位，其功能将在中断系统的章节中介绍。

3.1.2　定时器/计数器 T0、T1 的工作模式

1. 工作模式 0

当 TMOD 中的 M1 和 M0 都等于 0 时，定时器/计数器设定为工作模式 0，其逻辑结构见图 3-2。

计数寄存器由 13 位组成，其中 THx 作为高 8 位计数器使用，TLx 的低 5 位作为计数器使用（32 分频的定标器），而 TLx 的高 3 位未使用。TLx 计数溢出时向 THx 进位，THx 计数溢出时置位 TFx = 1，并向 CPU 申请中断；

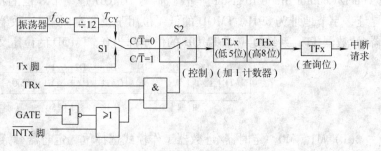

图 3-2　定时器/计数器工作模式 0 的逻辑结构

TFx 也可作查询位，用来进行溢出信息的查询。模式 0 的最大计数值为 2^{13} = 8192。

1）若软件置 C/T̄ = 0，则属定时器方式，开关 S1 自动向上接通。定时器对机器周期 T_{CY} 计数；每个机器周期 TLx 增 1，定时时间 T 为

$$T = NT_{CY} = (8192 - X) T_{CY}$$

其中 N 为计数值，X 为 THx、TLx 的预置初值（又称预置时间常数），取值为 $0 \sim 8191$。晶振频率 $f_{OSC} = 12\mathrm{MHz}$ 时，机器周期 $T_{CY} = 1\mu s$，定时范围为 $1 \sim 8192\mu s$。

2）若软件置 $C/\overline{T} = 1$，则属计数器方式，开关 S1 自动向下接通。计数器对 Tx 引脚上的外部脉冲进行计数，计数值 N 为

$$N = 2^{13} - X = 8192 - X$$

其中 THx、TLx 的预置初值 $X = 0$ 时，最大计数值为 8192；$X = 8191$ 时，最小计数值为 1；计数范围为 $1 \sim 8192$。

3）若软件置 $TRx = 1$（GATE = 0 时），则与门的输出只取决于 TRx。$TRx = 1$，启动/停止控制开关 S2 闭合，定时器/计数器启动，进入定时/计数状态；$TRx = 0$，启动/停止控制开关 S2 断开，定时器/计数器停止工作。

4）若软件置 GATE = 1，则属门控方式。仅当 $TRx = 1$ 且 $\overline{INTx}$ 引脚出现高电平（非中断请求信号，详见 3.2 节）时，定时器的或门输出高电平，使与门输出高电平控制信号，开关 S2 闭合，定时器/计数器启动；若 $\overline{INTx}$ 引脚出现低电平，则或门输出低电平，从而使与门输出低电平控制信号，开关 S2 断开，定时器/计数器停止工作。因此，GATE = 1 能使定时器/计数器的启动和停止受外部中断请求信号控制。这种方式能够实现 $\overline{INTx}$ 引脚上脉冲宽度的测量（详见 3.1.5 节）。

2. 工作模式 1

当 TMOD 中的 M1 和 M0 分别为 0 和 1 时，定时器/计数器设定为工作模式 1，其逻辑结构见图 3-3。

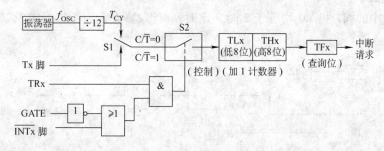

图 3-3　定时器/计数器工作模式 1 的逻辑结构

计数寄存器由 16 位组成，此时 THx、TLx 都作为 8 位计数器使用，工作原理与工作模式 0 相同。

定时器的定时时间 T 为

$$T = NT_{CY} = (2^{16} - X)\ T_{CY}$$

晶振频率 $f_{OSC} = 12\mathrm{MHz}$ 时，机器周期 $T_{CY} = 1\mu s$，定时范围为 $1 \sim 65536\mu s$。

计数器的计数值为：$N = 2^{16} - X = 65536 - X$，$X$ 为预置初值，计数范围为 $1 \sim 65536$。

THx 溢出令 $TFx = 1$，此时可向 CPU 申请中断，用户也可对该位进行溢出查询。

3. 工作模式 2

当 TMOD 中的 M1 和 M0 分别为 1 和 0 时，定时器/计数器设定为工作模式 2（也称为自动重装 8 位初值模式），其逻辑结构见图 3-4。

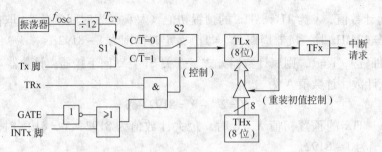

图 3-4 定时器/计数器工作模式 2 的逻辑结构

TLx 作为 8 位计数器使用，THx 作为自动重装初值的寄存器使用，THx、TLx 由软件预置相同的初值。定时器/计数器启动后，TLx 计数满溢出使 TFx 置位，同时发出重装初值的控制信号使三态门导通，把 THx 中的初值自动送入 TLx 并开始重新计数，而 THx 自身的内容保持不变。

定时器的定时时间 T 为

$$T = NT_{CY} = (256 - X)\ T_{CY}$$

晶振频率 $f_{OSC} = 12\mathrm{MHz}$ 时，机器周期 $T_{CY} = 1\mu s$，定时范围为 $1 \sim 256\mu s$。

计数器的计数值为：$N = 2^8 - X = 256 - X$，X 为预置初值，计数范围为 $1 \sim 256$。

定时器/计数器在工作模式 2 可以每隔预定的时间产生相同的控制信号，常常在串行口通信中作为波特率发生器使用。

4. 工作模式 3

当 TMOD 中的 M1 和 M0 均等于 1 时，定时器/计数器设定为工作模式 3，其逻辑结构图见图 3-5。

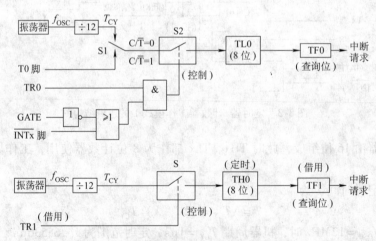

图 3-5 定时器/计数器 T0 模式 3 的逻辑结构

此工作模式仅限于定时器/计数器 T0，把 TH0 和 TL0 分成两个独立的 8 位计数器。TL0 既可以作为定时器使用，也可以作为计数器使用，但由于 TL0 使用了自身的启动/停止控制位 TR0 和溢出标志位 TF0，TH0 只能作为 8 位定时器使用，而且要占用定时器/计数器 T1 的启动/停止控制位 TR1 和溢出标志位 TF1。

在这种情况下，定时器/计数器 T1 可工作在模式 0、模式 1 和模式 2，但没有溢出标志位 TF1 可用，因此不能使用中断。T0 在工作模式 3 时，T1 的逻辑结构见图 3-6。

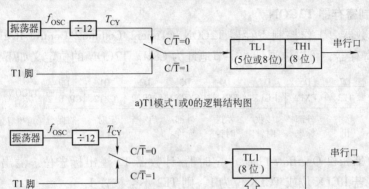

a)T1模式1或0的逻辑结构图

b)T1模式2的逻辑结构图

图 3-6　T0 在模式 3 时，T1 的逻辑结构

此时的 T1 仅能用在不需中断的场合或作为波特率发生器使用，输出端直接连接串行口，按照设定的工作方式自动运行。若把 T1 设置为不允许的工作模式 3，可使 T1 立即停止运行。T0 选择模式 3、T1 作为波特率发生器使用时，相当于有 3 个定时器/计数器同时工作。

3.1.3　定时器/计数器 T2

52 子系列单片机中增加了一个可编程 16 位定时器/计数器 T2。相应地，也增加了两个特殊功能寄存器 T2MOD 和 T2CON。前者用于模式控制，与 TMOD 的功能相似；后者用于工作控制，与 TCON 的功能相似。此外，定时器/计数器 2 还设置有捕获寄存器 RCAP2L（低字节）和 RCAP2H（高字节）。引脚 T2（P1.0 口）是 T2 的外部计数输入端，引脚 T2EX（P1.1 口）是 T2 的外部触发信号输入端。T2 有 3 种工作模式，分别是：自动重装模式、捕获模式和波特率发生器模式。工作模式由 T2CON 的有关位确定。

1. 模式控制寄存器 T2MOD

定时器/计数器 T2 模式控制寄存器 T2MOD（Timer2/Counter2 Mode Register）是一个 8 位的特殊功能寄存器，只能字节寻址，字节地址为 C9H。T2MOD 的位定义如下，只定义了 D1 和 D0 两位，而 D7 ~ D2 为保留位（不可置为 1）。

D7	D6	D5	D4	D3	D2	D1	D0	
—	—	—	—	—	—	T2OE	DCEN	T2MOD C9H

（不可位寻址）

（1）DCEN　向下计数使能位。DCEN 的功能是设置 T2 为向上/向下计数（或称增/减计数）。由于 52 子系列单片机的 P1.0（T2）和 P1.1（T2EX）为双功能口，因此当 DCEN = 0 时，定时器/计数器 T2 默认为向上计数；当 DCEN = 1 时，可通过 P1.1 口的外部触发信号确定向上或向下计数。

（2）T2OE 定时器 T2 输出使能位。使能后 T2 输出可编程时钟信号。

2. 工作控制寄存器 T2CON

定时器/计数器 2 工作控制寄存器 T2CON（Timer2/Counter2 Control Register）是一个 8 位的特殊功能寄存器，可以位寻址，字节地址为 C8H。T2CON 的位定义如下：

D7	D6	D5	D4	D3	D2	D1	D0	
TF2	EXF2	RCLK	TCLK	EXEN2	TR2	C/$\overline{T2}$	CP/$\overline{RL2}$	T2CON C8H
溢出	外部标志	接收时钟	发送时钟	外部允许	启/停	定时/计数	捕捉/重装	（可位寻址）

（1）TF2（Timer2 Overflow Flag） 定时器/计数器 T2 溢出标志位。溢出时由硬件置 1，通过软件清 0。若 RCLK 位或 TCLK 位为 1，则 TF2 不会被置 1。

（2）EXF2（Timer2 External Flag） 定时器/计数器 T2 外部标志位。当 EXEN2 为 1 且 T2EX 端出现负跳变而造成捕获或重装载时，EXF2 置为 1 且向 CPU 申请中断。此时若定时器/计数器 T2 中断使能，则转向中断服务程序。该位由软件清 0。

（3）RCLK（Receive Clock Flag） 接收时钟标志位。由软件置位或清零，用于选择定时器 T2 或 T1 的溢出脉冲作为串行口的接收时钟。置 1 时，T2 的溢出脉冲作为接收时钟；置 0 时，T1 的溢出脉冲作为接收时钟。

（4）TCLK（Transmit Clock Flag） 发送时钟标志位。由软件置位或清零，用于选择定时器 T2 或 T1 的溢出脉冲作为串行口的发送时钟。TCLK 为 1 时，T2 的溢出脉冲作为发送时钟；为 0 时，用 T1 的溢出脉冲作为发送时钟。

（5）EXEN2（Timer2 External Enable Flag） 定时器/计数器 T2 的外部使能标志位。由软件置位或清零，以允许或禁止外部信号触发捕获或重装操作。EXEN2 为 1 时，若定时器/计数器 T2 未作为串行口的波特率发生器，则在 T2EX 引脚出现负跳变时，定时器/计数器 T2 进行捕获或重装操作，EXF2 置为 1，请求中断；置为 0 时，T2EX 引脚的电平跳变对 T2 不起作用。

（6）TR2（Start/Stop Control for Timer2） 定时器/计数器 T2 的启动/停止控制位。由软件置位或清零。TR2 为 1 时，T2 启动；为 0 时 T2 停止。

（7）C/$\overline{T2}$（Counter2/Timer2 Selection） 定时器/计数器 T2 的定时/计数功能选择位。由软件置位或清零。置为 1 时，T2 对外部事件计数（下降沿触发）；置为 0 时，T2 工作在定时模式，对内部机器周期进行计数。

（8）CP/$\overline{RL2}$（Capture/Reload Flag） 捕获/重装标志选择位。由软件置 1 或清 0。CP/RL2 置为 1，且 EXEN2 为 1 时，T2 捕获 T2EX 引脚产生的负跳变；置为 0 且 ENEX2 为 1 时，T2 溢出或 T2EX 引脚的负跳变都可使定时器 2 自动重装。若 RCLK 或 TCLK 为 1 时，该位无效且迫使 T2 溢出时自动重装。

3. 数据寄存器 TH2、TL2

定时器/计数器 T2 的数据寄存器 TH2 和 TL2 分别构成 16 位计数寄存器的高 8 位和低 8 位，字节地址为 CDH 和 CCH。这两个特殊功能寄存器只能字节寻址。

4. 捕获寄存器 RCAP2H、RCAP2L

定时器/计数器 T2 的捕获寄存器 RCAP2H 和 RCAP2L 分别构成 16 位捕获寄存器的高 8

位和低 8 位，字节地址为 CBH 和 CAH，只能字节寻址。这两个寄存器用来捕获 TH2 和 TL2 的计数状态，或用来预置定时初值。复位时值全部为 0。

5. T2 的三种运作方式

定时器/计数器 T2 的三种运作方式见表 3-2，其中：

1）当 RCLK 或 TCLK 为 1 时，做波特率发生器用，以 T2 的溢出脉冲做串行通信口的收/发脉冲。

2）当 EXEN2 为 0，做 16 位定时器用时，TF2 可请求中断，且 RCAP2H、RCAP2L 的预置值重装 TH2、TL2。

3）C/$\overline{\text{T2}}$为 0 做定时器使用。

表 3-2　定时器/计数器 T2 的三种运作方式

RCLK 或 TCLK	CP/$\overline{\text{RL2}}$	TR2	工 作 方 式
0	0	1	16 位自重装
0	1	1	16 位捕捉
1	X	1	波特率发生器
X	X	0	不运行

3.1.4　定时器/计数器的初始化

51 系列单片机的定时器/计数器在使用之前需要进行初始化，写入控制字和预置初值。此间还提供了一种设置延时子程序的方法供对比，延时时间不是采用定时器而是通过对机器周期数目的估算来实现。

1. 初始化的主要步骤

1）对 TMOD 寄存器写入控制字，以确定工作模式。

2）对 THx、TLx 预置初值。

3）按需要设置中断方式、中断入口地址，允许中断。

4）启动 TRx。

汇编语言的定时器/计数器初始化参考程序如下：

```
MOV    TMOD, #xxH      ;选择工作模式
MOV    THx,  #xxH      ;预置初值高字节
MOV    TLx,  #xxH      ;预置初值低字节
SETB   ETx             ;定时器/计数器 Tx 中断允许
SETB   EA              ;全局中断允许
SETB   TRx             ;启动定时器/计数器 Tx
```

2. 预置初值的计算

例：晶振频率 $f_{\text{OSC}} = 6\text{MHz}$，机器周期 $T = 2\mu s$，定时时间 $T_{\text{C}} = 1\text{ms}$，求预置初值 X。

（1）方式 1：

$$(2^{16} - X)\ 2\mu s = 1000\mu s$$

$$X = 2^{16} - 500 = 65036 = \text{FE0CH}$$

预置值: $\text{THx} = 0\text{FEH}$, $\text{TLx} = 0\text{CH}$

（2）方式0：

$$(2^{13} - X)\ 2\mu s = 1000\mu s$$

$$X = 2^{13} - 500 = 7692 = 1\text{E0CH}$$

$$= 0\ 0\ 0\ 1 \vdots 1\ 1\ 1\ 0 \vdots 0\ 0\ 0\ 0 \vdots 1\ 1\ 0\ 0\ B$$

└→取出共 13 位　　　　　　↑（TL0 只用低 5 位）

预置值: $\text{THx} = 1\ 1\ 1\ 1\ 0\ 0\ 0\ 0\ B = 0\text{F0H}$

$\quad\quad\quad \text{TLx} = 0\ 0\ 0\ 0\ 1\ 1\ 0\ 0\ B = 0\text{CH}$

注：为了兼容早期的 MCS-48 系列单片机，方式 0 采样了 32 分频定标器。因此，预置值从二进制化为十六进制时要注意数位的选取关系。

3. 延时子程序的时间估算

延时子程序通常以工作寄存器作为计数器，循环执行指令以达到延时的目的。程序按延时的长短设置 1 层或多层计数循环，且对工作寄存器预置计数初值。现以寄存器 R7 和 R6 为例组成两层计数循环，两个寄存器分别预置 248 和 200 的计数值，晶振频率为 6MHz，相应的机器周期为 2μs，延时子程序的机器周期估算示意图见图 3-7。

第（1）层中的（R7 - 1）指令需要 2 个机器周期，循环递减到零后总共执行了（248 ×2）个机器周期，其余层按同样的方法计算，得出执行该延时子程序需要机器周期总数为

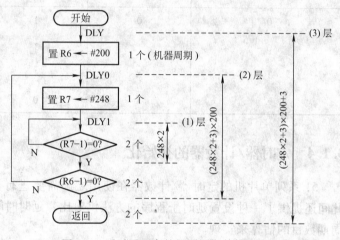

图 3-7　延时子程序的机器周期估算示意图

$$((248 \times 2) + 3) \times 200 + 3 = 99803$$

总延时时间为

$$99803 \times 2\mu s = 199606\mu s$$

更改 R7 或 R6 的预置值，可实现不同时长的延时。如果要对延时时间进行微调，例如把 199606μs 调整为 199610μs（延时时间相差 4μs），可在"返回"语句 RET 之前插入两条机器周期为 1 的空操作指令 NOP，耗时为 4μs，就能实现调整。

延时子程序对应的汇编程序如下，供读者编程时参考：

```
DLY:    MOV    R6,  #200      ;1 机器周期指令
DLY0:   MOV    R7,  #248      ;1 机器周期指令
DLY1:   DJNZ   R7,  DLY1      ;2 机器周期指令
        DJNZ   R6,  DLY0      ;2 机器周期指令
        RET                   ;2 机器周期指令
```

3.1.5 利用门控位 GATE 测量脉冲宽度

3.1.2 节介绍了门控位 GATE 的功能。利用门控位 GATE 和外部中断引脚INT0的控制特性，定时器/计数器可以测量红外遥控器引导码（见 7.5.1 节）的高电平脉冲宽度。门控位 GATE 测量脉冲宽度示意图见图 3-8。

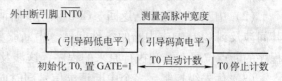

图 3-8　门控位 GATE 测量脉冲宽度示意图

图例中采用定时器/计数器 T0 进行测量，初始化 T0 时置门控位 GATE 为 1，T0 的计数受外中断引脚INT0的控制。T0 启动后，只有外中断引脚INT0出现高电平信号，T0 才开始计数，一旦高电平信号消失，T0 立即停止计数，从而能准确测量出引脚INT0输入的高电平脉冲宽度。下面给出以查询定时器溢出的方式、结合门控位 GATE 测量高电平脉冲宽度的汇编语言程序。测量结果以机器周期数的形式分别存放在寄存器 R0 和 R1 之中。

```
        ORG 0000H
        AJMP MAIN
        ORG 0030H
MAIN：   MOV SP, #60H        ;设堆栈
        MOV TMOD,#09H       ;T0 模式 1,门控 GATE = 1
        MOV TH0, #00H       ;时间常数初值
        MOV TL0, #00H
WAIT：   JB P3.2, WAIT       ;等待INT0引脚输入低电平
        SETB TR0            ;启动定时器 T0
WAIT1： JNB P3.2, WAIT1     ;等待INT0引脚变高电平,计数开始
WAIT2： JB P3.2, WAIT2      ;等待INT0引脚变低电平
        CLR TR0             ;停止定时器 T0,计数结束
        MOV R0,TL0          ;转存高电平脉冲宽度计数值
        MOV R1,TH0
        AJMP $
```

3.2　中断系统功能

中断是指在 CPU 执行正常程序时，系统内部或外部出现的某些需要紧急处理的事件或特殊请求。CPU 响应中断后，暂停执行当前的程序，转而执行预先安排好的中断事件的服务程序。中断事件处理完毕后，CPU 返回原来暂停程序的断点处，继续执行原来的程序。能够实现中断功能的硬件系统和软件系统称为中断系统，中断系统是单片机的一个重要组成部分。工程实践表明，中断系统功能与定时器/计数器功能结合起来运用，使单片机发挥更多的效能，且控制更为灵活方便。

中断系统的组成要素如下：

（1）中断源　中断请求信号的来源。在 51 系列单片机中，51 子系列有 5 个中断源，52 子系列有 6 个中断源。CPU 在每个机器周期都对中断请求信号进行采样，以便及时识别中断

请求。对应于一个中断请求，CPU 只能处理（响应）一次。因此，CPU 响应中断后，中断请求信号应及时撤除，避免发生重复响应。

（2）中断响应和中断返回　CPU 识别中断请求信号后，需要执行预定的中断服务程序，其间涉及到 CPU 响应中断的条件问题。中断服务程序执行完毕后，CPU 需要回到被中断的程序的断点位置，继续执行原来的程序，这涉及到现场保护问题。

（3）优先级控制　多个中断请求信号同时向 CPU 申请中断时，涉及到中断源的优先级排序问题。CPU 应先响应优先级高的中断请求，然后再响应优先级低的中断请求。

（4）中断嵌套　CPU 执行优先级低的中断服务程序时，可以被优先级高的中断请求信号中断，转而执行优先级高的中断服务程序，执行完毕后返回，继续执行被中断的优先级低的中断服务程序。上述过程称为中断的嵌套，中断嵌套见图 3-9。51 系列单片机有两级中断嵌套的能力。

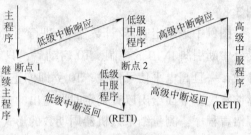

图 3-9　中断嵌套示意图

3.2.1　中断源和中断向量

51 系列单片机的中断源可分成两类：外部中断源和内部中断源。

1. 外部中断源

51 系列单片机有两个外部中断源。从单片机 P3.2 引脚 INT0 和 P3.3 引脚 INT1 输入的中断请求信号，如输入/输出、实时事件、掉电和设备故障等中断请求信号均可作为外部中断源。从 INT0 和 INT1 引脚输入的外部中断请求信号有两种中断触发方式，一种是电平触发，另一种是边沿触发，通过特殊功能寄存器 TCON 相应的位来选择。TCON 的位定义如下（高4 位定义见 3.1.1 节）。

D7	D6	D5	D4	D3	D2	D1	D0	
TF1	TR1	TF0	TR0	IE1	IT1	IE0	IT0	TCON 88H
溢出标志		溢出标志		中断标志	触发方式	中断标志	触发方式	（可位寻址）

（1）IT0（IT1）　外部中断 0（1）的触发方式控制位。IT0（IT1）= 0时，中断触发方式为低电平触发；IT0（IT1）= 1 时，则中断触发方式为下降沿触发。电平触发信号示意图见图 3-10。

图 3-10　电平触发信号示意图

CPU 在每个机器周期的 S5P2 期间对外部中断引脚的电平信号进行采样，只要检测到低电平则产生中断请求信号。INTx 引脚的低电平信号至少要保持到中断请求得到响应为止。由于 CPU 对电平触发方式的 INTx 引脚没有控制作用，因此，中断请求得到响应后，INTx 引脚上的低电平不能由单片机内部的硬件或软件撤除，必须在中断返回前通过外部方法撤销引脚上的低电平，以免再次触发中断而引起混乱。

图 3-11 是一种通过外部电路强制撤除外部中断低电平触发信号的方案。外部电路由 D

触发器和反相器组成，低电平信号经过反相器后变为高电平输入 D 触发器的时钟端 CLK，由于信号端 D 接地，因此输出端 Q 输出低电平使 $\overline{\text{INTx}}$ 有效，向 CPU 请求中断。中断服务程序返回之前，只要在 P1.0 口输出一个负脉冲送至复位端 $\overline{S}$，Q 端就恢复高电平，撤除了 $\overline{\text{INTx}}$ 引脚

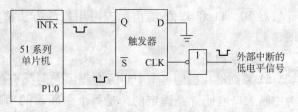

图 3-11　撤除外部中断低电平触发信号的方案

上的低电平信号，这样一来外部中断就不会被再次触发。要实现此功能只需在中断服务程序中采用以下两条指令来产生负脉冲：

```
CLR     P1.0        ;P1.0 输出低电平
SETB    P1.0        ;P1.0 输出高电平
```

边沿触发信号示意图见图 3-12。如果 CPU 在第一个机器周期的 S5P2 时刻采样到 $\overline{\text{INTx}}$ 引脚的高电平信号，而在第二个机器周期的 S5P2 时刻采样到低电平信号，说明两次采样的时

图 3-12　边沿触发信号示意图

间间隔内引脚上产生了先高后低的负跳变，CPU 则产生中断请求。$\overline{\text{INTx}}$ 引脚上的高电平和低电平信号应至少各保持一个机器周期，以保证 CPU 检测到电平的负跳变。

（2）IE0（IE1）　外部中断 0（1）的中断请求标志位。CPU 以电平触发方式检测到外部中断引脚的低电平时，可直接触发外部中断；以边沿触发方式检测到外部中断引脚的负跳变信号时，由硬件自动把中断标志位 IE0（IE1）置位，转向中断服务程序时，硬件自动把中断标志位清零。

2. 内部中断源

51 系列单片机有 4 个内部中断源。这些中断源由单片机内部产生，包括定时器/计数器 T0、T1 和 T2 的溢出中断以及串行口发送（TXD）/接收（RXD）的中断。当 T0、T1 和 T2 的计数寄存器产生溢出时，特殊功能寄存器 TCON 中的标志 TF0 或 TF1、特殊功能寄存器 T2CON 中的标志 TF2 被单片机内部硬件置位，又或者 T2EX 引脚检测到负跳变后 T2CON 中的标志 EXF2 被硬件置位，均向 CPU 申请中断。当串行口发送或接收一帧数据后，特殊功能寄存器 SCON 中的标志 TI 或 RI 被硬件置位，向 CPU 申请中断。

需要注意的是，T0、T1 或 T2 的溢出中断得到响应而转向中断服务程序时，硬件自动把标志 TF0、TF1 或 TF2 清零。而串行口的发送或接收中断得到响应后，内部硬件不能自动把串行口发送标志 TI 或接收标志 RI 清零，需要用软件方法把标志位清零。此外，不使用中断功能时，定时器/

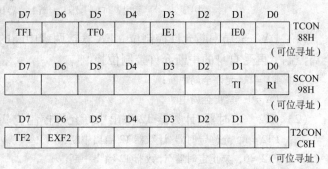

图 3-13　中断标志位在 SFR 中的分布情况

计数器 T0、T1 和 T2 的溢出标志可用软件方法清零。中断标志位在 SFR 中的分布情况见图 3-13。

3. 中断向量

51 系列单片机的每个中断源在程序空间都有独立的中断向量。中断向量的地址（又称为中断入口地址）是固定的，是每个中断源的中断服务程序的入口。单片机响应中断后，把中断向量地址装入 PC 中，转而执行相应的中断服务程序。51 系列单片机中断向量见表 3-3。

表 3-3　51 系列单片机中断向量

中　断　源	中断标志位	入　口　地　址
外部中断 0	IE0	0003H
定时器/计数器 0	TF0	000BH
外部中断 1	IE1	0013H
定时器/计数器 1	TF1	001BH
串行口接收/发送	RI/TI	0023H
定时器/计数器 2	TF2 或 EXF2	002BH

3.2.2　中断控制

单片机通过特殊功能寄存器 TCON、SCON 和 T2CON 的中断请求标志位实现了对外部中断源和内部中断源（定时器/计数器、串行口）的中断响应。而如果要实现中断的允许、禁止或中断优先级的控制，则需要对中断允许寄存器 IE 和中断优先级寄存器 IP 进行相应的设置。

1. 中断允许

51 系列单片机设置有专门用于开放中断和禁止中断的中断允许控制寄存器 IE（Interrupt enable Register）。IE 是可位寻址的特殊功能寄存器，字节地址为 A8H，位地址从高位到低位分别为 AFH ~ A8H。IE 的位定义如下：

D7	D6	D5	D4	D3	D2	D1	D0	
EA	—	ET2	ES	ET1	EX1	ET0	EX0	IE A8H
全局 中断	保留	52 子 系列	串行 口	定时 器 1	外中 断 1	定时 器 0	外中 断 0	（可位寻址）

（1）EA　全局中断允许控制位。EA 管辖两级中断的允许控制，各中断源首先受 EA 位全局控制，再受自身的中断允许控制位控制。

　　EA = 1，允许全局中断；

　　EA = 0，禁止全局中断。

（2）ET2　定时器/计数器 T2 溢出中断允许控制位。（只限于 52 子系列单片机）

　　ET2 = 1，允许定时器/计数器 T2 溢出中断；

　　ET2 = 0，禁止定时器/计数器 T2 溢出中断。

（3）ES　串行口中断允许控制位。

　　ES = 1，允许串行口中断；

ES = 0，禁止串行口中断。

（4）ET1 定时器/计数器 T1 溢出中断允许控制位。

ET1 = 1，允许定时器/计数器 T1 溢出中断；

ET1 = 0，禁止定时器/计数器 T1 溢出中断。

（5）EX1 外部中断 1（$\overline{INT1}$）中断允许控制位。

EX1 = 1，允许外部中断 1 中断；

EX1 = 0，禁止外部中断 1 中断。

（6）ET0 定时器/计数器 T0 溢出中断允许控制位。

ET0 = 1，允许定时器/计数器 T0 溢出中断；

ET0 = 0，禁止定时器/计数器 T0 溢出中断。

（7）EX0 外部中断 0（$\overline{INT0}$）中断允许控制位。

EX0 = 1，允许外部中断 0 中断；

EX0 = 0，禁止外部中断 0 中断。

2. 中断优先级

51 系列单片机的中断源分为两个优先级。中断源的优先级可通过中断优先级寄存器 IP（Interrupt Priority Register）的相应位来设定。IP 为可位寻址的特殊功能寄存器，字节地址为 B8H，位地址从高位到低位分别为 BFH ~ B8H。IP 的位定义如下：

	D7	D6	D5	D4	D3	D2	D1	D0	
	—	—	PT2	PS	PT1	PX1	PT0	PX0	IP B8H
	保留	保留	52 子系列	串行口	定时器 1	外中断 1	定时器 0	外中断 0	（可位寻址）

同等优先级
内部查询顺序   最低 ——————————————→ 最高

（1）PT2 定时器/计数器 T2 中断优先级控制位。（只用于 52 子系列单片机）

PT2 = 0，设为低优先级；

PT2 = 1，设为高优先级。

（2）PS 串行口中断优先级控制位。

PS = 0，设为低优先级；

PS = 1，设为高优先级。

（3）PT1 定时器/计数器 T1 中断优先级控制位。

PT1 = 0，设为低优先级；

PT1 = 1，设为高优先级。

（4）PX1 外部中断（$\overline{INT1}$）中断优先级控制位。

PX1 = 0，设为低优先级；

PX1 = 1，设为高优先级。

（5）PT0 定时器/计数器 T0 中断优先级控制位。

PT0 = 0，设为低优先级；

PT0 = 1，设为高优先级。

（6）PX0 外部中断（$\overline{INT0}$）中断优先级控制位。

PX0 = 0，设为低优先级；

PX0 = 1，设为高优先级。

中断发生时，单片机先响应中断优先级高的中断，再响应中断优先级低的中断。对于同等中断优先级的多个中断源，则根据上述查询顺序，外中断 0 的中断请求最先被响应，定时器/计数器 T2 的中断请求最后被响应。51 系列单片机中断系统结构示意图见图 3-14。

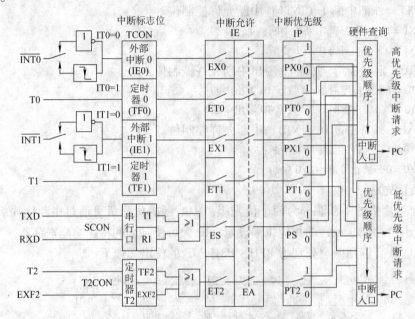

图 3-14　51 系列单片机中断系统结构示意图

多个中断同时发生时，单片机根据下面两条基本规则来确定中断的响应：

1）低优先级的中断请求可被高优先级的中断请求中断，反之不能。

2）某个中断请求一旦得到响应，与之同等优先级的中断请求就不能再被响应。

这两条规则是通过中断系统内部两个不可寻址的"优先级激活触发器"（又称"优先级状态触发器"）来实现的。其中一个触发器为 1 时，说明某个高优先级的中断正在被响应，其余所有的中断请求都被阻断，只有执行完中断返回指令 RETI 后，该触发器才被清 0，单片机才能响应其他的中断。另一个触发器为 1 则说明某个低优先级的中断正在被响应，所有低优先级的中断请求都被阻断，但不能阻断高优先级的中断请求。同样地，只有执行完中断返回指令 RETI 后，该触发器才被清零。

3.2.3 中断响应

1. 中断响应的条件

中断响应过程示意图见图 3-15。在中断源的中断允许控制位被软件置位、中断有效的情况下，在机器周期 1 的 S5P2 期间，$\overline{INTx}$ 引脚的电平被锁存到内部保持寄存器中，中断标志置位。在机器周期 2 的 S6 期间，单片机按顺序查询这些中断标志。如果中断请求不被阻断，在机器周期 3 的 S1 状态，单片机开始响应最高中断优先级的中断请求，硬件内部执行长调用指令，把对应的中断向量地址装入 PC，在机器周期 5 开始执行中断服务程序。

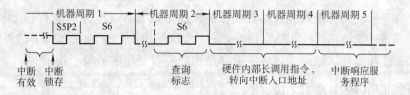

图 3-15　中断响应过程示意图

如果有下述的事件发生，中断请求会被阻断：

1）同级或高中断优先级的中断正在被响应。

2）当前的机器周期不是正在执行的指令的最后一个机器周期。在执行的指令完成之前，单片机不会响应任何中断请求。

3）正在执行的是中断返回指令 RETI 或者访问特殊功能寄存器 IE、IP 的指令。单片机执行完上述三种指令之后，至少要执行一条其他的指令，才能再响应中断请求。

需要注意的是，如果存在上述任何一个事件使单片机未能响应中断，而且中断查询结果丢失，若在下一个机器周期内中断请求仍被阻断，则中断请求不会被响应。

2. 中断响应的时间

中断响应时间是指单片机检测到中断请求后到转向中断服务程序入口所需要的机器周期数。根据上述的中断响应条件，如果查询到中断请求标志时正好处于一条指令的最后一个机器周期，单片机就能立即响应中断。中断响应是由内部硬件执行一条两机器周期的长调用指令加上一个机器周期的查询中断标志操作组成的，因此，最短的中断响应时间是 3 个机器周期。

关于最长的中断响应时间，分析如下：假设查询中断标志时正处于执行中断返回指令 RETI 或访问 IE、IP 指令的第一个机器周期，由于这三条指令均为两个机器周期指令，因此单片机还需要一个机器周期来执行这些指令，加上后续一个机器周期的查询时间，共需要两个机器周期。按照上述的中断响应条件，完成这三条指令之后还需要执行一条其他的指令，单片机才会响应中断请求，若紧接着要执行的是 4 个机器周期的乘法或除法指令，且转向中断服务程序前的长调用指令需要两个机器周期，则最长的中断响应时间为 8 个机器周期。通过分析可知，正常状态下的中断响应时间一般为 3~8 个机器周期。如果中断请求受阻，或者单片机正在执行同级或更高优先级的中断，则需要更长的中断响应时间。上述对中断响应时间的估算，为实际应用中中断请求的状态判断及系统的设计提供参考。

3. 中断响应的过程

单片机响应中断后，内部硬件自动完成以下的操作：

1）根据中断源的中断优先级把相应的优先级状态触发器置位。

2）进行断点保护，把程序计数器 PC 的内容自动压入堆栈。

3）硬件清除中断标志 IE0、IE1、TF0、TF1 或 TF2。

4）相应的中断向量送入 PC，转向相应的中断服务程序。

在中断服务程序中的最后是一条中断返回指令 RETI，其功能是首先把不可寻址的优先级状态触发器清零，然后从堆栈中弹出两个字节的 PC 值，回到原先程序的断点位置继续往下执行程序。

中断被响应后，只有断点能自动入栈保护，而累加器 ACC、工作寄存器 R0～R7、程序状态字 PSW 等寄存器的信息需要通过软件方法入栈保护。电平触发方式下的外部中断请求信号也需要通过外部方法撤除。这些情况都是用户编写程序时需要考虑的。

3.2.4　中断服务程序及其初始化

下面提供中断服务程序及其初始化的一种编程方法，供读者参考。设外部中断$\overline{INTx}$均为负跳变触发，$\overline{INT1}$设为高中断优先级。编程时需要在程序的开头部分设定中断入口，在主程序中对相应的寄存器进行初始化。各中断服务子程序均以中断返回指令 RETI 结束。汇编程序源代码如下：

```
            ORG     0000H
            AJMP    MAIN            ;主程序入口
            ORG     0003H
            AJMP    JINT0           ;外部中断 0 入口
            ORG     0013H
            AJMP    JINT1           ;外部中断 1 入口
            ORG     0030H
MAIN：      MOV SP,#60H             ;堆栈指针设为 60H
            SETB    EA              ;允许全局中断
            SETB    EX0             ;允许外部中断 0 中断
            SETB    EX1             ;允许外部中断 1 中断
            SETB    PX1             ;设外部中断 1 为高优先级
            SETB    IT0             ;设外部中断 0 边沿触发
            SETB    IT1             ;设外部中断 1 边沿触发
              ⋮
ROUN：      NOP
            AJMP    ROUN            ;等待中断
JINT0：     NOP                     ;外部中断 0 中断服务程序
              ⋮
            RETI                    ;中断返回
JINT1：     NOP                     ;外部中断 1 中断服务程序
              ⋮
            RETI                    ;中断返回
```

3.2.5　运用中断功能的程序单步调试

在程序的调试过程中，利用单片机的中断功能可以实现程序的单步执行。通过一次只执行一条指令的方式，用户可以检查每条指令的执行结果是否正确，便于发现程序的错误。实现程序单步执行的电路见图 3-16，主要由常闭按键 S、电阻 $R1$ 和

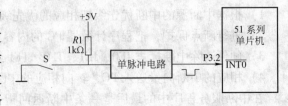

图 3-16　实现程序单步执行的电路

单脉冲电路组成。单脉冲电路的输出端连接到单片机的外部中断口 $\overline{INTx}$ （图中以 P3.2 口为例）。

　　程序单步执行的工作原理是：按键 S 处于常闭状态且一端接地，单脉冲电路的输入为低电平信号，整形后的输出也为低电平信号。单片机的外部中断 0 设为电平触发方式。按键 S 处于常闭状态下，单片机自动进入中断服务程序。按下按键 S 时，按键与接地端断开，+5V 通过 $R1$ 加到单脉冲电路的输入端，在输出端送出一个正脉冲；释放按键 S，单脉冲电路的输出端又变为低电平。中断服务程序需要做的工作是对 P3.2 口线的电平状态进行查询，只要查到口线随着按键的按下和释放从高电平变为低电平，程序即可中断返回。外部中断 0 中断服务程序如下：

```
INT:   NOP
       JNB P3.2, $        ;等待 S 按下,使口线从低电平变为高电平
       JB P3.2, $         ;等待 S 释放,使口线从高电平回复为低电平
       RETI               ;中断返回
```

　　中断返回后，P3.2 口已变为低电平，又会再次触发中断而进入中断服务程序。由 3.2.3 节可知，51 系列单片机在中断返回后必须执行一条其他的指令，才能响应新的中断。正因为这样，每按下 S 一次，单片机就只执行一条指令，从而能实现以单步执行的方式调试程序。

3.3　串行口通信功能

　　51 系列单片机内部有一个全双工的串行通信接口，可以同时进行串行发送和接收的双向通信，通过查询方式或中断方式发送数据和接收数据，数据的传输速率由内部定时器/计数器确定。串行口通信功能结合了定时器/计数器和中断系统的功能。

3.3.1　串行通信基本知识

　　计算机的通信有两种基本方式：并行通信和串行通信。

　　并行通信（Parallel Communication）把所传送数据的各位同时发送或接收。其特点是传送速度快，但所需的数据传输线较多，传输线的条数就等于数据位数，价格比较贵，只适用于数据的近距离传输。

　　串行通信（Serial Communication）把所传送的数据按顺序一位接一位地发送或接收。其特点是只需要一对数据传输线（发送线和接收线）就可以实现通信，电路简单且成本较低，适合于数据的远距离通信，但数据传送的速度慢。串行通信的组态见图 3-17。

图 3-17　串行通信的组态

　　串行通信又分为异步传输方式和同步传输方式。

1. 同步传输方式

　　同步传输方式（Synchronous Communication）是一种连续串行传输数据的通信方式，每次传送一帧（Frame）数据，帧格式由同步字符、数据字符和校验字符 CRC 三部分组成。数据字符的长度由传输的数据块长度决定，数据块开头采用同步字符使收/发双方实现严格同

步，没有起始位和停止位，通信速度较高，可达 56Kbit/s 以上。同步传送方式有单同步字符和双同步字符的两类帧格式，其差别在于双同步字符帧格式使用了两个同步字符，而单同步字符帧格式只是用一个同步字符。单同步字符的帧格式见图 3-18。

图 3-18　单同步字符的帧格式

2. 异步传输方式

异步通信方式（Asynchronous Communication）的数据是以字符为单位组成一帧一帧进行传输的。帧格式包含起始位、数据位、奇偶校验位和停止位共 4 个部分，每帧的起始位和停止位实现发送端与接收端之间的数据同步。同样长度的每一帧内的时间间隔是固定的，但帧与帧之间的时间间隔是随机的，因此，传输线上的数据传输是不连续的。异步通信的帧格式见图 3-19。图 3-19a 和图 3-19b 差别在于其中的空闲位不同，图 3-19a 的帧格式中没有空闲位。

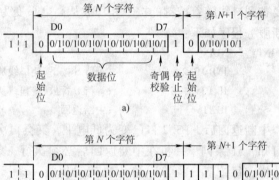

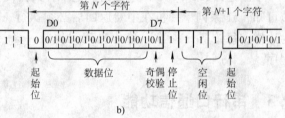

图 3-19　异步通信的帧格式

3.3.2　串行口控制器

串行通信的数据传输方式（见图 3-20）有三种：单工方式、半双工方式和全双工方式。

1）单工方式。数据只能从发送站 A 向接收站 B 单向传输。

2）半双工方式。数据可从站 A 发送到站 B，也可从站 B 发送到站 A，但在同一时刻只能往一个方向传送，站 A 和站 B 可分时充当发送站或接收站。

3）全双工方式。站 A 和站 B 均有独立的发送和接收功能，可同时实现数据的发送和接收。

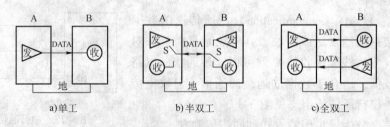

图 3-20　串行通信的数据传送方式

51 系列单片机内部的串行通信接口为全双工通信口。其串行口结构见图 3-21。串行口主要由两个独立的发送/接收缓冲器 SBUF、输入移位寄存器、接收和发送控制寄存器 SCON、电源控制寄存器 PCON 的 D7 位和波特率发生器等部件组成。使用串行口时，通过设置下述特殊功能寄存器实现串行通信。

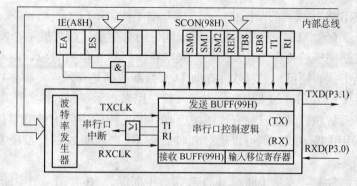

图 3-21　51 系列单片机的串行口结构

1. 串行数据缓冲器 SBUF

串行数据缓冲器 SBUF（Serial Buffer）是物理上独立的两个 8 位发送、接收寄存器。这两个寄存器共用一个地址 99H，只能进行字节寻址。串行数据缓冲器 SBUF 的读、写指令十分简单：

```
MOV  A, SBUF        ;访问接收数据寄存器(读方式)
MOV  SBUF, A        ;访问发送数据寄存器(写方式)
```

2. 串行口控制寄存器 SCON

串行口控制寄存器 SCON（Serial Port Control Register）的作用是控制串行通信的工作方式、在数据发送和接收的过程中设置中断状态标志。SCON 的字节地址为 98H，可进行位寻址，位地址从高位到低位分别为 9FH ~ 98H，寄存器的位定义如下：

D7	D6	D5	D4	D3	D2	D1	D0	
SM0	SM1	SM2	REN	TB8	RB8	TI	RI	SCON 98H

（可位寻址）

（1）SM0，SM1　串行口工作方式选择位。SM0 和 SM1 有 4 种组合方式，见表 3-4。其中方式 1、方式 2 和方式 3 实现的通用异步接收器/发送器功能，简称 UART（Universal Asynchronous Receiver/Transmitter）。

表 3-4　串行口工作方式

SM0	SM1	工作方式	功　能	波　特　率
0	0	方式 0	8 位同步移位寄存器方式	$f_{osc}/12$
0	1	方式 1	10 位通用异步接收器/发送器	可变
1	0	方式 2	11 位通用异步接收器/发送器	$f_{osc}/32$ 或 $f_{osc}/64$
1	1	方式 3	11 位通用异步接收器/发送器	可变

（2）SM2　多机通信控制位，串行口工作在方式 2 和方式 3 时该数据位有效。方式 0 和方式 1 时不能使用 SM2，应把 SM2 清零。多机通信中若从机 SM2 = 1，则只有接收到有效停止位时，接收中断标志 RI 才能置为 1（将在多机通信原理中介绍）。

（3）REN　接收允许控制位。该位由软件置位或清零。在通信过程中，如果要禁止数据接收，可以把该位清零。

（4）TB8　方式 2 和方式 3 发送数据的第 9 位。该位由软件置位或清零。TB8 可作为双机通信的奇偶校验位。在多机通信中，TB8 = 0，表示数据帧；TB8 = 1，表示地址帧。

（5）RB8　方式 2 和方式 3 接收数据的第 9 位。RB8 可作为双机通信中的奇偶校验位。在方式 2 和方式 3 中，RB8 作为多机通信的地址或数据帧标志位。在方式 1 中，若 SM2 = 0，则 RB8 接收到的是停止位。方式 0 中不使用该位。

（6）TI　发送中断标志位。该位用来指示一帧数据是否发送结束。方式 0 中，8 位数据发送完毕后置位，其余三种方式则在发送停止位时置位，向 CPU 申请中断。如果不采用中断方式，则可以通过软件查询 TI 来判断数据是否发送完毕。TI 由硬件置位、软件清零。

（7）RI　结束中断标志位。该位用来指示一帧的接收结束。方式 0 中，8 位数据接收完毕后置位，其余三种方式则在接收到停止位的中间部分时置位，向 CPU 申请中断。如果不采用中断方式，则可以通过软件查询 RI 来判断数据是否接收完毕。RI 由硬件置位、软件清零。

注意：发送中断标志 TI 和接收中断标志 RI 共用一个中断向量，在双工通信应用中需要由软件来判断是接收中断还是发送中断，以进行相应的操作。系统复位时，SCON 的值为零。

3. 电源控制寄存器 PCON

电源控制寄存器 PCON（Power Control Register）的位定义（低 4 位定义见 1.6.3 节）如下：

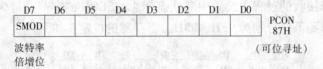

电源控制寄存器 PCON 中的最高位 SMOD 与串行口控制有关。该位是串行口波特率系数的控制位。SMOD = 1，波特率加倍。系统复位时 SMOD = 0。

4. 中断允许控制寄存器 IE

中断允许控制寄存器 IE（Interrupt Enable Register）的位定义（见 3.2.2 节）如下：

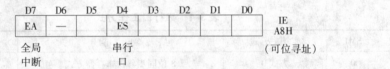

其中 ES 是串行口中断允许控制位。ES = 0，禁止串行口中断；ES = 1，允许串行口中断。同样地，只有在全局中断允许控制位 EA 为 1 的情况下，串行口中断才能生效。

3.3.3　串行口的工作方式

串行口具有 4 种工作方式，由 SCON 中的 SM0 和 SM1 的值决定。各种工作方式的原理如下：

1. 方式 0

串行口工作方式 0 不属于标准意义上的串行通信，而属于移位寄存器的工作方式。应用方式 0 时通常外接串入—并出移位寄存器（如 74HC164、CD4094）或并入—串出移位寄存器（如 74HC165、CD4014），以扩展单片机的 I/O 口。串行口方式 0 的工作示意图见图 3-22。在方式 0 中，双功能口 P3.0（RXD）作为串行数据的输出或输入口，每个字符为 8 位；双功能口 P3.1（TXD）用于输出移位脉冲，其波特率固定为晶体振荡器频率 f_{osc} 的 1/12。在每个机器周期内，TXD 端的移位脉冲使 RXD 输出或输入一位二进制码。

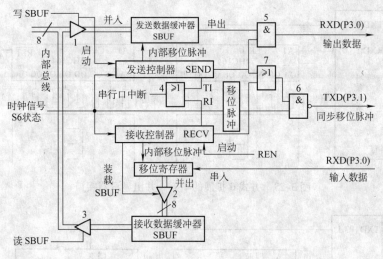

图 3-22　串行口方式 0 工作示意图

串行口在方式 0 作为输出的工作过程是：RXD 用于串行数据的接收，TXD 作为同步移位脉冲的输出端。当数据写入串行口数据缓冲器 SBUF 时，同时启动发送控制器，从内部送出移位脉冲。经过一个机器周期后 SEND 输出高电平，打通门电路 5，经或门 7 打通门电路 6，RXD 发送允许且 TXD 输出同步脉冲。在机器周期的 S6 状态，单片机把发送数据缓冲器 SBUF 中的数据从低位 D0 开始右移一位，把数据从 RXD 移出。重复执行该操作直至最高位 D7 移出后，一帧数据的发送便到此结束。接着，SEND 低电平，发送中断标志 TI 置位，申请串行口中断或等待用户查询。

串行口在方式 0 作为输入的工作过程是：RXD 用于串行数据的接收，TXD 仍作为同步移位脉冲的输出端。REN 置 1 则接收控制器启动，经过一个机器周期 RECV 端输出高电平，经或门 7 打通门电路 6，TXD 输出同步移位脉冲。在内部移位脉冲的作用下，RXD 收到的串行数据进入移位寄存器并左移一位，成为最高位 D7。重复接收数据的操作直至最低位 D0 移入后，一帧数据的接收到此结束。接着，RECV 恢复低电平，接收控制器发出装载 SBUF 信号打通三态门 2，把数据保存到接收数据缓冲器 SBUF 中，接收中断标志 RI 置位，申请串行口中断或等待用户查询。单片机通过读 SBUF 指令打通三态门 3，读取内部总线送来的缓冲器 SBUF 中的数据。

下面是串行口方式 0 在工程上的应用示例：

1）串行口外接串入—并出移位寄存器，扩展显示器接口。方式 0 扩展的串入—并出显示器接口见图 3-23。

移位寄存器芯片 74HC164 的两个串行数据输入端 A1、A2 并联，连接到串行口的串行输出端 RXD，芯片的同步移位脉冲输入端 CLK 连接到串行口的串行脉冲输出端 TXD。每一个同步移位脉冲 CLK 的上升沿使输入芯片的数据右移一位，CLK＝0 时数据保持不变，数据右移 8 次后溢出，通过 QH 端送至第二片 74HC164 芯片的串行数据输入端。$\overline{RST}$ 为低电平时，芯片的输出清零。应用上述电路，单片机只需要两条串行口线就能扩展两组 8 位并行输出的端口。

2）串行口外接并入—串出移位寄存器，方式 0 扩展的并入—串出接口见图 3-24。

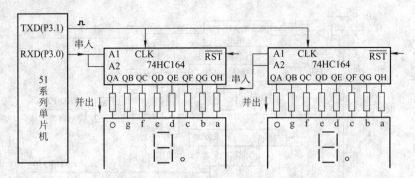

图 3-23　方式 0 扩展的串入—并出显示器接口

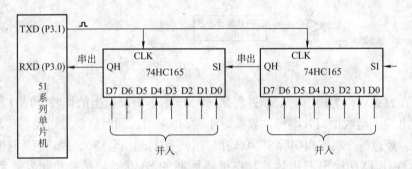

图 3-24　方式 0 扩展的并入—串出接口

移位寄存器芯片 74HC165 的串行输出端 QH 连接串行口的串行输入端 RXD，芯片的同步移位脉冲输入端 CLK 连接串行口的串行脉冲输出端 TXD，芯片的 8 个并行输入端 D0 ~ D7 用于并行输入数据。第一片芯片的串行输出端 QH 与第二片芯片的串行输入端 SI 相连接。数据并行进入芯片内部后转换为串行的格式，每一个时钟 CLK 的上升沿使数据左移一位，逐位送入串行口的输入端 RXD。应用上述电路，单片机只需要两条串行口线就能接收两组 8 位的并行数据，还可按照这种方式扩展，接收更多位数的数据，大大节省了单片机的 I/O 口线资源。

2. 方式 1

串行口工作方式 1 是 10 位异步通信接口方式。帧格式由 10 位组成，包含 1 个起始位、8 个数据位（低位在前）和 1 个停止位；也可以是 ASC II 码的帧格式，由 1 位起始位、7 个数据位、1 个奇偶校验位和 1 个停止位组成。方式 1 的波特率可变，取决于定时器 T1 的溢出时间和 SMOD 位的设置。串行口方式 1、2、3 的工作示意图见图 3-25，接收端是 RXD，发送端是 TXD。

串行口方式 1 的发送过程是：用软件方法对发送标志 TI 清零后，写 SBUF 指令启动发送过程，内部总线的并行数据送入 SBUF 并启动发送控制器。经过一个机器周期，数据端 DATA 和发送端 $\overline{\text{SEND}}$ 有效，串行数据通过输出控制门向 TXD 端送出。一帧信息发送完毕后，发送中断标志 TI 置位，申请串行口中断或等待用户查询。

串行口方式 1 的接收过程是：通常设 SM2 = 0，用软件方法对接收标志 RI 清零后，若接收允许位 REN 置 1（图中开关闭合），位检测器则以所选波特率的 16 倍速率对 RXD 端电平进行采样。当检测到负跳变时，跳变检测器启动接收控制器接收数据。为了抑制干扰，把每

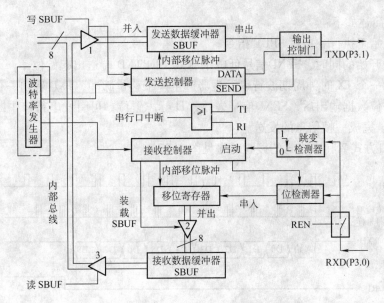

图 3-25　串行口方式 1、2、3 的工作示意图

1 位数据的传输时间分成 16 等分，位检测器在一位数据的传输时间内检测到的第 7、8、9 个脉冲至少有两个的值相同时，判断为接收到数据。在接收移位脉冲控制下，RXD 上的数据逐位移入移位寄存器，一帧信息接收完毕。若接收到的数据的起始位不为零，则该帧信息无效，接收电路复位。如果满足 RI = 0、接收到的停止位为 1 或 SM2 = 0 两个条件，单片机把停止位送入 SBUF，并把串行接收中断标志 RI 置位，申请串行口中断或等待用户查询。

3. 方式 2 和方式 3

串行口工作方式 2 和工作方式 3 是 11 位异步通信接口方式。帧格式由 11 位组成，包含 1 个起始位、9 个数据位（低位在前，8 个数据位，第 9 位为奇偶校验位）和 1 个停止位。方式 2 的波特率是与 SMOD 位有关的固定值，其值为 $f_{osc}/32$（SMOD = 1 时）或 $f_{osc}/64$（SMOD = 0 时）。方式 3 的波特率可变，取决于定时器/计数器 T1 的溢出率和 SMOD 位的设置。

方式 2 和方式 3 数据的发送、接收过程与方式 1 的基本相同。若满足 RI = 0、SM2 = 0 或所接收到的第 9 位数据为 1（非停止位），则表明数据接收成功。方式 2 和方式 3 与方式 1 的差别在于：发送之前由 SCON 寄存器中的 TB8 位提供第 9 位数据，接收之后把第 9 位数据装入 SCON 寄存器中的 RB8 位。

1）串行口方式 2 和方式 3 的发送时序见图 3-26。

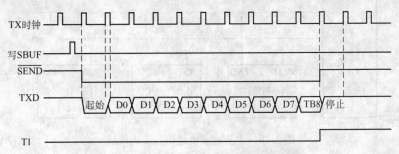

图 3-26　串行口方式 2 和方式 3 的发送时序

工作过程简述如下：

（a）发送始于执行一条写 SBUF 指令。

（b）发送开始的同时，$\overline{\text{SEND}}$ 信号低电平有效，向 TXD 端送出起始位。

（c）每隔一个 TX 时钟周期波特率发生器产生一个移位脉冲，TXD 输出一位数据。

（d）当 9 位数据输出后，$\overline{\text{SEND}}$ 信号失效，TI 标志置位，可引发串行口中断，令 TXD = 1 作为停止位，完成一帧信息的发送。

2）串行口方式 2 和方式 3 的接收时序见图 3-27。

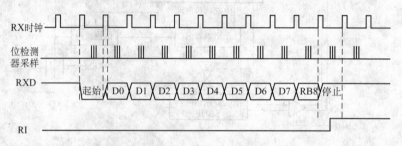

图 3-27　串行口方式 2 和方式 3 的接收时序

工作过程简述如下：

（a）接收过程始于接收允许位 REN = 1，位检测器从采样脉冲中（三中取二原则）检验到有效起始位。

（b）起始位有效，每个 RX 时钟周期接收一位数据。

（c）第 9 位数据接收完毕后，数据送至 SBUF 和 RB8，RI 标志置位，可引发串行口中断，完成一帧数据的接收。

（d）若接收无效，则需要重新检测 RXD 的信号。

3.3.4　串行口的多机通信

多个单片机之间进行的通信，称为多机通信。51 系列单片机的串行口可实现多机通信，此时单片机必须工作在串行口工作方式 2 或工作方式 3。

多机通信中最简单、应用最广的是主从式多机通信。该通信方式由一台主机和两台以上的从机组成，主机可以向从机发送信息，而从机发送的信息只能被主机接收，从机之间不能直接进行通信。主从式多机通信系统的组成见图 3-28。

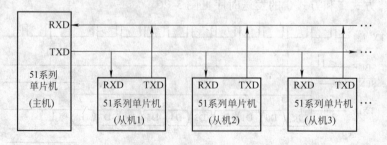

图 3-28　主从式多机通信系统的组成

　　主从式多机通信系统中，主机发出的信息分为地址帧和数据帧。主机中的第 9 位（TB8）为 1，表示发出的是从机的地址帧，用来确定要进行通信的从机地址（又称站号）；主机中的第 9 位（TB8）为 0，表示发出的是从机的数据帧，是与从机通信的数据。8 位单片机组成的主从式通信系统中，由于从机地址信息由一个 8 位字节表示，因此参与通信的从机最大数量为 256。

　　从机通过 SCON 寄存器中的多机通信控制位 SM2 来实现多机通信的控制。通信开始时，令从机的 SM2 = 1，以便接收主机发来的地址帧；若收到的第 9 位（RB8）为 1，且从机的通信地址符合，则改 SM2 = 0，以便接收主机发来的数据帧，收到的数据帧的第 9 位（RB8）为 0。

1. 主从式多机通信的过程：

　　1）所有参与通信的从机均设置 SM2 = 1，全部处于等待接收主机地址帧的状态。

　　2）主机首先发出目标从机的地址帧，其中的 8 位数据代表从机地址（站号），第 9 位数据（TB8）为 1，使所有从机引发中断。

　　3）所有从机在各自的中断服务程序中读取地址帧中的地址数据（站号）并进行比较，与自身站号相符的从机需设置 SM2 = 0。这样一来，主机后续发来的各帧数据均能使该从机的接收中断标志位 RI 置位，引发接收中断。

　　4）自身地址不相符的其他从机，仍保持 SM2 = 1，不接收主机后续发来的数据帧。

　　5）自身地址相符合的从机，在收齐规定的数据帧后，置 SM2 = 1，恢复到等待接收主机地址帧的状态。

2. 从机引发接收中断的条件

　　上述通信过程中从机引发接收中断、使接收中断标志位 RI 置位的条件归纳如下：

　　1）从机设置 SM2 = 1（等待接收地址帧）。

　　2）从机设置 REN = 1（接收允许）。

　　3）从机接收到 RB8 = 1（地址帧）。

3.3.5　串行通信的波特率

　　串行口的波特率（Band）是每秒钟发送或接收的数据位数，单位为 bit/s。在串行通信中，发送端和接收端必须采用相同的波特率才能实现通信。下面讨论影响波特率的因素和波特率的设置方法。

1. 影响波特率的因素

　　1）晶振频率 f_{osc}。

　　2）电源控制寄存器 PCON 中的波特率倍增位 SMOD。

　　3）定时器/计数器 T1 的溢出率设置。

2. 定时器/计数器 T1 溢出率的计算

　　定时器/计数器 T1 溢出率的计算与下列因素有关：

　　1）T1 溢出率 = 定时溢出次数/s。

　　2）定时器/计数器工作方式的选择。

　　T1 实际上只有方式 0、方式 1 和方式 2 三种模式可以选择（方式 3 时 T1 停止计数），因此选择 8 位自动重装的工作方式 2 来产生串行通信所需的波特率。

下面计算 T1 在方式 2（自动重装）时的溢出率：

设 X 为预置值。

溢出一次的时间为：$(2^8 - X) \times 12/f_{\text{osc}}$

溢出率（T1）$= f_{\text{osc}}/12/(2^8 - X)$ 次/s

例：设晶振频率 $f_{\text{osc}} = 6\text{MHz}$，预置值 $X = \text{F3H}$，则有：

溢出率（T1）$= 6 \times 10^6/(2^8 - \text{F3H})/12 \approx 38461.5$ 次/s

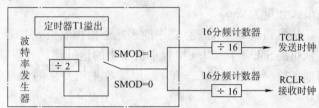

图 3-29　波特率设置示意图

3. 波特率的设置

串行口工作方式 1 和方式 3 的波特率可以人为设定，波特率设置示意图见图 3-29。

波特率 $= (2^{\text{SMOD}}/32) \times$（定时器 T1 的溢出率）

$= (2^{\text{SMOD}}/32) \times f_{\text{osc}}/12/(2^8 - X)$

通常在实际应用中给出了波特率，求定时器预置值 X：

$X = 256 - 2^{\text{SMOD}} \times f_{\text{osc}}/$（波特率 $\times 32 \times 12$）

例：$f_{\text{osc}} = 6\text{MHz}$，$\text{SMOD} = 1$，波特率 2400bit/s，求定时器预置值 X

则：$X = 256 - 2^1 \times 6 \times 10^6/(2400 \times 32 \times 12)$

$= 242.98 \approx 243 \rightarrow \text{F3H}$

4. 常用的波特率

串行口工作在方式 1 和方式 3，且定时器/计数器工作在方式 2 时，6MHz、11.0592MHz 和 12MHz 的晶振频率下的波特率参数表分别见表 3-5、表 3-6 和表 3-7。

表 3-5　6MHz 晶振频率下的波特率参数表

选定波特率/bit·s⁻¹	实际波特率/bit·s⁻¹	定时器预置值	SMOD 位	波特率误差（%）
2400	2403.8	F3H	1	0.16
1200	1201.9	F3H	0	0.16
1200	1201.9	E6H	1	0.16
600	600.9	E6H	0	0.16
600	600.9	CCH	1	0.16
300	300.4	CCH	0	0.16
300	300.4	98H	1	0.16

表 3-6　11.0592MHz 晶振频率下的波特率参数表

选定波特率/bit·s⁻¹	实际波特率/bit·s⁻¹	定时器预置值	SMOD 位	波特率误差（%）
19200	19200	FDH	1	0.00
9600	9600	FDH	0	0.00
9600	9600	FAH	1	0.00
4800	4800	FAH	0	0.00

（续）

选定波特率/bit·s⁻¹	实际波特率/bit·s⁻¹	定时器预置值	SMOD 位	波特率误差（%）
4800	4800	F4H	1	0.00
2400	2400	F4H	0	0.00
2400	2400	E8H	1	0.00
1200	1200	E8H	0	0.00
1200	1200	D0H	1	0.00
600	600	D0H	0	0.00
600	600	A0H	1	0.00
300	300	A0H	0	0.00
300	300	40H	1	0.00

表 3-7　12MHz 晶振频率下的波特率参数表

选定波特率/bit·s⁻¹	实际波特率/bit·s⁻¹	定时器预置值	SMOD 位	波特率误差（%）
4800	4807.6	F3H	1	0.16
2400	2403.8	F3H	0	0.16
2400	2403.8	E6H	1	0.16
1200	1201.9	E6H	0	0.16
1200	1201.9	CCH	1	0.16
600	600.9	CCH	0	0.16
600	600.9	98H	1	0.16
300	300.4	98H	0	0.16
300	300.4	30H	1	0.16

从表中可以看到，晶振频率为 11.0592MHz 时波特率的误差为零。晶振频率为 12MHz 时，波特率最高可选 4800bit/s，其误差仍在 0.16% 内；若波特率选得更高，如 9600bit/s，通过计算分别得到波特率的误差为 6.98%（SMOD = 0）和 8.51%（SMOD = 1），误差明显增大；所以用 12MHz 晶振时工程上不建议采用超过 4800bit/s 的波特率。三个表格中 600bit/s 以下的低端波特率，一般用于诸如电传打字机等早期低传输速率的 ASCⅡ码设备。

3.3.6　异步通信的奇偶校验

在串行口的 4 种工作方式中，后 3 种方式可通过发送和接收的中断方式、查询方式或两者混合的方式来实现双机通信或多机通信，并能对传输的信息进行校验。串行口工作方式 2 和方式 3 使用的奇偶校验位是帧格式的第 9 位，发送时由 SCON 中的 TB8 提供，接收时从 SCON 中的 RB8 取得。本节先对串行通信方式的用法进行简单的归纳，然后介绍奇偶校验的相关概念和使用的方法。

1. 串行通信方式的用法归纳

串行口工作方式 1 的帧格式有 8 个数据位，传输数据时没有校验功能，要达到校验数据的目的，可通过批量数据累加、判断和值的方法（称为求累加和方法）来实现。方式 1 也可以用来传输 ASCⅡ码，由于每个 ASCⅡ只有 7 位二进制数据，因此可以把最高位作为校验位使用，实现每一帧信息的校验功能。

串行口的工作方式 2 和方式 3 的帧格式有 9 个数据位，进行双机通信时收发两方均可利用其中的第 9 位作为校验位。进行多机通信时，因为收发两方都把第 9 位作为地址帧或数据帧的识别位，所以没有校验位可供使用。要达到校验的目的，需要通过批量数据累加、判断和值的方法来实现。

工程应用上，双机通信也可以采用多机通信的方法来实现，只需要分配一个从机地址，并且按照多机通信的协议进行编程即可。这种方法虽然看似是双机通信，但却具备了扩展从机的能力。

下面列出了串行口各个工作方式的帧格式以及相应的校验方法：

方式 1（波特率可变）

（双机通信）	SM0	SM1	SM2	↓数据	
	0	1	0	8 位	
或	0	1	0	7 位 + 校验位	

方式 2、3

（双机通信）	SM0	SM1	SM2	↓数据	↓第 9 位
	1	0	0	8 位 +	校验位
	1	1	0	8 位 +	校验位

方式 2、3（前者波特率固定，后者波特率可变）

（多机通信）

发送方：	SM0	SM1	SM2	↓数据	↓第 9 位
	1	0	1 或 0	8 位	1/0（地址/数据）
接收方：	SM0	SM1	SM2	↓数据	↓第 9 位
	1	0	1	8 位	1（地址）
	1	0	0	8 位	0（数据）

2. 奇偶校验标志

奇偶标志（Parity Flag），又称特征校验位，是程序状态字 PSW 的最低位 PSW.0，简称 P。累加器 ACC 自动生成奇偶校验标志，规则如下：

ACC 中 1 的个数为偶数时，P = 0。

ACC 中 1 的个数为奇数时，P = 1。

例：A = 0000 0011   P = 0

A = 0000 1011   P = 1

3. 偶校验

在偶校验（Even Check）中，帧格式的第 9 位由发送方数据中奇偶标志的性质来决定。

若累加器 ACC 所提供的发送字节有 P = 0，则把 0 补入第 9 位，即 TB8 = 0；

若累加器 ACC 所提供的发送字节有 P = 1，则把 1 补入第 9 位，即 TB8 = 1。

4. 奇校验

在奇校验（Odd Check）中，帧格式的第 9 位由发送方数据中奇偶标志的性质来决定。

若累加器 A 所提供的发送字节中有 P = 0，则把 1 补入第 9 位，即 TB8 = 1；

若累加器 A 所提供的发送字节中有 P=1，则把 0 补入第 9 位，即 TB8 = 0。

5. 奇偶校验位 TB8 的编程要领

（1）"补偶"发送

```
MOV   A,@Ri        ;待发送的字节送入 A
MOV   C,P          ;奇偶标志送入进位位
MOV   TB8,C        ;装入第 9 位 TB8 中
MOV   SBUF,A       ;发送
```

（2）"补奇"发送

```
MOV   A,@Ri        ;待发送的字节送入 A
MOV   C,P          ;奇偶标志送入进位位
CPL   C            ;取反补奇
MOV   TB8,C        ;装入第 9 位 TB8 中
MOV   SBUF,A       ;发送
```

6. 奇偶校验位 RB8 的编程要领

（1）"偶校验"接收　读取 SBUF 数据后，P 值有两种可能的状态，因此需比较 P 和 RB8，若状态相异，表示出错。

```
        MOV   A,SBUF       ;接收
        MOV   C,P          ;奇偶标志 P 取入 C
        JC    JS1          ;属 1,跳转判断
        ORL   C,RB8        ;标志与校验位比较
        JC    ERR          ;状态相异出错处理
        AJMP  OK
JS1:    ANL   C,RB8        ;标志与校验位比较
        JC    OK
        AJMP  ERR          ;状态相异出错处理
OK：    …                  ;正确运行的分支
ERR：   …                  ;出错处理的分支
```

（2）"奇校验"接收　读取 SBUF 数据后，P 值有两种可能的状态，因此需比较 P 和 RB8，若状态相同，表示出错。

```
        MOV   A,SBUF       ;接收
        MOV   C,P          ;奇偶标志 P 取入 C
        JC    JS2          ;属 1,跳转判断
        ORL   C,RB8        ;标志与校验位比较
        JNC   ERR          ;状态相同出错处理
        AJMP  OK
JS2：   ANL   C,RB8        ;标志与校验位比较
        JNC   OK
        AJMP  ERR          ;状态相同出错处理
OK：    …                  ;正确运行的分支
ERR：   …                  ;出错处理的分支
```

3.3.7　串行口的通信应用

串行口使用之前首先需要进行初始化。本节除了介绍串行口初始化的一般步骤外，列举

了发送端和接收端不同通信控制形式的代表性例子，供读者编程时参考。

1. 串行口初始化的编程

串行口初始化的步骤包括设置定时器 T1 的工作方式、设定串行口工作方式和波特率、允许中断和启动定时器等等。下面是以查询方式进行通信的串行口初始化编程例子：

```
        ⋮
SINT：  MOV   TMOD,#20H      ;设置定时器 T1 模式 2,计数方式
        MOV   TH1,#0F3H      ;装入 8 位自动重装模式的时间常数
        MOV   TL1,#0F3H
        MOV   PCON,#80H      ;选 SMOD=1,波特率加倍
        MOV   SCON,#0D0H     ;选串行口方式 3
        SET   TR1           ;启动定时器 T1
        ⋮
```

若采用中断方式收发数据，在程序的开头还需要设置串行口中断服务程序的入口地址，初始化的步骤还要包括设置中断触发方式、设置中断优先级和允许中断等（见 3.2 节）。

2. 主从机中断控制方式的通信编程

（1）主机以串行方式 2 发送　波特率固定，只发送不接收，采用中断控制。

```
        ORG 0000H
        LJMP MAIN
        ORG 0023H           ;串行口中断入口
        LJMP INTS
        ORG 0030H
MAIN：  MOV SP,#60H
        MOV PCON,#80H       ;波特率加倍
        MOV SCON,#80H       ;方式 2,主机只发不收
        MOV DPTR,#ADDR      ;数据存放地址
        MOV R7,#0AH         ;数据字节个数
        MOV R2,#ADDR1       ;从机地址
        SETB EA             ;允许总中断
        SETB ES             ;允许串行口中断
        SETB TB8            ;第 9 位置 1,属于地址标志
        MOV A,R2            ;装入站号
        MOV SBUF,A          ;发送站号
        AJMP $              ;等待中断
INTS：  NOP                 ;中断服务子程序
        CLR TI              ;清发送标志
        CLR TB8             ;第 9 位清零,属于数据标志
        MOVX A,@DPTR        ;从外部 RAM 取数据
        MOV SBUF,A          ;发送数据
        INC DPTR            ;指向下一数据
        DJNZ R7,LOOP        ;字节未完继续发送
        CLR ES              ;字节发送完关中断
LOOP：  RETI                ;中断返回
```

（2）从机串行方式 2 接收　波特率固定，采用中断控制。

```
          ORG 0000H
          LJMP MAIN
          ORG 0023H              ;串行口中断入口
          LJMP INTR
          ORG 0030H
MAIN:     MOV PCON,#80H          ;波特率加倍
          MOV SCON,#0B0H         ;从机待命
          MOV DPTR,#ADDR         ;数据存放地址
          MOV R0,#0AH            ;数据个数计数
          MOV IE,#90H            ;串行口中断允许
          AJMP $                 ;等待中断方式接收
INTR:     NOP                    ;中断服务子程序
          CLR RI                 ;清接收标志
          MOV A,SBUF             ;接收数据
          MOV C,RB8              ;读取第 9 位
          JNC KEEP               ;为 0 表示收到数据
          XRL A,ADDR1            ;判断站号
          JZ  LOP1               ;属自身站号跳转
          AJMP LOP2              ;站号不符,中断返回
LOP1:     CLR SM2                ;清多机通信位,准备接收数据
          AJMP LOP2              ;中断返回等待再接收
KEEP:     MOVX @DPTR,A           ;存放数据
          INC DPTR               ;指向下一数据
          DJNZ R0,LOP2           ;数据未收齐,继续
          SETB SM2               ;置多机通信位,从机待命
LOP2:     RETI                   ;中断返回
```

3. 主从机查询控制方式的通信编程

（1）主机以串行方式 1 查询发送　波特率 1200bit/s（6MHz 时），双机通信采用奇校验。

要求：把 30H ~ 39H 中 10 个 ASCII 码以查询方式向从机发出，高位用作校验位，有错便向相应单元送 0FFH。

```
          ORG 0000H
          MOV SP,#60H
          MOV PCON,#80H          ;波特率加倍
          MOV TMOD,#20H          ;设定时器 1,模式 2(自动重装)
          MOV TH1,#0E6H          ;装入定时常数
          MOV TL1,#0E6H
          MOV SCON,#40H          ;设方式 1,8 位(含奇校验),禁止接收
          SETB TR1               ;启动定时器
          MOV R0,#30H            ;数据首地址
          MOV R7,#0AH            ;数据个数计数
```

```
LOOP: MOV A,@R0          ;取数据(ASCII码,高位为0)
      MOV C,P            ;取特征校验位
      CPL C              ;补奇
      MOV ACC.7,C        ;把校验位置于ACC的最高位
      MOV SBUF,A         ;发送数据
      JNB TI,$           ;查询发送标志
      CLR TI             ;清发送标志
      INC R0             ;指向下一数据
      DJNZ R7,LOOP       ;字节未发完,继续
      AJMP $
```

（2）从机以串行方式1查询接收 波特率1200bit/s（6MHz时），采用奇校验。

```
      ORG 0000H
      MOV SP,#60H
      MOV PCON,#80H      ;波特率加倍
      MOV TMOD,#20H      ;设定时器1,模式2(自动重装)
      MOV TH1,#0E6H      ;装入定时常数
      MOV TL1,#0E6H
      MOV R0,#30H        ;数据首地址
      MOV R7,#0AH        ;数据个数计数
      MOV SCON,#50H      ;设方式1,REN=1允许接收
      SETB TR1           ;启动定时器
LOOP: JNB RI,$           ;查询接收一帧
      CLR RI             ;清接收标志
      MOV A,SBUF         ;读取数据
      MOV C,ACC.7        ;分离ACC的最高位
      ANL A,#7FH         ;屏蔽ACC的最高位
      JNC  RAD1          ;奇校验,C≠1跳转
      JB  P,ERR          ;特征校验位P=1,出错
      AJMP  LOP          ;数据接收正确
RAD1: JB  P,LOP          ;数据接收正确
      AJMP ERR           ;特征校验位P=0,出错
LOP:  MOV @R0,A          ;保存数据
LOP1: INC  R0            ;指向下一数据
      DJNZ R7,LOOP       ;数据未接收完,继续
      AJMP OUT           ;数据接收完
ERR:  MOV @R0,#0FFH      ;赋出错标志
      AJMP LOP1          ;继续循环
OUT:  :                  ;完成
```

练习与思考

1. 定时器/计数器有哪4种工作模式？定时和计数范围各是多少？

2. 定时器/计数器的工作与哪些特殊功能寄存器有关？

3. 定时器/计数器用作定时器时，其定时时间与哪些因素有关？用作计数器时，对外部计数频率的限制范围如何？

4. 有什么方法知道定时器/计数器已经产生溢出？

5. 51 系列单片机晶振频率 6MHz，用定时器 T1 产生 1000μs 延时，可用哪几种定时模式实现？分别写出控制字和预置时间常数。

6. 51 系列单片机晶振频率 12MHz，要从 P2.0 引脚输出一个连续的 10Hz 方波信号，试编写相应的程序。

7. 定时器/计数器的门控方式和非门控方式的区别在哪里？举例说明门控方式的应用场合。

8. 51 系列单片机的中断系统与哪些特殊工作寄存器有关？

9. 说明外部中断请求的查询和响应过程。

10. 在 51 系列单片机的五个中断源中，中断响应后哪几个中断源的中断申请标志位能被硬件自动清零？不能自动清零的该如何处理？

11. 51 系列单片机响应中断后，CPU 自动进行哪些操作？在中断服务程序中用户需进行什么操作？

12. 外部中断请求有哪两种触发方式？下降沿触发和电平触发信号有何要求？

13. 51 系列单片机的中断优先级处理原则是什么？最紧急要优先处理的事件是什么？

14. 写出有两个外部中断源的初始化程序段？

15. 从中断服务程序返回后，能否立刻又进入中断服务程序？如能应如何处理？

16. 51 系列单片机的串行通信与哪些特殊工作寄存器有关？

17. 51 系列单片机的串行口有哪几种工作方式？对应的帧格式是什么？各应用在哪种场合？

18. 波特率跟什么因素有关？如何计算波特率？

19. 为什么单片机在工程应用中，串行通信常采用 11.0592MHz 的晶振频率？

20. 51 系列单片机用方式 1 进行双机通信，波特率为 2400bit/s，写出查询方式发送和接收的单向通信程序。

21. 51 系列单片机用方式 3 进行多机通信，主机只带 1 台从机，波特率为 4800bit/s，写出以中断方式发送和接收的双向通信程序。

22. 说明主从式多机通信的工作步骤，主机的 SM2 位设置对通信有影响吗？

23. 串行通信方式 1 和方式 2 能否进行奇偶校验该？如何办？

第4章 并行总线扩展技术

4.1 并行总线扩展

运用单片机的内部资源可以直接对一些简单的应用电路进行控制，但对于较复杂的应用场合，内部资源就显得不足，需要进行程序存储器、数据存储器、I/O 口的扩展，这些目标均可通过并行总线扩展技术来实现。

4.1.1 并行总线扩展方法

51 系列单片机并行总线扩展采用三总线结构（地址总线、数据总线、控制总线），利用单片机的 P2 口和 P0 口组成 16 位地址总线，其中 P2 口提供高 8 位地址，P0 口提供低 8 位地址。由于数据总线也由 P0 口提供，所以 P0 口需作地址/数据总线复用。为了实现分时复用功能，需要用单片机的 ALE（地址锁存允许）把 P0 口提供的低 8 位地址锁存进地址锁存器，然后 P0 口才能释放出来作 8 位数据之用。51 系列单片机并行总线扩展的结构示意图见图 4-1。

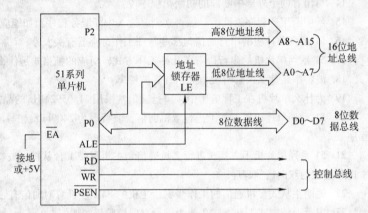

图 4-1　51 系列单片机并行总线扩展的结构示意图

需要注意的是，P2 口根据外部扩展的存储器容量提供口线数量。$\overline{EA}$ = 0 时访问外部程序存储器；$\overline{PSEN}$作为外部扩展程序存储器（EPROM）的读指令控制；$\overline{WR}$作为外部扩展数据存储器（RAM）的写操作控制；$\overline{RD}$作外部扩展数据存储器（RAM）的读操作控制；CPU 不会同时对$\overline{PSEN}$与$\overline{WR}$、$\overline{RD}$发出控制信号，所以对外部程序存储器与外部数据存储器的操作不会产生冲突。

4.1.2 单片机的最小系统

单片机的最小系统，是指片内无程序存储器的 51 系列单片机（如 8031/80C31），采用并行总线扩展技术实现的最小系统配置。该最小系统配置了外部程序存储器、外部时钟电路和复位电路，组成了能正常运作的基本单元，见图 4-2。电路中必须把$\overline{EA}$接地，使系统复位后从外部程序存储器开始读取指令运行，此时 80C31 的 P0 口和 P2 口不能再作 I/O 口使用。

对片内带有程序存储器的 51 系列单片机（如 80C51/87C51/89C51），芯片本身已具备了最小系统配置，不必进行总线扩展就能正常运行，见图 4-3。

这类最小系统必须把 $\overline{EA}$ 接 +5V 电源，系统复位后便从片内程序存储器读取指令运行，单片机的 4 组 8 位并行接口均可作为 I/O 口使用。

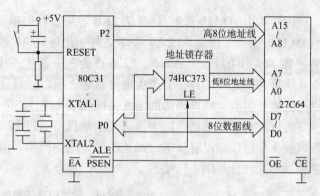

图 4-2　51 系列单片机并行总线扩展的最小系统

对于上述片内带有程序存储器的单片机，如果要对程序存储器、数据存储器、I/O 口进行扩展，则仍需采用图 4-1 所示的并行总线扩展结构来实现。此时，与图 4-2 的最小系统情况一样，芯片中的 P0 口和 P2 口不能再作 I/O 口使用。$\overline{EA}$ 仍需接 +5V 电源，不同的是，系统复位后开始是从片内取指运行，程序执行到片内程序存储器最大地址后，便自动转向执行片外程序存储器的程序。所以说，不管单片机片内是否带有程序存储器，只要是利用三总线进行资源扩展，均需采用图 4-1 所示的并行总线扩展结构，熟习这种扩展结构对电路设计有普遍指导意义。

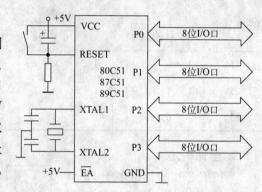

图 4-3　内带程序存储器的 51 系列
单片机最小系统

4.1.3　并行总线的地址译码

单片机利用三总线扩展多片程序存储器、数据存储器和 I/O 口，需要对芯片进行片选操作，以便选中所需的芯片。片选是通过地址总线来实现的，称为地址译码。分为线译码法（属于部分译码法的特例）和全译码法。随着芯片制造技术的进步，程序存储器（EPROM）从 2716（2KB）发展到了 27512（64KB），有各种不同容量的芯片可供选择。一片 64KB 芯片相当于 32 片 2KB 芯片的容量，所以用多片小容量程序存储器组构电路的例子不多。地址译码多用于数据存储器和 I/O 口等芯片的扩展。

1. 线译码法

线译码法又称线选法，是根据每片被选中器件的内部储存单元数量，确定所要由 P2 口和 P0 口提供的地址线数目，然后把 P2 口剩余的高端地址线连接到所扩展芯片的片选端 $\overline{CE}$（或 $\overline{CS}$），片选信号低电平有效。线译码法片选控制示意图见图 4-4。

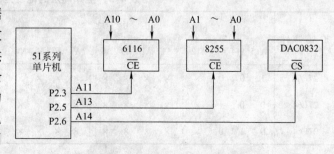

图 4-4　线译码法片选控制示意图

图 4-4 中的 6116 静态 RAM 为 2KB 容量，片内单元占用 A0 ~ A10 共 11 条地址线，除了由 P0 口提供低 8 位地址线 A0 ~ A7 之外，地址线 A8 ~ A10 由 P2 口的 P2.0 ~ P2.2 提供。如果把 P2 口余下的 P2.3、P2.5、P2.6 作为三个芯片的片选线，由于未用到的口线不管取 1 和取 0 均可选中这些芯片，会产生地址重叠，所以建议让未用到的 P2 口线悬空，成为 1 状态，以避免地址重叠。线译码法的地址范围见表 4-1。其中"×"表示可取值 0 或 1。

可以看到，线选法适用于被选芯片数目不超过 P2 口线所能提供的片选数目，选用哪一条口线作片选线则没有规定。线选法硬件电路简单，但地址空间没充分利用，存在地址重叠现象，芯片地址范围不连续。

表 4-1　线译码法的地址范围

扩展器件	地　址　线				片内地址单元	地　址　码
	A15 A14 A13 A12	A11 A10 A9 A8	A7 A6 A5 A4	A3 A2 A1 A0		
6116	1　1　1　1	0　×　×　×	×　×　×　×	×　×　×　×	2KB	F000H ~ F7FFH
8255	1　1　0　1	1　1　1　1	1　1　1　1	1　1　×　×	4B	DFFCH ~ DFFFH
0832	1　0　1　1	1　1　1　1	1　1　1　1	1　1　1　1	1B	BFFFH

2. 全译码法

当扩展芯片的数目多于 P2 口提供的片选线时，可采用全译码法来实现。全译码法是把片内单元寻址后剩余的 P2 口高端地址通过译码器进行译码，把译码后的输出线用作片选线。常用的译码器有 3-8 译码器，如 74LS138/74HC138，由 3 条输入线参与译码，

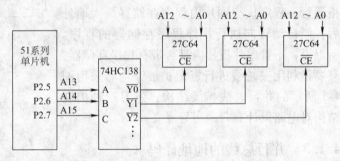

图 4-5　全译码法的片选控制示意图

转换成 8 条输出线（译码逻辑功能表见 4.2 节）；4-16 译码器芯片如 74LS154/74HC154，由 4 条输入线参与译码，转换成 16 条输出线。此外还有双 2-4 译码器芯片如 74LS139/74HC139 等。全译码法的片选控制示意图见图 4-5，采用 3-8 译码器扩展了 3 片 2764 芯片。

用 P2 口的高端地址线 P2.7、P2.6、P2.5 参与译码，其地址范围见表 4-2。

表 4-2　全译码法的地址范围

扩展器件	地　址　线				片内地址单元	地　址　码
	A15 A14 A13 A12	A11 A10 A9 A8	A7 A6 A5 A4	A3 A2 A1 A0		
27C64	1　0　0　×	×　×　×　×	×　×　×　×	×　×　×　×	8KB	0000H ~ 1FFFH
27C64	0　0　1　×	×　×　×　×	×　×　×　×	×　×　×　×	8KB	2000H ~ 3FFFH
27C64	0　1　0　×	×　×　×　×	×　×　×　×	×　×　×　×	8KB	4000H ~ 5FFFH

从表4-2中可以看出，全译码法的扩展芯片之间的地址连续，可最大限度利用地址空间。片选线数目不受剩余的P2口线的限制，但需附加译码电路。从全译码法的含义上说，P2口除了提供芯片内部单元寻址的口线之外，剩余的P2口线应全部参与译码。举例说，如果剩下5条P2口线，则需采用具有5条输入线的全译码器，可转换成$2^5 = 32$条输出片选线，不存在地址重叠的问题；但实际上用不了这么多片选线，也没有必要设计这种复杂的全译码器，实际应用中建议把不参与译码的口线接高电平，使其状态固定，可避免地址重叠现象。采用已有的译码器芯片，能简化译码电路。

上述两种地址译码的方法在单片机并行总线扩展中均有采用，具体选择哪一种，要取决于应用电路中对芯片使用的考虑。

4.2　常用扩展器件

了解和熟识以下一些常用的扩展器件及其性能，在单片机并行总线扩展或其他应用场合中运用，能发挥很好的控制功效。以高速省电CMOS工艺的74HC系列器件为例，介绍器件的电路功能，同样适用于TTL型的74LS系列器件。

4.2.1　8位D锁存器

8位D锁存器74HC373为带输出三态门的8路锁存器（见图4-6）。其逻辑结构见图4-6a，DIP封装引脚见图4-6b。

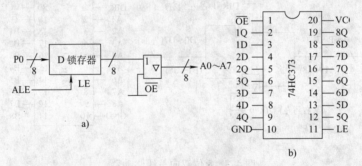

图4-6　8位D锁存器

8个输入端为1D~8D，8个输出端为1Q~8Q。数据锁存控制端LE为高电平时，输出端与输入端信号直通；LE变为低电平时，数据被锁存。输出允许端$\overline{OE}$为低电平时，三态门开通；为高电平时，三态门关闭呈高阻状态。

在单片机并行总线扩展应用中（见图4-1），74HC373作低8位地址锁存器使用。输入端1D~8D连接P0口，输出端1Q~8Q提供低8位地址A0~A7，控制端LE接地址锁存允许信号ALE，输出允许端$\overline{OE}$接地，使输出三态门呈开通状态。

4.2.2　8位单向总线驱动器

8位单向总线驱动器74HC244是双四路的单向三态缓冲器（见图4-7）。其逻辑结构见图4-7a，DIP封装引脚见图4-7b。

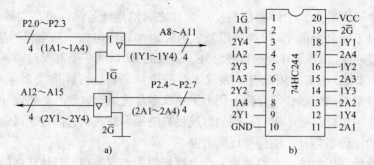

图 4-7　8 位单向总线驱动器

8 个输入端为 1A1～1A4 和 2A1～2A4，8 个输出端为 1Y1～1Y4 和 2Y1～2Y4。三态门控制端为 1$\overline{G}$ 和 2$\overline{G}$。此芯片可组成 8 位单向总线驱动器。使用时三态门控制端 1$\overline{G}$ 和 2$\overline{G}$ 同时接地，使 8 个三态门呈开通状态。通常用来增加单向总线或器件输出线的驱动能力。如图 4-7 所示把芯片输入端接地址总线 P2 口，就能增强 P2 口的驱动能力，芯片输出端提供高 8 位地址线 A8～A15。

4.2.3　8 位双向总线驱动器

8 位双向总线驱动器 74HC245 是带三态门的 8 位双向总线驱动器（见图 4-8）。其逻辑结构见图 4-8a，DIP 封装引脚见图 4-8b。

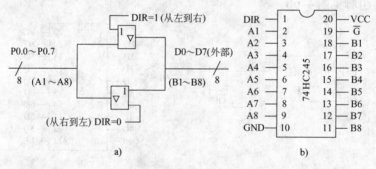

图 4-8　8 位双向总线驱动器

双向 8 位端口 A1～A8 和 B1～B8 既可作输入端又可作输出端，取决于方向控制端 DIR 和三态门使能端$\overline{G}$的联合控制作用。$\overline{G}$接高电平，驱动器呈高阻隔离状态；$\overline{G}$接低电平，信号传输方向由 DIR 的电平控制。

单片机的 P0 口属双向传输口，增加 P0 口驱动能力需要采用双向总线驱动器 74HC245 来实现。总线双向驱动的连接参见图 4-9。

三态门使能端$\overline{G}$接地，驱动器呈有效状态。单片机的片外取指控制线 $\overline{PSEN}$ 和片外读数控制线$\overline{RD}$经与门连接到芯片的方向控制端 DIR。读取指令

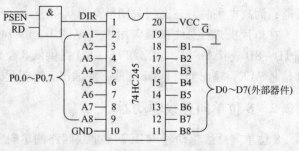

图 4-9　总线双向驱动的连接

时$\overline{PSEN}$变为低电平，或者读取数据时$\overline{RD}$变为低电平，这两种情况下与门输出均为低电平，使总线驱动方向呈 DIR = 0，数据从外部器件输入单片机；其他期间$\overline{PSEN}$和$\overline{RD}$均为高电平，与门输出高电平，使总线驱动方向呈 DIR = 1，数据从单片机向外部器件输出，从而实现了 P0 口的双向驱动控制。

4.2.4　3-8 译码器

　　3-8 译码器 74HC138 是常用的 3 线输入、8 线输出的地址译码器（见图 4-10）。其引脚输入输出逻辑关系见图 4-10a，DIP 封装引脚见图 4-10b。

　　三个控制端 G1、$\overline{G2A}$、$\overline{G2B}$连接为"高、低、低"的电平关系时，才能有译码输出，否则输出端全部呈高阻状态。3-8 译码器逻辑功能见表 4-3。具体应用时 G1 接正电源，$\overline{G2A}$和$\overline{G2B}$均接地，作全译码法片选控制参见 4.1.3 节。

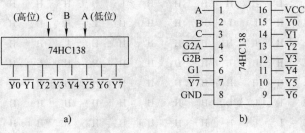

图 4-10　3-8 译码器

4.2.5　4-16 译码器

　　4-16 译码器 74HC154 是常用的 4 线输入、8 线输出的地址译码器（见图 4-11）。其输入输出逻辑关系图 4-11a，DIP 封装引脚见图 4-11b。

表 4-3　3-8 译码器逻辑功能

输　　入			输出（低电平有效）							
C	B	A	Y0	Y1	Y2	Y3	Y4	Y5	Y6	Y7
L	L	L	L	H	H	H	H	H	H	H
L	L	H	H	L	H	H	H	H	H	H
L	H	L	H	H	L	H	H	H	H	H
L	H	H	H	H	H	L	H	H	H	H
H	L	L	H	H	H	H	L	H	H	H
H	L	H	H	H	H	H	H	L	H	H
H	H	L	H	H	H	H	H	H	L	H
H	H	H	H	H	H	H	H	H	H	L

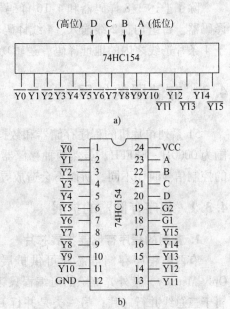

图 4-11　4-16 译码器

　　两个控制端$\overline{G1}$和$\overline{G2}$接低电平才有译码输出，其余状态输出端呈高阻状态。4-16 译码器逻辑功能见表 4-4。

表 4-4　4-16 译码器逻辑功能

输		入		输出（低电平有效）															
D	C	B	A	Y0	Y1	Y2	Y3	Y4	Y5	Y6	Y7	Y8	Y9	Y10	Y11	Y12	Y13	Y14	Y15
L	L	L	L	L	H	H	H	H	H	H	H	H	H	H	H	H	H	H	H
L	L	L	H	H	L	H	H	H	H	H	H	H	H	H	H	H	H	H	H
L	L	H	L	H	H	L	H	H	H	H	H	H	H	H	H	H	H	H	H
L	L	H	H	H	H	H	L	H	H	H	H	H	H	H	H	H	H	H	H
L	H	L	L	H	H	H	H	L	H	H	H	H	H	H	H	H	H	H	H
L	H	L	H	H	H	H	H	H	L	H	H	H	H	H	H	H	H	H	H
L	H	H	L	H	H	H	H	H	H	L	H	H	H	H	H	H	H	H	H
L	H	H	H	H	H	H	H	H	H	H	L	H	H	H	H	H	H	H	H
H	L	L	L	H	H	H	H	H	H	H	H	L	H	H	H	H	H	H	H
H	L	L	H	H	H	H	H	H	H	H	H	H	L	H	H	H	H	H	H
H	L	H	L	H	H	H	H	H	H	H	H	H	H	L	H	H	H	H	H
H	L	H	H	H	H	H	H	H	H	H	H	H	H	H	L	H	H	H	H
H	H	L	L	H	H	H	H	H	H	H	H	H	H	H	H	L	H	H	H
H	H	L	H	H	H	H	H	H	H	H	H	H	H	H	H	H	L	H	H
H	H	H	L	H	H	H	H	H	H	H	H	H	H	H	H	H	H	L	H
H	H	H	H	H	H	H	H	H	H	H	H	H	H	H	H	H	H	H	L

在全译码法中，当所需的片选线数目大于 8 时，则采用此种译码芯片来实现。

除了上述 3-8 译码器和 4-16 译码器之外，还有一种双 2-4 译码器 74HC139，内含两组译码器。每组均有 2 线输入、4 线译码输出；控制端 G 接低电平时译码才生效。这类芯片适于 4 条片选线之内的地址译码，逻辑功能与 3-8 译码器和 4-16 译码器雷同，此处不再赘述。

4.3　存储器的扩展

51 系列单片机的程序存储器和数据存储器采用片内片外统一编址，各为 64KB，寻址范围为 0000H ~ FFFFH。虽然两种存储器的地址空间重叠，但由于采用不同的操作指令，产生的控制信号时序不同，所以不会造成寻址混乱。

4.3.1　程序存储器的扩展

1. 常用的程序存储器扩展芯片

有两类程序存储器芯片可供扩展之用，一类是 EPROM（Erasable Programmable Read Only Memory，紫外光擦除的可编程只读存储器），芯片正面带有供紫外光照射的石英窗口，属于三总线并行芯片；另一类是并行 E²PROM（Electrically Erasable Programmable Read Only Memory，电可擦除的可编程存储器）。程序存储器的 DIP 封装引脚见图 4-12。

1）要清除 EPROM 芯片的存储单元，只需将 EPROM 芯片的石英窗口置于紫外光灯管下照射 10 ~ 15min；芯片内的所有存储单元便变为"1"状态；如要重新写入程序代码，需通过编程器在芯片的 VPP 端接入编程电压。8 位 EPROM 芯片有 27C16（2KB）、27C32

（4KB），DIP 封装为 24 引脚，见图 4-12a；27C64（8KB）、27C128（16KB）、27C256（32KB）、27C512（64KB）芯片的 DIP 封装均为 28 引脚，见图 4-12b。

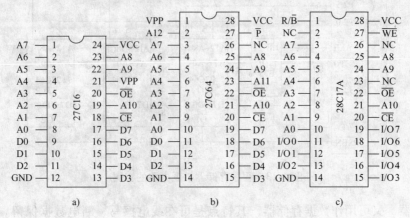

图 4-12　程序存储器的 DIP 封装引脚

2）电可擦除的并行 E^2PROM 芯片可在线电擦除和编程高达 10^8 次，停电数据不失且可保留十年。常用 8 位并行 E^2PROM 芯片有 28C17A（2KB）和 28C64A（8KB），DIP 引脚均为 28 引脚，如图 4-12c 所示。片内设置有编程高压脉冲发生电路，不需外加编程电源；在写入数据之前能自动擦除原写入单元。芯片的后缀 A 表示改进型，如同静态 RAM 一样使用方便。还有一类串行 E^2PROM 芯片，功能和并行 E^2PROM 基本相同，但并行 E^2PROM 芯片容量较大、速度较快、读写过程简单，功耗也较大。与并行 E^2PROM 芯片相比，串行 E^2PROM 芯片容量较小，速度较慢、读写过程比并行 E^2PROM 要复杂，串行 E^2PROM 体积较小、功耗较低。串行 E^2PROM 的工作原理和用法见第 9 章。

2. EPROM 程序存储器的扩展

在进行程序存储器扩展之前，需对芯片的接口引脚功能有完整的了解，以便能按照功能要求设计扩展电路。通常 EPROM 程序存储器芯片配备了三总线接口，其中地址总线 N 的数目视芯片存储字节容量 M 而定，有关系 $2^N = M$。如 27C16，$M = 2KB$，$N = 11$ 条地址线；而 27C64，$M = 8KB$，$N = 13$ 条地址线。数据总线为 D0～D7 共 8 条。控制总线包括片选线$\overline{CE}$（低电平有效）、输出允许线$\overline{OE}$（低电平有效）。此外，还有正电源 VCC 和地 GND（这两条引线在电路图上通常是隐含的，并不标示出来）。

程序存储器的扩展遵循 4.1 节所述的并行总线扩展原则，地址译码可采用线译码法或全译码法。图 4-13 是程序存储器扩展电路的实例，采用线译码法扩展 3 片 27C64 芯片。

图中单片机 P2 口的高端口线分别连接各 27C64 芯片的片选线$\overline{CE}$，取指令允许线$\overline{PSEN}$连接到各芯片的输出允许端$\overline{OE}$，取指令操作只有在$\overline{CE}$被选中的芯片才生效。27C64 芯片有 13 条地址线，1～3 号芯片的地址范围分别为 0000H～1FFFH、2000H～3FFFH、6000H～7FFFH。由于$\overline{EA}$接正电源，这种扩展电路适用于 51 系列单片机片内带有程序存储器的芯片；如果把$\overline{EA}$接地，此电路适于片内没有程序存储器的 8031 单片机。对于储存容量不同的程序存储器芯片，其电路扩展的设计方法类同。

3. 并行 E^2PROM 程序存储器的扩展

常见的并行 E^2PROM 芯片 28C17A（2KB），DIP 封装引脚见图 4-12c。这种芯片既可用

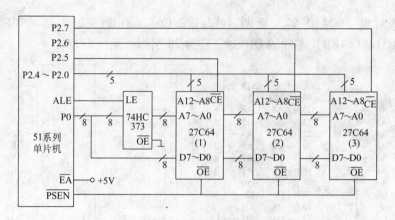

图 4-13 程序存储器扩展电路的实例

作程序存储器，又可用作数据存储器，其特点是可在线电擦写、断电数据保留。28C17A 是 28C17 的改进型，单 +5V 电源供电，片内设置有高压脉冲产生电路，不需外加编程电压；片内具有写入前先自动擦除功能，无需专门字节擦除操作。芯片的写入时间约 16ms，其状态可以通过芯片特设的 RDY/BUSY（就绪/忙）引脚来判断，如果该引脚的电平从低变高表示写入操作完成。设计并行 E^2PROM 扩展电路与 EPROM 扩展电路的不同之处在于：单片机需提供一条口线作为 RDY/BUSY 信号的检测线，并结合软件来检测；另外，EPROM 芯片的程序代码需使用编程器写入，而并行 E^2PROM 芯片的程序代码可在线写入，所以需利用单片机的写控制线 $\overline{WR}$ 与 28C17A 芯片的 $\overline{WE}$ 连接。并行 E^2PROM 芯片用作数据存储器时，通过单片机的 $\overline{WR}$ 进行写入操作；用作程序存储器时，通过单片机的 $\overline{PSEN}$ 进行取指令操作。同样地，由于 $\overline{EA}$ 接正电源，这种扩展电路只适用于 51 系列单片机片内带有程序存储器的芯片。

并行 E^2PROM 电路的实例见图 4-14。采用线译码法扩展 3 片并行 E^2PROM 程序存储器 28C17A 芯片的。

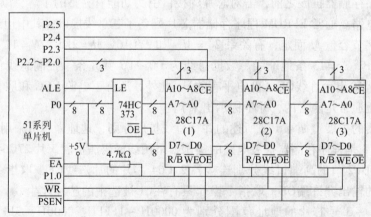

图 4-14 并行 E^2PROM 扩展电路的实例

由于 28C17A 芯片的 RDY/BUSY 为漏极开路输出，所以要外加 4.7kΩ 上拉电阻，使其输出状态确定。如果要对 28C17A 写入，可通过对 RDY/BUSY 引脚的查询来管理"写入"操作，当检测到 P1.0 从低电平变为高电平，表示一次写入操作完成，可进行后续的写入操作。

以选中图中第一片 28C17A 为例，P2.3 为 0 时片选有效，此时首地址为 F000H，从首地址开始连续写入 10 个单元的"6"，参考程序如下：

```
            MOV     DPTR,#0F000H      ;设定数据指针
            MOV     R0,#10            ;单元计数初值
            MOV     A,#6             ;装入数据
LOOP：      MOVX    @DPTR,A           ;对 28C17A 写操作
LOOP1：     JNB     P1.0,LOOP1        ;查 RDY/BUSY 为低，等待
            INC     DPTR              ;增加数据指针
            DJNZ    R0,LOOP           ;数据未写完，继续循环
            RET                       ;子程序返回
```

4.3.2 数据存储器的扩展

1. 常用数据存储器扩展芯片

单片机扩展数据存储器通常采用静态数据存储器 SRAM（Static RAM，静态随机存取存储器）。静态 RAM 读写速度较快，也便于对字节宽度进行扩展（如 8 位字节可串接成 16 位字节），但这类芯片的集成度较低、功耗也大。常见的 8 位芯片有 6116（2KB）、6264（8KB）、62256（32KB）等。除了 6116 为图 4-15a 所示的 24 引脚 DIP 封装外，其余为 28 引脚 DIP 封装，见图 4-15b。地址线数目与芯片字节容量的关系与程序存储器芯片相同，静态 RAM 同样具有片选线$\overline{CE}$和读允许线$\overline{OE}$，唯一的差别是多了一条写允许线$\overline{WE}$。

2. 静态数据存储器的扩展

数据存储器的扩展与程序存储器的扩展方法相同，同样遵循上述 4.1 节的三总

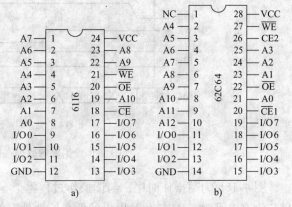

图 4-15 数据存储器的 DIP 封装引脚

线扩展原则，且地址译码可采用线译码法或全译码法。由于要对数据存储器进行读/写操作，单片机的写控制线$\overline{WR}$要连接数据存储器的写允许信号线$\overline{WE}$、读控制线$\overline{RD}$连接数据存储器的读允许信号线$\overline{OE}$。

扩展的数据存储器读/写时序见图 4-16。读/写指令属于两个机器周期指令，每个机器周期含 6 个 S 状态，每个 S 状态有两相 P1 和 P2（详见 1.3.3 节）。

图 4-16a 为读操作时序。P2 口提供受访数据存储器的高 8 位地址 A15～A8，P0 口分时提供低 8 位地址 A7～A0。地址锁存允许信号 ALE 从低电平变为高电平，开始读周期。在 ALE 为高电平时，低 8 位地址有效；图中（1）表示机器周期 1 的 S2 状态，由 ALE 下降沿把低 8 位地址锁存进锁存器后，P0 口浮空。图中（2）～（3）表示机器周期 1 的 S4～S6 状态，读信号$\overline{RD}$低电平有效时，P0 口转为输入方式，同时外部数据存储器被选通；$\overline{RD}$上升沿时存储单元的数据输入 P0 口，并由 CPU 读入累加器，然后 P0 口浮空。读数据期间，取指控制线$\overline{PSEN}$不起作用，呈高电平状态。

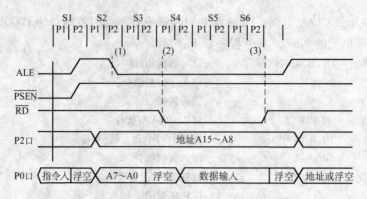

a) 数据存储器读操作时序

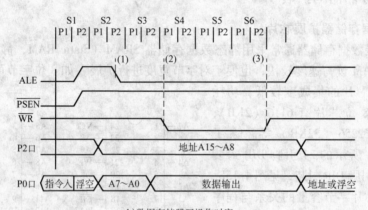

b) 数据存储器写操作时序

图 4-16　扩展的数据存储器读/写时序

图 4-16b 为写操作时序，与读操作过程类似。P2 口同样提供数据存储器的高 8 位地址。ALE 为高电平时，P0 口分时提供的低 8 位地址有效；图中（1）表示机器周期 1 的 S2 状态，由 ALE 下降沿把低 8 位地址锁存进锁存器后，P0 口释放作为数据线。图中（2）~（3）表示机器周期 1 的 S4 ~ S6 状态，写信号 $\overline{WR}$ 低电平有效时，累加器 A 的数据从 P0 口输出，在 $\overline{WR}$ 的上升沿把数据写入外部数据存储器。写数据期间取指控制线 $\overline{PSEN}$ 同样不起作用，呈高电平状态，所以取指操作和读/写操作不会发生冲突。可采用如下两组指令对扩展的数据存储器进行读/写操作。

（1）寻址片外 256B 数据存储器

MOVX　A,@ Ri　　　　;读操作

MOVX　@ Ri,A　　　　;写操作

（2）寻址片外 64KB 数据存储器

MOVX　A,@ DPTR　　　;读操作

MOVX　@ DPTR,A　　　;写操作

数据存储器扩展电路的实例见图 4-17，通过全译码法扩展 4 片 8 位 62C64（8KB）静态数据存储芯片。

其中，62C64 芯片具有两种极性的片选信号线可供选择，$\overline{CE1}$ 为低电平片选有效；CE2

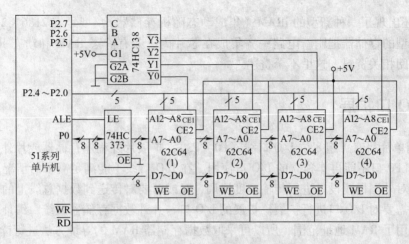

图 4-17　数据存储器扩展电路的实例

为高电平片选有效。通常采用$\overline{CE1}$作片选信号，把 CE2 接高电平。图中用 74HC373 译码器进行地址译码，数据存储器（1）~（4）的地址范围依次为：0000H ~ 1FFFH，2000H ~ 3FFFH，4000H ~ 5FFFH，6000H ~ 7FFFH。

4.3.3　混合存储器的扩展

单片机可以同时扩展程序存储器和数据存储器，由上述程序存储器扩展方法和数据存储器扩展方法结合而成。存储器的混合扩展电路的实例见图 4-18，扩展了 2 片 27C64 和 2 片 62C64 芯片。

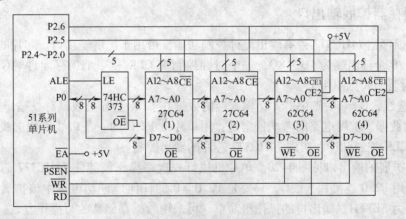

图 4-18　存储器的混合扩展电路的实例

该电路在片选线的接法上有所不同，利用效率更高。把一片程序存储器芯片和一片数据存储器芯片的片选线连接在一起，共同由单片机一根地址线来控制，使两芯片同时被选通。基于两类芯片的操作指令不同，取指操作时只有 27C64 工作，读/写操作时只有 62C64 工作，不会产生混乱，这种片选线接法使单片机节省了一半的地址控制线。

用作扩展的程序存储器和数据存储器芯片，除了 EPROM 和并行 E^2PROM 外，还有 Flash（闪速存储器）和 FRAM（铁电介质存储器）；除了静态随机存取存储器（SRAM）之外，还有动态随机存取存储器（DRAM）（集成度高、功耗小、成本低，但需要附加刷新电路）；近年还出现了一种新型的 iRAM（集成动态随机存储器），型号有 2186、2187 （8KB）等，这种新型的存储器把刷新电路一齐集成在芯片内，兼有静态 RAM 和动态 RAM 两者的优点，可参阅相关资料，这里不予赘述。

4.4　I/O 口扩展

51 系列单片机有 4 组 8 位 I/O 口线 （P0 ~ P3），扩展片外程序存储器或片外数据存储器时，P2 口和 P0 口不能再作独立的 I/O 口使用。在 I/O 口线不能满足需求的情况下，或者要通过锁存器对外围慢速设备进行传输速度协调，又或者要对传送到数据总线上的数据进行缓冲隔离，就需要对 I/O 口进行扩展。扩展的 I/O 口与片外数据存储器属统一编址，扩展的芯片相当于占用了 RAM 地址范围，所以可采取数据存储器 RAM 的寻址方法进行读/写操作。

本节主要讨论用 TTL 或 CMOS 锁存器、三态缓冲器作 I/O 口扩展芯片的常用方法。通常这种 I/O 口的扩展都是通过数据总线 P0 口的分时使用来实现。芯片的选择和电路的扩展遵循 "输入经三态缓冲，输出需端口锁存" 的原则，数据的输入、输出由单片机的读（$\overline{RD}$）和写（$\overline{WR}$）信号线进行控制。由于 P0 口的扩展芯片可能不止一个，对于多芯片的扩展，需用 P2 口对芯片的指定地址进行片选控制。通常把读/写控制线和片选控制线通过简单的门电路进行联合控制，在芯片地址选通的同时也完成输入、输出操作。用于扩展 P0 口的芯片有 74HC 系列或 74LS 系列的 245、273、373、377、367、537 等，可根据输入输出的要求进行选择。这种扩展 P0 口的方法，对于 8 位输入口或输出口的扩展相当有效，利用率高且体积小、成本低。由于这种扩展 P0 口的方法不会影响其他扩展芯片的操作，因此被广泛采用。

4.4.1　锁存器扩展输出口

8 位 D 锁存器 74HC377 带有输出允许控制功能，可用于扩展输出口。芯片的 8 个输入端为 1D ~ 8D，8 个输出端为 1Q ~ 8Q，一个时钟控制端 CLK 和一个锁存允许端 $\overline{G}$（低电平有效）。DIP 封装引脚见图 4-19。

$\overline{G}$ 为片选线，$\overline{G}$ =0 时选中芯片，输入端的数据在 CLK 上升沿被锁存，输出端 Q 便保持输入端 D 的数据。扩展电路的考虑依据是：用单片机 P2 口的一条口线作片选线，用写控制线 $\overline{WR}$ 提供 CLK 控制脉冲，实现 74HC377 芯片的输出控制。

锁存器扩展的输出口见图 4-20。单片机执行一次写操作就能使 74HC377 芯片输出一次数据。图中用 P2.0 连接片选线 $\overline{G}$，只要是 P2.0 =0 的任何地址均可选中该扩展芯片，现取输出口地址为 FEFFH。输出口的操作很简单，可采用数据存储器的写操作方式：

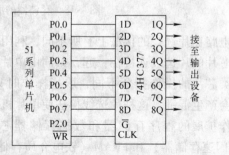

图 4-19　DIP 封装引脚　　　　　　图 4-20　锁存器扩展的输出口

```
MOV    DPTR,#0FEFFH        ;数据指针指向输出口芯片
MOV    A,#data             ;数据送入累加器
MOVX   @DPTR,A             ;向输出口芯片送出数据
```

P0 口也可同时扩展更多的输出口芯片，但需考虑芯片的片选控制线数目以及 P0 口的负载能力。

4.4.2　锁存器扩展输入口

74HC373 是带输出三态门的 8 路 D 锁存器，通常在单片机并行扩展总线时用来锁存低 8 位地址（见 4.2 节）。现讨论用于扩展输入口，锁存外部快速设备的输出数据（暂态数据），以避免数据丢失。DIP 封装引脚见图 4-21，芯片的输入端 1D ~ 8D 接输入设备，输出端 1Q ~ 8Q 接单片机 P0 口。扩展电路的考虑依据是：当输入设备向 CPU 发送数据时，用数据锁存控制端 LE 控制外部输入信号，锁存脉冲由外部提供；用读操作线$\overline{RD}$控制芯片的输出允许端$\overline{OE}$。锁存器扩展的输入口见图 4-22。

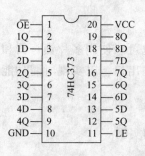

图 4-21　DIP 封装引脚

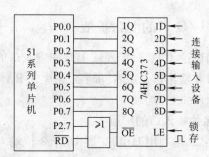

图 4-22　锁存器扩展的输入口

由于芯片的 8 位输出端连接到 P0 口，P0 口还可以与其他芯片共用，因此 74HC373 无数据输出时应处于高阻隔离状态，要满足这一要求，输出允许端$\overline{OE}$接单片机的读控制线$\overline{RD}$，因为在不进行读操作时$\overline{RD}$为高电平，输出允许端$\overline{OE}$不起作用。另外，扩展的芯片用 P2.7 = 0 作芯片地址；从逻辑关系上分析，由两个输入信号控制一个受控端，可采用逻辑"或"门电路实现$\overline{RD}$联合控制芯片的输出允许端$\overline{OE}$，当$\overline{RD}$和 P2.7 同为低电平时，可对芯片寻址和进行读操作，对芯片执行读操作就能把输入设备的数据送入单片机。输入口的操作也很简单，可取 P2.7 = 0 的任何地址作输入口的地址（如 7FFFH），采用读数据存储器的操作方式：

```
MOV    DPTR,#7FFFH         ;数据指针指向输入口芯片
MOVX   A,@DPTR             ;从输入口芯片输入数据
```

4.4.3　三态门扩展输入口

8 位单向总线驱动器 74HC244 是一种双四路单向三态缓冲器，通常用于增加总线驱动能力（见 4.2 节）；现用于扩展输入口，接收外部慢速设备的输出数据（常态数据）。芯片的 DIP 封装引脚见图 4-23，8 个输入端为 1A1 ~ 1A4 和 2A1 ~ 2A4；8 个输出端为 1Y1 ~ 1Y4 和 2Y1 ~ 2Y4。三态门控制端为 1$\overline{G}$和 2$\overline{G}$。图 4-24 是三态门扩展的输入口电路，用 P2.7 = 0 作芯片地址（如 7FFFH），用读控制线$\overline{RD}$通过"或"门联合控制 1$\overline{G}$和 2$\overline{G}$，可

同时对芯片寻址和进行读操作，其余情况芯片处于高阻隔离状态。采用读数据存储器的操作方式：

```
MOV     DPTR,#7FFFH        ;数据指针指向输入口芯片
MOVX    A,@DPTR            ;从输入口芯片输入数据
```

图 4-23 DIP 封装引脚

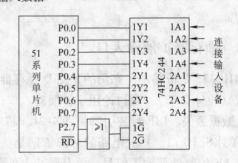

图 4-24 三态门扩展的输入口

4.4.4 I/O 口的混合扩展

前面讨论了 P0 口扩展输出口和输入口的一般方法，也可以使用多片锁存器和三态门扩展输入口和输出口，或者同时扩展片外 RAM、输入口和输出口，以实现所需功能。以下应用电路示例供参考。

1. 多片输入口的扩展

图 4-25 是利用 P0 口扩展 16 个 8 位输入口芯片电路的实例。

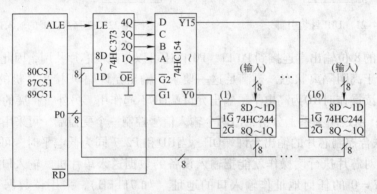

图 4-25 扩展 16 个 8 位输入口芯片电路的实例

扩展的多片并行输入口为 74HC244。由 4-16 译码器 74HC154 的 16 个输出端分别控制 74HC244 的三态门控制端 1$\overline{G}$和 2$\overline{G}$，译码器的 4 位输入端信号 D~A 由地址锁存器 74HC373 提供。对扩展的输入口芯片执行读操作时，由单片机的锁存信号 ALE 把 P0 口的 8 位片选数据锁进 74HC373，取其中的低 4 位输出数据作为译码信号（高 4 位没用到），16 条译码输出线（连接 1$\overline{G}$和 2$\overline{G}$）用作输入口的片选信号，选通的输入口芯片把外部信号从 P0 口送至累加器 A。读输入口的操作，可采用 8 位数据指针的外部读指令 "MOVX A，@Ri"，也可采用 16 位数据指针的外部读指令 "MOVX A，@DPTR"。用 8 位数据指针时，输入口芯片片选地址从 00H~0FH 至 F0H~FFH；用 16 位数据指针时，由于没用到 P2 口高 8 位地址，可

取虚拟地址 0 或 1，相应的输入口芯片片选地址为 0000H ~ 000FH、FFF0H ~ FFFFH。只要 P0 口提供的低 8 位地址能保持译码器的 A ~ D 位在译码范围之内，就能使各个扩展的输入口数据被正常读入。这类多输入口扩展电路，应用在工程上以开关量作输入控制信号的场合，有不占用单片机其他 I/O 口线的优点。

2. 片外 RAM 与输入口的混合扩展

扩展 RAM 和 8 位输入口见图 4-26。扩展的片外 RAM 为 62C256，扩展的输入口芯片为 74HC373。通过联合控制逻辑对两个外扩芯片进行分时选通，具体是用 P1.7 与读操作线 $\overline{RD}$，通过或门 1 控制 62C256 的片选线 $\overline{CE}$，实现对 62C256 芯片的读/写操作；P1.7 的信号经反相器 3 反相后，再与读操作线 $\overline{RD}$ 通过或门 2 控制 74HC373 的输出允许线 $\overline{OE}$，使外设的输入信号经 74HC373 送入单片机。

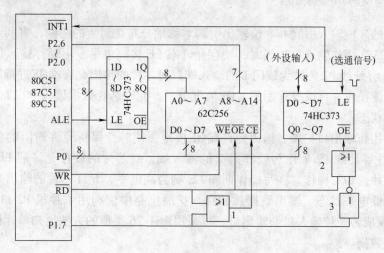

图 4-26　扩展 RAM 和 8 位输入口

当使用位指令使 P1.7 = 0 时，选通 62C256；P1.7 = 1 时，经反相器选通扩展的 74HC373。由于 62C256 芯片占用 15 条地址线，如果把未用到的 P2.7 悬空为 1，则图 4-26 中寻址范围为 8000H ~ FFFFH，而扩展的 74HC373 可采用该范围中的任一地址。外部设备通过输入口向单片机传送数据时，需从外部输入信号中把一路选通信号连接到 74HC373 的锁存允许端 LE，在低电平时锁存外部输入信号；由于 74HC373 没有设置查询口线，为了把信号锁存的信息通知单片机，将 74HC373 的数据锁存控制端 LE 连接单片机的外中断 1（$\overline{INT1}$），以中断触发的方式通知单片机，在中断服务程序中由 P0 口读取输入口的数据。

3. 输入口和输出口同时扩展

P0 口扩展的输入口和输出口见图 4-27。扩展了一片 8 位输入口和一片 8 位输出口。

输出口的扩展采用 74HC573，输入口

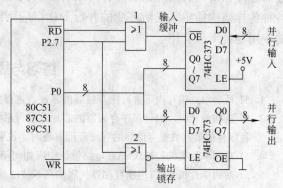

图 4-27　P0 口扩展的输入口和输出口

的扩展采用 74HC373，两者的逻辑功能相同，芯片逻辑功能见表 4-5，74HC573 的 DIP 封装引脚见图 4-28，其封装引脚的排列方式不同。

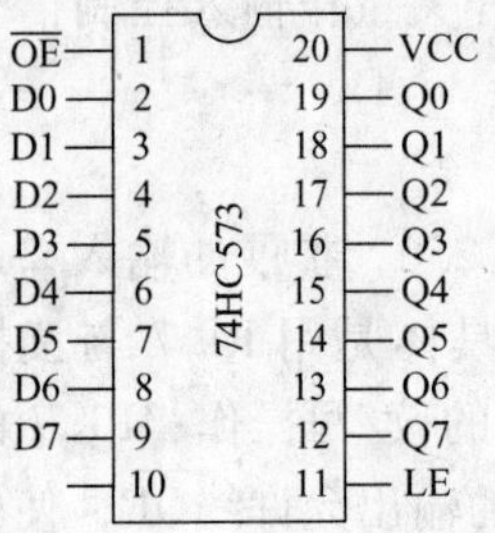

$\overline{OE}$ — 1		20 — VCC
D0 — 2		19 — Q0
D1 — 3		18 — Q1
D2 — 4		17 — Q2
D3 — 5	74HC573	16 — Q3
D4 — 6		15 — Q4
D5 — 7		14 — Q5
D6 — 8		13 — Q6
D7 — 9		12 — Q7
— 10		11 — LE

图 4-28　74HC573 的 DIP 封装引脚

表 4-5　芯片逻辑功能

$\overline{OE}$	LE	输　入	输　　出
L	H	H	H
L	H	L	L
L	L	X	Q0（锁存）
H	X	X	Z（高阻）

74HC573 的 8 位输入引脚和 8 位输出引脚对称地分布在封装的两侧，有利于电路板的排版布线。74HC373 用作输入口扩展时，锁存允许端 LE 接高电平，不锁存输入信号。由读控制线 $\overline{RD}$ 和芯片寻址线 P2.7 作为或门 1 的输入端，对芯片的输出允许端 $\overline{OE}$ 进行联合控制，同时实现片选和读操作。在读操作期间，$\overline{OE}$ 为低电平，允许芯片数据读入 P0 口，其余时间芯片呈高阻隔离状态。

74HC573 用作输出口扩展，输出允许端 $\overline{OE}$ 接地，使芯片保持允许输出的状态。由写控制线 $\overline{WR}$ 和芯片寻址线 P2.7 作为或非门 2 的输入端，对芯片的锁存允许端 LE 进行联合控制，同时实现片选和写操作。在写操作期间 LE 端为高电平，允许芯片的输出数据变换；其余时间均处于低电平状态，输出数据被锁存。扩展电路中仅利用单片机 P2 口的一根口线，就把 P0 口扩展成为 8 位输入口和输出口。可采用图 4-26 类似的方法通知单片机读取从扩展输入口输入的数据。

4. 串—并变换方式扩展 I/O 口

串—并变换属于另一种 I/O 口的扩展方法。利用单片机串行口的发送-接收控制线，通过外接的串—并变换芯片（如 74HC164）扩展成为并行输出口，或通过外接的并—串变换芯片（如 74HC165）把外部并行输入口变为单片机的串行口。以串—并和并—串的方式进行数据交换，实质上是串行口工作方式 0 的具体应用（详见 3.3.3 节串行口的工作方式）。

综上所述，通过 TTL 和 CMOS 系列芯片的技术手册了解芯片的逻辑功能，灵活运用锁存器芯片和带三态缓冲器芯片，并结合逻辑门电路进行联合控制，可设计出由 P0 口扩展的各种各样结构简单、灵活多变的并行 I/O 口应用电路，此类扩展方法在需要大量并行 I/O 口的应用场合十分有用。

练习与思考

1. 51 系列单片机片内不带程序存储器的芯片，进行系统扩展的目的是什么？
2. 51 系列单片机片内带程序存储器的芯片，进行系统扩展的主要对象是什么？
3. 程序存储器和数据存储器的寻址范围重叠时，说明为什么不会发生冲突。
4. 51 系列单片机的控制线 $\overline{EA}$ 在电路设计中应如何使用？
5. 51 系列单片机 P2 口用作存储器扩展的高 8 位地址，其中未用到的口线为何不能用作 I/O 口？
6. 举例说明线译码法的特点和应用场合，写出对应的地址范围。
7. 说明全译码法的特点和应用场合，常用的译码器芯片有哪些？

8. 89C51 单片机与 4 片 4KB 数据存储器 RAM 进行接口扩展，采用 74HC138 作片选译码，设计接口电路图，并写出各芯片的寻址范围。

9. 用 51 系列单片机和一片并行 E^2PROM 芯片 28C64A，设计数据存储器扩展电路，实现断电数据不失的目标。

10. 51 系列单片机常用什么芯片作 P0 口复用的地址锁存？又用什么芯片来增强其单向驱动能力？

11. I/O 口扩展输出口和输入口时要遵循什么设计原则？

12. 通过 51 系列单片机的 P0 口扩展输出口，可采用什么芯片？

13. 通过 51 系列单片机的 P0 口扩展输入口，可采用什么芯片？用何方法通知单片机读取数据？

第5章 外围接口技术

单片机应用系统可以通过外围接口连接外围设备，实现所需的功能。本章主要讨论几种常用的外围接口技术：①通过键盘向系统输入数据；②单片机的数据送至外部器件显示；③通过 A/D 转换器把外部物理模拟信号变换成数字信号送入单片机处理；④把单片机的数字信号经 A/D 转换成外部物理模拟信号。

5.1 键盘接口

键盘是实现人机交互功能的重要器件，用户可以通过键盘向单片机系统输入数据，或控制单片机系统的工作状态。键盘有独立式键盘、拨码盘和编码键盘等几个种类，其中要数编码键盘的应用最为丰富和最具特色。

键盘大多由机械弹性开关（按键）组成，每个按键机械触点的闭合或断开都会出现一种抖动的暂态过程。也就是说，按键闭合时不是立刻稳定闭合，而是处于闭合—断开交替变化的过程，持续约 5 ~ 10ms 后才变为稳定闭合的状态。同样地，按键松开时也存在断开—闭合的交替变化的过程，抖动过后才变为稳定断开的状态。按键抖动的信号波形见图 5-1。由于 CPU 的反应速度很快，能够全部检测出抖动过程产生的电压波动，简单地采用检测电平变化的方法判断按键是否按下或松开会造成重复识别，因此必须消除按键抖动产生的影响，使 CPU 正确识别按键按下或释放的操作。

1. 消除按键抖动的硬件方法

RS 触发器去抖动电路见图 5-2。通过分析可知，当按键 S 未按下时（位于触点 A 处），与非门 1 输出为 1；当按键按下时（位于触点 B 处接着又弹开），只要不回到 A 点，双稳态触发器的状态就都不会改变，输出保持为 0，输出波形中不会出现抖动。

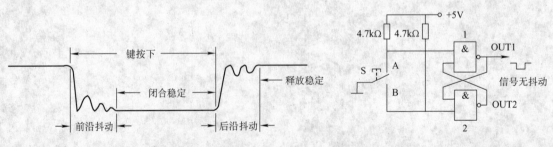

图 5-1　按键抖动的信号波形　　　　　图 5-2　RS 触发器去抖动电路

2. 消除按键抖动的软件方法

消除按键抖动的软件方法很简单。CPU 一旦检测到按键闭合或释放后，只需要执行一段 10 ~ 20ms 的延时子程序，抖动结束后再执行相应的按键处理程序，即可实现抖动的消除。软件延时消除抖动非常有效，虽然这种暂态抖动过程肉眼是看不见的，但在 LED 数码管的显示电路中可以验证这种抖动现象。假设第一次按下按键后，数码管显示某个数字，再按一次按键，数码管熄灭，程序循环执行这样的两个步骤。有软件延时措施，正常情况下每按一次按键，显示的数字是清晰稳定的；如果把延时子程序去掉，就相当于反复按下按键，显示的数字随之闪烁，一段时间后显示才稳定。

5.1.1 独立式键盘接口

独立式键盘的各按键是相互独立的，每个按键占用单片机一条 I/O 口线，按键与按键之间互不影响。独立式按键的接口电路见图 5-3，采用低电平有效的按键接入方式，不操作时按键触点与地线断开。若将按键接在单片机 P0 口上，还需要外加上拉电阻（可使用集成式 8 位电阻排）。其余的 I/O 口内部已有上拉电阻，不必再添加。独立式键盘的

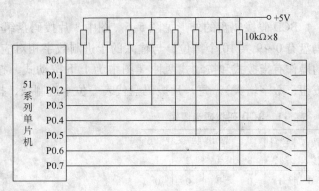

图 5-3 独立式按键的接口电路

结构简单、使用灵活且编程方便，但在按键较多时，占用较多的 I/O 口线，因此，这种结构适合在按键不多的情况下使用。

任何一个按键按下时，与之相连的数据输入线（图中为 P0.0 ~ P0.7）被拉成低电平。编写程序时可用位操作指令 JNB 来判断有否按键被按下。

5.1.2 拨码盘接口

按键输入数据的方式方便灵活，但输入数据时存在发生误操作的可能性。对于一些只需一次性将数据输入（例如控制参数等）、以后每次运行都不需要改变的应用场合，采用拨码盘（又称拨盘，或拨码开关）输入数据是非常合适的。拨码盘属于静态开关，数据输入方便可靠，单片机上电时直接把静态开关的预置值读入内存，以后不必再检测静态开关的状态。如果需要更改静态开关的预置值，可在系统断电的情况下重新设定拨码盘。拨码盘具有可预置参数值的特点，常常在单片机应用系统中使用。

1. BCD 码拨码盘

拨码盘有不同的种类，单片 10 位 10 线输出式拨码盘和 BCD 码 4 线输出式拨码盘是其中的两种。10 线拨码盘结构见图 5-4（实际上是单刀单掷转换开关，俗称分线器），把 A 端接地，0 ~ 9 端分别接单片机 I/O 口线，读入口线电平状态就能判别 10 线拨码盘处于哪个挡位，识别处理简单，但占用单片机 I/O 口线较多。作为人机交互接口使用最方便的是 BCD 码拨盘，输入是十进制数 0 ~ 9，输出是 8421 制 BCD 码。下面主要讨论 BCD 码拨码盘。BCD 码拨码盘结构见图 5-5，拨码盘内有 5 个接点，A 为输入控制线，另外 4 条为 BCD 码输出线。拨码盘拨动时 A 线与 4 条输出线按 BCD 码的关系接通，代表拨码盘指示的十进制数。

BCD 码拨码盘逻辑见表 5-1。

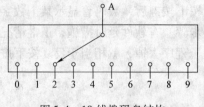

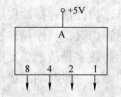

图 5-4   10 线拨码盘结构   图 5-5   BCD 码拨码盘结构

BCD 码拨码盘的外形见图 5-6。图中 3 片拨码盘组合成为 3 位十进制拨码盘组。每个拨码盘有 0~9 共 10 个挡位，与输入的十进制数字相对应，5 个接点位于拨码盘后方。拨码盘的操作有指拨式和按动式两种（图中为上下按动式，按动上方按钮，数字减小；按动下方按钮，数字增大）。每一片拨码盘代表一位十进制数，拨码盘可按位数需要拼接。

表 5-1   BCD 码拨码盘逻辑

拨盘输入	控制端 A	输出状态			
		8	4	2	1
0	1	0	0	0	0
1	1	0	0	0	1
2	1	0	0	1	0
3	1	0	0	1	1
4	1	0	1	0	0
5	1	0	1	0	1
6	1	0	1	1	0
7	1	0	1	1	1
8	1	1	0	0	0
9	1	1	0	0	1

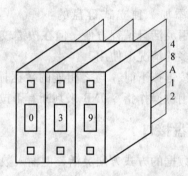

图 5-6   BCD 码拨码盘的外形

2. 单片机与单片 BCD 码拨码盘的接口

单片机与 BCD 码拨码盘的接口见图 5-7。用 4 位 I/O 口或扩展的 I/O 口就能与单片 BCD 码拨码盘连接。拨码盘向单片机提供的 BCD 码分为原码（正逻辑）和反码（负逻辑），取决于 BCD 码拨码盘端口的电平。A 端接高电平（+5V），4 位 8421 码输出端通过下拉电阻接至低电平（地）。例如把拨码盘拨至数字 3 的位置，内部的 2 端和 1 端便与 A 端接通，变成高电平，输出原码"0011"（正逻辑）。相反地，若把 A 端接地，8421 码输出端通过上拉电阻接至高电平，则输出反码"1100"（负逻辑）。

3. 单片机与多片 BCD 码拨盘的接口

实际中常常需要用到多位十进制数的预置值，这就需要用把多片 BCD 码拨盘与单片机组成接口电路。以 4 片 BCD 码拨盘为例，下面列举两种不同的接口电路，供读者比较两者结构上的差别。为了节省 I/O 口线，均采取分时复

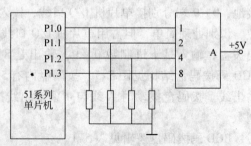

图 5-7   单片机与 BCD 码拨码盘的接口

用的方式来读取 BCD 码数据。

（1）多片 BCD 码拨码盘的接口电路（一）　如图 5-8 所示，电路中各片拨码盘码位相同的输出端分别接到同一个与非门的输入端，例如位"8"均接到与非门 1 的输入端，位"4"均接到与非门 2 的输入端，以此类推。电路中用到多少片拨码盘，与非门就需要有多少个输入端。如果没有如此多个输入端数目的与非门芯片，可通过门电路芯片的逻辑组合来替代。

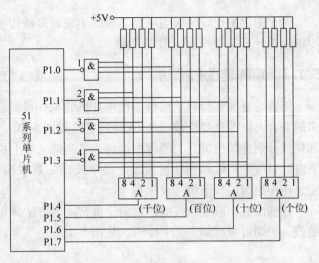

图 5-8　多片 BCD 码拨码盘的接口电路（一）

P1.0 ~ P1.3 口所接收到的信号分别对应于单片拨码盘的 8421 码位，而 P1.4 ~ P1.7 口分别控制各片 BCD 码拨码盘的 A 端（低电平有效），按照这种接法，拨码盘所置之数输出为 BCD 反码，经与非门后输出为 BCD 码。程序的执行过程是：把 P1.4 ~ P1.7 口逐条置低（每次只有一条口线置低），从 P1.0 ~ P1.3 口读入"千位"至"个位"的 BCD 码，再由软件转换成十进制数值。

（2）多片 BCD 码拨码盘的接口电路（二）　如图 5-9 所示，电路中拨码盘的 A1 和 A2 端相连接，A3 和 A4 端相连接，分别由 P3.0 口直接控制或经反相器控制，这样 P3.0 口可轮流选通两组拨码盘。P3.0 = 0 时，A1 和 A2 端选通（低电平），P1.0 ~ P1.3 口读入 A1 盘的 4 位 BCD 码（属反码），P1.4 ~ P1.7 口读入 A2 盘的 4 位 BCD 码（属反码）；P3.0 = 1 时，A3 和 A4 端选通（低电平），P1.0 ~ P1.3 口读入 A3 盘的 4 位 BCD 码（属反码），P1.4 ~ P1.7 口读入 A4 盘的 4 位 BCD 码（属反码）。电路中的二极管起到电平隔离的作用。

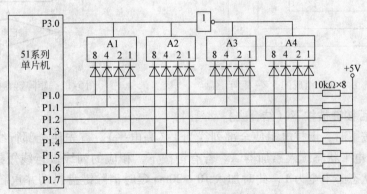

图 5-9　多片 BCD 码拨码盘的接口电路（二）

比较上述两个电路的差异。图 5-8 的电路使用了 P1 口的 8 条 I/O 口线、2 片 74HC40（双 4 输入与非门）和 16 个电阻。图 5-9 的电路使用了 P1 口的 8 条 I/O 口线和 P3.0 口线，外加一个反相器（一片 7404 内含 6 个反相器）、16 个二极管和 8 个电阻。

两个图例的比较，说明电路功能的实现有多种途径，视具体的应用环境、元件使用的多少以及设计者工程经验的积累而定。

5.1.3 矩阵键盘扫描法

矩阵键盘又称行列式键盘，用单片机的 I/O 口线组成键盘的行线和列线，适用于按键较多的场合。由 I/O 口组成的 3×4 矩阵键盘见图 5-10。由 I/O 口提供 3 行线和 4 列线，行线和列线分别连接按键开关的两个接点，各列线通过上拉电阻接高电平（+5V）。每个按键按下时，对应的行线和列线被短接。每个按键的数字编号的排列方式由用户根据实际需要确定，图中给出的按键编号仅供参考。

扫描法是矩阵键盘按键识别的一种常用的方法，用于判定什么键被按下，并获取该键的键值。识别过程有如下几个步骤，见图 5-11。

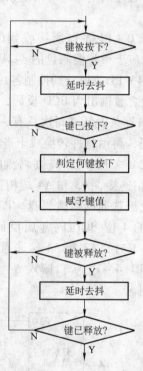

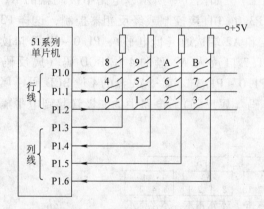

图 5-10 由 I/O 口组成的 3×4 矩阵键盘　　　　图 5-11 矩阵键盘的扫描步骤

1. 查询有否按键被按下（结合去抖动延时）

按键没有按下时，上拉电阻使全部列线为 1（高电平）。首先使全部行线送出 0（低电平），把列线的电平状态读入累加器 A。若有键按下，相应的列线被行线短接为 0，读入 A 中的列线电平状态必不全为 1，此时加入 10～20ms 延时消除键盘抖动并重新取值判断，若 A 的结果仍不全为 1，即可确认有键按下。

2. 判断哪个键被按下

在判定有键按下后，P1.0～P1.2 口逐行送出 0（每次只有一条行线置低电平），然后读取列线的电平状态，若全为 1，则被按下的键不在此行；若不全为 1，则按下的键必定位于行线电平为 0 和列线电平为 0 的交点处。

3. 给按键赋值

按键赋值有两种方式：

（1）直接赋值　这种方法把行线和列线按二进制的组合赋值，组成的键值离散性大，执行按键的对应功能需要采用穷举法逐个键值进行比较，不便于散转指令的运用。图 5-10 中 "8" 和 "9" 的二进制组合键值分别如下（单片机复位时所有 I/O 口均为高电平，图 5-10 中 P1.7 口没用到，取为 "1" 参与组成 8 位键值）：

P1.7	P1.6	P1.5	P1.4	P1.3	P1.2	P1.1	P1.0	
1	1	1	1	0	1	1	0	→F6H（"8"）
1	1	1	0	1	1	1	0	→EEH（"9"）

其余按键的赋值方法以此类推，按键的取值没有规律。

（2）顺序赋值　按照 "行线首键号 + 列线编号" 的规则赋值，赋值结果与键号一致，便于散转指令的运用。图中有：

行线首键号分别为：8（P1.0），4（P1.1），0（P1.2）

列线的编号依次为：0（P1.3），1（P1.4），2（P1.5），3（P1.6）

则

赋予 "8" 键号的键值为：8 + 0 = 8；

赋予 "9" 键号的键值为：8 + 1 = 9。

其余按键的赋值与此类似。键值的排列有规律，依次为 0，1，2，…，9，A，B。

4. 查询是否按键已释放（结合去抖动延时）

提取键值后，行线送出全 0（低电平），读入列线电平状态。若列线全为 1（高电平），表示按键已释放，此时也需要加入 10 ~ 20ms 去抖动延时，重新查询以确认按键已释放稳定。否则继续查询直至按键释放稳定为止。上述 4 个判断步骤可组成完整的键盘扫描子程序供调用。如果按键数目较多，尤其对位于最后一行和最后一列的按键，则要从头到尾执行更多次数的扫描操作，才能有判断结果和获取键值。

5.1.4　矩阵键盘反极法

另一种常用的按键识别方法是反极法（或称线反转法）。不管按键位于哪一行和哪一列，仅对键盘执行两次操作，就能获取键值，简单快捷。下面就图 5-12 所示的矩阵键盘的反极法电路，介绍反极法的操作步骤。键盘仍接在 P1 口，内部已有上拉电阻；如果接在 P0 口，则行线和列线均应外接上拉电阻，使口线电平确定。

1. 步骤 1

如图 5-12a 所示，没有按键按下时，行线处于全 0 而列线处于全 1 的初始状态。读取列线的电平状态，出现 0（低电平）的列即表示有键被按下，这是因为该列线被行线短接到 0，改变了列线的初始状态。检测到有键按下时，加入 10 ~ 20ms 延时消除抖动，再重复读取 P1 口的值，直至确认按键已经稳定按下为止。假设图 5-12a 中按键 "9" 被按下，则 P1 口读得的二进制码为：1110 1000。

2. 步骤 2

如图 5-12b 所示，步骤 2 与步骤 1 相反，列线送出全 0（低电平），读入行线的电平状

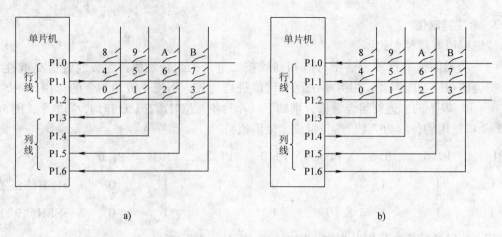

图 5-12 矩阵键盘的反极法电路

态，出现 0（低电平）的行线即表示有键被按下。同样地，检测到有键被按下后，加入 10 ~ 20ms 延时消除抖动并重复读取 P1 口的值，直至确认按键已经稳定按下为止。若按键 "9" 按下，P1 口读得的二进制码为：1000 0110。

3. 读数"或"运算

把步骤 1 和步骤 2 的两个二进制数进行"或"运算，得到键值：

$$1110 \quad 1000$$
$$ORL \quad 1000 \quad 0110$$
$$\overline{1110 \quad 1110} \qquad \rightarrow EEH$$

在预设的键值功能表中查找键值 EEH 对应的功能，以便执行相应的操作。

4. 反极法（步骤 1 和 2）**的编程举例**

```
KEY:MOV   P1,#0F8H       ;行线送出全0
    MOV   A,P1           ;读入列线值
    ANL   A,#0F8H        ;比较原状态
    CJNE  A,#0F8H,KK1    ;判是否有键按下
    AJMP  KEY
KK1:LCALL DLY            ;延时子程去抖
    MOV   P1,#0F8H       ;行线再送出全0
    MOV   A,P1           ;再读入列线值
    ANL   A,#0F8H        ;比较原状态
    CJNE  A,#0F8H,KK2    ;键按下已稳定
    AJMP  KEY
KK2:MOV   R3,A           ;记下行列口线值
    ⋮
```

5.1.5 矩阵键盘位操作法

矩阵键盘的扫描法和反极法都是按字节方式对单片机 I/O 口操作。上述 3×4 矩阵键盘，只用到了 P1 口的 7 条 I/O 口线，剩下的一条 I/O 口不能再作为独立 I/O 口使用。在单片机应用系统中，一条 I/O 口往往是十分宝贵的，有时就是缺了这一条 I/O 口线而不得不使用芯

片扩展 I/O 口，显得有点浪费。为了充分利用有限的 I/O 口线，在工程实践中总结出了一种改进的键盘识别方法，在满足键盘功能的基础上，把剩余的 I/O 口线分离出来独立使用。这是一种电路资源利用率高的处理方法，称为"位操作法"，实质上是位指令在矩阵键盘识别过程中的一种灵活应用。

1. 位操作法采用的位指令

位操作法的思路并不复杂，基本上是由以下三条位指令构成：CLR bit（把位清零）、SETB bit（把位置 1）和 JNB bit（位比较跳转）。

2. 位操作法的基本步骤

矩阵键盘的位操作法仍然遵循扫描法的 4 个步骤，不同的是用了位指令来替代字节指令对单片机的 I/O 口进行操作。矩阵键盘的位操作法电路见图 5-13，具体操作方法如下：

1）首先把行输出线用位清零指令逐位（相当于逐行）置为低电平，对列输入线用位比较指令逐位（相当于逐列）扫描，有键按下的列线则变为低电平（此时需加入去抖延时，并重新检查以确认按键的按下已稳定）。

2）把行线用位清零指令逐条置为低电平（每次只有一条行线置低），其余行线置为高电平，然后用位比较指令逐列扫描，以确定按下的键所在的列。

3）赋予键值。

4）把行输出线用位清零指令逐位（相当于逐行）置为低电平，对列输入线用位比较指令逐位（相当于逐列）扫描，若列线全部为高电平，表示按键已释放（也需加入去抖延时，并重新检查以确认按键的释放已稳定）。

整个识别过程对 P1.7 口没有影响，P1.7 口可作为独立的 I/O 口使用，达到了充分利用 I/O 口线资源的目的。图中 P1.7 口用做驱动 VL 指示灯。

3. 矩阵键盘位操作法的编程举例

图 5-13 的 12 个键号"0～9，A，B"对应的键值依次为：73H，6BH，5BH，3BH，75H，6DH，5DH，3DH，76H，6EH，5EH，3EH。下面是用汇编语言编写的键盘位操作法子程序：

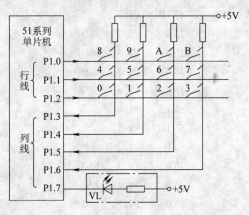

图 5-13 矩阵键盘的位操作法电路

```
BITKEY:NOP                      ;键盘位操作法子程序
       NOP
       CLR   P1.0               ;初态行线置0
       CLR   P1.1
       CLR   P1.2
       SETB  P1.3               ;初态列线置1
       SETB  P1.4
       SETB  P1.5
       SETB  P1.6
K00:   JNB   P1.3, K01          ;查列线判有否键按下
       JNB   P1.4, K01
```

```
          JNB    P1.5,  K01
          JNB    P1.6,  K01
          AJMP   K00                    ;无键按下再等待
K01:      MOV    R2,    #0FH
          ACALL  DLY                    ;调用延时子程序去抖
          JNB    P1.3,  K02             ;再查列线确认按键已稳定
          JNB    P1.4,  K02
          JNB    P1.5,  K02
          JNB    P1.6,  K02
          AJMP   K00                    ;无键按下再等待
K02:      CLR    P1.0                   ;首行置0判何键按下
          SETB   P1.1
          SETB   P1.2
          JNB    P1.3,  K03
          JNB    P1.4,  K03
          JNB    P1.5,  K03
          JNB    P1.6,  K03
          SETB   P1.0
          CLR    P1.1                   ;次行置0判何键按下
          SETB   P1.2
          JNB    P1.3,  K03
          JNB    P1.4,  K03
          JNB    P1.5,  K03
          JNB    P1.6,  K03
          SETB   P1.0
          SETB   P1.1
          CLR    P1.2                   ;末行置0判何键按下
          JNB    P1.3,  K03
          JNB    P1.4,  K03
          JNB    P1.5,  K03
          JNB    P1.6,  K03
          AJMP   K02
K03:      MOV    A,     P1              ;隔离最高位取键值
          ANL    A,     #07FH
          MOV    B,     A               ;暂存键值
K04:      JNB    P1.3,  K04             ;查列线判是否键已释放
K05:      JNB    P1.4,  K05
K06:      JNB    P1.5,  K06
K07:      JNB    P1.6,  K07
          MOV    R2,    #0FH
          ACALL  DLY                    ;调用延时子程序去抖
          JNB    P1.3,  K04             ;再查列线确认按键释放已稳定
          JNB    P1.4,  K04
```

```
        JNB     P1.5，  K04
        JNB     P1.6，  K04
        SETB    P1.0                    ;行线恢复1状态
        SETB    P1.1
        SETB    P1.2
        MOV     R1，    #12             ;12键查表计数初值
        MOV     A，     #0
        MOV     DPTR，#KEYT             ;装入键值表头
K08：   PUSH    A
        MOVC    A，    @A+DPTR          ;按键值与键值表比较
        CJNE    A，    B,K9
        MOV     B,A                     ;键值符合暂存B
        POP     A
        AJMP    K10
K9：    POP     A
        INC     A
        DJNZ    R1，   K08              ;12键未完继续比较
K10：   RET                             ;子程序返回
KEYT：  DW  736BH,5B3BH                 ;对应键字0,1,2,3
        DW  756DH,5D3DH                 ;对应键字4,5,6,7
        DW  766EH,5E3EH                 ;对应键字8,9,A,B
```

5.1.6 矩阵键盘接口的工作方式

键盘是单片机外围接口的重要组成部分。通过键盘输入数据时，按键操作要及时被 CPU 响应但又不要占用 CPU 过多的时间，因此需要根据实际情况来确定键盘接口的工作方式。键盘接口有三种工作方式：查询方式、中断方式和定时方式。前两种方式较为常用，下面将分别进行讨论。

1. 键盘查询方式

键盘查询方式把键盘扫描作为一个子程序调用。CPU 通过子程序查询按键的操作情况，等待用户从键盘输入信息。取得键值后，CPU 转向执行相应的操作或任务。只有重新调用键盘扫描子程序才能再次响应键盘的输入。

这种查询方式操作简单，但查询期间 CPU 不能执行其他操作。如果等待输入的时间较长，会占用 CPU 很多时间。前面章节介绍的键盘接口电路，都可以采用查询方式。

2. 键盘中断方式

键盘中断方式旨在提高 CPU 的工作效率。CPU 平常处理其他任务，只有在有键被按下时，才向 CPU 申请中断，让 CPU 转向执行键盘扫描和键功能处理程序。中断方式需要在电路中增加按键的中断触发电路。下面举出两个中断方式键盘接口电路的例子供参考。

由与门触发中断的矩阵键盘接口见图 5-14，采用双触点式按键组成的 3×4 矩阵键盘，每条列线的信号作为与门的输入，与门的输出则作为单片机的中断触发信号（低电平有效）。矩阵键盘初始化时，行线全部置 0，列线全部置 1。只要有键按下，对应的行

线把列线短接为0，与门均会输出低电平，从而触发中断。单片机在中断服务程序中调用键盘扫描子程序，实现按键的识别和对应的功能操作，中断返回之前把行线和列线恢复为初始状态。注意，用这种中断方式调用键盘程序，口线所需的初始化状态与单片机系统复位时口线全为高电平的状态不同；另外这种电路要求与门的输入端数量与列线的数量相等，如果没有足够输入端数目的与门芯片，可通过门电路芯片的逻辑组合来替代。

公共触点触发中断的矩阵键盘接口见图5-15，采用了具有公共触点按键（或称三触点按键）的3×4矩阵键盘。每个按键的第三个触点是相互连接的，作为公共端引出并连接到反相器的输入端。反相器的输出作为单片机的中断触发信号（低电平有效）。矩阵键盘的行线和列线的初始化时均置为1，与单片机系统复位时的 I/O 线状态一致。没有键按下时，公共触点与任何行线、列线均没有接触，反相器输入端被 4.7kΩ 电阻 R 下拉为低电平。只要有键按下，公共触点接触到行线和列线后变为高电平，反相器输出低电平，触发中断。CPU 在中断服务程序中首先关闭中断，然后调用键盘扫描子程序，实现按键的识别和对应的功能操作。中断返回之前把行线和列线恢复为初始的高电平状态，并重新允许中断。

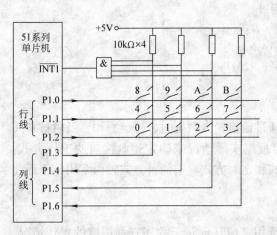

图 5-14　由与门触发中断的矩阵键盘接口　　　　图 5-15　公共触点触发中断的矩阵键盘接口

这两种中断方式的键盘接口，都能与第1章所述的 CMOS 型单片机的待机（Idle）功能相结合，通过按动按键触发中断，唤醒待机状态。图5-15的电路中采用特制的有公共触点的键盘，特点是对行线列线的初始化状态没有额外要求，系统复位时与 I/O 口线的高电平状态一致，这就为键盘程序的调用提供了很大方便。图5-14的电路需要把行线初始化为低电平，否则无法触发中断。

上述键盘接口电路都是直接与单片机的 I/O 口连接的。实际应用中，也可以用扩展的并行 I/O 口或通过串行口的串—并扩展方法构建键盘接口电路。键盘的行、列线数目可根据实际需要进行增减，以满足不同按键数目的要求，处理步骤基本相同。至于由专用键盘接口芯片（如 Intel 公司的 8279）构建的电路，这里不作介绍。

5.2 LED 显示器接口

LED 显示器和 LCD 液晶显示器是单片机应用系统中主要的显示部件。LED 显示器属于主动光显示器，结构简单、成本低廉，与单片机的连接十分灵活，是本节主要讨论的内容。

5.2.1 LED 显示器结构

常用的 LED 显示器（即 LED 数码管）由 8 个发光二极管组成，作为显示字段使用，其中，7 个发光二极管构成 7 个字符段，一个发光二极管构成小数点。LED 数码管在结构上分为共阴极型和共阳极型。图 5-16 为共阴极型 LED 显示器结构及外形，发光二极管阴极作为公共端接地，阳极接高电平时点亮。图 5-17 为共阳极型 LED 显示器结构及外形，发光二极管的阳极作为公共端接正电源，阴极接低电平时点亮。发光二极管的管压降在 1.2V 左右，在 +5V 供电的情况下，非公共端需要串入限流电阻，限制每路 LED 的工作电流在 10mA 以内。外形引脚图上的七段标号按顺时钟方

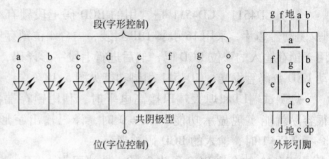

图 5-16 共阴极型 LED 显示器结构及外形

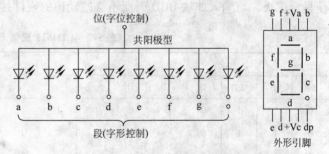

图 5-17 共阳极型 LED 显示器结构及外形

向依次为 a～g，小数点（dp）在右下角部位。LED 数码管上下方的两个公共端已在内部连通，方便电路连线。

对 LED 数码管公共端的控制称为位控制（字位控制），对非公共端各段的控制称为段控制（字形控制）。实际使用的 LED 数码管有普通亮度（或称普亮，代号 R）、高亮度（或称高亮，代号 H）和超高亮（代号 S）之分，选用时要注意极性代号（共阴型代号为 A、C、E 等，共阳型代号为 B、D、F 等）。现在大多已趋向于采用超高亮 LED，亮度足够高且驱动电流小是超高亮 LED 最主要的优势。

LED 显示器有两种显示方式：一种为静态显示；另一种为动态显示。下面的章节将分别介绍这两种显示方式的原理、特点以及实现的方法。

5.2.2 LED 静态显示方式

1. 静态显示方式的原理

LED 数码管静态显示时，每一位数码管独立显示一个数位，显示的内容由锁存器进行锁存。字段的控制由七段锁存/译码/驱动器（简称七段译码器）担任，每一位数码管的通断是通过对字位的控制实现的，单片机的 I/O 口提供字段控制和字位控制信号。

2. 静态显示方式的特点

静态显示方式只有在改变显示的内容时，单片机系统才向七段译码器送出的新数据，CPU 的工作量相对较少，具有编程简单、控制容易、亮度高、显示稳定等特点。缺点是每个数码管都必须由一个七段译码器芯片控制，硬件开销增加，功耗也相应增大，且所需的 I/O 口线较多、电路布线复杂。静态显示一般应用在显示字位较少且显示亮度要求较高的场合。

3. 常用 BCD 码硬件译码芯片

（1）CD4511 CD4511 是常用的 BCD 码七段锁存/译码/驱动器芯片，采用 16 引脚 DIP 封装，内含 4 位锁存器，用于锁存输入的 4 位 BCD 码，然后进行七段字形译码，驱动 LED 数码管发光。CD4511 引脚功能见图 5-18。

灯测试端$\overline{\text{LT}}$和熄灭端$\overline{\text{BI}}$接高电平时，利用锁存端 LE 很容易就能实现显示功能。LE = 0 时，译码输出字形码 a ~ g；LE = 1 时，输入的 BCD 码被锁存。

CD4511 的合法 BCD 码为 0 ~ 9，非法码为 A ~ F。若要使显示熄灭，可输入非法 BCD 码而不必改动$\overline{\text{BI}}$的硬件接线。CD4511 的真值表见表 5-2。

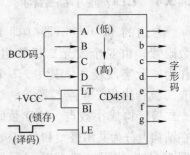

图 5-18　CD4511 引脚功能

表 5-2　CD4511 真值表

LE	$\overline{\text{BI}}$	$\overline{\text{LT}}$	D	C	B	A	a	b	c	d	e	f	g	显示
0	1	1	0	0	0	0	1	1	1	1	1	1	0	0
0	1	1	0	0	0	1	0	1	1	0	0	0	0	1
0	1	1	0	0	1	0	1	1	0	1	1	0	1	2
0	1	1	0	0	1	1	1	1	1	1	0	0	1	3
0	1	1	0	1	0	0	0	1	1	0	0	1	1	4
0	1	1	0	1	0	1	1	0	1	1	0	1	1	5
0	1	1	0	1	1	0	0	0	1	1	1	1	1	6
0	1	1	0	1	1	1	1	1	1	0	0	0	0	7
0	1	1	1	0	0	0	1	1	1	1	1	1	1	8
0	1	1	1	0	0	1	1	1	1	1	0	1	1	9
0	1	1	1	0	1	0	0	0	0	0	0	0	0	熄灭
0	1	1	1	0	1	1	0	0	0	0	0	0	0	熄灭
0	1	1	1	1	0	0	0	0	0	0	0	0	0	熄灭
0	1	1	1	1	0	1	0	0	0	0	0	0	0	熄灭
0	1	1	1	1	1	0	0	0	0	0	0	0	0	熄灭
0	1	1	1	1	1	1	0	0	0	0	0	0	0	熄灭
1	1	1	×	×	×	×	（取决于已输入的 DCB 码）							锁存

（2）MC14495 MC14495 也是常用的 BCD 码七段锁存/译码/驱动器芯片，采用 16 引脚 DIP 封装，内含 4 位锁存器，用于锁存输入的 4 位 BCD 码，然后进行七段字形译码，驱动 LED 数码管发光。MC14495 引脚功能见图 5-19。输出端 $\overline{VCR}$（变为低电平）指示 BCD 码的输入信号"1111"，输入其他 BCD 码时该引脚变为高电平。当时钟端 $\overline{CL}=0$ 时，BCD 码被译码后输出显示；$\overline{CL}$ 出现上升沿时，BCD 码被锁存，$\overline{CL}=1$ 时显示内容保持不变。MC14495 的合法 BCD 码为 0 ~ 9 和 A ~ F，MC14495 真值表见表 5-3，不存在熄灭码。h + i 端作为输入信号大于 10（即 A ~ F）时的 LED 指示灯使用。

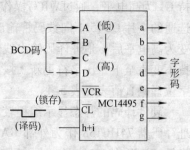

图 5-19 MC14495 引脚功能

表 5-3 MC14495 真值表

| 输 入 | | | | 输 出 | | | | | | | | | |
D	C	B	A	a	b	c	d	e	f	g	h + i	$\overline{VCR}$	显示
0	0	0	0	1	1	1	1	1	1	0	0	断开	0
0	0	0	1	0	1	1	0	0	0	0	0	断开	1
0	0	1	0	1	1	0	1	1	0	1	0	断开	2
0	0	1	1	1	1	1	1	0	0	1	0	断开	3
0	1	0	0	0	1	1	0	0	1	1	0	断开	4
0	1	0	1	1	0	1	1	0	1	1	0	断开	5
0	1	1	0	0	0	1	1	1	1	1	0	断开	6
0	1	1	1	1	1	1	0	0	0	0	0	断开	7
1	0	0	0	1	1	1	1	1	1	1	0	断开	8
1	0	0	1	1	1	1	0	0	1	1	0	断开	9
1	0	1	0	1	1	1	0	1	1	1	1	断开	A
1	0	1	1	0	0	1	1	1	1	1	1	断开	B
1	1	0	0	1	0	0	1	1	1	0	1	断开	C
1	1	0	1	0	1	1	1	0	0	1	1	断开	D
1	1	1	0	1	0	0	1	1	1	1	1	断开	E
1	1	1	1	1	0	0	0	1	1	1	0		F

4. 硬件译码的 LED 静态显示电路

硬件译码的 LED 静态显示电路见图 5-20。三个 CD4511 作为 LED 数码管的字段控制，七段译码输出 a ~ g 经限流电阻分别连接相应的数码管，以高电平方式点亮，数码管采用共阴极型。CD4511 的 BCD 码输入端 A ~ D 分别并联，与单片机的 P0.0 ~ P0.3 口连接，输入字段译码数据。利用 74HC138（3-8 地址译码器，见 4.2.4 节）G2A 和 G2B 的逻辑关系，通过 $\overline{WR}$ 实现译码和锁存控制。利用 CD4511 的 LE 线作字位控制，由 74HC138 的输出端 Y7 ~ Y5 进行选通控制。当需要显示字符时，4 位 BCD 码由单片机的 P1.0 ~ P1.3 口送出，同时输入至三片 CD4511；利用单片机 P2.3 ~ P2.5 口提供 74HC138 的地址译码信号并由 P2.6 口保持 G1 为高电平，通过$\overline{WR}$写操作使 Y5 ～ Y7 相应的一条地址译码线输出低电平，LE 低电平选通的一片 CD4511 向数码管输出七段译码信号，其余的 CD4511 因未被选通而不工作。$\overline{WR}$变为高电平后，地址译码输出线恢复高电平，BCD 码被 LE 的高电平锁存，该字位的显示保持不变直至下一次字符更新。按照上述步骤，就能够使三个字位的数码管显示所需的内容。字位译码真值表见表 5-4。

硬件译码的静态显示编程较简单，把地址译码器 74HC138 作为外部 RAM，由数据指针 DPTR 给定地址。例如需要 CD4511 (1) 驱动数码管显示"3"，根据表 5-4 的关系，任何 Y7 = 0 的 16 位地址都能选通 74HC138，现取 D000H。由于 74HC138 的控制与 P0 口数据无关，累加器 A 可任意取值。相应的语句为

表 5-4 字位译码真值表

地 址				输 出			控 制	
A15	A14	A13	A12	(1)	(2)	(3)	$\overline{WR}$	
G1	C	B	A	Y7	Y6	Y5	G2A，G2B	
1	0	0	0	1	1	0	0	译码
1	0	0	1	1	0	1	0	
1	0	1	0	0	1	1	0	
0	×	×	×	1	1	1	1	不译

```
MOV   DPTR,#0D000H        ;设置地址指针
MOV   P1,#03H             ;装入 BCD 码
CLR   A                   ;A 取任意值
MOVX @DPTR,A              ;执行写操作,显示"3"
```

图 5-20 的电路只有三个字位，可以不使用 3-8 译码器而直接通过 P2 口连接译码器芯片的 LE。显示数据时，单片机的 P1.0 ～ P1.3 口送出 4 位 BCD 码，用位指令在相应口线向 LE 提供负脉冲，就能实现数据的译码、锁存和静态显示。由于 CD4511 只能提供七段显示，因此数码管的小数点位需要通过限流电阻连接正电源驱动，这视具体的需要而定。当然，显示的位数较多时，使用地址译码器就很有必要了。

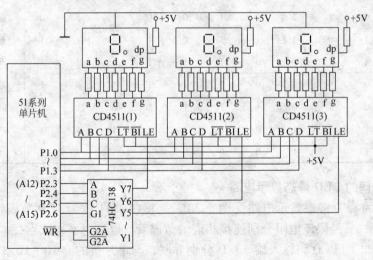

图 5-20 硬件译码的 LED 静态显示电路

值得注意的是，工程应用上但凡遇到显示电路，如果使用的芯片存在性能差异，往往能从异常的显示现象中得到直观的反映。比如在同样的电路中采用 CD4511，可能会因为芯片

生产厂商不同而有不同的效果，如出现显示闪烁不稳或亮度暗淡等，换上别的厂商的芯片显示就会正常。这说明了芯片很可能在电平转换的时间上存在差异，又或者芯片自身的质量存在缺陷。综上所述，电路要成功实现某种功能，除了正确的电路设计之外，还要考虑元器件的因素。

5.2.3 LED 动态显示方式

1. 动态显示方式的原理

为了简化显示电路硬件、减少电路连线，可以采用动态显示方式。该方式把各字位中对应的字段（a～g）并联，使各字位都能同时接收到字段信号。为了使各字位能显示不同的字形，采用扫描的方法使各字位轮流点亮，并且适当控制每个字位点亮的时间，循环执行扫描操作，利用了人眼的视觉残留效应，使各字位能像静态显示方式一样显示出不同的内容。

2. 动态显示方式的特点

由于动态显示方式的字段（a～g）采取了共用的控制电路，使得硬件电路及连线大为简化，尤其在显示位数较多的情况下资源利用率更高。动态显示方式是逐位轮流点亮，显示亮度与点亮时的电流大小有关，又与点亮的时间有关，适当调整电流和时间参数，可以实现不同亮度的稳定显示。然而，动态显示方式需要通过软件方法不断维持和刷新显示，占用CPU 较多的时间，并且与系统其他部分的协调控制要比静态显示的复杂。

3. LED 动态显示电路

LED 动态显示电路的字段控制有两种方式：一种为硬件译码方式；另一种为软件译码方式。现分述如下：

1) 硬件译码的 LED 动态显示电路见图 5-21。电路采用一片 CD4511 进行硬件译码，LE 端直接接地，不锁存信号。BCD 码输入端（A～D）连接单片机的 P1.0～P1.3 口，七段译码输出经限流电阻分别连接数码管的字段（a～g）。各个数码管的共阴极分别连接位驱动器的输出端，设计时要考虑位驱动器的电流负载能力，确保 7 个字段同时点亮时（即显示数字"8"）驱动器能提供足够大的电流，图中选用了 DS75451 芯片（每片 DS75451 内含两路缓冲驱动器，输出电流可达300mA）。单片机 P1.4～P1.7 口轮流控制字位的通断，低电平时数码管接通。此外，显示的小数点位通过限流电阻接 +5V。硬件译码 LED动态显示的特点是：字段控制仅占用 4 条单片机 I/O 口线，译码工作由硬件芯片承担，减轻了 CPU 的工作负担，但是需要用到 BCD 码硬件译码芯片，且译码和显示的字符只能是 0～9。图中每位数码管都显示小数点，如果要求小数点只显示在某个指定位上，就不能并联连

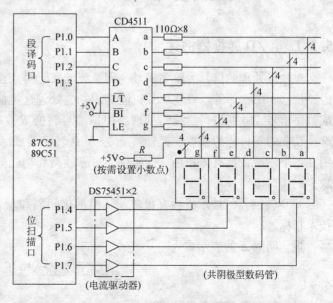

图 5-21 硬件译码的 LED 动态显示电路

接，而需把某个数码管的小数点引脚单独连接到电阻 R。

2）软件译码是单片机查找预设的字段译码表实现的，图 5-22 是软件译码的 LED 动态显示电路。

单片机的 P1.0 ~ P1.7 口送出字段信号，经字段驱动器驱动字段（a ~ g）和小数点。字段驱动器可采用 SN7407 或 74HC244 芯片，其中 SN7407 属于集电极开路型芯片，因此输出端要分别加入上拉电阻。各个字位由 DS75451 驱动，单片机的 P3.0 ~ P3.3 口轮流控制字位的通断，低电平时数码管接通。软件译码的动态显示电路的特点是：字段信号由单片机软件产生，字形不受硬件限制，可显示 0 ~ 9、A ~ F 以及其他字符，小数点的显示可由软件变动。然而字段的控制占用了单片机 8 条 I/O 口线，CPU 的工作量也相应增加。

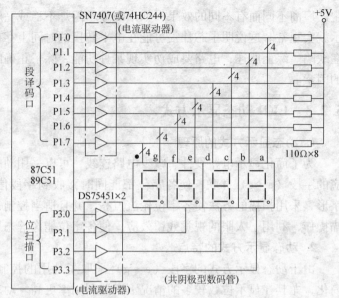

图 5-22　软件译码的 LED 动态显示电路

总而言之，实现相同显示功能的电路，形式可以是多样的。实际应用中应根据具体的要求，合理分配系统资源，设计出可行的电路。除了上述的硬件、软件译码法外，也可以通过一些专门的 I/O 扩展芯片（如 8155、8255、8279 等）实现 LED 数码管的显示，原理和方法基本相同，这里不作详细的介绍。

5.3　A/D 转换器接口

5.3.1　A/D 转换器概述

单片机处理的信号为数字信号，而系统的实际对象往往都是一些模拟信号，如温度、压力、位移、图像等等。要使单片机能够识别、处理这类信号，首先需要将这些模拟信号转换成数字信号，才能进行后续的处理。模拟信号转换成数字信号的过程称为 A/D 转换，实现这一功能的器件称为模数转换器（简称 A/D 转换器或 ADC）。目前，A/D 转换器广泛地应用在各个领域，具有体积小、性能好、可靠性高和功耗低等特点，已成为单片机系统中不可缺少的接口电路。

A/D 转换器的技术指标有很多，其中量化间隔和量化误差是 A/D 转换器最主要的两个技术指标。

量化间隔 Δ 的表示式为

$$\Delta = \frac{满量程输入电压}{2^n - 1}$$

式中，n 为 A/D 转换器的位数。

量化误差有两种表示方法：

$$绝对误差 = \frac{量化间隔}{2} = \frac{\Delta}{2}$$

$$相对误差 = \frac{1}{2^{n+1}} \times 100\%$$

A/D 转换器芯片按转换原理可分为：逐次逼近式、双重积分式、量化反馈式和并行式；按分辨率可分为 8 位、12 位、16 位、24 位和 32 位等。目前最常用的 A/D 转换器是 8 ～ 16 位的逐次逼近式和双重积分式 A/D 转换器。

逐次逼近式 A/D 转换器具有转换速度快、精度高等特点，转换时间约在几微秒到几百微秒之间。逐次逼近式 A/D 转换器的代表性产品有 ADC0809 型 8 位 A/D 转换器、AD574 型快速 12 位 A/D 转换器等。

双重积分式 A/D 转换器常见的有 ICL7106、MC14433、TCL7135 等，大多应用在数字电压表等测量仪表中。

A/D 转换器与单片机有不同的接口方式。其中，数字信号输出线的连接方法、ADC 启动方式、转换结束信号（EOC）的处理方法和时钟信号线的连接方式等都是设计接口时需要考虑的因素。

5.3.2　8 位并行 A/D 转换器 ADC0809

1. ADC0809 芯片结构及性能

ADC0809 是典型的 8 位并行逐次逼近式单片 CMOS 集成 A/D 转换器芯片，其内部逻辑结构及引脚图见图 5-23。

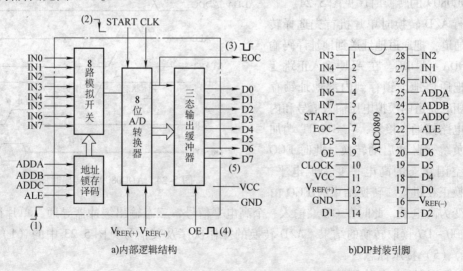

图 5-23　ADC0809 的内部逻辑结构及引脚图

芯片具有 8 路模拟输入通道以及地址译码锁存器，8 条通道共用一个 8 位 A/D 转换器，经过三态缓冲器输出。芯片内部不能产生时钟信号，需要由外部输入，允许的频率范围为 500kHz ～ 1MHz，典型值为 640kHz。每个通道的转换时间大约 100 ～ 110μs，功耗约 15mW。ADC0809 引脚的功能如下：

（1）IN0 ~ IN7　模拟输入通道。要求信号为单极性，电压范围 0 ~ 5V，转换所得的数字量为 00H ~ FFH，若信号过小则要进行前置放大。如果模拟量的变化速度过快，应增加采样保持电路。

（2）ADDA ~ ADDC　地址线，用来选择模拟通道。ADDA 为低位，ADDC 为高位。编码值为 000 ~ 111，选通的通道依次为 IN0 ~ IN7。

（3）ALE　地址锁存允许信号。ALE 的上跳沿锁定 ADDA、ADDB 和 ADDC 的地址状态。

（4）START　转换启动信号。上跳沿使所有内部寄存器清零，下跳沿开始新一轮的 A/D 转换，转换期间应保持低电平。

（5）D0 ~ D7　数据输出线。可直接与单片机数据总线 P0 口相连，输出带有三态缓冲。

（6）OE　输出允许信号。OE = 0 时，数据线呈高阻输出；OE = 1 时，控制三态输出锁存器，向单片机送出转换的数据。

（7）EOC　转换结束信号。EOC = 0 时，转换正在进行；EOC = 1 时，转换结束。该信号既可以作为状态查询标志，又可以作为中断请求信号。

（8）CLK　时钟信号。通常由外部输入频率为 500kHz 的时钟信号。

（9）V_{REF}　参考电源。用来与输入的模拟信号作比较，作为逐次逼近的基准。典型值为 $V_{REF}(+) = + 5V, V_{REF}(-) = 0V$。在精度要求不高的情况下，可用供电电源作为基准电源。

（10）VCC　+5V 供电电源。

2. ADC0809 转换时序

ADC0809 的转换时序见图 5-24。

进行 A/D 转换时单片机首先选择转换器的通道，把通道地址送到地址译码输入端 ADDA ~ ADDC。在 ALE 输入正跳变脉冲，把通道地址锁存到内部地址锁存器，使相应通道的模拟电压输入信号和内部变换电路接通。接着，在 START 端加入一个负跳变脉冲启动转换，此时 ECO 信号由空闲状态的高电平变为低电平，指示转换正在进行。转换结束时 ECO 由

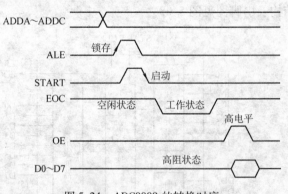

图 5-24　ADC0809 的转换时序

低电平变为高电平，此时在 OE 端输入一个高电平信号，三态输出缓冲器导通，单片机通过数据线 D0 ~ D7 读取转换的结果。A/D 转换的操作次序及其信号见图 5-23 中的（1）、（2）、（3）、（4）、（5）提示标志。

3. ADC0809 与单片机接口

ADC0809 与单片机接口的工作方式主要有查询方式和中断方式。在这两种方式下，ADC0809 的时钟信号均由单片机的 ALE 端提供。如果单片机的晶振频率为 12MHz，则 ALE 的频率为 2MHz，4 分频后输入转换器中；如果晶振频率为 6MHz 则需进行 2 分频。图 5-25 为 ADC0809 与单片机的查询方式接口电路。图 5-26 为 ADC0809 与单片机的中断方式接口电路。

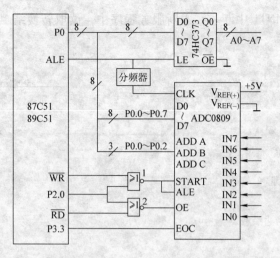 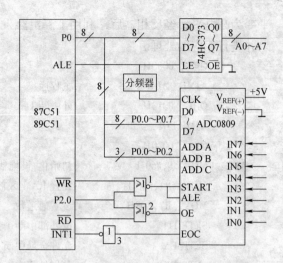

图 5-25　ADC0809 与单片机的查询方式接口电路　　　图 5-26　ADC0809 与单片机的中断方式接口电路

图中锁存器 74HC373 用于单片机系统中其他部分的扩展，与 ADC0809 无直接关系。ADC0809 具有通道地址锁存功能，其 8 个模拟通道由 3 位地址线 ADDA ~ ADDC 的编码来选择，因此只需与 P0 口的三条口线 P0.0 ~ P0.2 连接。另外，P2.0 口（低电平）作为 ADC0809 的地址线使用，相当于芯片的片选线，P2 和 P0 口中其余未用到的口线均为 1，因此 8 个模拟通道的 16 位地址依次为 FEF8H ~ FEFFH。$\overline{WR}$ 写操作和 $\overline{RD}$ 读操作均与 P2.0 口相结合，通过或非门 1 和 2 实现通道地址锁存、转换启动以及转换结果输出允许的联合控制。$\overline{WR}$ 引脚输出低电平，启动 A/D 转换；$\overline{RD}$ 引脚输出低电平，读取 A/D 转换结果，从而满足图 5-24 所示的时序关系。

分频器的分频系数由单片机的晶振频率决定，采用一个 D 触发器，可实现二分频，两个 D 触发器级联，可实现四分频。以下是查询方式和中断方式采样的编程方法举例。

（1）查询方式　对输入的 8 路模拟信号轮流采样一次，把转换结果依次存放在单片机内部 RAM 区 50H ~ 57H 的地址单元。每个通道转换结束时，EOC 会从低电平变为高电平，单片机用一条口线直接与 EOC 端相连，查询 EOC 的电平状态，判断是否可以进行下一通道的采样。

```
ADC：  MOV  R1,#50H          ;设置 RAM 区首地址
       MOV  R7,#08H          ;设置通道数
       MOV  DPTR,#0FEF8H     ;P2.0 = 0,指向通道 0
CL1：  MOVX @DPTR,A          ;启动 A/D 转换(A 取任意值)
       JNB P3.3,  $          ;查 EOC 未变高,继续等待
       MOVX A,@DPTR          ;读取转换结果
       MOV  @R1,  A          ;存放数据
       INC DPTR              ;指向下一通道
       INC R1               ;指向下一地址
       DJNZ R7,  CL1         ;8 通道未采样完,继续循环
        ⋮
```

（2）中断方式　对输入的 8 路模拟信号采用中断方式轮流采样一次，把转换的结果依次存放在单片机内部 RAM 区 50H ~ 57H 的地址单元。每个通道转换结束时，EOC 会从低电

平变为高电平，经反相器后，利用下降沿触发 INT1 中断。在中断服务程序中，读取转换结果并进行相应的处理。

```
            ORG   0000H
            AJMP  ADC          ;主程序
            ORG   0013H        ;外中断1入口
            AJMP PR1
            ORG   0030H
    ADC：   MOV SP,#60H        ;初始化,设堆栈
            MOV   R1,#50H      ;设置 RAM 区首址
            MOV   R7,#08H      ;设置通道数
            SETB IT1           ;设外部中断1为边沿触发
            SETB EA            ;允许全局中断
            SETB EX1           ;允许外部中断1中断
            MOV   DPTR,#0FEF8H ;P2.0 = 0,指向通道0
    CL1：   MOVX @DPTR,A       ;启动 A/D 转换(A 取任意值)
    WAIT：  AJMP WAIT          ;等待中断
                               ;
    PR1：   NOP                ;中断服务程序
            MOVX A,@DPTR       ;读取转换结果
            MOV   @R1，A       ;存放数据
            INC DPTR           ;指向下一通道
            INC R1             ;指向下一地址
            DJNZ R7，  CL1     ;8 通道未采样完,继续循环
            CLR   EA           ;8 通道转换完,禁止全局中断
            CLR   EX1          ;禁止外部中断1中断
            RETI               ;中断返回
    CL1：   MOVX @DPTR,A       ;再次启动 A/D 转换
            RETI               ;中断返回
```

5.3.3　8 位串行 A/D 转换器 TCL548/549

1. TCL548/549 芯片结构及性能

TCL548/549 是 8 位串行开关电容逐次逼近式单片 CMOS 集成 A/D 转换器芯片，具有控制口线少、时序简单、转换速度快、成本和功耗较低等特点，适用于便携式的应用场合。TLC548/549 的内部逻辑结构图见图 5-27，TLC548/549 的引脚功能见图 5-28。

芯片以串行方式在 D_{OUT} 端输出数字信号，通过输入/输出时钟 I/O CLK 和片选$\overline{CS}$实现数据的控制，芯片提供了 4MHz 的系统时钟，片内器件的操作能独立于串行输入/输出的时序。TCL548 输入的时钟频率最高为 2.048MHz，每秒可进行 45.5×10^3 次数据转换；TCL549 最高则为 1.1MH，每秒可进行 40×10^3 次数据转换。时钟 CLK 和片内时钟相互间可独立使用，二者的相位关系无特别要求。操作过程简化，只需利用 I/O CLK 读出已转换的结果和启动转换，此外，芯片内部的工作由 4MHz 的系统时钟进行管理。

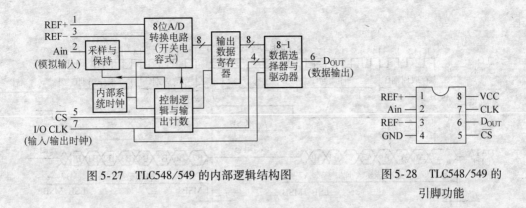

图 5-27　TLC548/549 的内部逻辑结构图　　　图 5-28　TLC548/549 的
引脚功能

芯片内部由采样保持电路、控制逻辑和输出计数器、差分高阻抗的基准电压输入端、开关电容逐次逼近式 8 位 A/D 转换电路等组成，其结构能有效地隔离电源噪声。转换器可在 $17\mu s$ 内完成数据转换，TCL548 执行一次完整的"输入-转换-输出"操作需要 $22\mu s$，TCL549 则需要 $25\mu s$。最大总误差为 ± 0.5LSB（最低有效位）。电源电压范围 +3 ～ +6V，功耗的典型值为 6mW，最大值为 15mW。

TCL548/549 的引脚功能如下：

（1）Ain：模拟电压输入端。

（2）D_{OUT}：数字信号输出端。

（3）$\overline{CS}$：片选端。

（4）CLK：时钟输入端。

（5）REF +：基准电压正极，可接 VCC，应加滤波电容。

（6）REF –：基准电压负极，可接地。

（7）VCC：供电电源端。

（8）GND：接地端。

注意：芯片的参考电压为高阻输入的差分参考电压。当输入的模拟电压大于参考电压 REF + 时，转换结果全为 1；小于参考电压 REF – 时，转换结果全为 0。为了保证芯片正常工作，参考电压 REF + 至少应比参考电压 REF – 高 1V。当参考电压之差（$V_{REF+} - V_{REF-}$）降至 4.75V 以下时，失误误差会增加。

2. TCL548/549 的工作原理和时序

TCL548/549 的工作时序图见图 5-29。

当片选端$\overline{CS}$为高电平时，I/O CLOCK 不起作用，数据输出端 DATA OUT 处于高阻状态。通过$\overline{CS}$的选通控制，能使多芯片在同一 I/O CLOCK 信号下工作。结合时序把芯片的工作原理归纳如下：

1）$\overline{CS}$置低，片内电路检测到$\overline{CS}$的下降沿后，等待片内时钟的两个上升沿和一个下降沿，见图中 t_{su}（CS）时段（CS 变低的最小建立时间，典型值为 1.4μs）。接着，芯片自动把上次转换结果数据 A 中的最高位（D7）输出到 DATA OUT，见图中 t_{en} 时段（最大输出使能时间，典型值为 1.4μs）。

2）在前 4 个 I/O CLOCK 脉冲的下降沿，依次串行移出数据 A 的第二位至第五位（D6 ～ D3），片上的采样保持电路在第四个 I/O CLOCK 下降沿开始对输入的模拟信号进行采样。

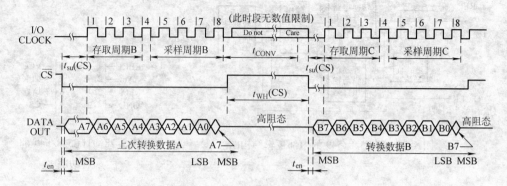

图 5-29　TCL548/549 的工作时序图

3）在接下来的 3 个 I/O CLOCK 脉冲的下降沿，移出数据 A 的第六位至第八位（D2 ~ D0）。

4）最后，片上的采样电路在第八个 I/O CLOCK 脉冲的下降沿把第八位数据移出，并且进入保持状态。保持功能会持续 4 个内部时钟周期，接着，芯片开始 32 个内部时钟周期的 A/D 转换，见图中 t_{CONV} 时段（最大 A/D 转换时间，典型值为 17μs）。也就是说，在第八个 I/O CLOCK 脉冲之后，需要把 $\overline{CS}$ 恢复高电平并维持 36 个内部系统时钟周期，等待芯片完成数据转换，见图中 t_{WH}（CS）时段（A/D 转换期间 $\overline{CS}$ 高电平的最小持续时间，典型值为 17μs）。

要注意的是，$\overline{CS}$ 为低电平时，如果 I/O CLOCK 出现干扰脉冲，单片机就不能与芯片的 I/O 时序进行同步。$\overline{CS}$ 为高电平时，如果出现一次有效的低电平，芯片会复位并且初始化，无法完成前一次的数据转换。

此外，在 t_{WH}（CS）时段结束之前执行步骤 1）~4），就会重新启动新一轮的转换，正在进行的转换过程会终止，芯片输出前一次转换的结果而不是正在执行的转换结果。

3. TCL548/549 与单片机的接口及应用

TCL548/549 与单片机的接口电路见图 5-30，单片机只需要三条 I/O 口就能实现芯片的控制。

串行 A/D 转换的程序流程见图 5-31。

给出相应的汇编语言程序供参考：

```
初始化：     SETB  P1.0        ;置CS为高
            CLR   P1.1        ;置 I/O CLOCK 为低
            MOV   R7,#8       ;循环移位次数
            ⋮
A/D 转换：   CLR   P1.0        ;选通 ADC,CS为低
            NOP               ;建立时间的延时(视晶振而定)
SHIFT：     SETB  P1.1        ;置 I/O CLOCK 为高
            MOV   C,P1.2      ;读 DATA OUT 的数据
            RLC   A           ;数据左移一位,送入累加器
            DJNZ  R7,SHIFT    ;未足 8 次则循环
```

```
SETB    P1.0              ;恢复CS为高
RET
```

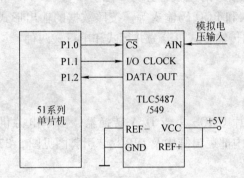

图 5-30　TCL548/549 与 51 单片机的接口电路

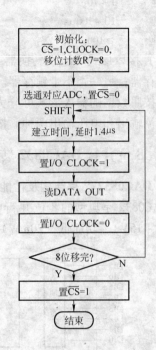

图 5-31　串行 A/D 转换的程序流程

5.4　D/A 转换器接口

5.4.1　D/A 转换器概述

数/模转换器（又称 D/A 转换器，简称 DAC），是单片机通过数字信号对外部模拟对象实行控制的重要接口。数模转换器把输入的数字信号转换成模拟信号（如电压、电流等），输出至相应的执行机构实现控制功能，常用在音频控制、电机调速驱动等领域。

D/A 转换器中与接口有关的一些主要技术指标是：

（1）分辨率　描述 D/A 转换器对输入信号变换的敏感程度。如果输入的数字信号位数为 n，则分辨率 Δ 为输入数字信号的最小有效位（Least Signature Bit，LSB）产生一次变化时，输出的模拟信号的变化量。分辨率 Δ 与数字量有如下关系：

$$\Delta = \frac{模拟量输出的满量程值}{2^n}$$

实际应用中通常使用输入数字信号的位数来表示分辨率的高低，如 8 位二进制 D/A 转换器，其分辨率是 8 位。器件的位数越多，分辨率越高，价格也就越贵。

（2）建立时间　描述 D/A 转换速率的一个重要参数。一般是指输入的数字信号变化后，模拟输出信号达到终值误差的 ±1/2LSB 时所需的时间，常用来表示转换速度，分为如下几个级别：

超高速	<100ns
较高速	100ns ~ 1μs
高速	1 ~ 10μs
中速	10 ~ 100μs
低速	≥100μs

（3）接口形式　D/A 转换器有多种接口形式。按照器件的锁存能力可分为两类：一类带有锁存器；另一类不带锁存器。按照输入数字信号的位数可分为 8 位、10 位、12 位和 16 位等。按照数据的输入形式可分为二进制码输入和 BCD 码输入等。按照数据的输出形式可分为电流输出和电压输出两种。按照数字信号的传输方式可分为并行式和串行式两种。

5.4.2　8 位并行 DAC0832 转换器

1. DAC0832 芯片结构及性能

DAC0832 是典型的 8 位并行电流输出型单片 CMOS 集成 D/A 转换器，由单电源供电（+5 ~ +15V），功耗低（20mW）。DAC0832 的内部逻辑结构及 DIP 封装引脚图见图 5-32。

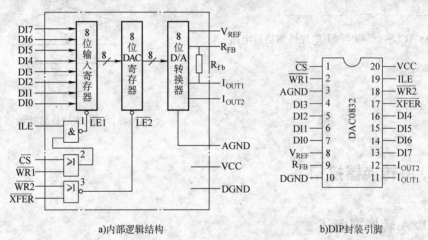

a)内部逻辑结构　　　　　　　　　b)DIP封装引脚

图 5-32　DAC0832 的内部逻辑结构及 DIP 封装引脚图

芯片由 8 位输入寄存器和 8 位 DAC 寄存器组成两级数据输入锁存器。输入的数据可采用单级（单缓冲）或两级（双缓冲）的锁存方式，也可以采用直接输入（直通）的方式，后者在应用中使用得较少。

芯片内部的寄存器输出控制电路由三个门电路组成。$\overline{LE1}$ = 0 时，输入数据锁存；$\overline{LE1}$ = 1 时，数据不锁存，输出随输入变化。电流输出形式的两个输出端关系为 I_{OUT1} + I_{OUT2} = 常数。在电流输出端外接运算放大器，I_{OUT2} 作为放大器的反相输入，可以得到电压输出。

DAC0832 的引脚功能如下：

DI0 ~ DI7：数字信号输入端。

$\overline{CS}$：片选信号输入端（低电平有效）。

ILE：数据锁存允许信号输入端（高电平有效）。

$\overline{WR1}$、$\overline{WR2}$：输入锁存器写选通输入端 1 和 2（低电平有效）。

$\overline{\text{XFER}}$：数据传输控制信号输入端（低电平有效）。

I_{OUT1}：模拟电流输出端。

I_{OUT2}：模拟电流输出端（采用单极性输出时，常接地）。

R_{FB}：反馈信号输入端。芯片内设置有反馈电阻，用作外接运算放大器的反馈电阻，为 D/A 转换器提供电压输出。

V_{REF}：参考电压输入端。外接精密电压源（$-10 \sim +10V$），通过改变 V_{REF} 的值来改变输出数据。

VCC：电源供电端。可用 $+5 \sim +15V$。

AGND：模拟接地端。为模拟电路接地点。

DGND：数字接地端。为数字电路接地点。

2. DAC0832 的控制逻辑关系

在图 5-32 中，ILE 和 $\overline{\text{CS}}$、$\overline{\text{WR1}}$ 的逻辑组合构成 8 位输入寄存器的锁存信号 $\overline{\text{LE1}}$（$\overline{\text{LE1}}$ = ILE · $\overline{\text{CS}}$ · $\overline{\text{WR1}}$），$\overline{\text{LE1}}$ 的负跳变使 DI7 ~ DI0 数据进 8 位输入寄存器并锁存。$\overline{\text{XFER}}$ 和 $\overline{\text{WR2}}$ 的逻辑组合构成 8 位 DAC 寄存器的锁存信号 $\overline{\text{LE2}}$（$\overline{\text{LE2}}$ = $\overline{\text{XFER}}$ · $\overline{\text{WR2}}$），$\overline{\text{LE2}}$ 的负跳变使 8 位输入寄存器锁存的数据进入 8 位 DAC 寄存器并锁存，同时进入 8 位 D/A 转换器中开始数据转换。

3. DAC0832 与单片机的接口

DAC0832 与 51 系列单片机有两种基本的接口方式：单缓冲方式和双缓冲方式。

（1）单缓冲方式　单缓冲方式应用在只有一路模拟数据输出或有几路模拟数据但不要求同时输出的场合。单缓冲方式把芯片中二级寄存器的控制信号并接在一起，输入的数据在控制信号的作用下直接送入 DAC 寄存器。单缓冲方式的单路 DAC0832 接口电路见图 5-33。图中 ILE 接高电平，$\overline{\text{CS}}$ 和 $\overline{\text{XFER}}$ 端一起并接到单片机地址选择线 P2.7 口，写选通输入端 $\overline{\text{WR1}}$ 和 $\overline{\text{WR2}}$ 一起并接到单片机的写操作线 $\overline{\text{WR}}$。对 DAC0832 执行一次"写"操作，就能一步实现数字信号的输入锁存和模拟信号的转换输出。DAC0832 芯片单缓冲方式的控制时序见图 5-34。

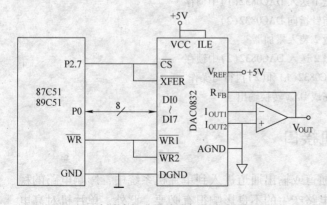

图 5-33　单缓冲方式的单路 DAC0832 接口电路

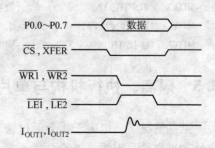

图 5-34　DAC0832 芯片单缓冲方式控制时序

图 5-33 中，只需 P2 口的一条地址线 P2.7 = 0 提供 DAC0832 的片选信号，就能选通芯片，且与 P2 口、P0 口的其余口线取值无关，因此现取 16 位地址为 7FFFH，完成一次 D/A 转换操作的指令如下：

```
MOV DPTR,#7FFFH          ;数据指针指向 DAC0832
MOV A,#DATA              ;数字量装入累加器
MOVX @ DPTR,A            ;执行一次数字量写入并启动转换
```

（2）双缓冲方式　双缓冲方式应用在有多路模拟数据并且要求同步输出的场合。这种方式把 DAC0832 数字信号的输入锁存与模拟信号的转换输出分为两步完成，具体的实现方法是：单片机的数据总线分时把数字信号锁存到各路 D/A 转换器的 8 位输入寄存器中，发出控制信号，使每一片转换器 8 位输入寄存器中的数据送入对应的 DAC 寄存器，从而实现模拟量的同步转换输出。双缓冲方式的两路 DAC0832 接口电路见图 5-35。

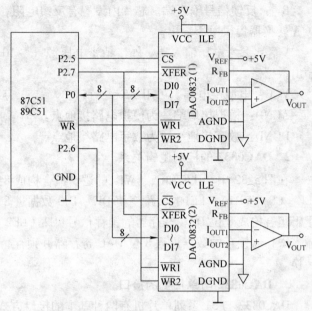

图 5-35　双缓冲式两路 DAC0832 接口电路

图中单片机的地址线 P2.5 口连接 DAC 芯片（1）的片选端$\overline{CS}$，取 16 位地址为 DFFFH；地址线 P2.6 口连接 DAC 芯片（2）的片选端$\overline{CS}$，取 16 位地址为 BFFFH；地址线 P2.7 口同时连接两路芯片的数据传输控制端$\overline{XFER}$，取 16 位地址为 7FFFH；单片机"写"操作线$\overline{WR}$同时连接两片 DAC 芯片的控制端$\overline{WR1}$和$\overline{WR2}$。只要执行"写"操作，就能实现两路数据的同步转换输出，参考的操作指令如下：

```
MOV     DPTR,#0DFFFH       ;数据指针指向 DAC0832（1）
MOV     A,#DATA1           ;数字量 1 装入累加器
MOVX    @ DPTR,A           ;数字量 1 送入 DAC0832（1）中锁存
MOV     DPTR,#0BFFFH       ;数据指针指向 DAC0832（2）
MOV     A,#DATA2           ;数字量 2 装入累加器
MOVX    #DPTR,A            ;数字量 2 送入 DAC0832（2）中锁存
MOV     DPTR,#7FFFH        ;给 DAC0832（1）和（2）执行写操作
MOVX    @ DPTR,A           ;同时完成 D/A 转换输出
```

5.5　隔离、执行机构与单片机接口

某些情况下，电磁干扰会通过输入通道或输出通道进入到单片机系统中，影响电路的稳定性和可靠性。因此，消除电磁干扰对电路产生的不良影响很有必要。此外，单片机对高电压、大功率的外部机构实行开关量控制，需要通过相应的输出执行机构来实现，实际上是单片机"弱电"控制外部"强电"的过程。上述的两类问题，就是电路技术研究的隔离和驱动问题。

从电气隔离方面看，通常采用光电耦合器来实现输入和输出通道的隔离，继电器、固态

开关等实际上也对输出通道起到隔离的作用。从驱动方面看，51 系列单片机 I/O 口线的驱动能力有限，无法直接驱动工作电压较高、工作电流较大的执行机构或负载，如交/直流电机、电磁铁、继电器、交流灯泡等，必须通过相应的驱动电路或开关电路来提高驱动能力。为了解决这两方面的问题，出现了不同形式的起到隔离和驱动作用的单片机接口电路。下面就常用的接口电路展开讨论。

5.5.1 光电耦合器与单片机接口

光电耦合器（Optoelectronic Isolator，或 Optocoupler，）简称光耦，或光隔，是最常用的通道隔离元件。光电耦合器是一种以光为耦合媒介，通过光信号的传递实现输入端与输出端电气隔离的器件，由一个发光源（常见的为 LED 发光二极管）与一个受光器（如光敏晶体管、光敏晶闸管或光敏集成电路等）组成。发光源和受光器成对组装在一起，彼此之间用透明绝缘体隔离，形成"电-光-电"的信号传输模式。光电耦合器的输出主要可分为两类：一类是晶体管输出；另一类是晶闸管输出（又分为单向晶闸管输出和双向晶闸管输出，晶闸管俗称可控硅）。

1. 晶体管输出型光电耦合器的内部结构

晶体管输出型光电耦合器的内部结构见图 5-36。有的光耦内部的光敏晶体管设置有基极，如图 5-36a 的 4N25，有的没有基极，如图 5-36b 的 TLP521。有的采用达林顿结构以提高电流传输比，如图 5-36c 的 TLP571。也有两对或多对光耦结构共同封装在一片芯片内的光耦组，如 TLP521-2（8 引脚）、TLP521-3（12 引脚）和 TLP521-4（16 引脚），能提供多路隔离且节省安装空间。通常光耦内部的 LED 正常工作电流为 5～15mA，管压降约为 1.2V，极限电流为 80mA。光敏晶体管的极限电流约为 100mA，达林顿型约为 150mA，两端的隔离电压为 2500～5300V。

光敏 IC 型光耦见图 5-37，受光元件为光敏集成电路（IC 型）的高速光电耦合器，如 6N137，属 8 引脚 DIP 封装，具有反相功能。6N137 的受光 IC 的输出级是集电极开路的肖特基钳位晶体管，与 TTL 兼容。

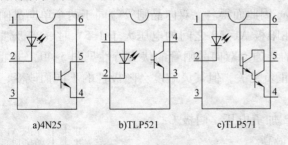

a)4N25　　　b)TLP521　　　c)TLP571

图 5-36　晶体管输出型光电耦合器的内部结构

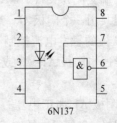

6N137

图5-37　光敏 IC 型光耦

2. 晶体管输出型光电耦合器的接口电路

晶体管输出型光电耦合器的接口电路见图 5-38。

在图 5-38a 的电路中，当外部控制开关 S 按下时，施加的高电平使光耦内部的 LED 发光，光敏晶体管受到光照，基极产生光电流，晶体管导通，向单片机输出低脉冲，起到反相隔离的作用。图 5-38b 的电路能向单片机输出高脉冲，起到同相隔离的作用。

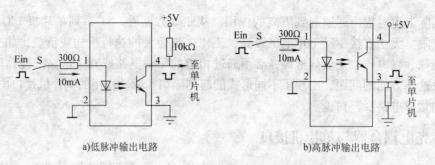

a)低脉冲输出电路 b)高脉冲输出电路

图 5-38　晶体管输出型光电耦合器接口电路

使用光耦时，为了起到电气隔离的作用，光耦的输入端和输出端必须独立供电，且两端的电源不允许共地（图中两种不同的接地符号表示光电耦合器两侧不共地）。

3. 晶闸管输出型光电耦合器的内部结构

晶闸管（Thyristor），又称闸流晶体管，常用于控制高电压和大电流的负载。

晶闸管结构符号见图 5-39，属三端器件，图 5-39a 为单向晶闸管结构符号，图 5-39b 为双向晶闸管结构符号。

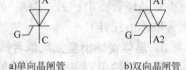

a)单向晶闸管　　b)双向晶闸管

图 5-39　晶闸管结构符号

（1）单向晶闸管　单向晶闸管（SCR）由阳极 A、阴极 C 和门极 G 组成。当 A-C、G-C 两端施加正电压，且门极电流增大到晶闸管触发电流的门限值时，晶闸管从截止变为导通，管压降小于 1V，相当于接通无触点开关。此时，即使撤销 G 极电流，晶闸管仍然保持导通，因此 G 极可采用脉冲信号触发以减少能耗。单向晶闸管不会自动关断，只有在阳极电流减小到触发电流门限以下，或在 A-C 之间施加反向电压时，晶闸管才会关断。在交流电路中，电流过零点或进入负半周就能满足晶闸管关断的条件。利用单向晶闸管的工作特性，可实现交流电的整流。

（2）双向晶闸管　双向晶闸管（Triac）最早由美国通用电气公司（G. E.）研制成功，是一种三端交流开关（Tri-Ac），Triac 因此而得名。双向晶闸管等同于两个单向晶闸管反向并联，但共用一个门极 G。当施加在阳极 A1-A2 之间的电压大于 1.5V 时（与极性无关），可利用 G 极的触发电流控制晶闸管的导通。双向晶闸管的伏安特性见图 5-40，尽管双向晶闸管的导通与阳极 A1-A2 或 G 极的正负无关，但其灵敏度会随极性的不同而改变，有以下 4 种情况：

1）阳极 A1 加正电压，阳极 A2 加负电压，门极 G 相对于阳极 A2 加正电压时，灵敏度最高。

2）阳极 A1 加负电压，阳极 A2 加正电压，门极 G 相对于阳极 A2 加负电压时，灵敏度稍低。

3）阳极 A1 加正电压，阳极 A2 加负电压，门极 G 相对于阳极 A2 加负电压时，灵敏度更低。

4）阳极 A1 加负电压，阳极 A2 加正电压，门极 G 相对于阳极 A2 加正电压时，灵敏度最低。

双向晶闸管具有双向导通功能，可用于大功率的交

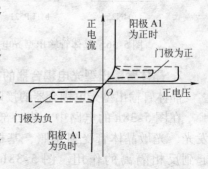

图 5-40　双向晶闸管的伏安特性

流控制。双向晶闸管交流调压电路见图 5-41。

电路中双向触发二极管（DIAC）的特点是具有双向负阻特性，当两个方向的端电压达到额定值 V_{BO} 时均能跳变导通，其伏安特性见图 5-42。双向触发二极管实现了晶闸管的双向触发控制，简化了 G 极的控制电路。

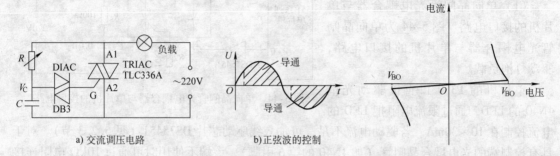

图 5-41　双向晶闸管交流调压电路　　　　　图 5-42　双向触发二极管的伏安特性

图 5-41 的交流调压电路中，交流电正弦波在过零点之前的正半周（零点位于正半周与负半周的交点），通过 R 向 C 充电，V_C 到达 DIAC 的击穿电压值时（DB3 型的典型值为 32V），电容 C 迅速放电使双向晶闸管 TRIAC 触发导通；过零点时，TRIAC 截止；在过零点之后的负半周，晶闸管触发导通过程与正半周时相同。只要改变电阻 R 的值，就能控制电容 C 的充电速度，改变导通范围（图中斜线区域），导致负载两端的交流电压改变，从而调节灯泡（负载）的亮度。这种简单的调压方法缺点是使正弦波发生畸变，产生严重的谐波干扰。

实际应用中，双向晶闸管应该在参数上留有富余量。通常来说，双向晶闸管的额定工作电压和额定工作电流应为交流负载的工作电压和工作电流的 2～3 倍。电路中 TLC336A 型双向晶闸管的额定工作电流为 3A，断开状态的耐压为 600V，驱动 25～60W 的交流灯泡是可行的。

（3）晶闸管输出型光电耦合器　晶闸管输出型光电耦合器见图 5-43。

晶闸管输出型光电耦合器也是采用"电-光-电"的信号传输模式，发光二极光因通电而发光，光敏型单向晶闸管或双向晶闸管因受光而产生门控制电流，使晶闸管导通，相当于无触点开关闭合。图 5-43b 所示的晶闸管还集成有过零检测电路，使晶闸管在过交流电零点时导通，消除晶闸管触发时波形畸变对电源环境的干扰。晶闸管输出型光电耦合器可实现小功率信号控制大功率信号，且为无触点开关，适合作为单片机的输出隔离并驱动交流负载的接口器件。图 5-43a 所示的 4N40 芯片是单向晶闸管型光电耦合器，芯片内 LED 的极限正向电流为 60mA，单向晶闸管的反向耐压为 400V，浪涌电流为 10A，器件总能耗为 450mW。图 5-43b 所示的 MOC3041 芯片是双向晶闸管型光电耦合器，LED 的极限正向电流为 60mA，双向晶闸管关断状态的最大耐压为 400V，峰值重复浪涌电流为 1A，器件总能耗仅为 250mW，器件两侧的

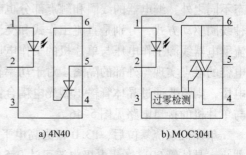

a) 4N40　　　　　b) MOC3041

图 5-43　晶闸管输出型光耦合器

电压隔离能力为7500V。

4. 晶闸管输出型光电耦合器的接口电路

晶闸管输出型光电耦合器主要用于单片机的输出隔离并驱动交流负载。

（1）单向晶闸管光电耦合器与单片机的接口电路 图5-44为单向晶闸管光电耦合器与单片机的接口电路，驱动灯泡负载。

单片机的 P3.0 口直接驱动光耦

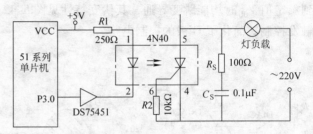

图 5-44 单向晶闸管光电耦合器与单片机的接口电路

4N40 的 LED，通过限流电阻把 LED 的电流控制在 10~30mA。若驱动电流不足，可加入线驱动芯片 DS75451（见 5.2.3 节）。对于具有控制端的光电耦合晶闸管（如 4N40 的第 6 引脚），该端不使用时可通过 10kΩ 电阻连接晶闸管阴极（第 4 引脚）。R_S 和 C_S 为无功功率补偿和感性电流吸收支路。单片机的 P3.0 口为低电平时，光电耦合晶闸管在交流电正半周接通，到过零点和负半周便截止，指示灯以交流电半周的方式点亮；P3.0 口为高电平时，光电耦合晶闸管截止，指示灯熄灭。该电路实现了单片机对小功率负载交流供电的控制。

（2）双向晶闸管光电耦合器与单片机的接口电路 图5-45为双向晶闸管光电耦合器与单片机的接口电路，驱动感性负载。

其中，双向晶闸管输出型光电耦合器 MOC3041 用来触发双向晶闸管 TRIAC，使单片机与感性负载隔离。MOC3041 的片内过零检测电路能使双

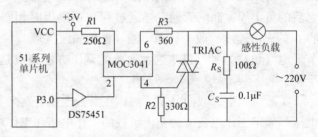

图 5-45 双向晶闸管光电耦合器与单片机的接口电路

向晶闸管以过零触发方式导通，减少波形畸变对电源环境的干扰。

5.5.2 继电器与单片机接口

继电器（Relay）是一种电气执行机构，当输入量（如电压、电流、温度等）达到规定值时，能使被控制的输出电路导通或断开。继电器一般由铁心线圈、衔铁和触点等部件组成，因此也被称为电磁继电器，其机械触点起到与系统的电气隔离作用。除了触点数量和组态不同之外，继电器的线圈和触点部分也有工作电流大小和工作电压高低之分。继电器有两种线圈驱动方式，分别是直流工作式和交流工作式，这里只讨论直流工作式继电器。如果直流继电器线圈工作电压与单片机的工作电压相同，则可与单片机共用一套供电电源，通过继电器的触点实现与外部的隔离。对于功率较大的继电器，其线圈工作电压高于单片机的供电电压，则需要通过晶体管输出型光电耦合器来实现单片机与继电器之间的隔离。直流继电器与单片机的接口电路见图5-46。

单片机系统复位后，P3.0 口为高电平，光电耦合器 4N25 内的 VL 不导通，光敏晶体管截止，晶体管 9013（集电极电流可达 0.5A）因没有基极电流而截止，继电器 K 的线圈没有电流流过，触点开关 S 不吸合，外部电动机 M 的交流电通路断开，处于停止状态。当需要

电动机运转时，置 P3.0 口为低电平，4N25 内的光敏晶体管导通，晶体管 9013 因基极得电而导通，继电器线圈有电流流过，触点开关 S 吸合，电动机因接通交流电源而运转。该电路实现了单片机对外部交流设备的隔离控制。P3.0 口从低电平再变为高电平时，4N25

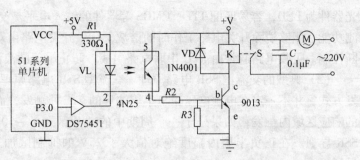

图 5-46 直流继电器与单片机的接口电路

内的光敏晶体管截止，晶体管 9013 截止，继电器线圈会产生较高的感应电压，极性为下正上负，与 +V 共同叠加到晶体管 C-E 极，可能会击穿晶体管，因此在电路中加入续流二极管 VD，把线圈两端的感应电压钳制在 0.7V 左右以保护晶体管。正常工作时施加在 VD 两端的电压与 VD 极性相反，VD 截止，对电路的工作没有影响。触点两端可加入 0.1μF 电容，起到抑制触点火花的作用。

单片机 +5V 供电电源的地线（数字地）应悬空，不与继电器 +V 供电电源的地线（接机壳或大地）相连接。这样做可避免输出级电源变化对单片机电源产生影响，减小单片机系统受到的继电器吸合与释放时产生的冲击干扰。

5.5.3 固态继电器与单片机接口

固态继电器（Solid State Relay，SSR）与电磁继电器相比，是一种没有机械运动、不含运动部件的继电器，但具有本质上与电磁继电器相同的功能。固态继电器是一种全部由固态电子元件组成的无触点开关器件，利用了开关晶体管、双向晶闸管等半导体器件的开关特性，实现了无火花的通道工作特性，具有反应快、寿命长、耐振和防潮等特点。根据负载电源类型的不同，固态继电器可分为交流 SSR 和直流 SSR，以输出端接交流电还是直流电来区分。常见的交流 SSR 多为输入端接直流信号而输出端接交流电。下面讨论交流型 SSR 的内部结构和工作原理。交流型 SSR 器件的电气图形符号见图 5-47，输入端由直流信号控制，输出端接交流电源和负载。

（1）典型的交流型 SSR 内部结构　固体继电器（SSR）是四端器件，由输入电路、隔离电路和输出电路三部分组成。交流型 SSR 内部结构见图 5-48。

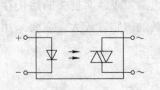

图5-47　交流型 SSR 器件
　　的电气图形符号

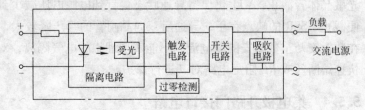

图 5-48　交流型 SSR 内部结构

交流型 SSR 只需要在输入端加入直流控制信号，输出端就能实现开关的通断功能。内部（耦合）电路采用光耦合器，实现输入端与输出端之间的电气隔离。光耦合器内部的发光器件为 LED，容易匹配 TTL、CMOS 等器件的输入电平。交流型 SSR 的触发电路有过零检测功能，能够消除开关电路工作时的谐波干扰。开关电路由双向晶闸管组成，对负载实施通断控制。吸收电路通常由 R-C 串联电路组成，防止电源的浪涌电压对开关器件造成冲击。

（2）典型的交流型 SSR 电路原理　交流型 SSR 电路原理图见图 5-49。所谓"过零"触发方式，并不一定在电源电压正负半周波形的交点处触发，而一般是指在正负半周 10～25V 的响应区域内触发，如果处于一个周期中的"死区"（–10～+10V），输入信号便不能使 SSR 导通。在正负半周内幅度绝对值大于 25V 的抑制区加入输入信号，均会抑制 SSR 的导通。

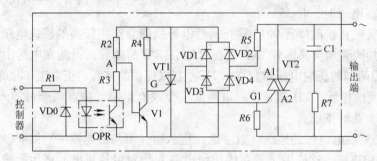

图 5-49　交流型 SSR 电路原理图

如图 5-49 所示，控制端串入电阻 R1，对输入信号限流，以保护光电耦合器内的 LED。二极管 VD0 在输入信号反接时起到保护光电耦合器的作用。当 SSR 的控制端没有信号输入时，光电耦合器 OPR 中的光敏晶体管截止，晶体管 V1 通过 R2 获得基极电流而饱和导通，单向晶闸管 VT1 因门极 G 的触发电压被钳位在低电平而关断，从而切断了双向晶闸管 VT2 门极 G1 的供电通路（R5-VD2-VT1-VD3-R6），导致门极控制电阻 R6 两端无电压降，双向晶闸管 VT2 无触发信号而关断。当 SSR 的控制端有信号输入时，光电耦合器 OPR 中的光敏晶体管导通。SSR 的输出端连接交流电源，交流电经 VD1～VD4 全桥整流后得到脉动电压并经 R2 和 R3 分压。当 A 点的电压 U_A 大于过零电压时（对应于 ±25V 以上的抑制区），过零电压检测晶体管 V1 便处于饱和导通状态，单向晶闸管 VT1 和双向晶闸管 VT2 均处于关断状态。如果 A 点的电压 U_A 小于过零电压且对应于 ±（10～25）V 的响应区，则 V1 截止，VT1 导通，R6 在导通的供电通路中获得电压使 VT2 导通。输入端的电压信号撤除后，光耦中的光敏晶体管截止，VT1 仍保持导通状态，直到电源电压减少到不能维持 VT1 导通为止，SSR 便截止。SSR 的缺点在于，导通后双向晶闸管的管压降较大，可达 1～2V，而且关断后仍存在数微安乃至数毫安的漏电流，不能实现理想的电气隔离，对过载的敏感性较大，需要采用快速熔断丝或 RC 阻尼电路对其进行保护。

5.5.4　集电极开路门接口电路

单片 TTL 芯片通常集成了数个相同的逻辑门电路，通过同一个电源引脚 VCC 和地引脚 GND 供电。有一种特殊的结构，芯片门电路的输出级晶体管的集电极与片内电源引脚 VCC 分离，由片外电源独立供电，这种逻辑电路称为集电极开路门（Open Collector），简称 OC 门。OC 门结构的与非门芯片见图 5-50（以 74LS01 为例），其内部电路结构见图 5-50a，相应的封装引脚见图 5-50b。

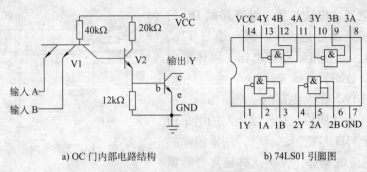

a) OC 门内部电路结构　　　　　　　　b) 74LS01 引脚图

图 5-50　OC 门结构的与非门芯片

OC 门的工作原理如下：若任一输入端为低电平，V1 导通，V2 因基极变为低电平而截止，V3 的基极 b 被 12kΩ 电阻拉低而截止，相当于 c-e 之间断开（输出端 Y 悬空，呈高阻状态），集电极 c 需要通过上拉电阻连接至 +V 电源，才能正常工作，此时 c 极便能输出高电平。若两个输入端同时为高电平，则 V1 截止，V2 导通，V3 因基极 b 得电而导通，集电极 c 输出低电平。由于 c 端独立接至 +V 电源，集电极电压可以比芯片的供电电源电压 VCC 更高，使输出级能够提供更大的驱动能力。例如，芯片的供电电压 VCC 为 +5V，为了驱动工作电压为 12V 或 24V 的继电器，只需要把集电极的上拉电阻换成继电器，并使用 +12V 或 +24V 的 +V 电源供电即可。因此，选用 OC 门作为单片机的驱动接口，可以实现开关量的电流放大和电压放大功能。

需要注意的是，选择芯片时，不能根据引脚图辨别芯片是否带有 OC 门，必须查阅芯片的数据手册。通常 OC 门芯片的数据手册中会附有 "With open-collector ouptuts" 之类的文字说明。OC 门芯片输出级集电集在开路状态不能工作，必须通过上拉电阻或用电负载把输出端连接到供电电源。

5.5.5　达林顿晶体管阵列驱动电路

需要驱动中功率继电器、电磁开关、大笔划 LED 显示板等装置，且驱动电流达几百毫安和驱动的通道数目较多时，可采用达林顿晶体管阵列驱动芯片。达林顿晶体管是由两个晶体管级联复合而成，其电流放大倍数 β 值是每个晶体管 β 值之乘积，因此能提供大输出电流。达林顿晶体管阵列驱动芯片由多对达林顿复合管构成，具有输入阻抗高、增益高、输出功率大等特点，且具有完善的保护措施，把多路驱动电路集成在一块芯片中，PCB 布局方便且节省空间。下面介绍一种常用的达林顿晶体管阵列驱动芯片 ULN2003A 的特性和用法。

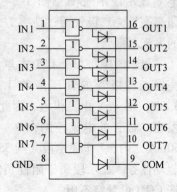

1. ULN2003A 驱动芯片的特性

ULN2003A 驱动芯片是 ULN2000 系列中的一种，专门用来驱动继电器等大电流器件。ULN2003A 芯片的封装引脚见图 5-51。

图 5-51　ULN2003A 芯片的封装引脚

芯片集成了 7 路反相驱动器，每路输出端允许通过 500mA 电流，用法与集电极开路的 OC 门类似，外部电压最高可达 50V。输入端与 TTL、CMOS 电路兼容，可直接驱动继电器、固体继电器或大笔划 LED 数码管显示板。

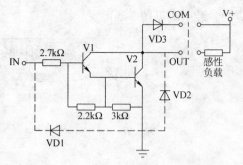

图 5-52 是 ULN2003A 内部的电路结构，二极管 VD1 和 VD2（虚线所示）用于输入端的电平钳位保护。二极管 VD3 是续流二极管，用来消除感性负载线圈的感应电动势，保护达林顿复合管以

图 5-52 ULN2003A 内部的一路电路结构

免被击穿。每路的 VD3 负极连接在一起，称为公共端引出脚 COM，如果 7 路输出端均接感性负载且外加电压 V+ 都相同（图 5-52 上方虚线的右侧属外接电路），则续流二极管的公共端 COM 可直接连接 V+（相当于续流二极管 VD3 并接在电感线圈的两端）。如果芯片不是接感性负载，那么续流二极管公共端 COM 可以悬空不用。

2. ULN200A 驱动实验电路

以一个单元的七段大笔划 LED 数码管（3.5 吋 ×5 吋）为例，ULN2003A 驱动实验电路见图 5-53。

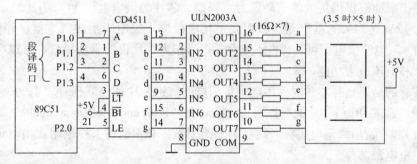

图 5-53 ULN2003A 驱动实验电路

图中采用 5.2.2 节所述的七段译码/锁存/驱动芯片 CD4511 进行 BCD 译码，七段译码输出经 ULN2003A 进行大电流驱动，然后点亮大笔划 LED 数码管。LED 组构的大笔划显示段示意图见图 5-54。大笔划 LED 数码管用分立的超高亮发光二极管通过造字方式构成，每一显示段含 8 个分立的发光二极管。

显示段中每 4 个 LED 并联成一组，然后两组再串联。超高亮发光二极管的管压降约 1.8V，A1 ~ A2 之间的电压降约 3.6V，用 +5V 电源供电，因此显示段需加入限流电阻，使每个发光二极管的电流控制在 9 ~ 12mA 范围。每个显示段电流在 50mA 之内，7 个显示段约共 350mA，用一片 ULN2003A 来承担驱动任务。显示段属于阻性负载，因此 ULN2003A 芯片的公共端 COM 可悬空不用。

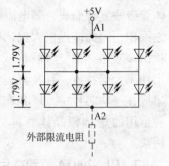

图 5-54 LED 组构的大笔划显示段示意图

练习与思考

1. BCD 拨码开关有什么特点？举例说明其应用场合。

2. 说明矩阵键盘扫描法的三个步骤，软件延时防抖动措施应在哪个步骤中采用？

3. 画出带声光指示的矩阵键盘反极法子程序的流程框图。

4. 说明矩阵键盘的位操作法的主要特色和好处，实现的依据是什么？

5. 说明键盘中断方式与单片机接口的工作原理。

6. 说明共阴极和共阳极 LED 数码管段驱动方式有何不同？

7. 说明 LED 数码管静态显示的特点和应用场合，通常用什么七段译码锁存驱动芯片？锁存脉冲该如何使用？

8. 说明 LED 数码管动态显示的特点和应用场合。如果单片机的 I/O 口线不足，该如何实现数码管的位控制？

9. 设计一种由软件译码、动态显示的 4 位 LED 数码管显示电路并编写驱动程序。

10. LED 数码管动态显示的硬件译码和软件译码各有什么特点？用何种芯片做口线驱动？

11. 说明典型的 LED 七段译码硬件芯片 CD4511 和 MC14495 的异同，要使显示熄灭该如何控制？

12. 如果用数码管的位驱动限流电阻代替段驱动限流电阻，试分析显示效果的差别和问题。

13. A/D 转换器的分辨率指的是什么？应如何考虑器件的选用？

14. 举例说明如何选择 ADC0809 的 8 路输入通道。

15. 试设计 8 位串行 A/D 转换器与 51 系列单片机的接口电路，输入直流 0 ~ 5V 电压，用 2 位 LED 数码管显示变换效果，精确到小数点后一位。

16. 举例说明 DAC832 的工作方式和应用场合。

17. 用单片机的输出控制继电器，继电器的触点用作交流市电负载的通断开关，画出控制电路图并说明继电器如何驱动才最为安全，哪些器件要采取保护措施？

18. 双向晶闸管有什么特点？应用在什么场合？单片机通过什么方式与双向晶闸管接口？

19. 在什么情况下单片机要采用光电耦合器件？以光电耦合方式工作的器件有哪些种类？

20. 固体继电器结构上通过什么技术减少波形畸变对电源环境的干扰？

21. 集电极开路门电路芯片有何特点？应如何使用？

22. 单片机应用电路中常用哪些达林顿晶体管阵列驱动芯片？有何特点？

第6章 单片机应用系统设计与调试

在讲述了单片机的工作原理、指令系统、功能扩展电路和接口技术等内容后，如何运用硬件和软件进行单片机应用系统的设计和调试，则是本章着重讨论的内容。单片机应用系统指的是以单片机为核心，外围扩展一些模拟信号或数字信号的电子器件，通过相应的软件实现所需功能的应用系统。其设计包括硬件设计和软件设计两大部分。本章根据实验工作和开发实践的体会，对硬件、软件的设计环节、设计原则展开讨论，介绍单片机应用系统的开发工具以及调试方法。

6.1 单片机应用系统的设计环节

单片机应用系统的设计一般有如下几个环节。

1. 按应用需求进行方案构思和设计

单片机应用系统与 PC 不同，主要应用在工业控制、智能仪表和民用电子产品等领域，并且它的外围设备如键盘、显示器件、外部存储器等不是标准配置，需要设计者根据具体方案进行设计和配备，这就涉及到方案选择的问题。一个好的设计方案既能满足用户的要求，又能使系统结构简单，而且性能可靠、物美价廉，具有实施的可行性。在条件允许的情况下，设计方案中应留有改动或扩展的余地，因为硬件电路一旦改动，需要耗费大量的时间、精力和金钱，甚至会造成整个系统设计推倒重来的局面。对于一些成熟的局部具体电路，可以结合自己的设计修改后使用，也不失为一种简便的方法。

2. 按设计方案进行元器件选择

要实现某一种电路功能，可采用不同的元器件，既可以用分立元件，也可以用集成电路芯片，这取决于设计者对元器件性能的了解和工程能力、经验的积累。元器件的选择要考虑用途、性价比、可靠性和供货渠道等。举例来说，在实验和应用制作中，可采用自带FLASH 程序存储器的微处理器（如 AT89C51），因为这类芯片可电擦写，便于程序的调试与修改。但作为定型产品的批量生产，采用廉价的一次性编程的 OTP 芯片（如 97C51）就更节省成本。此外，各芯片生产厂商每隔一段时期会推出新的器件，性能更优、功能更强，且价格也会相对便宜，值得关注。

3. 电路方案设计原则

总体方案的设计确定后，往往会遇到一些以前未实现过的、新型的电路要进行试验，这些电路通常在系统中扮演着关键的角色，如传感器、射频模块电路等。设计过程中难免有考虑不周的地方，如果直接把电路制作出来，那么，一个细微的错误都可能导致设计的失败，造成资源的浪费。因此，进行局部电路的试验，验证电路能否满足设计要求，是设计者应该掌握的一种正确的设计方法。局部电路试验是一个探索的过程、带有创新的性质，需要设计者付出智慧、耐心与毅力，因为试验过程极有可能出现问题，而且引发这些问题的因素有可能是多重的或多元的。只有局部电路通过了试验，总体的电路方案才有可能成功。这里还要强调的另一个问题是：数字电路的逻辑关系用仪器是比较容易检测的，而对于模拟电路部分，就更要进行电路的可靠性试验和容差等方面的测试；模拟电路不容易掌握，如果结合单片机技术运用，不但能加深模拟电路的理解和体会，而且会发挥更大的作用，所以要加强这方面的训练；后续第 7 章的运动物体双向识别和第 8 章的交流电断电检测和信息保护这两个实例，就是模拟电路结合单片机运用的代表性例子。

每一个成功的局部电路都可以看作是一个功能模块，虽然没有严格的范围界定，但一个功能模块应能作为可独立实现指定任务的电路单元，便于在电路系统中作嵌入或移植使用。第 8 章的交流电断电检测模块就是一个典型的例子。设计者只需要把各个功能模块组合起来，设计模块间相应的接口，就能够组成应用系统的主体。

4. 整体调试和性能测试

经过电路板制作、元器件焊接和装配、软件编写等步骤后，就可以进行整机的联调和性能的测试。尽管局部电路通过了试验，但整机联调一次就成功的几率还是很低的，调试过程也是细致地、耐心地查找并解决问题的过程，哪怕是存在一个小问题，也会影响整体功能的实现。举单片机复位电路为例，应用系统有两个电路模块，局部电路试验时每个模块独立使用一套复位电路，经测试可以正常运行；整机调试时，两个模块共用一套复位电路，却发现电路无法正常工作。经过反复检查，最后发现其中一个电路模块的复位线没有真正接通（接触不良），使得一个模块正常复位而另一模块未能复位，整个系统不能正常运行，查找这类隐含的故障往往会很耗费时间。建议在联机调试前，首先用万用表对电路中起到关键作用的连线进行通断测试（例如复位、晶振等），这些简单的步骤能够为后续的调试扫除大部分障碍。但往往却因急于求成而被忽视，到头来可能要付出更多的时间代价。

为了提高系统工作的可靠性、抗干扰能力和容限能力，在正常工作条件下实现了基本功能外，还应该在偏离正常工作条件时对系统进行某些必要的容差测试。举一个电源的例子，电路采用的 +5V 电源是由交流市电降压整流提供，在交流电 220V 时电路工作正常；然而，当交流电压下降 10% 甚至更低（如夏季电器使用过多负载加重）时，电路还能否正常工作，就需要检测电源的容限能力。还有另外一个例子，系统在没有电气噪声的环境下工作基本正常，但在存在电气干扰的环境下（如电动工具噪声、发动机火花干扰等），系统的工作稳定性如何，程序是否会跑飞而造成"死机"，这都需要在前期进行实际环境的测试工作。经过实际测试，设计者能够在系统投入实际运行前发现存在的隐患，及时解决问题并作出性能的改进。

5. 文档整理

文档是硬件设计、软件编写和调试过程的总结，也是系统日后维护、改进的依据。人们往往会有这样的体会：全身心地投入到设计工作的时候，对每个细节及调试过程均了如指掌，却忽视了记录出现的问题及解决的方法；任务完成后，又没有及时把相关的资料、心得整理成为文档。日后需要以这个应用系统作为设计的参考，或者在原基础上进行功能改进时，因为没有保留第一手的设计资料，只能再从新开始设计。因此，在入门学习时就应该养成善于作记录的良好习惯，对日后的研究工作是大有好处的。

文档整理最重要的是对硬件设计思想、软件编程思路、程序说明（尤其内存地址分配）、故障现象和处理过程、功能指标等系统地进行整理和记录。常规资料有电路原理图、印制电路板图、元器件清单与参数、接插件引脚说明等；对于编写好的程序，要配备相应的流程图，因为流程图反映了软件整体的逻辑关系，是设计者修改软件最为直接的依据。如果要分析程序故障的原因，增加或删除某些功能，均可以根据程序流程图快速地查找并作出判断。相反地，要通过密密麻麻的程序语句实现上述任务，实在是一件很耗费时间、低效率的事情。另外，建议对程序语句作尽可能详细的标注和说明，这对日后的阅读和理解以及查阅都会带来很多方便。

6.2 硬件功能的设计原则

6.2.1 单片机应用系统的硬件组成

单片机的应用目的不同，系统的硬件组成也不一样。一般来说，系统以单片机为控制核心，外部扩展有存储器，模拟量和数字量的输入、输出扩展接口，以及人机交互接口等部分，见图 6-1。

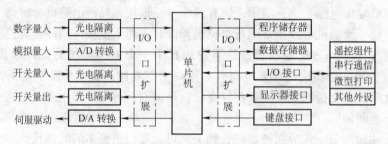

图 6-1 单片机应用系统的硬件组成

数字量（如计数、频率、周期等）可以直接通过 I/O 口输入或中断方式输入，在单片机内部进行脉冲计数或定时计数。模拟量（如交变电压、交变电流、温度、压力等物理量）需要经过 A/D 变换输入或光电隔离输入。开关量、驱动信号的输出需要进行光电隔离或 D/A 变换后输出。这些输入输出量可直接由 I/O 口进行接口或进行 I/O 接口扩展（如图中虚线所示）。I/O 口也可以作为遥控组件、串行通信和微型打印机的接口，以及显示器输出、键盘输入的人机交互接口。如果从功能上把输入输出信号和外围器件统一起来考虑，则需要进行硬件功能模块的设计，包括信号测量模块、信号控制模块、人机交互模块、串行通信模块以及其他功能模块等。

6.2.2 硬件设计的考虑

硬件电路的设计要尽可能做到合理和物尽其用，其设计要点考虑如下：

1. 总体设计原则

电路设计者在设计硬件电路应体现"以人为本"的理念，具体是指"把困难留给自己，把方便让给用户"，也就是说，设计者要尽可能地让系统自动实施所需功能，使操作变得简单方便，这样的设计才具有长久的生命力，会得到用户的认同。举例来说，由单片机作为核心控制部件的电子密码保险柜，用户只需从键盘输入预设的 6 位密码，就能实现开锁和关锁操作。更改密码的操作也不复杂，只需把保险柜门打开，键入 6 位密码后确认就可以了。而同一时期有另外一种保险柜，开锁、关锁的操作与上述保险柜是一致的，但在更改密码时，用户需要打开保险柜后面的盖板，通过跳线的方法从一个接线柱连线到另一个接线柱，才能实现密码的更改，其操作繁杂，在设计上暴露了"将困难留给用户"的弊端。显然，这种产品设计是不具有市场竞争力的。换句话说，好的设计应以为用户提供合理和便利的操作为考虑要点，当然，要达到这种设计境界，工程能力的训练必不可少。

2. 采用合适功能的芯片

采用性能优异、集成度高的芯片，能减少硬件电路的芯片数量、缩小电路板所占空间，为制作和调试带来方便。以单片机芯片为例，87C51 和 87C52 自带 4KB 和 8KB 紫外光擦写程序存储器，AT89C51 和 AT89C52 自带 4KB 和 8KB Flash 程序储存器，均能满足一般应用程序的储存需求而不必扩展外部程序储存器。但早期的 8031、80C31 或 80C32 片内不带程序储存器，要进行最小系统扩展才能正常工作。显然，性能优异的芯片在电路设计上占有更多优势，选择其他种类的外围芯片时这些考虑因素也是相同的。这里所指的考虑因素也并非是绝对的，应根据具体的实际情况、条件和性价比等因素进行综合考虑。

3. I/O 口的扩展

在外围设备较多或者输入、输出信号较多的场合，单片机的 I/O 口往往显得不足。在调试过程中，通常会使用 I/O 口解决某些问题，因此在设计硬件时可以考虑扩展一些备用 I/O 口线，对电路的调试和改进会带来方便。

4. 以软代硬的合理运用

硬件电路在速度和稳定性方面占有优势，但缺点是不够灵活，故障率和成本会随硬件的增加而增大。在不影响实时性和稳定性的条件下，发挥软件具有灵活性的优势，合理运用软件来实现硬件电路的功能，能够有效地节省器件成本。

5. 芯片抗电源干扰的措施

为了提高系统工作的可靠性，可以对芯片采用抗电源干扰措施，而这个问题往往会被忽视。在单片机应用系统供电电源的输入端与地之间跨接一个大容量的电解电容（100 ～ 1000μF）和一个小瓷介电容（0.01～0.1μF），在系统内部各芯片紧靠 VCC 电源输入端对地之间跨接一个小瓷介电容（0.01～0.1μF），是有效的抗电源干扰的滤波方法。

6.3　软件功能的设计原则

软件设计是与硬件设计结合在一起考虑的。与硬件设计的原则相同，软件设计也需要进行局部功能试验，只有在局部试验通过的基础上，才能为整体软件联调的成功提供保证。软件设计需注意如下几个方面的问题。

1. 采取模块化、子程序化的程序架构

根据应用要求，把软件进行模块化、子程序化设计，这样做一方面便于局部程序的试验，另一方面也可以在设计其他应用系统时进行同类功能程序的调用、移植和修改，缩短开发周期。

2. 预先绘制程序流程图

在编写程序之前，建议先绘制具体的程序流程图，对流程图的逻辑关系进行认真细致的审定和修改，使程序的功能符合要求且结构优化。在没有绘好流程图的情况下不要急于编写程序，因为编程只是实施软件功能的一种手段，真正能反映出软件思维与设计方法的是流程图。只要流程图不存在逻辑关系上的错误，程序的编写就成为对照流程图填写具体语句的一种操作过程。实践证明，流程图在软件调试过程中起着的至关重要的作用，一旦程序运行不通过或出现一些隐含的故障，根据流程图进行分析判断是快捷有效的途径。应养成设计程序流程图的好习惯，画流程图所付出的时间可以换来程序调试的顺利，这样一来无疑节约了时间。有统计数据表明，软件调试占了整个应用系统设计、制作总时间的70%。软件调试过程之所以耗费时间，其原因不一定是程序本身的调试量很大，很可能是被一些简单问题阻隔而耗费了时间和精力。举例来说，程序语句 MOV A，#30 的本意是把十进制数 30 送入累加器 A，但键入程序语句时误写成 MOV A，30H。由于这两种写法都符合指令的书写规则，因此均通过了编译，但程序调试的结果却与设计者的初衷不相符合，因为程序错误地把 RAM 单元 30H 中的数据送入累加器 A 中，造成了错误的发生，其隐蔽性深往往难以查找。类似的故障并不少见，查找这样的差错可能要花较长的时间；然而，通过分析流程图来确定问题的所在，比单纯从程序代码中查找故障的做法就高明得多。一些初学者或许编写了一些简单的程序并通过了调试，就认为没有流程图也可以把握程序的流向，久而久之就养成了不编写流程图的习惯。殊不知，当程序的规模到达一定的程度时，没有流程图就无法综观整个大局，出现问题难以找出症结所在。因此笔者建议，在开始编写小规模的程序时，就应该养成先绘制流程图的好习惯。

3. 统一分配内存单元

对单片机的内部资源、尤其是内部 RAM 单元进行合理的分配是很重要的。在编写程序之前应该统一安排好内存单元分配表，伴随程序的编写而随意地使用内存单元的做法是不可取的。分配内存单元时，首先要把堆栈安排到储存区的高端（见第 1 章），如果程序中的子程序较少，在满足堆栈容量的前提下应尽可能提供用户 RAM 空间。接下来是分配定时器/计数器的计数缓冲单元地址、显示缓冲区地址等，最好对变化可能性较大的功能缓冲区地址范围留些富余量，以便于程序的扩展和调整，这样做可以避免缓冲区单元不足时重新分配整个内存单元。通常的做法是把 20H 单元开始的位地址空间作为标志位，用作状态判断位，其余单元作为用户 RAM 区使用；把工作寄存器 0 区和 1 区留作子程序换区时的参数保护，用不到的工作寄存器 2 区和 3 区可作为用户 RAM 使用。实践表明，对单片机内部 RAM 资源进行合理的布局，充分利用内部 RAM 空间，很多临界使用情况下都可以不必扩展外部 RAM。

4. 软件的纠错能力和提示功能

一个好的软件设计除了能实现正常功能外，还应具备纠错能力和提示功能。纠错能力有两种含义：第一种含义是指抗干扰能力，在存在干扰的环境下程序仍能正常工作，也就是说程序一旦受干扰"跑飞"，系统应能自动回到正常状态而不出现"死机"现象（用软件方式实现的抗干扰措施在后续章节讨论）；纠错能力的第二种含义是指操作的纠错能力，通常与提示功能结合在一起运用。比如键入的数字超出了规定的范围时，能自动删除并重新等待正确的键入，并伴有声光提示，另方面，如果键入的次数不足，能在规定的时间内自动撤离键入操作（见第 7 章的融入定时控制的键盘输入示例）。人机交互接口必须具备纠错能力，而且应该直观明了，使用户操作起来方便易懂，起到操作指南的作用。纠错能力还体现在数据恢复方面，比如密码数据会受到种种干扰因素的破坏，但在提取密码数据之前，系统有能力把密码数据恢复到未受破坏时的正常状态，然后读取出来供使用（见第 8 章的数据冗余恢复实例）。

6.4　51 系列单片机开发工具与方式

　　单片机应用系统在完成了硬件制作、软件编写过程后，程序源代码需经汇编处理成为可执行的目标代码，再写入单片机的片内或片外程序存储器，这过程需借助单片机开发工具来实现。通常 51 系列单片机可采用如下几种编程方式。

6.4.1　在线仿真

　　在线仿真（In System Simulation）方式需借助单片机硬件仿真系统（又称单片机开发系统）的支持，这是单片机应用系统开发最早流行的方法。硬件仿真系统由仿真装置（或称仿真器）和仿真头两个部分组成，内含监控程序，与 PC 及用户电路板共同组成一套在线仿真系统，见图 6-2。

　　仿真系统装置通过扁平电缆连接仿真头。仿真头设置有 40 引脚 DIP 插头，适合对 40 引脚双列直插式芯片进行仿真；附加的 20 引脚 DIP 转换插头，适合对精简型芯片（如 89C2051）进行仿真。用户的电路板上不插单片机芯片，而是把仿真头插在用户电路板的

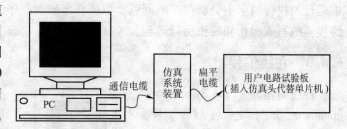

图 6-2　单片机在线仿真系统的组态

单片机芯片位置上，相当于把仿真器的资源全部出让给单片机。在 PC 上配置有相应的操作软件（例如 WAVE 开发系统软件），在操作软件的支持下，进行程序编写、汇编、反汇编、目标代码生成等操作处理，然后通过仿真头送到用户电路板进行在线运行，同时可在 PC 上观察单片机各寄存器、存储器的执行结果和参数值，进行程序在线调试和修改。这一仿真过程可反复进行，直到满足设计功能为止。程序一经确定，PC 上生成的可执行代码文件（用十六进制 HEX 或二进制 BIN 表示）通过编程器（又称写入器，如 NPS 型等）写入到单片机的片内程序存储器（写入前先选择 CPU 型号）或片外程序存储器芯片（写入前先选择 EPROM 型号），把写好程序的芯片插到用户电路试验板上进行脱机运行；如要进行功能调试和修改，可重复上述仿真和写入过程。

　　在线仿真的优点是：仿真调试过程就是实际运行过程。可根据仿真系统的说明书操作使用，在 PC 上通过设置断点、单步执行、全程执行等方式观察程序的具体运行情况，对查找故障十分有效，可以较快发现上述把 #30 写成 30H 这一类的键入错误。在单片机应用系统的开发实践中，对于调试过程（尤其是用软件仿真手段时）出现的一些难题，使用开发系统就有助于问题的发现和解决。然而，在线仿真装置的仿真头不是通用的，采用什么样的单片机芯片，就要配置相应的仿真头，开发系统的成本相对较高。对于性价比高的应用开发场合，在条件许可情况下，配备这类开发系统是必要的和值得的，能换取调试时间的节约和提高效率。

6.4.2　软件仿真

　　软件仿真（Software Simulation）需借助编程器（写入器）的支持，其软件仿真的组态见图 6-3。

　　软件仿真方式是利用操作软件（典型的有 Keil 软件集成开发系统，适合汇编语言和 C 语言），在 PC 上进行程序的编写、汇编、反汇编和调试执行，发现和纠正程序的语法错误和逻辑错误；然后生成可执行代码，再通过编程

图 6-3　单片机软件仿真的组态

器写入单片机芯片中进行脱机运行。如果要进行修改，必须重复从 PC 到编程器写入的整个过程。软件仿真的特点是不需硬件仿真设备，成本低，但不能观察实时运行结果；需要从脱机运行的执行效果中分析存在的问题，以便作出修改程序的判断；在调试过程中要反复进行编程器的写入操作和脱机运行过程。

6.4.3　在线编程

　　在线编程方式（In System Programming，ISP）又称下载线编程，是在软件仿真的基础上，利用 SPI 总线接口（详见串行总线扩展技术章节）把 PC 上调试生成的可执行代码通过在线编程装置直接写入单片机程序存储器的一种编程方法。单片机在线编程的组态见图 6-4。

图 6-4　单片机在线编程的组态

　　在线编程方式适用于具有 ISP 功能的 AT89S 类型单片机，如 AT89S51/52 等，ISP 的出现使单片机的程序调试变得十分方便，节省了软件仿真方式中频繁操作编程器所耗费的时间。在线编程装置有多种类型，其中并行通信下载线是一种简单易用的硬件装置。并行通信下载线的一端是 25 针 DB 型插口，用来连接 PC 的并行打印口；另一端为 ISP6 线或 ISP10 线插头，用来连接用户电路板上的单片机芯片。一种并行通信下载线的实物样照见图 6-5。

　　并行通信下载线内部有相应的驱动电路，上述下载线的电路结构见图 6-6。

　　下载线采用了 74HC244 芯片为并行打印口与单片机芯片之间信号传输的线驱动器（1A1~4A4 为输入端，1Y1~4Y4 为输出端，见第 3 章），PC 作为主机，单片机作为从机，两者之间通过 74HC244 芯片进行数据交换。单片机的 P1.5 口作为 MOSI（主机输出从机输入）信号线，P1.6 口作为 MISO（主机输入从机输出）信号线，P1.7 口作为 SCK（时钟）脉冲信号线，RST 引脚作为 RST（复位）信号线，

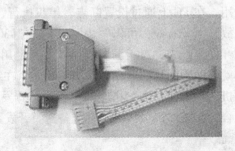

图 6-5　一种并行通信下载线实物样照

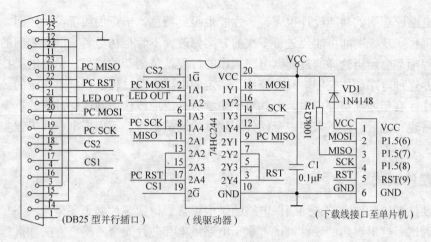

图 6-6 一种并行通信下载线的电路结构

用户电路板的 VCC 和 GND 提供下载线的工作电源。AT89S 型单片机的 ISP 功能是通过这 6 条口线来完成,这 6 条口线只有在编程时才作为下载接口被借用,程序下载完成后口线被释放,不会对单片机口线的正常工作造成任何影响。

并行通信下载线需要配合 PC 相应的在线编程软件使用。最常用的在线编程软件是双龙公司推出的免费软件 SL-ISP,该软件支持 AT89S 系列单片机,能够把编译器生成的 HEX 或 EEP 文件直接写入单片机,并且有多种编程速度可供选择,使用很方便。若要修改单片机的程序代码,只需在 PC 上启动软件的下载功能即可。与传统的编程器烧写芯片的方法相比,在线编程方法不需要使用价格相对较高的编程器,仅需简单的下载电路即可实现快速编程。目前,在线编程方法已被广泛采用,但要求事先在用户电路板制备一个由 6 条线组成的下载线接口,接口可由单列或双列插针组成,用来与下载线配接。

上述几种 51 系列单片机的开发设备各具特色,到底采用哪一种,取决于经济条件、芯片性质和实践经验的积累。对于普通的开发任务,采用软件仿真方式或在线编程方式一般来说都能顺利完成,所需的开发工具和设备较简便;而面对一些综合性较强的开发任务,特别是处理一些较难解决的问题或者故障较为隐蔽时,借助在线仿真开发工具,会更有助于问题的发现和解决。

6.5 单片机应用系统的调试

电路原理图设计完成后,通常要用实验电路板对设计的硬件和软件进行调试和改进,定型后才进行印制电路板的制作和元器件的焊接安装。实验阶段可采用插线电路板(俗称面包板),通过 IC 插座(对单片机芯片则建议采用活动 IC 座,有利于频繁拔插芯片)和单支导线来连接电路元器件。这种插线电路板对电路的改动很方便,但缺点是电路板插孔如果拔插次数过多或单支导线粗细不一,可能会造成插孔接触不良并导致故障的出现。为了避免这种现象发生,另一种可行的方法是采用点阵式焊盘电路板(俗称万用板),通过焊接引线的方法连接电路元器件。这种方法比插线电路板的试验方法更加可靠,但电路改动不方便,而且需要操作者有良好的焊接技能,否则会出现虚焊的隐患,多次焊接也容易造成电路板上的焊盘脱落。

即使电路原理图的功能设计很完善、性能也很具特色，毕竟仍属于设计层面。应用电路从设计到工程实现，期间可能要进行多次的方案修改，不管是初学者、已经入门的设计者还是电气工程师都会经历这样的过程。电路创作的过程就是创新的过程，学习电子技术的人应该努力培养这种电路创作技能。只有经历了一定的电路实践过程、积累了一定的经验，应用电路的创作才有望做到得心应手，尤其对于初学者，更应该认识到这一过程的重要性。

电路搭建完成后，接下来要进行硬件和软件的调试工作，下面提出一些工程实践中的注意事项。

6.5.1　硬件调试

开展硬件调试工作之前必须确保电路的供电正常，保证芯片处于安全的状态，否则不能进行上电调试。这里讲述的硬件调试着重于电路供电和芯片安全的检查方法和措施。

1. 电路静态检查

实验电路板组建完成后，应进行静态检查，注意检查元器件引脚之间的连线是否正确、是否真正连通，有没有接线遗漏或错接等。发现错误的有效方法是对照电路原理图进行检查，利用万用表的欧姆挡（或通断发声指示挡）对需要连接的元件引脚逐条进行测试。这项工作是需要耐心的，有些初学者一见到纵横交错的连线就心烦，不愿意进行检查的步骤，总想立即通电试验。这种急于求成做法是错误的。要知道，如果电路连线存在错误，电路不能正常运行，不但不能加快调试的速度，甚至会损坏器件，造成更大的麻烦，因此必须克服这种冒进的心态。电路搭建完成，并不等于搭建正确，只有经过细致全面的检查才能保证下一步的工作能够正常进行。一般来说，对于中小规模的电路，静态检查基本上能发现潜在的连线错误，而且不需要花很多的时间就能够完成。

2. 芯片脱机的加电检查

不管采用何种电路试验板，笔者都提倡配合 IC 座使用芯片，而不要把芯片直接焊接在电路板上。使用 IC 座能够实现在不安装芯片的情况下检测芯片引脚供电电压的极性和数值是否正确，从而消除某些电路隐患。有这样一个例子：静态检查时各芯片的 VCC 引脚是连通的，然而接通 +5V 的供电电源时，测到 IC 座上 VCC 引脚的电压却只有 +3.5V，IC 芯片仍未插上，电压不应该是这个数值。最后经检查发现，+5V 电源与 IC 座 VCC 引脚之间的连线接触不良，因接触电阻较大而导致了电压下降。此外，由于一些性能不良的 IC 芯片的存在而导致电路出现难以解释的故障，在除去 IC 芯片的情况下就能排除这方面的故障，把混在一起的复杂问题分解开来加以解决，使检查工作变得简单和直观。使用 IC 座也便于芯片在调试过程中进行替换和性能比较，因为芯片或器件替换法也是分析和排除电路故障的一种很有效办法。

必须避免在供电电压极性未确认之前就插上芯片并贸然通电，这有可能导致芯片在瞬间烧毁；事先进行芯片的卸机加电检查，这种看似简单的操作，却为芯片的使用提供了安全保障。

3. 芯片的在线通电检查

在未接芯片的情况下确认 VCC 供电正常后，可以接入芯片进行通电检查。注意：不要把芯片全部插上 IC 座后一齐通电，正确的做法是每插上一个芯片，就上电检查一次 VCC 与地之间的电压，通过电压是否失常或短路来判断芯片的好坏。这样做能够保证后续的动态调试顺利开展。

实验电路板经过上述三个基本步骤的检查确保无误后，可以与开发工具联合进行功能调试和测试。调试期间只要不出现人为的硬件短路现象，电路系统都是安全的，调试工作可以顺利进行。硬件电路的调试原则是从局部到整体、从简单到复杂，具体的操作方法则取决于电路应用系统的结构和操作者自身的基础和实践能力，经验的积累对调试工作的顺利完成有很大的帮助。

6.5.2　软件调试

软件调试是利用开发工具或开发软件，对用户程序进行编译、连接、执行等过程来发现程序中存在的语法错误或逻辑错误，并加以排除，或者对软件的功能进行改进和扩展。以下就汇编语言的软件调试方法进行简要的讨论。

1. 汇编系统的文件格式

汇编语言文件有多种格式，以后缀作为区分的标志。用户编写的程序源代码为＊·ASM，经编译处理后生成的可执行目标文件为＊·OBJ，可转换成为十六进制文件格式＊·HEX 或二进制文件格式＊·BIN。这些目标文件格式的相互转换都是通过转换程序实现的。可执行的目标代码需要借助编程器才能写入单片机的程序存储器，不同的编程器所接受的目标文件格式可能有所不同，例如 MEP300 编程器只能接受·HEX 格式，而 NSP 编程器则可接受·HEX／·BIN／·OBJ 三种文件格式。

2. 编译的执行过程

在编译过程中的操作软件能对源程序进行两次扫描，所实现的目标如下：

1）第一次扫描，检查文件格式和提示语法错误。

2）在第一次扫描完全无错误的情况下，第二次扫描便生成目标文件。

用户根据第一次扫描结果中所提供的语法错误报告，修改语句后再次编译，直至没有错误提示为止。

3. 程序调试中的测试探针方法

软件调试的方法不是唯一的，可以有多种方法，提倡通过实践不断探索和总结。下面以在线仿真方式为例，介绍在实践中总结出来的一种称为"测试探针"的软件调试方法，并列举具体的操作过程，作为软件调试时的实践参考。现以图 6-7 快捷调试方法的试验电路为例说明"测试探针"的构思。

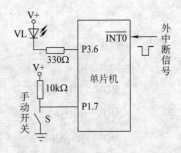

图 6-7　快捷调试方法的试验电路

电路采用外部中断 0 作为触发信号的输入，同时设置有手动开关，调试过程中必然涉及到电路对外中断信号是否得到响应、手动开关是否起作用等问题。分别对外部中断服务程序和手动开关检测程序进行测试，就能得到判断结果，具体步骤如下：

1）快捷调试方法需要占用单片机的一条 I/O 口线，驱动作辅助调试用的指示灯 VL。电路中使用单片机的 P3.6 口线驱动 VL，正因为有了指示灯的辅助，使得调试过程变得直观明了。

2）测试方法采用下面两条语句的组合作为测试探针：

```
CLR    P3.6          ;灯 VL 亮
AJMP   $             ;循环等待
```

把测试探针动态地插入到程序中需要测试的部位，然后执行在线仿真方式中的全速运行操作（即程序每次都从头开始运行），程序遇到探针语句 AJMP $ 便自动停止，从 LED 的状态便可判断所测程序段是否正确。

3）具体测试举例见如下源代码段，其中包含了外部中断 0 服务程序和手动开关控制功能以及除法运算程序等主要部分。

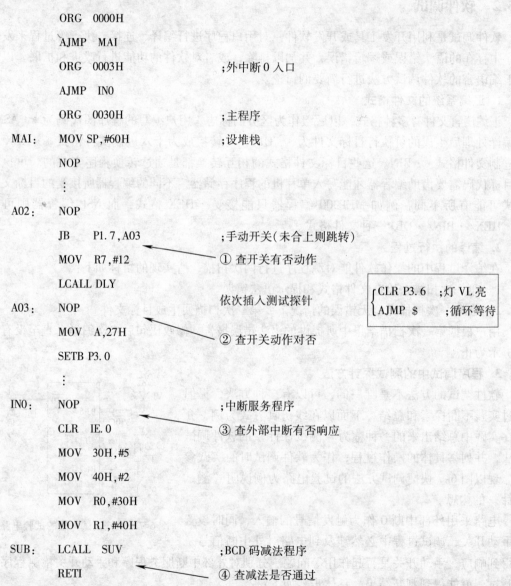

```
            ORG   0000H
            AJMP  MAI
            ORG   0003H          ;外中断 0 入口
            AJMP  IN0
            ORG   0030H          ;主程序
MAI:        MOV   SP,#60H        ;设堆栈
            NOP
            ⋮
A02:        NOP
            JB    P1.7,A03       ;手动开关(未合上则跳转)
            MOV   R7,#12         ① 查开关有否动作
            LCALL DLY
A03:        NOP                  依次插入测试探针
            MOV   A,27H          ② 查开关动作对否
            SETB  P3.0
            ⋮
IN0:        NOP                  ;中断服务程序
            CLR   IE.0           ③ 查外部中断有否响应
            MOV   30H,#5
            MOV   40H,#2
            MOV   R0,#30H
            MOV   R1,#40H
SUB:        LCALL SUV            ;BCD 码减法程序
            RETI                 ④ 查减法是否通过
```

{ CLR P3.6 ;灯 VL 亮
  AJMP $;循环等待 }

要测试手动开关的开合动作是否正常，可以把探针语句插入部位①。开关合上时 P1.7 为低电平，如果开关动作正常，此程序分支应使灯 VL 亮；如果灯不亮，可怀疑开关 S 的硬件接触有问题。再把探针语句移到部位②，如果开关合上了，由于此分支来自 A03，灯 VL 应不亮，如果灯亮了，说明前面 P1.7 处的判断语句有可能写反。

接着测试外部中断 0 的输入是否得到响应。中断响应是瞬间的过程，看不见摸不着，判断中断是否响应通常是电路调试中颇有难度的事情。采用测试探针就能很顺利地检测中断是否响应，具体的方法是：把探针移到中断服务程序的开始部位③，然后提供外中断触发输入信号。如果正常中断响应，灯 VL 亮，否则应检查中断入口地址是否写错，初始化时是否设置了相应的中断条件以及外部中断信号是否满足要求。由于测试探针把故障范围集中在中断有关的部分，排除了其他因素的影响，因此能够起到快速检测的效果。

最后检测运算过程比较复杂的减法程序。若执行在线仿真的单步操作调试该程序未免繁琐而耗时，可以运用测试探针从总体上判断程序是否正确运行。在上述程序测试正常的情况下，把探针语句移到减法程序的出口部位④。如果减法程序执行结果能通过，灯 VL 亮；如果灯 VL 不亮，则应进入减法程序内部的程序段查找故障原因。用同样的方法把探针语句移到减法程序内部的合适部位，进行类似的操作和测试，很快就能发现问题并加以解决。

在未确认前面程序段是否通过调试的情况下，如果要直接测试减法程序，只需要在主程序设置堆栈之后插入一条长跳转指令 LJMP，跳转到减法程序的标号处（如 SUB），就能跳过前面未经调试的程序段，使减法程序的测试不受前面程序段的限制。

测试探针方法以在线仿真方式的调试手段为基础，以硬件指示灯 VL 作为结果提示，简单、快捷而有效，而且同样适用于软件仿真和在线编程方式，是值得程序设计者熟练掌握的一种软件调试方法。

练习与思考

1. 硬件电路试验一般应沿循什么途径？哪些办法对调试成功较有保证和节省时间。
2. 单片机应用系统的构思和功能设置应遵循什么原则？
3. 试举例说明模拟电路与单片机结合运用的场合。
4. 自己动手搭建电路板进行试验，有哪些电路搭建方式可供采用？有何优缺点？
5. 工程上增强芯片抗电源干扰能力的常用措施是什么？
6. 软件设计和程序编制应注意什么问题？
7. 试举例说明软件的纠错能力或提示功能的应用场合。
8. 程序流程图在软件开发中起到哪些重要作用？
9. 51 系列单片机有哪几种开发工具和方法？各应用在什么场合？
10. 单片机应用系统的检查和测试，最基本的常用仪表是什么？
11. 为了保证电路试验装置中集成电路芯片的安全，最基本的检查步骤和测试项目是什么？
12. 说明程序调试中测试探针方法的思路和步骤。
13. 在线编程的并行通信下载线接口需借用 51 系列单片机的哪些口线来实现？

第7章 单片机技术应用实践

"单片机技术"是一门与工程应用实践紧密结合的课程，是三门电子类重要课程"电路"、"模拟电子技术"和"数字电子技术"在工程中的综合体现。单片机技术的应用范围广、通用性强、工程应用的创新成果较多，并且在各类电子设计大赛中扮演着重要的角色。

学习单片机技术和学习其他理论课程最大的不同在于：单片机技术必须与实验和工程实践紧密相结合，死记硬背是没有效果的，最重要是理解和应用才能融会贯通。一般来说，单片机技术从入门到精通，首先需要学习其原理知识，再进行实际的动手实验。这是因为，只有经过实践验证的知识才易于理解，只有理解了的知识才能够灵活运用，只有灵活运用了知识才能够有所创新。工程经验积累到一定程度，才可能产生质的飞跃，达到得心应手、运用自如的境界。

对初学者而言，要掌握单片机技术，可以结合具体的应用实例学习和实践。先从具有代表性的应用实例入手，进行模仿、理解和体验，对消除畏难心理、尽快尝试到学习和成功的乐趣有很大的帮助。

实际上绝大部分单片机技术的应用实例，都在不同程度上应用到定时器/计数器、中断和串行通信三大核心技术功能。掌握了这三大技术功能，在实际中灵活运用，许多问题就能迎刃而解，并能创造出许多有特色的成果。本章将围绕着这三大技术功能展示相关的应用实例。为了避免过于复杂的电路设计，本章采用了简单却富有针对性的电路形式，旨在阐明所涉及的技术原理和设计思路，并给出成功的硬件软件范例，使读者在实践中领悟技术要领并受到启发，培养分析电路原理的能力，养成查阅元器件数据手册的习惯，积累元器件使用的工程经验。示范实例附有汇编语言和 C 语言的可执行程序，以及实验装置的参考样照，供读者学习参考和验证，希望能为读者学习单片机技术提供帮助。

7.1 定时器/计数器在音乐发生器中的应用

定时器/计数器的结构和功能在 3.1 节已作了详细的介绍。51 子系列单片机有两个定时器/计数器，52 子系列有 3 个。定时器/计数器可以作为片外输入信号的计数器，也可作为片内定时器。除了实现基本的定时功能之外，定时器/计数器还可以与其他技术相结合使用，充分发挥它的功能。

7.1.1 设计思路与依据

音乐是由不同的音符构成的，每个音符有自身独特的频率。利用单片机定时器/计数器的片内定时溢出功能产生一定频率的方波脉冲并驱动扬声器发出相应的音符，是单片机音乐应用的技术依据。

1. 音符方波脉冲产生的原理

产生某一频率的音符方波脉冲，只需要计算出方波的半周期，通过定时器/计数器进行半周期定时，并从 I/O 口输出该半周信号，然后用同样的方法定时半周期并把 I/O 口输出的信号反相，重复执行这一过程就能得到该音符的方波脉冲序列。图 7-1 是音符发生器的定时波形图，定时器每半周期溢出一次。例如，中音"DO"的频率 = 523Hz，周期 = 1.912ms，半周期 = 9.56ms，定时器/计数器装入相应的定时预置值并启动定时

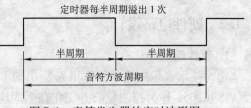

图 7-1　音符发生器的定时波形图

后，能够每 9.56ms 中断溢出一次，在中断服务程序中重装定时预置值、重新启动定时器，并进行信号反相输出，单片机即可通过输出端口驱动扬声器发出音符"DO"。

2. 音符对应的定时器预置值计算

把定时器/计数器设置为定时方式 1，构成 16 位定时器/计数器。

设：内部计时频率为 f_{time}，周期为 t_{time}，要产生的音符频率为 f_{music}，周期为 t_{music}，要求的定时计数值为 N，定时的预置值为 X。

如第 3 章所述，片内定时的本质是计算机器周期数，每出现一个机器周期，定时器计数值加 1，当 16 位定时器/计数器计数值达到 65536 时，定时器计满溢出。音符方波脉冲的周期要比单片机的机器周期长得多，见图 7-2。

通过音符频率 f_{music} 的半周期，得到内部定时的机器周期计数值 N 应为

$$N = (t_{music} \div 2) \div t_{time}$$
$$= (f_{time} \div 2) \div f_{music}$$

从而得到定时器的预置值 X（又称时间常数），计算关系为

$$X = 65536 - (f_{time} \div 2 \div f_{music})$$

例：采用 12MHz 晶振，求中音"DO"的频率 $f_{DO} = 523Hz$ 对应的 X。

因为一个机器周期为 $1\mu s$，内部计时频率 $f_{time} = 1MHz$，所以 $X = 65536 - (10^6 \div 2 \div 523) = 64580$

3. 音符频率与定时器预置值对照表

根据上述的计算关系式，求得实例中 12 个音符相对应的定时预置值，见表 7-1。

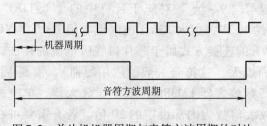

图 7-2　单片机机器周期与音符方波周期的对比

表 7-1　音符频率与定时器预置值

音　符	频率/Hz	预置值 X
低 1DO	262	63628
低 2RE	294	63835
低 3MI	330	64021
低 4FA	349	64103
中 1DO	523	64580
中 2RE	578	64684
中 3MI	659	64777
中 4FA	698	64820
中 5SO	784	64898
中 6LA	880	64968
中 7SI	988	65030
高 1DO	1046	65058

7.1.2 硬件电路设计

1. 硬件组成

定时技术音乐应用的硬件电路使用的 I/O 口线不多，因此以精简型（窄型）单片机芯片 AT89C2051 作为控制核心并工作在 12MHz 晶振频率。考虑到通过人机交互的方式动态输入音符，电路设计中采用了 3×4 矩阵键盘。片内定时产生的音符方波脉冲序列经一条 I/O 口输出至音乐发声模块，该模块采用了单电源音频放大器芯片 LM386 作为音频驱动使扬声器发声。此外，为了指示键盘的键入状况，设置了一个 LED 指示灯，在键盘按下的同时发亮，也能起到键入操作的防错指示作用。定时技术的音乐应用电路见图 7-3。

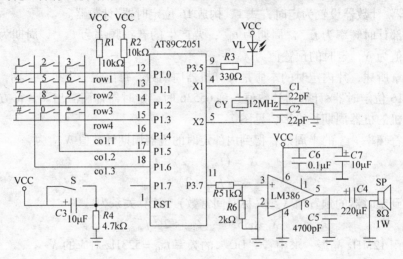

图 7-3 定时技术的音乐应用电路图

2. 电路原理

在图 7-3 电路中，P1 口的 P1.0 ~ P1.3 作为矩阵键盘的行输出线，P1.4 ~ P1.6 作为矩阵键盘的列输入线（见 5.1 节）。由于 P1.0 和 P1.1 同时作为片内精确模拟比较器的正向输入端和反向输入端（详见 AT89C2051 数据手册），端口内部没配有上拉电阻，因此需要外接上拉电阻 R1 和 R2，使口线的工作电平确定。按键名称为对应键号。键号"1 ~ 8"对应于音符的"中 1DO ~ 高 1DO"，键号"9 ~ ＊"对应于音符中的"低 1DO ~ 低 4FA"。VCC 采用 +5V 供电，VL 的管压降约 1.2V，加入 330Ω 的限流电阻 R3，使 VL 工作电流在 10mA 之内，起保护作用。图中 VL 的连接方式属于芯片口线吸电流的接法，复位时 P3.5 为高电平，VL 两端因无电位差而熄灭（这符合一般的应用习惯），需要 VL 发亮时可以通过软件把 P3.5 置为低电平。音频放大器 LM386 是低电压放大器，单电源供电，采用信号单端（脚 3）输入的方式，放大倍数为内部设定的 20 倍，若有需要可在引脚 1 和引脚 8 之间串入电阻和电容支路，在 200 倍的范围内调节放大倍数（详见 LM386 数据手册）。采用 8Ω 的永磁扬声器作为 LM386 的负载，音频放大器输出功率约为 0.3W。电解电容 C7 和瓷片电容 C6 用于芯片供电端的抗电源干扰滤波。该硬件电路的目的是提供定时器音乐发声的原理性演示，因此在功能上尽可能地做了简化，硬件上易于实现。

3. 主要器件

单片机 AT89C2051 为 20 引脚 DIP 封装，内含 2KB Flash 程序存储器，供电电压为 +5V。定时器音乐应用的实验电路装置样照见图 7-4，装置中的 3×4 矩阵键盘也可以用 12 个双触点按键开关搭建的键盘模块代替。音频功率放大器 LM386 为 8 引脚 DIP 封装，供电电压为 +5V。永磁扬声器 SP 的阻抗为 8Ω，可用功率 1~2W。复位按键 S 采用双触点式按键开关。电路板可采用面包板或万用板，电路板上建议使用 IC 插座，有利于 IC 芯片的安装和拆卸。

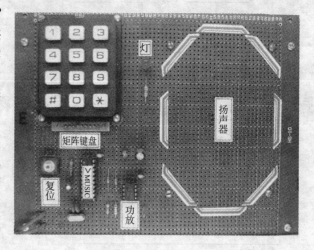

图 7-4 定时器音乐应用的实验电路装置样照

7.1.3 软件设计

1. 软件框架

定时技术的音乐应用软件框架见图 7-5。主程序中的键盘操作采用直观的响应方式，当键盘有按键按下时 VL 灯亮且发出对应的音符声，当按键释放时 VL 灯熄灭且音符声消失。单片机采用片内定时溢出的中断请求方式，中断服务程序中通过切换工作寄存器区来保护现场，然后执行后续的工作，主要包括重装定时预置值、重新启动定时器、使音符方波脉冲输出反相、切换至原来的工作寄存器区和中断返回等。

主程序	中服程序
按动键号， 灯亮/ 对应音符发声； 键号释放， 灯熄/ 对应音符消声。	保护现场， 变换为1区； 重装定时常数； 声音口反相； 恢复现场， 中断返回。

图 7-5 定时技术的音乐应用软件框架

2. 程序流程

在软件总体框架的基础上设计软件流程，其主程序流程图见图 7-6，中断服务程序流程图见图 7-7。

主程序首先对定时器的工作模式和中断方式进行初始化设置，接着扫描矩阵键盘判断有无键入操作，并采用软件延时的方法去除抖动干扰。确定有键按下后，判断该键的序号并用 VL 指示按键操作成功，通过查表方式（表头通常设在源程序之末）获取键序号对应音符发声所需的定时器时间预置值，随后启动定时器。按键释放的判断和处理雷同。

中断服务程序中的现场保护，是通过设置程序状态字 PSW 中 R0、R1 两个功能位切换工作寄存器来实现的。由于启动定时器后，没有使用停止定时器的指令，因此重装定时预置值后，定时器仍继续运行。

如果读者要在程序中更改或增加任何功能，建议先修改流程图，这样有利于程序的全局统筹和具体问题的跟踪分析。

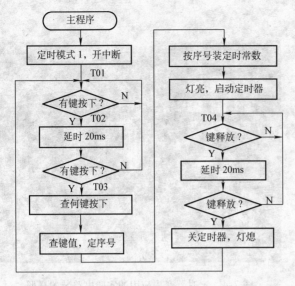

图 7-6 定时技术音乐应用的主程序流程图

图 7-7 中断服务程序流程图

3. 汇编语言源程序

只要程序流程的逻辑关系正确，编写源程序就成了一种对照着流程图反复运用指令语句的简单操作，只需要避免字符键入错误即可。位于程序最末端的数据表 TAB 采用 DW 伪指令，把 12 个预置值以十进制数表示。下面列出了程序的汇编源代码。由于只允许有一个主程序，习惯上把调用的子程序和中断服务程序放在主程序的后面，且最后必须以 END 语句作为全部程序结束的标志（如果在 END 之后还有语句，这些语句将不会被编译）。把源代码编译成可执行文件并写入单片机的程序储存器中，程序就能运行。

```
        ORG 0000H
        AJMP MAIN
        ORG 000BH
        AJMP TIME0          ;定时器中断入口
        ORG 0030H


;主程序
;--------------------------------
MAIN：  NOP                 ;空操作
        MOV SP,#60H         ;设堆栈
        MOV TMOD,#01H       ;定时模式1
        SETB ET0            ;开放定时器中断
        SETB EA             ;开放总中断
T01：   MOV P1,#0F0H        ;查有键按下
        MOV A,#0F0H
        CJNE A,P1,T02
        AJMP T01
T02：   MOV R7,#18          ;输入延时20ms参数
        ACALL DELAY         ;延时去抖
```

```
            MOV P1,#0F0H              ;重查有键按下
            MOV A,#0F0H
            CJNE A,P1,T03
            AJMP T01
T03：       MOV P1,#0FEH              ;行线1变低
            MOV A,#0FEH
            ANL A,P1
            CJNE A,#0FEH,YES         ;查何键按下
            MOV P1,#0FDH             ;行线2变低
            MOV A,#0FDH
            ANL A,P1
            CJNE A,#0FDH,YES         ;查何键按下
            MOV P1,#0FBH             ;行线3变低
            MOV A,#0FBH
            ANL A,P1
            CJNE A,#0FBH,YES         ;查何键按下
            MOV P1,#0F7H             ;行线4变低
            MOV A,#0F7H
            ANL A,P1
            CJNE A,#0F7H,YES         ;查何键按下
            AJMP T03
YES：       ACALL VALU               ;取键值存入 A
            MOV B,A                  ;转存入 B
            RL A                     ;设定字节间隔
            MOV DPTR,#TAB            ;装入表头
            MOVC A,@ A + DPTR        ;查表取预置值
            MOV TH0,A                ;定时预置值高位
            MOV 50H,A                ;转存
            MOV A,B                  ;恢复转存值
            RL A                     ;设定字节间隔
            INC A
            MOVC A,@ A + DPTR        ;查表取预置值
            MOV TL0,A                ;定时预置值高位
            MOV 51H,A                ;转存
            CLR P3.5                 ;VL 点亮
            SETB TR0                 ;启动定时器
T04：       MOV A,#0F0H              ;查键释放
            ANL A,P1
            CJNE A,#0F0H,T04
            MOV R7,#18               ;输入延时 20ms 参数
            ACALL DELAY              ;延时去抖
            MOV A,#0F0H              ;重查键释放
            ANL A,P1
```

```
        CJNE A,#0F0H,T04
        CLR TR0                 ;停止定时器
        SETB P3.5               ;VL 熄灭
        AJMP T01                ;循环操作
```

;定时器 0 中断服务子程序
;------------------------------------

```
TIME0:  PUSH ACC                ;保护 ACC 的值
        PUSH PSW                ;保护 PSW 的值
        MOV PSW,#08H            ;换成 1 区保护现场
        MOV TL0,51H             ;重装定时预置值
        MOV TH0,50H
        CPL P3.7                ;波形输出反相
        POP PSW
        POP ACC
        RETI                    ;中断返回
```

;查键值子程序
;------------------------------

```
VALU:   NOP
        CJNE A,#0BEH,K2
        MOV A,#1                ;键号 1
        AJMP OUT
K2:     CJNE A,#0DEH,K3
        MOV A,#2                ;键号 2
        AJMP OUT
K3:     CJNE A,#0EEH,K4
        MOV A,#3                ;键号 3
        AJMP OUT
K4:     CJNE A,#0BDH,K5
        MOV A,#4                ;键号 4
        AJMP OUT
K5:     CJNE A,#0DDH,K6
        MOV A,#5                ;键号 5
        AJMP OUT
K6:     CJNE A,#0EDH,K7
        MOV A,#6                ;键号 6
        AJMP OUT
K7:     CJNE A,#0BBH,K8
        MOV A,#7                ;键号 7
        AJMP OUT
K8:     CJNE A,#0DBH,K9
```

```
              MOV A,#8                ;键号8
              AJMP OUT
K9:    CJNE A,#0EBH,K10
              MOV A,#9                ;键号9
              AJMP OUT
K10:   CJNE A,#0B7H,K11
              MOV A,#10               ;键号#
              AJMP OUT
K11:   CJNE A,#0D7H,K12
              MOV A,#11               ;键号0
              AJMP OUT
K12:   CJNE A,#0E7H,OUT
              MOV A,#12               ;键号*
OUT:   RET
```

;延时子程序
;--------------------------------

```
DELAY: PUSH 07H
DLA:   PUSH 07H
DLB:   PUSH 07H
DLC:   DJNZ R7,DLC
       POP 07H
       DJNZ R7,DLB
       POP 07H
       DJNZ R7,DLA
       POP 07H
       DJNZ R7,DELAY
       RET
```

;音符频率表
;--------------------------------

```
TAB:   DW 00000
       DW 64580                ;中1DO=523Hz
       DW 64684                ;中2RE=587Hz
       DW 64777                ;中3MI=659Hz
       DW 64820                ;中4FA=698Hz
       DW 64898                ;中5SO=785Hz
       DW 64968                ;中6LA=880Hz
       DW 65030                ;中7TI=998Hz
       DW 65058                ;高1DO=1047Hz
       DW 63628                ;低1′DO=262Hz
       DW 63835                ;低2RE=294Hz
```

```
        DW 64021                    ;低 3MI = 330Hz
        DW 64103                    ;低 4FA = 349Hz
        END
```

4. C 语言源程序

单片机可以通过不同的编程语言实现相同的软件功能。为了便于读者学习和对比，下面提供了用 C 语言编写的程序源代码。C 语言和汇编语言是两种截然不同的编程语言：汇编语言编写的程序简练，尤其能发挥硬件层面的优势，有利于实现控制功能，但运算能力较弱，且用户需要直接操作 RAM 空间，必须做到时刻了解数据的存储情况；C 语言具有很强的数据运算处理能力，用户不必知道数据放在 RAM 空间的哪个位置，也不必牢记每一条汇编指令，因为这一切都可以交给编译器完成，缺点是效率较低、编译生成的代码量较大。实际应用中应根据具体的任务和情况，把两者结合运用，充分发挥各自的优点，以求达到更好的效果。

给出的 C 语言源代码包括头文件、键盘程序、定时器程序和延时程序：

```c
// global. h      /*头文件*/
// ----------------------------------------------------------------------
#ifndef __GLOBAL_H__
#define __GLOBAL_H__


// Type Define              定义类型
// ------------------------------------------------------
#ifndef __CONSTANT_TYPE__
#define __CONSTANT_TYPE__
typedef unsigned char       u08 ;
typedef unsigned int        u16 ;
#endif


// Include Files            包含的头文件
// ------------------------------------------------------
#include "AT892051. H"


// Global Variables         声明全局变量
// ------------------------------------------------------
extern u16 tone_group[4][3];
extern u08 row_status;
extern u08 column_status;


// Pin Configuration        定义引脚
// ------------------------------------------------------
#define LED                 P3_5


// Constant Define          定义常量
```

```
// ------------------------------------------------------------
#define DEFAULT          0xFF
#define ROW1             0
#define ROW2             1
#define ROW3             2
#define ROW4             3
#define COLUMN1          0
#define COLUMN2          1
#define COLUMN3          2


// Function Prototype        声明函数类型
// ------------------------------------------------------------
// delay. c
void DelayXms( u08) ;

// keyboard. c
void Keyboard_Scanning( void) ;
void Is_Key_Pushed( void) ;
void Is_Key_Released( void) ;
void Music_Play( void) ;
void Music_Stop( void) ;

// main. c
void System_Initialize( void) ;

// timer. c
void Timer0_Initialize( void) ;
void Timer0_Start( void) ;
void Timer0_Stop( void) ;
void Timer0_Reload( void) ;

#endif

//    main. c        /*主程序*/
// ------------------------------------------------------------
    #include "global. h"

    void Main( void)
{
    LED = 0;
    DelayXms( 250) ;                    // VL 闪烁,指示系统上电运行
    LED = 1;
```

```
        System_Initialize( ) ;                    // 系统初始化

    while( 1 )
    {   Keyboard_Scanning( ) ;        }          // 键盘扫描
}


    void System_Initialize( void )
{
    Timer0_Initialize( ) ;                        // 定时器 0 初始化
    EA = 1 ;                                      // 允许全局中断
}
```

```
//    keyboard. c      /* 键盘程序 */
// ----------------------------------------------------------------------------------------
#include "global. h"

u16 tone_group[4][3] =
{ 64580 ,64684 ,64777 ,64820 ,64898 ,64968 ,65030 ,65058 ,63628 ,63835 ,64021 ,64103 } ;
//中 1DO  中 2RE  中 3MI  中 4FA  中 5SO  中 6LA  中 7SI  高 1DO  低 1DO  低 2RE  低 3MI
    低 4FA


u08  row_status = DEFAULT ;
u08  column_status = DEFAULT ;

    void Keyboard_Scanning( void )
{
    u08  row = ROW1 ;
    u08  buffer = 0x01 ;                          //缓冲器 0x01,用于"行"线逐条置低操作

    row_status = DEFAULT ;                        // "行"状态设为默认
    column_status = DEFAULT ;                     // "列"状态设为默认

    Is_Key_Pushed( ) ;
    while( row_status == DEFAULT )                // "行"状态为默认,则循环检测行线
    {
        P1 = 0xFF ;
        P1 & = ~ ( buffer < < row ) ;             //逐条行线置低
        if( P1  ! = ~ ( buffer < < row ) )        //若该行有键按下,则判断条件成立
        {   row_status = row ;   }                //储存当前"行"值
        else
        {
            row ++ ;                              //跳至下一行线
            if( row > ROW4 )
```

```
        │   row = ROW1；   │               //超出第四条行线,重新返回第一条行线
      │
    │

    while( column_status == DEFAULT)           // "列"状态为默认,则循环检测列线
    │
        if     (P1_6 ==0)                      // P1.6 为低,第一列有键按下
        │   column_status = COLUMN1；   │      //储存当前"列"值;下述操作与之类似
        else if   (P1_5 ==0)
        │   column_status = COLUMN2；   │
        else if( P1_4 ==0)
            │   column_status = COLUMN3；   │
    │


    Music_Play( )；                             //音乐播放
    Is_Key_Released( )；                        //判断按键是否释放
    Music_Stop( )；                             //音乐停止
│


void Is_Key_Pushed(void)
│

P1 =0xF0；
while( P1 ==0xF0)；
DelayXms(20)；
while( P1 ==0xF0)；

│


void Is_Key_Released(void)
│

P1 =0xF0；
while( P1 ! =0xF0)；
DelayXms(20)；
while( P1 ! =0xF0)；

│


void Music_Play(void)
│

Timer0_Reload( )；
Timer0_Start( )；
LED =0；                                        // VL 亮

│


void Music_Stop(void)
```

```
{
    Timer0_Stop();
    LED = 1;                          // VL 熄
}

// timer. c        /* 定时器程序 */
// --------------------------------------------------------------------------------

    #include "global. h"

    void Timer0_Initialize(void)
{
    TMOD = 0x01;                      //定时器 0 模式 1
    ET0 = 1;                          //允许定时器 0 溢出中断
}

    void Timer0_Start(void)
{
    TR0 = 1;                          //启动定时器 0
}

    void Timer0_Stop(void)
{
    TR0 = 0;                          //关闭定时器 0
}

    void Timer0_Reload(void)
{
    u16 tone_buffer = 0;

    tone_buffer = tone_group[row_status][column_status];
                                      //在音调数组取数值
    TL0 = (u08)(tone_buffer);         //该数值低 8 位赋给 TL0
    TH0 = (u08)(tone_buffer > >8);    //高 8 位赋给 TH0
}

// 定时器 0 中断服务函数
    void Timer0_ISR(void)interrupt TF0_VECTOR
{
    Timer0_Stop();
    P3_7 = ~ P3_7;                    //音调输出端取反
    Timer0_Reload();                  //重装定时器 0
    Timer0_Start();
}

// delay. c        /* 延时程序 */
```

```
// ----------------------------------------------------------------------------
#include "global. h"

void DelayXms( u08 counter)
{
    u08 i,j;
    for( i = 0 ; i < counter; i + + )
    {
        for( j = 0 ; j < 120; j + + ) ;
    }
}
```

7.1.4 应用说明

电路装置上电后单片机复位，按下任一按键，扬声器发出对应的单音符声音且灯 VL 发亮，按键释放时单音符声音消失且灯 VL 熄灭。连续按动按键可以演奏由 12 个音符组成的音乐。

本节介绍的定时器音乐应用的关键在于通过定时器技术实现音符发声和计算定时时间常数预置值。只要扩展键盘按键个数、增加音符和节拍所对应的定时时间常数预置值，就能产生更多的音调。电子琴正是定时器技术的完美体现。

7.2 中断技术的双向识别

中断系统的结构和功能已在 3.2 节已做了详细的介绍。51 系列单片机有 $\overline{INT0}$ 和 $\overline{INT1}$ 两个外部中断源，可以单独用做外部事件的中断控制，也可以联合起来使用，发挥更巧妙的功能。

7.2.1 设计思路和依据

1. 物体运动方向识别的意义和应用

对物体运动方向进行识别有实际的工程应用价值，比如基于安全目的在博物馆闭馆时清查馆内游客，涉及到统计进出博物馆人数的问题，统计人数的装置必须具备识别运动方向的能力才能实现这一目标。又例如办公室或实验室的灯光通断节能控制系统，不能简单地执行有人进去自动开灯或有人出来自动关灯的控制操作，而是要对进出大门的人进行双向识别判断：如果检测到有人进去，统计值加 1；如果检测到有人出来，统计值减 1。以统计值大于 0 为开灯的依据，以统计值等于 0 为关灯的依据。也就是说，只要房间里还有人就不能关灯，直到房间里完全没有人才可以关灯。在其他场合应用运动方向识别技术，如公交车客流量的统计、家居灯光通断节能控制等，都有实际的应用价值。以 51 系列单片机两个外部中断源的联合控制为基础，结合标志位的运用，就能实现双向识别的功能。

2. 外部中断触发信号的产生方法

单片机系统要进行运动方向识别，必须向单片机提供两路外部中断信号，利用红外透射式对管（由红外发射管和红外接收管配对组成）是一种实现的方法：红外接收管的输出作为中断源，正常情况下只要红外发射管被遮挡，红外光就不能被红外接收管接收，对管的输出端便产生负脉冲信号，该信号能够触发单片机的外部中断。

3. 物体运动方向识别的方法分析

把两组红外透射对管并排安装在同一水平面上，其示意图见图7-8。

图7-8 物体运动方向识别方法示意图

当物体沿图中虚线方向水平运动时，即使是一瞬间，从微观上分析可知，运动方向上必有一路红外透射光首先被遮挡，接着才是另一路红外透射光被遮挡。设物体先从外部进入，首先触发外部中断0，接着触发外部中断1。记录中断触发的先后次序，就能识别物体的运动方向。同样地，如果运动物体从内部出来，则中断触发的次序与上述情况刚好相反。程序通过设定标志来记录中断触发的先后次序，据此判断物体的运动方向。在此基础上把判断的运动方向转换为加减运算，就能根据运算结果执行相应的如开灯、关灯或超限报警等控制操作。

7.2.2 硬件设计

1. 硬件组成

基于中断技术的双向识别装置硬件由三部分组成：第一部分是控制核心，采用51系列单片机。由于用到的口线较少（4条I/O口线），所以选择了精简型的51系列单片机AT89C2051；第二部分是两组红外透射对管构成的运动方向识别电路，其电路产生的负脉冲信号，通过脉冲整形芯片进行信号整形后，成为单片机可用的中断信号送入单片机的外部中断口$\overline{INT0}$和$\overline{INT1}$；第三部分是信号输出执行机构，采用固体继电器（见5.5.3节）作为电子开关接通交流市电以驱动白炽灯泡，使灯泡点亮或熄灭。中断技术的双向识别电路见图7-9。

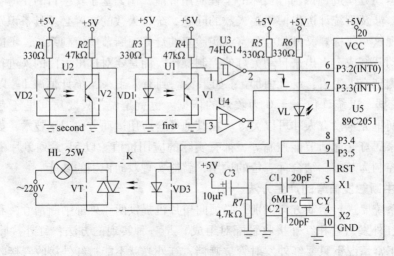

图7-9 中断技术的双向识别电路

2. 电路原理

在图 7-9 所示的电路中，U1 和 U2 分别表示红外透射对管，VD1 为第 1 组红外发射二极管（用电阻 $R3$ 限流），V1 为光敏接收管，$R4$ 为集电极负载电阻，VD2 为第 2 组红外发射二极管（用电阻 $R1$ 限流），V2 为光敏接收管，$R2$ 为集电极负载电阻，两路均以透射方式并排安装在运动物体通道的两侧（布局如图 7-8 所示）。系统上电后，VD1 和 VD2 发射红外光，没有物体遮挡的情况下，红外光到达接收管 V1 和 V2，两接收管均导通，集电极呈低电平输出状态，经芯片 U3 和 U4（共用一片施密特触发反相器 74HC14）整形和反相后，变为高电平状态，不触发单片机的外部中断 $\overline{INT0}$ 和 $\overline{INT1}$。当任一组红外透射对管受到物体的遮挡时，光敏接收管接收不到红外线，转为截止状态，集电极产生从低到高的跳变电平，经整形反相后产生从高到低的下降沿跳变电平，从而触发单片机的外部中断。图中 U1 为物体从外部进入时首先被遮挡的红外透射对管，U2 为后续被遮挡的红外透射对管；对于运动物体从内部出来的情况，U2 变为首先被遮挡的红外透射对管，U1 变为后续被遮挡的红外透射对管。按照这样的关系编写程序，物体每进入一次，单片机把计数值增加 1；物体每出来一次，计数值减少 1。只要该计数值大于 0，单片机的 P3.5 口便一直保持为低电平，VL 指示灯亮；当计数值变为 0 时，P3.5 口变为高电平，VL 指示灯熄，直观地反映了计数值的状态。电路中采用固体继电器 K 作为外部执行机构驱动交流灯泡 HL，同时起到把单片机系统与交流电隔离的作用。当计数值大于 0 时，K 的控制线 P3.4 变为低电平，K 的发光二极管 VD3 导通（其中 $R5$ 为限流电阻），继而双向晶闸管 VT 导通，接通交流市电回路点亮灯泡；当计数值等于 0 时，P3.4 变为高电平，K 的发光二极管 VD3 截止，继而双向晶闸管 VT 截止，交流市电回路断开使灯泡熄灭。执行机构中灯泡的状态与 VL 的状态是一致的。单片机由 $C3$ 和 $R7$ 实现上电复位。

3. 主要器件

单片机芯片 AT89C2051 为 20 引脚 DIP 封装，内含 2KB 的 Flash 程序存储器，供电为 +5V。由于只需要进行原理验证，因此实验装置中选用的两套红外透射式对管其发射距离并不长（发射管与接收管之间的间隔为 8cm），一般的聚焦型红外发光二极管和光敏接收管都能胜任。本实验采用的交流型固体继电器型号为 GTJ24-1A，直流输入端参数 3 ～ 14V，交流输出端参数为 240V/1A。交流负载采用 15 ～ 25W 的白炽灯泡。双向识别实验装置样照见图 7-10。

图 7-10　双向识别实验装置样照

7.2.3　软件设计

1. 软件框架

中断技术的双向识别软件框架见图 7-11。

双向识别主要是利用两个外部中断触发的先后关系判断运动的方向和设置相应的标志位作为计数操作的参考。以位地址 30H（即 26.0H）和 31H（即 26.1H）作为 $\overline{INT0}$ 和 $\overline{INT1}$ 的触发记录标志。物体进入，首先触发 $\overline{INT0}$，中断服务程序中 $\overline{INT0}$ 触发记录标志置为 1 后中断返回；随后物体触发$\overline{INT1}$，中断服务程序中若查到$\overline{INT0}$触发记录标志为1，就可以确认物体是从"进入方向"上进入，单片机中把计数缓冲区的数值增加1，清除$\overline{INT0}$的触发记录标志后中断返回。由此可见，计数缓冲区数值增加1的操作应在$\overline{INT1}$的中断服务程序中完成。物体离开，首先触发$\overline{INT1}$，中断服务程序中$\overline{INT1}$触发记录标志置为1后中断返回；随后物体触发$\overline{INT0}$，中断服务程序中若查到$\overline{INT1}$触发记录标志为1，就可以确认物体

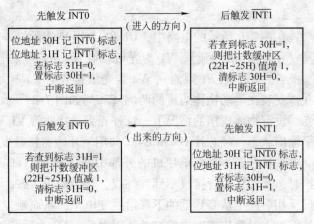

图7-11　中断技术的双向识别软件框架

是从"出来方向"上离开，单片机中把计数缓冲区的数值减少1，清除$\overline{INT1}$的触发记录标志后中断返回。由此可见，缓冲器数值减少1的操作应在$\overline{INT0}$的中断服务程序中完成。主程序的主要工作是对计数缓冲区的结果进行判断，从而做出相应的控制操作。操作实验装置的过程中，即便计数缓冲区数值已经为0，也有可能发生物体从"出来方向"上离开的情况，尽管这种情况在实际的应用中是不应该出现的（如器件受到干扰或有人以非正常途径从窗户进入却从大门离开）。为了避免出错，当计数缓冲区已经为0时，若检测到有物体从"出来方向"上离开，程序应继续保持计数缓冲区为0而不做"减1"处理。

2. 程序流程

在软件总体框架的基础上设计软件流程，其主程序的流程图见图7-12。

系统初始化时首先要设定外部中断的触发记录标志，并把计数缓冲区20H～26H清零，其中未使用到的单元留做扩充计数值时用。标号MA2所示程序段的主要任务是循环判断计数缓冲区的数值。若数值大于0则通过P3.4和P3.5口分别驱动外部执行机构和VL，使灯泡HL和VL点亮；若数值等于0则使灯泡HL和VL熄灭。

$\overline{INT0}$的中断服务程序名为ITA，其中断服务程序流程图见图7-13。

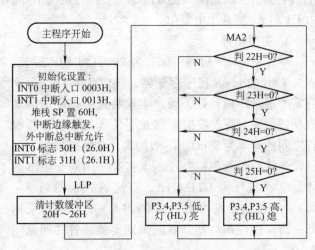

图7-12　中断技术的双向识别主程序流程图

中断服务程序ITA作出两个判断：第一个判断是：如果是$\overline{INT0}$自身被触发，则$\overline{INT1}$的触发记录标志没有被置位，因此可以把$\overline{INT0}$的触发记录标志位30H置为1，表示$\overline{INT0}$是物体首先触发的中断（物体从"进入方向"上进入），然后中断返回；第二个判断是：如果发现$\overline{INT1}$的触发记录标志已置位，则表明$\overline{INT0}$是随后被触发的，因此可以确认$\overline{INT1}$是物体首先触发的中断（物体从"出来方向"上离开），此时需要把计数缓冲区代表"个位"的单元减少1（计数缓冲区最高设置到"千位"），若不够减便向缓冲的高一位单元借位（当前被减的

单元写入 09H）。如果代表"千位"的缓冲区单元 25H 为 0，则把缓冲区的所有单元清 0，再把$\overline{\text{INT1}}$的触发记录标志位 31H 置为 0，为下一次判断作准备，然后中断返回。

$\overline{\text{INT1}}$的中断服务程序名为 ITC，其中断服务程序流程图见图 7-14。

$\overline{\text{INT1}}$中断服务程序 ITC 的工作过程与上述 ITA 的类似。如果是$\overline{\text{INT1}}$自身被触发，则$\overline{\text{INT0}}$的触发记录标志没有被置位，因此可以把$\overline{\text{INT1}}$的触发记录标志位 31H 置为 1，表示$\overline{\text{INT1}}$是物体首先触发的中断（物体从"出来方向"上离开），然后中断返回。如果发现$\overline{\text{INT0}}$的触发

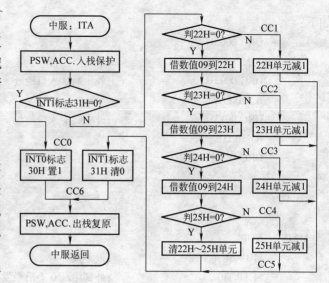

图 7-13　双向识别的$\overline{\text{INT0}}$中断服务程序流程图

记录标志已置位，则表明$\overline{\text{INT1}}$是随后被触发的，因此可以确认$\overline{\text{INT0}}$是物体首先触发的中断（物体从"进入方向"上进入），此时需要把计数缓冲区代表"个位"的单元增加 1，若满 10 则向缓冲区的高一位单元进位（高一位的单元加 1）。如果代表"千位"的缓冲区单元 25H 计满 10，则计数缓冲区达到了设计中的计算上限而溢出，此时需要把缓冲区的所有单元清 0，并对代表"千位"的缓冲单元 25H 写入 1，以维持外部执行机构当前的状态，再把$\overline{\text{INT0}}$的触发记录标志位 30H 置为 0，为下一次判断作准备，然后中断返回。

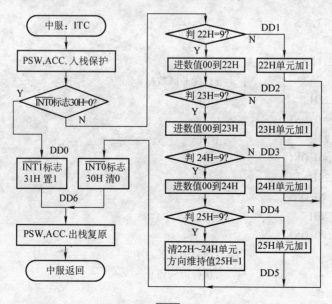

图 7-14　双向识别的$\overline{\text{INT1}}$中断服务程序流程图

3. 汇编语言源程序

中断技术双向识别的汇编语言程序包含了一个主程序和两个外部中断服务程序，源代码

如下：

```
        ORG 0000H
        AJMP MAIN
        ORG 0003H              ;外中断0入口地址
        AJMP ITA
        ORG 0013H              ;外中断1入口地址
        AJMP ITC
        ORG 0030H


;主程序
;-----------------------------------
MAIN：  NOP
        MOV SP,#60H            ;设堆栈
        SETB IT0               ;外部中断0边沿触发
        SETB IT1               ;外部中断1边沿触发
        SETB EX0               ;外部中断0中断允许
        SETB EX1               ;外部中断1中断允许
        SETB EA                ;总中断允许
        CLR 30H                ;外中断0标志位（26.0H）
        CLR 31H                ;外中断1标志位（26.1H）
        MOV R3,#07H            ;清缓冲区（20H～26H）
        MOV R0,#20H
        CLR A
LLP：   MOV @R0,A
        INC R0
        DJNZ R3,LLP

                               ;查缓冲区数据
MA2：   MOV A,22H              ;个位
        CJNE A,#0,ON1
        MOV A,23H              ;十位
        CJNE A,#0,ON1
        MOV A,24H              ;百位
        CJNE A,#0,ON1
        MOV A,25H              ;千位
        CJNE A,#0,ON1
        CLR EA                 ;结果为0关总中断
        SETB P3.4              ;执行机构停止
        SETB P3.5              ;VL熄灭
        SETB EA
        AJMP MA2               ;循环
ON1：   CLR P3.4               ;结果非0执行机构启动
        CLR P3.5               ;VL点亮
```

```
              AJMP MA2                      ;循环


;     INT0中断服务子程序
;-------------------------------------
ITA:          NOP
              PUSH PSW                      ;保护现场
              PUSH ACC
              JNB 31H,CC0                   ;查外部中断1标志属出离方向
              MOV A,22H                     ;查个位缓冲区递减数值
              CJNE A,#00H,CC1
              MOV 22H,#09H                   ;个位不够减借位
              MOV A,23H                     ;查十位缓冲区递减数值
              CJNE A,#00H,CC2
              MOV 23H,#09H                   ;十位不够减借位
              MOV A,24H                     ;查百位缓冲区递减数值
              CJNE A,#00H,CC3
              MOV 24H,#09H                   ;百位不够减借位
              MOV A,25H                     ;查千位缓冲区递减数值
              CJNE A,#00H,CC4
              MOV 22H,#00H                   ;千位不够减全清缓冲区
              MOV 23H,#00H
              MOV 24H,#00H
              MOV 25H,#00H
              AJMP CC5
CC0:          SETB 30H                      ;置外部中断0进入方向标志
              AJMP CC6
CC1:          DEC 22H                       ;个位数值减1
              AJMP CC5
CC2:          DEC 23H                       ;十位数值减1
              AJMP CC5
CC3:          DEC 24H                       ;百位数值减1
              AJMP CC5
CC4:          DEC 25H                       ;千位数值减1
              NOP
CC5:          CLR 31H                       ;清外部中断1出离方向标志
CC6:          NOP
              POP ACC                       ;恢复现场
              POP PSW
              RETI                          ;中断返回


;INT1中断服务子程序
;-------------------------------------
```

```
ITC:      NOP
          PUSH PSW                ;保护现场
          PUSH ACC
          JNB 30H,DD0             ;查外部中断0标志属进入方向
          MOV A,22H               ;查个位缓冲区递增数值
          CJNE A,#09H,DD1
          MOV 22H,#00H            ;个位满十进位
          MOV A,23H               ;查十位缓冲区递增数值
          CJNE A,#09H,DD2
          MOV 23H,#00H            ;十位满十进位
          MOV A,24H               ;查百位缓冲区递增数值
          CJNE A,#09H,DD3
          MOV 24H,#00H            ;百位满十进位
          MOV A,25H               ;查千位缓冲区递增数值
          CJNE A,#09H,DD4
          MOV 22H,#00H            ;千位满十清全缓冲区
          MOV 23H,#00H
          MOV 24H,#00H
          MOV 25H,#01H            ;千位保持进位方向值
          AJMP DD5
DD0:      SETB 31H                ;置外部中断1出离方向标志
          AJMP DD6
DD1:      INC 22H                 ;个位数值增1
          AJMP DD5
DD2:      INC 23H                 ;十位数值增1
          AJMP DD5
DD3:      INC 24H                 ;百位数值增1
          AJMP DD5
DD4:      INC 25H                 ;千位数值增1
          NOP
DD5:      CLR 30H                 ;清外部中断0进入方向标志
DD6:      NOP
          POP ACC                 ;恢复现场
          POP PSW
          RETI                    ;中断返回
          END
```

4. C语言源程序

中断技术双向识别的C语言程序源代码如下所示，包括头文件和主程序：

```
// global.h     /*头文件*/
// ---------------------------------------------------------------------
#ifndef __GLOBAL_H__
#define __GLOBAL_H__
```

```
// Type Define                  定义类型
// ------------------------------------------------------------
#ifndef __CONSTANT_TYPE__
#define __CONSTANT_TYPE__
typedef unsigned char             u08;
typedef unsigned int              u16;
#endif


// Include Files                 包含的头文件
// ------------------------------------------------------------
#include "AT892051. H"


// Global Variables              声明全局变量
// ------------------------------------------------------------
extern bit flag_ex0_first;
extern bit flag_ex1_first;
extern u16 counter;


// Pin Configuration      定义引脚
// ------------------------------------------------------------
#define LAMP        P3_4
#define LED         P3_5


// Funtion Prototype      声明函数类型
// ------------------------------------------------------------
// main. c
void System_Initialize( void) ;
#endif


// main. c          / * 主程序 * /
// --------------------------------------------------------------------------------------------------------
   #include "global. h"

   bit flag_ex0_first = 0;
   bit flag_ex1_first = 0;
   u16 counter = 0;

   void Main( void)
{
   System_Initialize( ) ;                 // 系统初始化函数
   while(1)
   {
```

```
        if( counter == 0 )                    // 计数值为 0
        {
            LAMP = 1 ;                        // 灯 HL 熄
            LED = 1 ;                         // VL 熄
        }
        else if( counter > 0 )
        {
            LAMP = 0 ;                        // 灯 HL 亮
            LED = 0 ;                         // VL 亮
        }
    }
}


void System_Initialize( void )
{
    IT0 = 1 ;                                 // 外部中断 0 边沿触发模式
    IT1 = 1 ;                                 // 外部中断 1 边沿触发模式
    EX0 = 1 ;                                 // 允许外部中断 0 中断
    EX1 = 1 ;                                 // 允许外部中断 1 中断
    EA = 1 ;                                  // 允许全局中断
}


// INT0 中断服务函数
void INT0_ISR( void )    interrupt IE0_VECTOR
{
    if      ( flag_ex1_first == 0 )           // 判断是否外部中断 0 先进入
    {   flag_ex0_first = 1 ;   }              // 设外部中断 0 先进入标志
    else if   ( flag_ex1_first == 1 )         // 判断是否外部中断 1 先进入
    {
        flag_ex0_first = 0 ;
        flag_ex1_first = 0 ;                  // 为重新进入中断清除两个标志
        if( counter! = 0 )                    // 计数值不为 0
        {   counter -- ;   }                  // 计数值减 1
/ *
        if( counter == 0 )                    // 计数值为 0
        {
            LAMP = 1 ;                        // 灯 HL 熄
            LED = 1 ;                         // VL 熄
        }
* /
    }
}
```

```
// INT1 中断服务函数
   void INT1_ISR(void) interrupt IE1_VECTOR
{
   if     (flag_ex0_first == 0)                // 判断是否外部中断 1 先进入
   {  flag_ex1_first = 1;  }                   // 设外部中断 1 先进入标志
   else if(flag_ex0_first == 1)                // 判断是否外部中断 0 先进入
   {
       flag_ex0_first = 0;
       flag_ex1_first = 0;                     // 为重新进入中断清除两个标志
/*
       if(counter == 0)                        // 计数值为 0
       {
           LAMP = 0;                           // 灯 HL 亮
           LED = 0;                            // VL 亮
       }
*/
       counter ++;                             // 计数值加 1
   }
}
```

7.2.4 应用说明

如图 7-10 样照所示，两个立柱上安装有两个水平放置的红外发射/接收对管，并开有相应的小圆孔，两路红外光线从左立柱的小圆孔发出，穿过右立柱上的小圆孔后分别被两个光敏管接收。用条状纸板作为遮挡物，从两立柱的间隙之间由外往内沿水平方向移动，使得两路红外光线先后被遮挡，经单片机判断后记录进入次数为 1，右侧立柱上的 VL 指示灯和外接的灯泡 HL 均点亮。重复多次把条状纸板按从外往内的方式移动，例如进入 5 次，则进入次数记为 5，VL 指示灯和灯泡 HL 继续点亮。再把条状纸板改由从内往外的方式水平移动，单片机判断为出来方向，把记录的次数减 1，此时 VL 和灯泡 HL 仍然点亮，直到重复 5 次、记录次数减为 0 时，VL 指示灯和灯泡 HL 才熄灭。

这种双向识别技术可应用到许多实际的场合，但需要增加红外发射管的发射功率并保持光线的聚焦性，还要消除环境光线对装置的影响。工程应用上通常对发射的红外光进行调制，以增强抗干扰能力，红外光接收端也要采取相应的解调措施。

7.3 串行通信的自发自收

串行通信口的结构和功能已在 3.3 节作了详细的介绍。51 系列单片机内部有一个全双工的串行通信口，共用一个收/发缓冲器，可以同时进行串行发送和串行接收。串行收发的方式可以是查询方式或中断方式或两者的混合方式。通过串行发送和串行接收的验证性实验，读者可以体会到串行口是怎样进行通信的。通常这类实验需要两套单片机硬件装置。为了简化硬件的设计，可以通过串行口自发自收的方法达到相同的实验目的。这种方法只需要一套单片机硬件装置，也能以上述三种方式进行串行收发通信，对刚刚接触串行通信的初学者来说，这样的设计能减轻硬件制作的负担，便于尽快编程实现实验的目标。

7.3.1 设计思路和依据

1. 串行通信发送方式和接收方式的选择

如果串行通信口的发送和接收都同时采取查询方式或中断方式，读者只能了解到单一的串行通信原理。如果串行通信采用混合的通信方式，比如采用查询方式发送，而采用中断方式接收，读者就能对串行通信编程方法有更全面的了解。为了简化混合通信方式的通信内容，同时也能体现出通信的全过程，发送端以查询发送标志的方式分别发送三个不同的数据帧，接收端以中断方式分别接收三个不同的数据帧。如果收发的数据显示一致，则表明串行通信成功。

2. 人机交互输入接口和数据显示接口的综合运用

实验方案是通过按键的操作来启动数据的发送，这就需要设置人机交互输入接口，并且在发送端直观显示发送的数据。在接收端以同样的方式显示接收到的数据，用来与发送端的数据进行对比，数据接收完毕后，也由按键操作来启动数据的显示。按这样的要求，收发两端都需要设置按键输入接口和数据显示接口，以验证通信过程是否成功。由于键入操作较简单，拟采用 5.1.1 节所述的独立式按键；单帧数据的显示，只需一位 LED 数码管，拟采用 5.2 节的硬件译码静态显示方式实现。自发自收的串行通信实验，是串行收发通信、独立式按键接口和 LED 静态显示方式三者的综合运用。

7.3.2 硬件设计

1. 硬件组成

自发自收串行通信实验电路装置以单片机 AT89C51 作为电路的控制核心。收发两端均配备有能显示十进制数字的硬件译码/锁存/驱动芯片和一位共阴极 LED 数码管。发送端用含有三个独立按键的接口电路来启动数据的发送，按键按下后伴有蜂鸣器发声提示。接收端只用一个独立按键来启动数据显示，按键的操作伴有 VL 灯指示。自发自收串行通信实验电路见图 7-15。

2. 电路原理

如图 7-15 所示，电路采用了一套单片机控制系统，通过把单片机的第 10 引脚 RXD 和第 11 引脚 TXD 短接的方法实现自发自收。发送端由 CD4511 锁存/译码/驱动芯片 U2 和共阴极 LED 数码管 DG1 等共同构成静态显示接口电路，由于仅显示一位数字，因此作为位控制线的数码管 DG1 的共阴极可直接接地。$R1 \sim R7$ 分别是数码管 DG1 的限流电阻。U2 的 4 位 BCD 码输入端 A ~ D 分别连接单片机芯片 U1 的 P1.0 ~ P1.3 口，译码输出端 a ~ g 作为段控制线分别通过电阻 $R1 \sim R7$ 连接数码管 DG1。U2 的信号锁存线 LE 由单片机的 P2.0 口控制，当 LE 从低电平变为高电平时锁存 A ~ D 端的 BCD 码，经译码后输出至 a ~ g 端显示。发送端的按键 S1 ~ S3 和上拉电阻 $R16 \sim R18$ 组成独立按键接口。需要单独发送的三个预设实验数字分别是 "3"、"7" 和 "9"，当某个按键被按下，单片机发送对应的数据帧。单片机通过对 P2.4 ~ P2.6 口线的循环查询来确认是否有键被按下，并在 P2.2 口产生低电平驱动蜂鸣器 Buzzer 发声，为按下或释放按键提供直观的指示。按键按下时所对应的数据帧通过单片

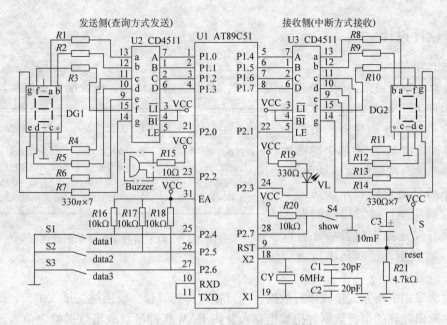

图 7-15　自发自收串行通信实验电路

机串行发送口 TXD 送出，同时数码管 DG1 显示发送的数据。

接收端的静态显示接口电路与发送端的类似，同样由 CD4511 锁存/译码/驱动芯片 U3、共阴极 LED 数码管 DG2 和限流电阻 $R8 \sim R14$ 组成。U3 信号锁存线 LE 的锁存脉冲由单片机的 P2.1 口提供。S4 是启动接收数据显示的按键，单片机也对该口线循环查询来确认是否有键按下。当单片机通过串行接收口 RXD 接收到数据时，标志置位后触发接收中断，在串行口中断服务程序中取出接收到的数据并保存到显示缓冲单元。按键 S4 按下时，VL 指示灯亮用作 S4 按下的状态指示，同时单片机从显示缓冲单元中把数据取出，通过数码管 DG2 进行显示。实验中三个数据的发送和接收操作可反复进行，也可通过手动按键 S 随时进行系统复位。

3. 主要器件

单片机芯片 AT89C51 为 40 引脚 DIP 封装，内含 4K Flash 程序存储器。AT89C51 芯片需要借助编程器进行编程（见第 6 章），如果采用 AT89S51 芯片，则可用下载线进行在线编程。锁存/译码/驱动芯片 CD4511 为 16 引脚 DIP 封装，供电电压为 +5V。DG1 和 DG2 采用数字高度为 1/2 吋（1 吋 = 25.4mm）高亮或超高亮共阴极型红光 LED 数码管，每字段的工作电流应控制在 10mA 之内。Buzzer 采用内部自带发声振荡电路的蜂鸣器，S1 ~ S4 为双触点式按键。自发自收串行通信实验装置的参考样照见图 7-16。

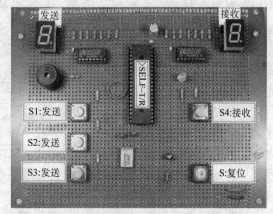

图 7-16　自发自收串行通信实验装置样照

7.3.3 软件设计

1. 软件框架

自发自收串行通信的软件框架见图 7-17，由发送端主程序、接收端主程序和接收端中断服务程序共三部分组成。发送端主程序含有两个查询任务：第一个是循环查询按键 1 ~ 3 中哪个键被按下，用来发送与按键相对应的数据，按键按下后伴有声音提示。第二个是查询数据从串行口发出时的发送标志，只有发送标志置位后才可以发送下一帧数据。这就是串行通信的查询发送方式。

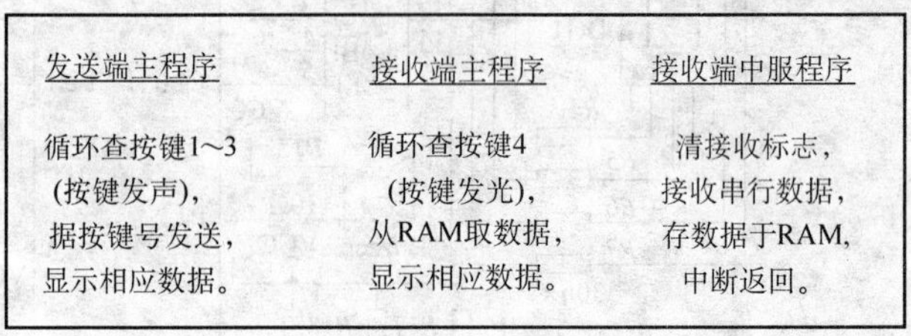

发送端主程序	接收端主程序	接收端中服程序
循环查按键1~3 （按键发声）， 据按键号发送， 显示相应数据。	循环查按键4 （按键发光）， 从RAM取数据， 显示相应数据。	清接收标志， 接收串行数据， 存数据于RAM， 中断返回。

图 7-17　自发自收串行通信的软件框架

接收端采用中断方式接收串行数据。一旦接收标志置位，便能触发接收中断，进入中断服务程序取出收到的串行数据并把数据存入片内 RAM 缓冲区。取出数据帧之前需要把接收标志清零，为下一帧的数据中断接收作准备。

接收端主程序只负责检测按键 4 是否被按下，按键按下后伴有 VL 发光指示，且单片机从片内 RAM 中取出接收到的数据送至数码管显示电路作静态显示。注意：按键 1 ~ 3 和按键 4 按照逻辑关系在框图上应表现为分开查询，但由于只有一块单片机，因此实际编程中是在一个主程序内对 4 个按键进行联合查询。每发送一次数据，只要收发两端的 LED 数码管显示的数值相同，就表明查询方式发送、中断方式接收的串行通信是成功的。

2. 程序流程

自发自收串行通信发送端的主程序流程图见图 7-18，自发自收串行通信接收端的主程序流程图见图 7-19。

发送端和接收端的按键查询中加入延时去抖和再次判断的措施，按键释放时也采用了同样的方法处理。按键按下后伴有声音或 LEDVL 光提示，按键释放后声光提示终止。然而，实际上只由一片单片机进行管理，因此把上述两个步骤合并，在一个主程序

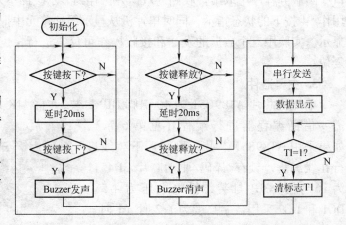

图 7-18　自发自收串行通信发送端的主程序流程图

内完成 4 个按键的查询，然后把与按键 1 ~ 3 对应的数据发送出去，并同时在发送端显示，发送标志置位后把标志清除，按键接续被循环查询。按键 4 只起启动的作用，把接收的数据显示出来，接着按键继续被循环查询。

接收端的中断服务程序流程图见图 7-20。中断服务程序的任务很简单：清除接收标志位，从串行接收缓冲器中取出数据并送至片内 RAM 存储。

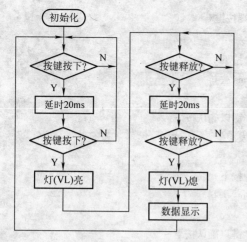

图 7-19　自发自收串行通信接收端的主程序流程图

图 7-20　接收端中断服务
程序流程图

3. 汇编语言源程序

下面给出了自发自收串行通信的汇编语言程序源代码:

```
        ORG 0000H
        AJMP MAIN
        ORG 0023H            ;串行中断入口地址
        AJMP SERL
        ORG 0030H


                             ;主程序
                             ;-----------------------------------
MAIN:   NOP
        MOV SP,#60H
        MOV 50H,#0FFH        ;显示缓冲区初值
        MOV TMOD,#20H        ;设定时器1,模式2
        MOV TH1,#0F3H        ;波特率2.4Kbit/s(6MHz 时)
        MOV TL1,#0F3H
        MOV PCON,#80H        ;波特率加倍
        MOV SCON,#50H        ;串行通信模式1,接收允许
        SETB ES              ;开串行口中断
        SETB EA              ;开总中断
        SETB TR1             ;启动定时器1
        MOV P1,#0FFH         ;初始显示熄灭
        CLR P2.0
        SETB P2.0            ;发 U2 锁存脉冲
        CLR P2.1
        SETB P2.1            ;发 U3 锁存脉冲
```

```
                              ;查发送端按键
                              ;-----------------------------------
T01:    JB P2.4,T02           ;查 S1 键按下
        MOV R7,#15            ;延时 20ms 去抖
        ACALL DLY
        JB P2.4,T01           ;重查 S1 键以确认按下
        CLR P2.2             ;键按下发声
        AJMP K01
T02:    JB P2.5,T03           ;查 S2 键按下
        MOV R7,#15            ;延时 20ms 去抖
        ACALL DLY
        JB P2.5,T01           ;重查 S2 键以确认按下
        CLR P2.2             ;键按下发声
        AJMP K02
T03:    JB P2.6,T04           ;查 S3 键按下
        MOV R7,#15            ;延时 20ms 去抖
        ACALL DLY
        JB P2.6,T01           ;重查 S3 键以确认按下
        CLR P2.2             ;键按下发声
        AJMP K03
T04:    JB P2.7,T01           ;查 S4 键按下
        MOV R7,#15            ;延时 20ms 去抖
        ACALL DLY
        JB P2.7,T01           ;重查 S4 键以确认按下
        CLR P2.3             ;VL 点亮
        AJMP K04


                              ;查接收端按键
                              ;-----------------------------------
K01:    JNB P2.4,K01          ;查 S1 键释放
        MOV R7,#15            ;延时 20ms 去抖
        ACALL DLY
        JNB P2.4,K01          ;重查 S1 键以确认释放
        SETB P2.2            ;键释放消声
        MOV A,#3             ;发送数据 '3'
        MOV SBUF,A
        MOV P1,#0F3H          ;数据送往数码管 DG1
        CLR P2.0
        SETB P2.0            ;发显示用锁存脉冲
        AJMP S01
K02:    JNB P2.5,K02          ;查 S2 键释放
        MOV R7,#15            ;延时 20ms 去抖
```

```
            ACALL DLY
            JNB P2.5,K02            ;重查 S2 键以确认释放
            SETB P2.2               ;键释放消声
            MOV A,#7                ;发送数据'7'
            MOV SBUF,A
            MOV P1,#0F7H            ;送往数码管 DG1 显示验证
            CLR P2.0
            SETB P2.0               ;发显示用锁存脉冲
            AJMP S01
    K03:    JNB P2.6,K03            ;查 S3 键释放
            MOV R7,#15              ;延时 20ms 去抖
            ACALL DLY
            JNB P2.6,K03            ;重查 S3 键以确认释放
            SETB P2.2               ;键释放消声
            MOV A,#9                ;发送数据'9'
            MOV SBUF,A
            MOV P1,#0F9H            ;送往数码管 DG1 显示验证
            CLR P2.0
            SETB P2.0               ;发显示用锁存脉冲
            NOP
    S01:    JNB TI,S01              ;等待发送完标志
            CLR TI
            AJMP T01
    K04:    JNB P2.7,K04            ;查 S4 键释放
            MOV R7,#15              ;延时 20ms 去抖
            ACALL DLY
            JNB P2.7,K04            ;重查 S4 键以确认释放
            SETB P2.3               ;VL 熄灭
            MOV A,50H               ;提取 RAM 数据
            SWAP A                  ;高低半字节换
            MOV P1,A                ;数据送数码管 DG2 显示
            CLR P2.1
            SETB P2.1               ;发显示用锁存脉冲
            AJMP T01                ;循环


            ;串行口中断服务子程序
            ;--------------------------------------------

    SERL:   NOP
            CLR RI                  ;清接收标志
            MOV A,SBUF              ;接收串行数据
            MOV 50H,A               ;保存数据于 RAM
            RETI                    ;中断返回
```

```
;延时子程序
;----------------------------------------
DLY:    PUSH 07H
DLA:    PUSH 07H
DLB:    PUSH 07H
DLC:    DJNZ R7,DLC
        POP 07H
        DJNZ R7,DLB
        POP 07H
        DJNZ R7,DLA
        POP 07H
        DJNZ R7,DLY
        RET
        END
```

4. C 语言源程序

自发自收串行通信的 C 语言程序源代码如下所示,包括头文件、主程序、按键程序、串行口程序、定时器程序和延时程序:

```c
// global. h     /*头文件*/
// ----------------------------------------------------------------------------------------------------

#ifndef __GLOBAL_H__
#define __GLOBAL_H__


// Type Define           定义类型
// -----------------------------------------------------

#ifndef __CONSTANT_TYPE__
#define __CONSTANT_TYPE__
typedef unsigned char       u08;
typedef unsigned int        u16;
#endif


// Include Files         包含的头文件
// -------------------------------------------------------------

#include "AT89X51. H"


// Global Variables      定义全局变量
// -------------------------------------------------------------

extern u08 receive_buffer;


// Pin Configuration     定义引脚
// -------------------------------------------------------------

#define BUZZER         P2_2
```

```
#define LED            P2_3
#define KEY1           P2_4
#define KEY2           P2_5
#define KEY3           P2_6
#define KEY4           P2_7


// Funtion Prototype          声明函数类型
// ----------------------------------------------------------
// delay. c
void DelayXms( u08) ;

// key. c
void Key_Check( void) ;

// main. c
void System_Initialize( void) ;
void Display_Initialize( void) ;

// serial. c
void Serial_Initialize( void) ;
void Serial_Data_Transmit( u08) ;
void Serial_Data_Receive( void) ;

// timer. c
void Timer1_Initialize( void) ;
void Timer1_Start( void) ;
#endif


//   main. c    /* 主程序 */
// ----------------------------------------------------------------------------------------------
    #include "global. h"

    void Main( void)
    {
    System_Initialize( ) ;                    // 系统初始化
    while( 1)
    {   Key_Check( ) ;       }                // 循环检测按键
    }

    void System_Initialize( void)
    {
    Display_Initialize( ) ;                   // 数码管初始化,显示熄灭
    Serial_Initialize( ) ;                    // 串行口初始化
```

```c
    Timer1_Initialize();                       // 定时器 1 初始化
    Timer1_Start();                            // 启动定时器 1 产生波特率
    EA = 1;                                     // 允许全局中断
}

void Display_Initialize(void)
{
    P1 = 0xFF;
    P2_0 = 0;
    P2_0 = 1;
    P2_1 = 0;
    P2_1 = 1;
}
```

```
//   key. c      /*按键程序*/
//   ----------------------------------------------------------------------------------------------------------
```

```c
#include "global. h"

void Key_Check(void)
{
    u08 buffer = P2;                           // 取 P2 口数值存入缓冲器
    buffer & = 0xF0;                           // 屏蔽低 4 位
    switch(buffer)                             // 判断缓冲器的值
    {
        case 0xE0:                             // 延时 20ms,防止抖动
                DelayXms(20);                  // 值为 0xE0,S1 键按下
                if(KEY1 ==0)
                {
                    BUZZER = 0;                // 蜂鸣器发声
                    while(KEY1 ==0);           // 等待 S1 键释放
                    DelayXms(20);              // 延时 20ms,防抖动
                    while(KEY1 ==0);           // 等待 S1 键释放
                    BUZZER = 1;                // 蜂鸣器消声
                    Serial_Data_Transmit(3);   // 串行口发送数据
                }
                break;
        case 0xD0:                             // 值为 0xD0,S2 键按下
                DelayXms(20);
                if(KEY2 ==0)
                {
                    BUZZER = 0;
                    while(KEY2 ==0);
                    DelayXms(20);
                    while(KEY2 ==0);
```

```
                            BUZZER = 1;
                            Serial_Data_Transmit(7);
                    }
                    break;
        case 0xB0:                                  // 值为 0xB0,S3 键按下
                    DelayXms(20);
                    if(KEY3 ==0)
                    {
                            BUZZER = 0;
                            while(KEY3 ==0);
                            DelayXms(20);
                            while(KEY3 ==0);
                            BUZZER = 1;
                            Serial_Data_Transmit(9);
                    }
                    break;
        case 0x70:                                  // 值为 0x70,S4 键按下
                    DelayXms(20);
                    if(KEY4 ==0)
                    {
                            LED = 0;                // VL 亮
                            while(KEY4 ==0);
                            DelayXms(20);
                            while(KEY4 ==0);
                            LED = 1;                // VL 灭
                            Serial_Data_Receive();  // 串行口接收数据
                    }
                    break;
    }
}


//   serial. c      /* 串行口程序 */
//   ----------------------------------------------------------------------------------------------------------------

    #include "global. h"

    u08 receive_buffer;
    void Serial_Initialize(void)
    {
    PCON = 0x80;                                    // 波特率加倍
    SCON = 0x50;                                    // 串行口工作模式1,允许接收
    ES = 1;                                         // 允许串行口中断
    }

    void Serial_Data_Transmit(u08 transmit_data)
```

```
    {
        SBUF = transmit_data;                       // 发送串行数据
        P1 = transmit_data|0xF0;                    // 发送端数码管装载数值
        P2_0 = 0;
        P2_0 = 1;                                   // 数码管显示数值
        while( TI ==0);                             // 等待发送中断标志
        TI = 0;                                     // 清除发送中断标志
    }

    void Serial_Data_Receive( void)

    {
        receive_buffer = receive_buffer < <4;       // 接收缓冲器左移 4 位
        P1 = receive_buffer|0x0F;                   // 接收端数码管装载数值
        P2_1 = 0;
        P2_1 = 1;                                   // 数码管显示数值
    }


//    串行口中断服务函数
    void Serial_ISR( void) interrupt SIO_VECTOR

    {
        RI = 0;                                     // 清除接收中断标志
        receive_buffer = SBUF;                      // 接收串行数据
    }


//    timer. c      /* 定时器程序 */
//    --------------------------------------------------------------------------------
    #include "global. h"

    void Timer1_Initialize( void)

    {
        TMOD = 0x20;                                // 定时器 1 工作模式 2
        TH1 = 0xF3;
        TL1 = 0xF3;                                 // 6MHz 晶振,波特率 24Kbit/s
    }

    void Timer1_Start( void)

    {
        TR1 = 1;
    }


//    delay. c      /* 延时程序 */
//    --------------------------------------------------------------------------------
    #include "global. h"
    void DelayXms( u08 counter)
```

```
    }
    u08 i,j;
    for( i = 0 ;i < counter;i + + )
    {
        for(j = 0;j < 120;j + +);
    }
}
```

7.3.4　应用说明

如图 7-16 自发自收串行通信电路样照所示，系统上电复位后，按下左侧的按键 S1 后蜂鸣器发声，程序设定的演示数据"3"被发送，同时在左侧数码管显示。按下右侧的按键 S4，VL 点亮，接收到的数据"3"在右侧数码管显示。按键 S2 和 S3 分别对应数据"7"和"9"，按键按下后响应过程与上述类似。在自发自收串行通信方式的基础上，可进一步加入奇偶校验功能，扩展为双机通信和多机通信。读者可以从中积累实践经验，把串行通信应用到不同的场合实现所需功能。

7.4　融合定时控制的键盘输入

单片机系统中键盘输入是信息输入的一个重要途径，而矩阵键盘是人机交互最常用的一种界面（见 5.1.3 ~ 5.1.5 节）。单片机运用矩阵键盘的方式是：需要从键盘输入信息时，调用一次键盘输入子程序；键入操作结束时，退出键盘输入子程序，返回主程序。1.6.3 节讲述了待机方式能使单片机在空闲期间进入休眠状态以降低能耗，需要工作时可通过中断触发方式使单片机退出待机状态而进入正常的工作状态。把键盘输入与中断触发相结合，成为带有中断触发功能的键盘输入，就能在键盘键入的同时把单片机从待机状态中唤醒，键盘输入完毕后单片机可以自动返回待机状态，以达到节能的目的。这种通过键盘输入实现"待机—唤醒"交替控制的技术，最为典型的应用是以单片机为核心的电子密码保险柜（详见 8.2 节）。正常情况下只要正确地输入密码，保险柜开锁或关锁后单片机就能重新进入待机状态。然而，非正常情况下的密码输入（例如试探密码），尤其是密码位数输入不足时不再输入密码，会使单片机一直处于等待后续密码、处于全功耗的工作状态而无法返回待机状态。因此，设计者必须考虑到这类可能出现的情况，技术上采取相应的措施来加以解决。本节为解决这类问题提供工程实践指引，主要讨论如何把定时技术融合到键盘操作之中，对键盘输入进行计时控制，以解决键盘输入不能自动返回的问题，从而实现系统节能的目标。

7.4.1　设计思路和依据

1. 键盘输入的选择和响应方式

键盘输入操作的识别一般有以下三个步骤：判断是否有键按下、判断何键按下和赋予键值。在按键按下和释放的过程中要加入适当的延时去除机械抖动。为了使人机交互过程中指示明显，通常都加入声光辅助提示，在键按下时发声或亮灯，在键释放时消声或熄灯，以便观察操作是否成功。键盘输入的方法有键盘扫描法、键盘反极法和键盘位操作法三种（详见 5.1.3 ~ 5.1.5 节），使用哪一种方法视具体情况而定。

2. 定时控制在键盘操作中的接入方式

在键盘输入的过程中加入定时控制，其原则是：进入键盘输入子程序时启动定时器计算时间，退出键盘输入子程序时停止定时器。定时控制在等待按键输入的时段发挥作用。单片机在该时段不断计算定时溢出的次数，在密码输入没有到达指定个数且定时溢出的次数达到预设的最大计数值时，结束键盘输入子程序并返回主程序，从而解决了键盘输入不能自动返回的问题。

7.4.2 硬件设计

1. 硬件组成

融合定时控制的键盘输入实验装置以单片机 AT89C51 芯片作为电路的控制核心，采用 3×4 矩阵键盘与单片机连接，用单片机的一条口线驱动发声蜂鸣器 BELL，作为按键输入的指示。VL1（灯 1）是指示系统工作状态，VL2（灯 2）和 VL3（灯 3）分别是指示键盘输入状态和指示定时控制结束。融合定时控制的键盘输入实验电路图见图 7-21。

2. 电路原理

图 7-21 电路中，单片机上电复位后把 P0.0 口置为低电平，红色灯 1 点亮，指示系统进入正常工作状态。3×4 矩阵键盘采用反极法作为输入方法，行线由 P1.0 ~

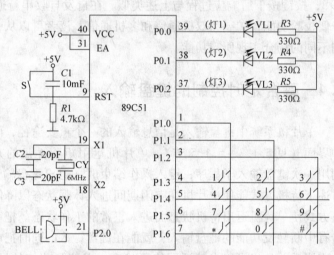

图 7-21 融合定时控制的键盘输入实验电路

P1.2 口控制，列线由 P1.3 ~ P1.6 口控制。单片机检测到有键按下时，把 P2.0 口置为低电平，驱动 BELL 发声；按键释放时，P2.0 口恢复为高电平，BELL 消声。系统通过不同的指示灯指示键盘输入的次数：按键输入达到 3 次，绿色灯 2 点亮；按键输入达到 6 次（预设的最大次数），红色灯 3 点亮，键盘输入子程序即可正常结束并自动返回主程序。如果按键输入不足 6 次，预设的 30s 定时时间到达后红色灯 3 点亮，BELL 发声提示定时时间到，自动退出键盘输入子程序。按下复位键 S 使系统复位后可开始新一轮的按键输入操作。

3. 主要器件

单片机芯片 AT89C51 为 40 引脚 DIP 封装，内含 4KB Flash 程序储存器。键盘采用 3×4 矩阵结构，或用 12 个双触点式按键构建，按键名称为对应的键号。BELL 采用自发声型蜂鸣器组件，接通电源能自动发声。LED 采用高亮型发光二极管，晶体振荡器频率为 6MHz，复位键 S 采用双触点式按键开关。融合定时控制的键盘输入实验电路装置样照见图 7-22。

7.4.3 软件设计

1. 程序流程图

常用的键盘扫描子程序流程图见图 7-23，包含了键盘输入识别的三个步骤，其间穿插了发声提示。

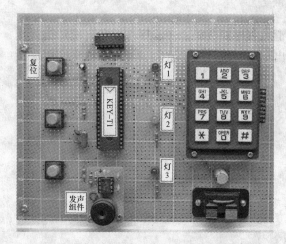

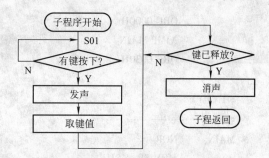

图 7-22 融合定时控制的键盘输入实验
电路装置样照

图 7-23 常用的键盘输入子程序流程图

定时控制的键盘输入子程序流程图见图 7-24，采用查询定时溢出次数的方法进行键盘操作的定时控制。进入子程序后，启动定时器计算时间。如果有键按下则执行键盘识别的三个步骤，然后结束子程序；如果没有键按下，则查询定时器是否溢出，并统计溢出次数；如果定时溢出次数未达到预设的最大次数，则重装定时常数并启动定时器计时，直到溢出次数达到最大值。由于没有键按下，因此定时时间到达后单片机赋空键值标志后使子程序自动返回。

融合定时控制的键盘输入主程序流程图见图 7-25。

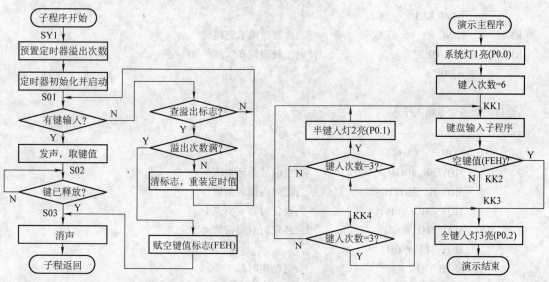

图 7-24 定时控制的键盘输入子程序流程图　　　图 7-25 融合定时控制的键盘输入主程序流程图

　　实验设定键入操作的上限为 6 次。调用键盘输入子程序，键盘输入 3 次后以绿色灯 2 点亮作为指示，键盘输入 6 次后以红色灯 3 点亮作为指示。由于在键盘输入子程序中融入了定时控制，因此，如果没有键按下，当定时溢出次数到达最大值后（即定时时限到达后），赋以空键值标志并自动退出键盘输入子程序。主程序如果检测到空键值标志，则以红色灯 3 点亮来提示演示过程结束。

2. 汇编语言源程序

　　以下是融合了定时控制的键盘输入操作的汇编程序源代码。主程序主要负责统计键入次数和查询空键值标志；子程序负责查询定时溢出标志和统计溢出次数，溢出次数满则赋以空键值标志。

```
            ORG 0000H
            AJMP MAIN
            ORG 0030H


;主程序
;-----------------------------------
MAIN:       NOP
            MOV SP,#60H
            CLR P0.0                 ;系统红色灯 1 亮
            MOV R3,#6                ;置键入次数初值
KK1:        ACALL SY1                ;调用键盘输入子程序
            DEC R3                   ;键入次数递减
            MOV A,B                  ;寄存器 A 存键值
            CJNE A,#0FEH,KK2         ;属空键值标志？
            AJMP KK3                 ;属空键值标志跳转
KK2:        CJNE R3,#3,KK4           ;次数递减未足 3 次跳转
            CLR P0.1                 ;次数递减 3 次绿色灯 2 亮
            AJMP KK1
KK4:        CJNE R3,#0,KK1           ;次数递减未完跳转
KK3:        CLR P0.2                 ;次数递减 6 次红色灯 3 亮
            AJMP  $


;定时控制的键盘输入子程序
;-----------------------------------
SY1:        NOP
            MOV R6,#01H              ;定时外循环初值
            MOV R5,#0FFH             ;定时内循环初值
            MOV TMOD,#10H            ;设定定时器 1 模式 1
            MOV TH1,#00H             ;装定时时间常数
            MOV TL1,#00H
            SETB TR1                 ;启动定时器 1
            MOV P1,#0F8H             ;键盘行线全置 0
```

```
S01:        MOV A,#0F8H              ;记录行线状态
            CJNE A,P1,SB2            ;有键按下跳转
            JNB TF1,S01             ;无定时溢出标志,等待
            DJNZ R5,SB3             ;定时内循环未完跳转
            DJNZ R6,SB4             ;定时外循环未完跳转
            MOV B,#0FEH             ;循环完,置空键标志
            AJMP SB9                ;退出子程序
SB3:        CLR TF1                 ;清定时溢出标志
            MOV TH1,#00H            ;重装定时常数
            MOV TL1,#00H
            SETB TR1                ;启动定时器
            AJMP S01                ;循环计时
SB4:        MOV R5,#0FFH            ;重装内循环初值
            AJMP SB3
SB2:        CLR P2.0                ;键按下发声
            MOV R7,#0FH             ;延时去抖动
            ACALL DLY
SB5:        MOV R4,#00H             ;行线计数初值
            MOV R2,#0FEH            ;第1行置低电平
SB6:        MOV P1,R2               ;记录行线状态
            MOV A,P1                ;回收列线状态
            MOV B,R2
            CJNE A,B,SB7            ;判何键按下
            MOV A,R2
            RL A                    ;下一行置低电平
            MOV R2,A
            INC R4                  ;行线计数递增
            CJNE R4,#03H,SB6        ;行线未判完跳转
            AJMP SB5
SB7:        MOV B,P1                ;取键值
            MOV R1,B
S02:        MOV A,P1                ;读行列状态
            ANL A,#0F8H
            CJNE A,#0F8H,S02        ;键未释放等待
            MOV R7,#0FH             ;延时去抖动
            ACALL DLY
            SETB P2.0               ;键释放消声
SB9:        CLR TR1                 ;停止定时器
            MOV P1,#0FFH            ;恢复口线高电平
            RET


;延时子程序
;-------------------------------
```

```
DLY:        PUSH 07H
DY1:        PUSH 07H
DY2:        PUSH 07H
DY3:        DJNZ R7,DY3
            POP 07H
            DJNZ R7,DY2
            POP 07H
            DJNZ R7,DY1
            POP 07H
            DJNZ R7,DLY
            RET
            END
```

3. C 语言源程序

融合了定时控制的键盘输入操作的 C 语言程序源代码如下, 包括头文件、主程序、键盘程序和延时程序:

```c
// global. h      /* 头文件 */
// ----------------------------------------------------------------------------------------------------------------
#ifndef __GLOBAL_H__
#define __GLOBAL_H__


// Type Define              定义类型
// ----------------------------------------------------------------
#ifndef __CONSTANT_TYPE__
#define __CONSTANT_TYPE__
typedef unsigned char       u08;
typedef unsigned int        u16;
#endif


// Include Files            包含的头文件
// ----------------------------------------------------------------
#include "AT89X52. H"


// Pin Configuration        定义引脚
// ----------------------------------------------------------------
#define BELL      P2_0
#define LED1      P0_0
#define LED2      P0_1
#define LED3      P0_2


// Constant Define          定义常量
// ----------------------------------------------------------------
#define DEFAULT      0xFF
```

```
#define ROW1        0
#define ROW2        1
#define ROW3        2
#define ROW4        3
#define COLUMN1     0
#define COLUMN2     1
#define COLUMN3     2


// Funtion Prototype              声明函数类型
// ----------------------------------------------------------------
// delay. c
void DelayXms(u08);

// keyboard. c
void Keyboard_Scanning(void);
u08 Get_KeyValue(void);

// main. c
void System_Initialize(void);

//   main. c   /* 主程序 */
// ----------------------------------------------------------------------------------------------------
    #include"global. h"

    void main(void)
{
    System_Initialize();
    Keyboard_Scanning();
    while(1);
}
    void System_Initialize(void)
{
    LED1 = 0;                              // 系统红色灯1亮
    TMOD = 0x10;                           // 定时器1工作模式1
    TH1 = 0x00;
    TL1 = 0x00;
    TR1 = 1;                               // 启动定时器1
}


//   keyboard. c   /* 键盘程序 */
// ----------------------------------------------------------------------------------------------------
    #include"global. h"
```

```
void Keyboard_Scanning( void)
{
    u08 overflow_counter = 0;
    u08 key_counter = 0;
    u08 counter = 0;
    while( ( overflow_counter < 230) && ( key_counter < 6) )   // 定时 30s, 总按键次数 6 次
    {
        while( TF1 == 0)                          // 定时器 1 溢出标志为 0
        {
            P1 = 0xF8;                            // P1 口初始值 0xF8
            if( ( P1&0xF8)! = 0xF8)               // 判断有否键按下
            {
                BELL = 0;                         // 有键按下, 发声组件发声
                DelayXms( 20) ;

                if( ( P1&0xF8)! = 0xF8)
                {
                    Get_KeyValue( ) ;             // 判断并返回键值
                    P1 = 0xF8;
                    while( ( P1&0xF8)! = 0xF8) ;  // 判断按键是否释放
                    BELL = 1;                     // 发声组件消声
                    key_counter + + ;             // 按键次数递增
                    if     ( key_counter == 3)
                    {  LED2 = 0;  }               // 半键入次数满绿色灯 2 亮
                    else if( key_counter == 6)
                    {  LED3 = 0;  }               // 全键入次数满红色灯 3 亮
                }
            }
        }
        TF1 = 0;                                  // 清除定时器 1 溢出标志
        overflow_counter + + ;                    // 溢出计数单元递增
        TR1 = 0;
        TH1 = 0x00;                               // 重装定时器 1
        TL1 = 0x00;
        TR1 = 1;                                  // 启动定时器 1
    }
    TR1 = 0;                                      // 关闭定时器 1
    P1 = 0xFF;

    if( key_counter < 6)
    {
        LED3 = 0;                                 // 空键入限时满红色灯 3 亮
        BELL = 0;
```

```
        for( ; counter < 20 ; counter + + )              // 延时 2s
        {   DelayXms( 100 ) ;   }
        BELL = 1 ;
    }
}


u08 Get_KeyValue( void)
{
    u08 buffer = 0x01 ;
    u08 counter = 0 ;
    u08 key_value = 0 ;
    bit flag_value_match = 0 ;
    while( flag_value_match = = 0 )
    {
        P1 = 0xFF ;                                       // 有键按下后,P1 口初始值为
                                                         //   0xFF
        P1 & = ~ ( buffer < < counter) ;                 // 逐条行线置低
        if( P1 ! = ~ ( buffer < < counter) )             // 若该行有键按下,则判断条件成立
        {   flag_value_match = 1 ;   }
        counter + + ;                                    // 扫描下一行
        if( counter = = 3 )                              // 超出第三行,重新返回第一
                                                         //   行扫描
        {   counter = 0 ;   }
    }
    key_value = P1 ;                                      // 保存当前键值
    return key_value ;
}


//  delay. c    / * 延时程序 * /
//  ----------------------------------------------------------------------------------------
#include "global. h"

void DelayXms( u08 counter)
{
    u08 i,j ;
    for( i = 0 ; i < counter ; i + + )
    {
        for( j = 0 ; j < 120 ; j + + ) ;
    }
}
```

7.4.4　应用说明

　　如图 7-22 实验电路装置样照,系统上电复位或按下复位键 S 使系统复位后,红色灯 1

点亮。从矩阵键盘键入任意数字，每按下一个按键，发声组件 BELL 发声，按键释放则声音消失。输入任意三个数字后，绿色灯 2 点亮，再输入三个数字（前后共计 6 个数字），红色灯 3 点亮，表示键盘子程序结束。系统需要复位才能再次输入数字。

如果输入次数不足 6 次，则 30s 计时时间到达后红色灯 3 点亮，表示定时控制功能生效，自动结束键盘输入子程序，实现了融合定时控制的键盘输入功能。

7.5 混合控制技术的红外遥控

在实际应用中，通常不会只用单片机内部某种单独的功能，而是结合多种功能和技术综合运用，例如定时器/计数器和中断技术。此外，单片机与不同信号种类的输入器件和输出器件混合运用，也是经常出现的情况，例如小信号对大信号的控制、弱电对强电的控制。本节将要介绍的混合控制技术之红外遥控装置，利用普通的电视机遥控器，向一体化红外接收头（又称集成红外接收器）发射红外脉冲信号，通过单片机的定时器和中断技术，把接收到的红外脉冲信号进行解码识别，从单片机送出相应的控制信号，驱动双向晶闸管开关，实现由外部红外遥控器对交流负载（如灯泡）的供电通断控制。其中单片机的直流供电通过电容降压技术取自交流市电，不必使用变压器等电压变换部件，有利于装置实现小型化和便携的目标。该装置是混合控制技术的一种代表性应用。

7.5.1 设计思路和依据

1. 红外遥控编码脉冲的概念

从单片机串行通信的概念来看，数字信号中的"1"代表高电平，"0"代表低电平。正逻辑关系上的逻辑"0"属于零电平或者没有输出信号，但红外遥控信号却不能采用这种方式。红外遥控信号在空间中传输，无论是逻辑"1"或者逻辑"0"，都必须有脉冲信号存在。为了实现这一要求，红外遥控信号采用的是红外编码协议。这也是一种通信协议，俗称红外遥控编码格式。基本的编码方法分为两种：一种是脉冲宽度调制（PWM）；另一种是脉冲相位调制（PPM）。一般 TV 红外遥控器传输的红外遥控信号采用脉冲宽度调制的编码方法，根据脉冲宽度不同区分脉冲码元（或称码位）的逻辑 1 和逻辑 0。图 7-26 为红外编码格式的逻辑码元和引导码波形。

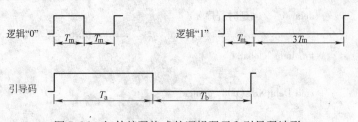

图 7-26　红外编码格式的逻辑码元和引导码波形

如图 7-26 所示，脉冲码元的逻辑"0"和逻辑"1"均由两部分组成：第一部分是宽度相同的高电平；第二部分均属零电平，以零电平的长短表示逻辑关系，电平较短的代表逻辑"0"，而电平较长的则代表逻辑"1"。引导码通常置于红外编码脉冲的最前端，引导码和后续的脉冲码元以 38kHz（或 40kHz）载波进行脉冲幅度调制（PAM）后便形成红外遥控信号。

由于红外编码格式还没有相应的国际或国家标准，因此企业自定的标准各不相同，图中

的 T_m 值在 0.5～1ms 不等。有的引导码取 $T_a = T_b$（4.5ms），有的取 $T_b < T_a$（9ms），取值视具体的产品而定。红外遥控发射的编码脉冲信号是以脉冲码元组成的字节为单位的脉冲序列，由三部分组成：①引导码；②用户码，用户反码（又称机种码，机种反码）；③功能码，功能反码。其中引导码①用来区分不同厂家编码的产品或非红外遥控器产生的干扰脉冲；码串②含有两个 8 位码元组成的字节，用来区分同一厂家不同型号的产品；码串③也含有两个 8 位码元组成的字节，用来区分该红外遥控器不同的功能按键。按动红外遥控器的按键，遥控器发射包含引导码和 32 个码元的脉冲序列，时间长度的典型值约为 108ms，见图 7-27。

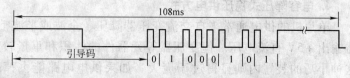

图 7-27 红外编码格式的调制脉冲序列波形

2. 一体化红外接收头及其解调脉冲

一体化红外接收头是一种只有三个外部引脚的新型集成化器件，引脚 V+ 是供电端，引脚 GN 是接地端，引脚 V0（或 OUT）是脉冲信号输出端。一体化红外接收头内部集成了红外接收管和信号处理芯片。红外调制信号经红外接收管接收并进行光电转换后，由信号处理芯片对红外调制信号进行前置放大、限幅放大、带通滤波、峰值检波和波形整形，去掉载波信号后输出与遥控信号反相的脉冲序列，见图 7-28。

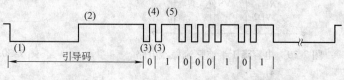

图 7-28 一体化红外接收头输出的解调脉冲序列

一体化红外接收头能接收主流的红外脉冲编码信号，而且能够消除噪声或干扰脉冲的影响。一体化红外接收头作为前端输入部件，其解码输出的信号以中断方式送入单片机进行处理和识别。

3. 单片机对解调脉冲的识别依据

利用单片机的外部中断技术，结合内部 16 位定时器/计数器对脉冲序列每个码元的高电平宽度进行计量，就能实现对红外解调脉冲的识别和处理。具体来讲，可利用 16 位定时/计数器中的门控位 GATE（见 3.1.1 节）与定时器/计数器相结合测量脉冲码元的高电平宽度。当 GATE = 1 时，定时器只有在外部中断引脚出现高电平时才启动计数，引脚变为低电平时定时器停止计数，得到的计数值比例用来判断该脉冲码元属于逻辑"0"还是逻辑"1"。由于测量的是一体化接收头输出的反相信号，所以测得的高脉冲宽度实质上是原脉冲码元的零电平宽度，因此可以把该脉冲宽度计数值直接转换成逻辑"0"或逻辑"1"，由 8 个逻辑"0"或逻辑"1"组成的 8 位字节识别码，代表相应的脉冲编码值。以图 7-28 为例，第（1）部分，引导码下降沿触发外部中断，定时器/计数器启动计数，变为高电平时停止计数。为了简化识别过程，不测量整个码元的参数，只用 16 位定时器/计数器中由低 8 位字节向高 8 位字节进位的进位值（一般在 0～9 范围）作为引导码值，引导码的第（2）部分不予测量，且该时段改为对外中断口输入信号电平进行查询，并置门控位 GATE = 1。第（3）部分是脉冲码元的低电平部分，不必测量。第（4）部分是脉冲码元的高电平部分。该部分宽度的测量受到门控位 GATE 的控制，只有在高电平出现的时刻定时器/计数器才启动计数，低电平一旦出现计数立即停止，这样能够精确地测出第（4）部分的宽度。宽度值同样取自定时器/计数器中由低 8 位字节向高 8 位字节的进位值。对第（5）部分码元高电平的测量与此类似。以查询方式测量脉冲序列后，程序中断返回，准备开始下一轮的测量。由于码元的第（4）部分和第（5）部分的宽度比例不同，因此前一个码元赋值为逻辑"0"，后一个码元赋值为逻辑"1"，不必理会码元的具体宽度是多少，从而简化了识别和处理的过程。8 个码元逻辑值构成一个字节的编码值。

4. 电容降压式稳压供电方式

单片机的供电通常来自交流变压器降压、全波或半波整流、阻容滤波后再经三端稳压器输出 +5V 直流电压。但变压器等元器件的体积和重量较大，应用在红外遥控交流开关这种小巧的装置内则显得过于庞大。如果供电电路能去掉变压器，那么应用装置就可以实现小型化，便于携带。通过电容降压的方法可直接从交流市电中取得 +5V 的供电电压，其中，电容降压半波整流稳压电路和电容降压全波整流稳压电路分别见图 7-29 和图 7-30。

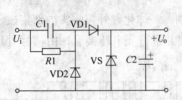

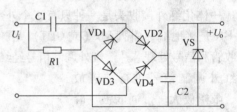

图 7-29　电容降压半波整流稳压电路　　　图 7-30　电容降压全波整流稳压电路

在图 7-29 中，电容 $C1$ 为交流降压电容，$C2$ 为滤波电容，$R1$ 为漏放电阻。VD1 和 VD2 为整流二极管，VS 为稳压管。在交流市电 U_i 的正半周，电源通过 $C1$ 和 VD1 向 $C2$ 充电，并由 VS 稳压；在交流市电 U_i 的负半周，电源通过 VD2 向 $C1$ 反向充电，为下一个正半周的充电作准备。图 7-30 与图 7-29 的不同之处在于电路采用了全波整流，交流电正半周的充电通路是 $C1$、VD2、$C2$、VD3；交流电负半周的充电通路是 VD4、$C2$、VD1、$C1$，电容 $C2$ 在两个半周均被充电。直流输出电压 U_o 远小于输入电压 U_i，在计算电路参数时可忽略不计。

电容在 50Hz 电源中的容抗为

$$X_C = \frac{1}{100\pi C}$$

所能提供的电流为

$$I \approx \frac{U_i}{X_C} = U_i 100\pi C$$

当 $C1$ 取 $1\mu F$ 时

$$I = 69mA$$

半波整流电路只有在正半周期向电容 $C2$ 充电，因此提供的电流 I 只有全波整流电路的一半，即 34.5mA。元件参数的取值为：VD1 ~ VD4 的反向耐压大于输出电压 U_o，交流电容 $C1$ 的耐压值必须大于交流市电电压的峰值，VS 取 U_o 值作为稳压值。交流市电不接入电路后，电阻 $R1$ 对 $C1$ 放电，以防止触电。$R1$ 的取值范围在 $500k\Omega \sim 1M\Omega$ 之间，小于该数值会降低 $C1$ 的效率。

需要注意的是，当负载电流超过 I 值时，会因为电容 $C1$ 无法提供所需电流导致输出电压

U_o 下降。此外，半波整流稳压电路的直流稳压输出端与交流市电存在公共端，使用双向晶闸管（见 5.5.1 节）控制交流负载的应用装置中，应考虑装置的安全性，如采用绝缘性能良好的塑料外壳，并确保外壳表面不与装置中的裸露金属部分接触，避免使用者触电。

7.5.2　硬件设计

1. 硬件组成

红外遥控交流供电开关电路占用单片机的 I/O 口线较少，因此采用精简型（窄型）51系列单片机 AT89C2051 作为电路的控制核心。电容降压半波整流稳压电路为单片机及相关器件提供直流工作电压。为了提高直流供电的稳定性，可增加一个三端稳压集成芯片。一体化红外接收头接收由红外遥控器发射的红外编码脉冲信号，为单片机提供信号输入。拨动式开关的作用是选择不同的引导码，以适应不同型号的红外遥控器。单片机输出的控制信号经过晶体管放大后驱动功率执行机构。功率执行机构采用双向晶闸管作交流负载的开关，控制交流灯泡供电的通断。电路中也设置了手动按键，可以代替红外遥控器实现手动控制操作。红外遥控交流供电开关电路见图 7-31。

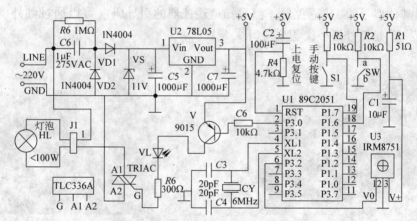

图 7-31　红外遥控交流供电开关电路

2. 电路原理

图 7-31 的电路中，拨动式开关 SW 能预置不同的引导码（a 和 b 接通时引导码为08H，a 和 b 断开时为 06H）。一体化红外接收头 U3 接收到由红外遥控器发射的编码脉冲，经内部解码后把信号从输出端 V0 送到单片机 U1 的外部中断 0 输入端（P3.2），引导码的下降沿触发中断。测量脉冲宽度、判断引导码符合预置值后，单片机在输出端 P3.0口输出低电平信号，晶体管 V 导通，双向晶闸管 TRIAC 因门极 G 得电而导通，接通交流负载电路，交流灯泡 HL 点亮，VL 指示灯同时发亮。若要灯泡 HL 熄灭，只需用红外遥控器再发射一次编码脉冲。经过上述红外接收和引导码测量判断的过程后，单片机在 P3.0口输出高电平信号，晶体管 V 截止，双向晶闸管因门极 G 失电而关断，从而断开了交流负载电路，灯泡 HL 熄灭。常开手动按键 S1 同样可实现交流市电的通断控制。S1 键按下，单片机 P1.7 口输入脚检测到低电平后从 P3.0 口输出低电平，PNP 型晶体管 V 导通，后续控制过程同上，灯泡 HL 被点亮。再按动一次手动按键 S1，单片机 P1.7 口检测到低电

平，从P3.0口输出高电平，晶体管V截止，最后灯泡熄灭。通过内部标志交换来达到供电的交替通断控制。

此外，由电容C6、整流二极管VD1和VD2、稳压二极管VS、三端稳压集成芯片U2、电解电容C5和C7共同构成电容降压半波整流稳压输出电路，提供单片机及其他器件的+5V工作电压，电路工作原理见7.5.1节。

3. 主要器件

单片机芯片AT89C2051为20引脚DIP封装，内含2KB Flash程序存储器。一体化红外接收头型号为IRM8751。晶体管为PNP型9015。双向晶闸管为TCL336A，工作电流3A、耐压600V。交流电降压电容C6可用1μF、275VAC的聚碳酸脂电容（汽车内部的工作环境严峻，常采用这类高品质电容）。三端稳压集成芯片采用低电流型78L05。稳压二极管VS的稳压值约11V，功率参数为1W。整流二极管1N4004为1A、400V。SW为单刀单触点拨动式开关，S1为双触点式常开手动按键。交流灯泡为220V、100W以内的钨丝灯。电路板及板上元件与塑料外壳要有良好的绝缘，以防人体触电。红外遥控器样照见图7-32，型号为EUR501310和T9012，引导码分别为06H和08H（对应于6MHz晶振）。也可以采用其他型号的TV遥控器，但要知道遥控器的引导码（可以通过红外解码的方法获得）。图7-33是红外遥控交流供电开关装置。

图7-32 红外遥控器样照

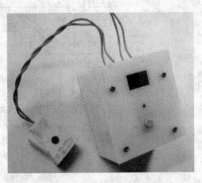

图7-33 红外遥控交流供电开关装置

7.5.3 软件设计

1. 软件框架

红外遥控交流供电开关软件框架见图7-34，由主程序和遥控中断服务程序两部分组成。主程序可以预置不同的引导码，以适应两种类型的遥控器。程序中只需要判断红外遥控编码脉冲序列中的引导码是否符合预设值，并没有用到后续的32位码元作为判断的依据。因此

主程序	中断服务程序
选择遥控器的引导码； 循环查手动按键按动， 控制交流开关通或断。	接收遥控器的引导码； 引导码与预选值比较， 控制交流开关通或断。

图7-34 红外遥控交流供电开关软件框架

只要遥控器的引导码符合预设值，遥控器的任何一个按键均能起到控制作用。如果规定采用某个按键才能起到控制作用，则要在软件中增加对编码脉冲序列的所有码元进行测

量和判断的程序。

单片机通过中断触发的方式接收遥控器的信号，因此主程序只需要循环查询手动按键有否按下，并且采取如下的方式控制交流负载电路：第一次按下手动按键，接通交流负载电路，再次按下手动按键，断开交流负载通路，按照这样的方式交替控制。

中断服务程序中只对遥控编码脉冲的引导码进行测量，并与预置的引导码值进行比较。如果引导码符合，单片机便输出相应信号控制交流负载电路的"通"或"断"，控制方式与手动方式相同。

2. 程序流程

红外遥控交流供电开关的主程序流程图见图 7-35，红外遥控交流供电开关的中断服务程序流程图见图 7-36。

主程序通过判断单片机 P1.6 口的电平状态来选择预置的引导码，接着初始化开/关标志和外部中断口，查询按键 S1 是否被按下。如果 S1 被按下，由开/关标志的状态判断就能控制交流负载电路的通断，标志在控制结束后取反。最后查询按键是否已释放。确认按键释放后，程序返回查询按键状态，依此循环进行。

一体化红外接收头输出的引导码下降沿触发中断，进入中断服务程序后启动定时器，测量引导码低电平的宽度，出现高电平时关闭定时器，取定时器低 8 位字节向高 8 位字节的进位值作为引导码值并与预置值进行比较。如果引导码相同则遥控生效。查开/关标志，按照标志的状态来控制交流负载电路的通断，并把开/关标志取反，延时后中断返回。

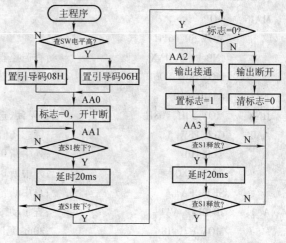

图 7-35 红外遥控交流供电开关的主程序流程图

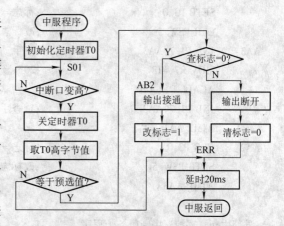

图 7-36 红外遥控交流供电开关的中断服务程序流程图

3. 汇编语言源程序

以下是红外遥控交流供电开关的汇编语言程序源代码，包含了一个主程序和一个遥控器中断服务子程序。

```
ORG 0000H
AJMP MAIN
ORG 0003H              ;外部中断 0 入口地址
AJMP EUR50
```

```
        ORG 0030H

;主程序
;--------------------------------
MAIN:   NOP
        MOV SP,#61H
        JNB P1.6,JINX              ;查遥控器选择开关 SW 是否闭合
        MOV 50H,#06H               ;SW 开,选遥控器(EUR501310 型)引导码
        AJMP AA0
JINX:   MOV 50H,#08H               ;SW 闭,选遥控器(T9012 型)引导码
AA0:    CLR PSW.5                  ;标志初值
        CLR IT0                    ;外中断 0 低电平触发
        SETB EX0                   ;外中断 0 允许
        SETB EA                    ;总中断允许
AA1:    JB P1.7,AA1                ;查手动按键 S1 被按下
        MOV R7,#18                 ;20ms 延时去抖
        ACALL DELAY
        JB P1.7,AA1                ;重查手动按键 S1,确认已按下
        JNB PSW.5,AA2              ;查标志
        SETB P3.0                  ;标志 = 1,VL 和灯 HL 熄
        CLR PSW.5                  ;改标志 = 0
AA3:    JNB P1.7,AA3               ;查手动按键 S1 被释放
        MOV R7,#18                 ;20ms 延时去抖
        ACALL DELAY
        JNB P1.7,AA3               ;重查手动按钮,确认已释放
        AJMP AA1
AA2:    CLR P3.0                   ;标志 = 0,VL 和灯 HL 亮
        SETB PSW.5                 ;改标志 = 1
        AJMP AA3


;外部中断 0 遥控器中断服务子程序
;--------------------------------
EUR50:  NOP
        CLR EX0                    ;关闭外中断 0
        MOV TMOD,#11H              ;定时器 0 模式 1 且 GATE = 0
        MOV TH0,#0                 ;装定时器时间常数
        MOV TL0,#0
        SETB TR0                   ;启动定时器 0
S01:    JNB P3.2,S01               ;查红外接收头信号变高
        CLR TR0                    ;停止定时器 0
        MOV A,TH0                  ;取定时器高字节计数值
        CJNE A,50H,ERR             ;比较引导码(对应 6MHz 晶振)
```

```
        JNB PSW. 5 ,AB2              ;查标志
        SETB P3. 0                   ;标志 =1,VL 和灯 HL 熄
        CLR PSW. 5                   ;改标志 =0
        AJMP ERR
AB2：   CLR P3. 0                    ;标志 =0,VL 和灯 HL 亮
        SETB PSW. 5                  ;改标志 =1
ERR：   MOV R7 ,#46                  ;等待 0. 5s
        ACALL DELAY
        SETB EX0                     ;开启外中断 0
        RETI                         ;中断返回


;延时子程序
;-------------------------------------------------
DELAY：PUSH 07H
DLA：  PUSH 07H
DLB：  PUSH 07H
DLC：  DJNZ R7 ,DLC
        POP 07H
        DJNZ R7 ,DLB
        POP 07H
        DJNZ R7 ,DLA
        POP 07H
        DJNZ R7 ,DELAY
        RET
        END
```

4. C 语言程序

红外遥控交流供电开关的 C 语言程序源代码如下，包括头文件、主程序、按键程序、定时器程序、遥控器程序和延时程序：

```
// global. h     /∗ 头文件 ∗/
// ----------------------------------------------------------------------------------------------

#ifndef__GLOBAL_H__
#define__GLOBAL_H__


// Type Define           定义类型
// --------------------------------------------------------

#ifndef__CONSTANT_TYPE__
#define__CONSTANT_TYPE__
typedef unsigned char        u08 ;
typedef unsigned int         u16 ;
#endif


// Include Files          包含的头文件
```

```
// ----------------------------------------------------------
#include "AT892051. H"

// Global Variables        定义全局变量
// ----------------------------------------------------------
extern u08 boot_code;
extern bit user_flag;

// Pin Configuration       定义引脚
// ----------------------------------------------------------
#define SWITCH      P1_6
#define KEY         P1_7
#define LAMP        P3_0
#define IR          P3_2

// Funtion Prototype       声明函数类型
// ----------------------------------------------------------
// delay. c
void DelayXms( u08 );

// key. c
u08 Get_Switch( void );
void Key_Check( void );

// main. c
void System_Initialize( void );

// remote. c
void Remote_Initialize( void );

// timer. c
void Timer0_Initialize( void );
void Timer0_Start( void );
void Timer0_Stop( void );
void Timer0_Reload( void );
#endif

// main. c   /* 主程序 */
// ----------------------------------------------------------
#include "global. h"

u08 boot_code = 0;                    //红外遥控器引导码
```

```c
bit user_flag = 0;                  //用户标志

void Main(void)
{
    boot_code = Get_Switch();        //取预设引导码值并储存
    System_Initialize();             //系统初始化函数
    while(1)
    {  Key_Check();  }
}

void System_Initialize(void)
{
    Timer0_Initialize();             //定时器0初始化
    Remote_Initialize();             //外中断0遥控初始化
    user_flag = 0;                   //用户标志初始清零
    EA = 1;                          //允许全局中断
}
```

```
//   key.c    /* 按键程序 */
// -------------------------------------------------------------------------------
```

```c
#include "global.h"

u08 Get_Switch(void)
{
    u08 value;
    if      (SWITCH == 0)
    {   value = 0x08;   }            //单刀开关SW接通为0,(遥控器T9012型)引导码赋值
    else if (SWITCH == 1)
    {   value = 0x06;   }            //单刀开关SW打开为1,(遥控器EUR501310型)引导码赋值
    return value;                    //返回引导码值
}

void Key_Check(void)
{
    while(KEY == 1);                 //手动按键S1按下
    DelayXms(20);                    //延时20ms去抖动
    while(KEY == 1);
    if      (user_flag == 0)         //用户标志为0
    {
        LAMP = 0;                    //灯HL亮
        user_flag = 1;
    }
    else if (user_flag == 1)         //用户标志为1
    {
        LAMP = 1;                    //灯HL熄
        user_flag = 0;
```

```c
}
    while( KEY ==0);                    //等待手动按键 S1 释放
    DelayXms(20);                       //延时 20ms 去抖动
    while( KEY ==0);
}
//    timer. c     /* 定时器程序 */
//    ---------------------------------------------------------------
#include "global. h"

void Timer0_Initialize( void)
{
    TMOD = 0x11;                        //定时器 0 工作模式 1, GATE = 0
    TH0 = 0;
    TL0 = 0;
}

void Timer0_Start( void)
{
    TR0 = 1;                            //启动定时器
}

void Timer0_Stop( void)
{
    TR0 = 0;                            //停止定时器
}

void Timer0_Reload( void)
{
    TH0 = 0;                            //定时器 0 时间常数
    TL0 = 0;
}
//    remote. c     /* 遥控器程序 */
//    ---------------------------------------------------------------
#include "global. h"

void Remote_Initialize( void)
{
    IT0 = 0;                            //外部中断 0 低电平触发
    EX0 = 1;                            //允许外部中断 0 中断
}
//  外部中断 0 中断服务函数
void Remote_ISR( void) interrupt IE0_VECTOR
{
    EX0 = 0;                            //禁止外部中断 0 中断
    Timer0_Reload( );
```

```
        Timer0_Start();                    //开启定时器 0 计数
        while(IR ==0);                     //等待红外接收引脚变高
        Timer0_Stop();
        if(TH0 == boot_code)               //计数值等于引导码
        {
            if (user_flag ==0)
            {
                LAMP = 0;                  //灯 HL 亮
                user_flag = 1;
            }
            else if (user_flag == 1)
            {
                LAMP = 1;                  //灯 HL 熄
                user_flag = 0;
            }
        }
        else
        {   DelayXms(500);   }             //计数值不等于引导码,延时 500ms
        EX0 = 1;                           //重新开放外部中断 0
}
//  delay. c      /*延时程序*/
//  -----------------------------------------------------------------------------------------
        #include " global. h"
        void DelayXms(u08 counter)
{
        u08 i,j;
        for(i =0;i < counter;i ++ )
        {
            for(j =0;j < 120;j ++ );
        }
}
```

7.5.4　应用说明

参见图 7-33 红外遥控交流供电开关装置的样照。装置接上灯泡 HL,接入交流市电后,系统内部自动上电复位。用红外遥控器向红外接收头(矩形窗口)方向按动任一按键,灯泡 HL 点亮,矩形窗口下方的 VL 指示灯也一同点亮。再一次按动遥控器按键,灯泡和 LED 指示灯均熄灭。也可以按动装置中 VL 指示灯下方的手动按键,达到相同的控制效果。

由于该红外遥控交流供电开关装置中的双向晶闸管采取了全导通方式,导通压降在 1V 以内,所以不必外加散热片,适用于钨丝灯、荧光灯和节能灯等多种灯型的供电控制。

这种通过红外遥控器控制交流照明通断的装置尤其适合在寝室使用。需要注意的问题是,运用红外遥控器编码脉冲有三种技术层次。任何红外遥控器的引导码或起始脉冲都有下降沿，都能满足单片机外部中断的触发条件，使单片机实现对灯光的通断控制，因此，利用引导码的下降沿实现控制属于初级层次，可以使用任何型号的红外遥控器进行控制。但从可靠性的角度考虑，这是最不可取的方案，因为任何一种具有下降沿的红外干扰脉冲都能触发单片机的外部中断，极易造成误操作。

本节介绍的测量和判断红外遥控编码脉冲引导码的方案，属于高一级的技术层次，只有使用指定型号的红外遥控器才能使单片机的控制过程启动，不管是红外遥控器发出的信号或其他的干扰脉冲，只要不符合判别要求的，均不能生效。这样使得系统的可靠性和抗干扰能力大为增强，且红外遥控器中任何一个按键的控制效果均相同，但如果受控装置较多且位置相互靠近，一个红外遥控器可能会同时启动多个受控对象，出现混乱的局面。

对红外遥控编码的引导码和后续的脉冲序列全部进行测量和判断的方案，属于最高级的技术层次。单片机不同的控制过程和功能，均与红外遥控器指定的按键相对应，其余按键不起作用。这种方案具有与第二种方案相同的可靠性和抗干扰效果，又能消除被控对象混乱的现象，并能扩大使用同一遥控器的控制对象数目，是最为完善的技术方案。当然，软件中要相应增加红外遥控器各按键的编码脉冲的测量和判断程序，且遥控器的按键与被控对象必须一一对应。

练习与思考

1. 从工程应用的实践看，51 系列单片机技术中的三大核心技术功能指的是什么？

2. 用单片机来产生音乐，主要利用了单片机中的哪些技术功能？

3. 音乐发生器中定时器预置值与什么因素有关？如何确定？

4. 音乐应用的硬件电路中采用什么器件进行音频放大，如果要调整音量，该如何设计和实现？

5. 音乐应用中的单音按键操作，如何实现"键按下发声，键释放消声"的提示效果？

6. 运动物体的双向识别应用是基于单片机技术中哪种功能原理？软件实现中还需要与什么要素相结合？

7. 运动物体的双向识别在现实环境中在哪些方面有潜在应用价值？

8. 为什么外部中断在物体运动方向的双向识别应用中需采用边沿触发方式？用电平触发方式可以吗？为什么？

9. 为什么模拟信号用作单片机中断触发信号之前要先行整形处理？可用什么芯片来整形？

10. 要增大红外发射对管的传输距离，技术上应考虑哪些措施以保证双向识别过程不发生误判？

11. 把运动物体双向识别的判断结果作控制之用，举例说明有哪些接口电路和输出执行机构可与单片机配接。

12. 在一片 51 系列单片机内为何能实现发送和接收的串行通信？

13. 自发自收串行通信实验电路中允许采用哪些方式进行发送和接收？

14. 51 系列单片机均采用中断方式进行发送和接收，发送和接收标志置位时均能引发中断，实际应用中应怎样区分是属发送中断还是属接收中断？

15. 自发自收串行通信实验电路中，融入了单片机技术中的哪些功能？

16. 自发自收串行通信实验电路中，结合了单片机的哪些接口电路？

17. 如果要增加串行通信的奇偶校验功能，试在自发自收串行通信实验电路的基础上编写实现程序。

18. 在单片机应用系统中，键盘输入通常是以键盘扫描子程序方式调用，如果键入操作中途停止，会出现什么问题？

19. 把定时技术融入键盘操作子程序中，利用定时溢出的中断方式使子程序从超时状态自动返回（退出）。能不能采用定时溢出的查询方式实现？如何实现？

20. 试举例说明这种融入定时的键盘操作控制在哪类实际场合最适合采用。

21. 红外遥控编码脉冲与串行通信脉冲的逻辑 1 和逻辑 0 电平有何区别，前者如何表示？

22. 如何结合定时器的门控位来测量脉冲高电平宽度？

23. 如何运用定时器来测量脉冲的高、低电平宽度？

24. 一体化红外接收头输出的红外编码脉冲与输入端的信号有哪些方面的不同？

25. 红外遥控解码脉冲的测量用到单片机的哪些重要技术功能？

26. 把红外遥控技术运用到家电的通断控制，有哪些控制方式，哪种方式最为完善？

27. 电容降压式整流稳压电路有何特点？如何选择元器件？安全上要注意什么问题？

28. 有哪些输出器件和执行机构可以用来控制交流电的通断？如何与单片机进行接口？

第 8 章 单片机工程技术进阶

第 1~6 章讲述了单片机的基本组成结构、功能原理、并行扩展技术以及应用系统的设计与调试，对单片机的硬件、软件知识作了基础性的介绍。第 7 章通过与基础原理紧密结合的代表性示例，进行思考方法引导和动手实验验证，加深基础知识的理解和培养实践能力。本章对单片机技术进行深一层次的学习探索，为工程上灵活运用单片机技术和拓展工程实现的思路提供进阶指引。

8.1 中断返回与抗干扰

在实际应用中，单片机系统会受到不同形式的电气干扰，这里主要讨论的是程序运行过程中受干扰偏离正常路径、出现跑飞故障、造成"死机"等现象，并提出一些抗干扰的思路和方法。正常运行的程序受到干扰后出现错乱，在某些应用场合下会造成严重的后果，这需要研究针对性的办法，以提高程序的工作可靠性。其中抗干扰的硬件 Watchdog（简写 WTD，俗称看门狗，又称微处理器监控电路）作为一种独立的集成电路监控芯片，与单片机系统配合使用，能在很大程度上提高系统工作的可靠性。相应地也有软件 Watchdog 方法，如果运用得当，也能产生很好的效果。但不管是硬件 WTD 还是软件 WTD 的抗干扰方法，都不是绝对可靠的，也存在着不同的缺陷。因此，分析和了解这些方法，并在实践中恰当地运用，将更有效地发挥抗干扰的作用。

8.1.1 硬件 Watchdog 及与单片机的接口

1. 硬件 Watchdog 芯片 MAX705/MAX813L

MAX705/MAX813L 属于专用的硬件 Watchdog 芯片，可以监视单片机的供电电压和程序的运行，在供电电压跌落至门限监测电压之下或程序受干扰跑飞的情况下能使单片机自动复位。芯片 MAX705 提供低电平复位脉冲（同类的芯片还有 MAX706），而 MAX813L 则提供高电平复位脉冲，其余功能相同。专用硬件 Watchdong 芯片见图 8-1。

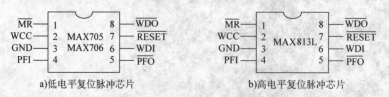

a)低电平复位脉冲芯片   b)高电平复位脉冲芯片

图 8-1 专用硬件 Watchdong 芯片

引脚功能如下：

$\overline{\text{MR}}$：手动复位输入端（低电平有效），端电压低于 0.8V 时能触发复位脉冲。

VCC：+5V 供电电压输入端。

GND：接地端。

PFI：供电电压的监控输入端，当低于 1.25V 时使$\overline{PFO}$端变低电平，PFI 不用时可接地或接 VCC。

$\overline{PFO}$：供电电压跌落到门限监测电压以下时输出变成低电平，其余状态保持高电平。

WDI：WTD 的监控输入端，高电平持续 1.6s 则内部监控定时器会引起 WDO 端变为低电平。

$\text{RESET}/\overline{RESET}$：复位输出端，在 V_{CC} 上升/下降到复位门限值后保持 200ms。

$\overline{WDO}$：WTD 的监控输出端，内部监控定时器完成 1.6s 计数或 VCC 低于复位门限值时变成低电平。

2. MAX705/MAX813L 与单片机的复位接口

MAX705/MAX813L 芯片有多种监控功能，这里主要就自动复位功能进行讨论，该功能对监视单片机的程序运行尤其重要。MAX705 与单片机组成的复位接口电路见图 8-2。由于 MAX705 输出低电平复位脉冲，而 51 系列单片机属高电平复位，因此需要把复位脉冲反相。图 8-2a 电路采用与非门芯片进行反相，图 8-2b 电路采用晶体管进行反相，两个电路均结合实现了单片机的上电复位和手动复位功能。

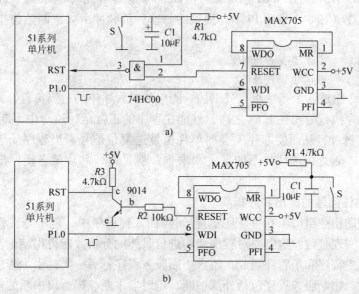

图 8-2　MAX705 与单片机组成的复位接口电路

图 8-2 电路自动复位的工作原理是：单片机在程序正常运行的状态下每 1.6s 时间间隙之内便向 MAX705 的 WDI 输入端提供一种负脉冲信号，用以清除 MAX705 内部的监控定时器计数值，使输出端$\overline{WDO}$保持高电平。由于$\overline{WDO}$与$\overline{MR}$连接，$\overline{MR}$也保持高电平，$\overline{RST}$端不会出现低电平信号。当程序受干扰跑飞或陷入死循环，单片机的 P1.0 口超过 1.6s 才向 WDI 输入端提供负脉冲或不能提供负脉冲，则 MAX705 内部监控定时器的计数值满，使$\overline{WDO}$变成低电平，$\overline{MR}$端也变成低电平，从而引起$\overline{RST}$输出低电平信号，经与非门 74HC00 反相，向单片机的复位引脚输出高电平；或者晶体管 9014 截止，从集电极 c 输出高电平，使单片机系统复位，程序从头开始运行，这称为单片机的冷起动方式。R1、C1 和 S 组成上电复位和手动复位电路，其工作原理见 1.6.1 节。

　　MAX813L 与单片机组成的复位接口电路见图 8-3。由于芯片 MAX813L 输出高电平复位信号，因此复位端 RESET 可直接与单片机的复位端 RST 相接。其余工作原理同 MAX705。

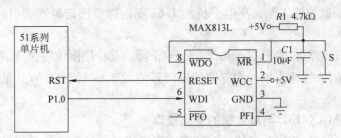

图 8-3　MAX813L 与单片机组成的复位接口电路

8.1.2　Watchdog 脉冲设置与复位可靠性分析

　　MAX705/MAX813L 芯片 WDI 输入端的 Watchdog 脉冲（俗称"喂狗"脉冲）是由单片机的一条 I/O 口线（图 8-3 中为 P1.0）提供的。这种负脉冲由如下两条位指令（清零和置位）产生：

```
CLR   P1.0            ;产生脉冲低电平
SETB  P1.0            ;产生脉冲高电平
```

　　把这两条指令组成一个指令组，分别插入到单片机程序中的适当位置，只要保证每两个指令组之间的程序执行时间在 1.6s 之内，就能在程序的正常运行过程中不断向 Watchdog 芯片传送"喂狗"脉冲，从而使芯片不会向单片机发送复位信号。当程序受干扰跑飞，正常运行途径错乱，1.6s 之内单片机不能发送"喂狗"脉冲时，芯片便自动发出复位脉冲使单片机复位。

1. 复位可靠性问题的提出和分析

　　单片机把上述指令组按 1.6s 的程序运行间隙插入到程序中，是不是在程序受干扰发生错乱时就一定能实现复位？这需要对程序结构进行具体的分析才能得出结论。程序结构分为两类：一类是由主程序和子程序组成，不含中断服务程序；另一类是由主程序、子程序和中断服务程序组成。中断服务程序包括外部中断、定时器中断、串行口中断的任一种或多种组合。下面逐一分析这两类程序结构对复位所产生的响应结果。

　　（1）程序由主程序和子程序组成的情况　程序受干扰跑飞，不管是进入了程序空白区，还是进入了死循环，都不可能如正常运行路径那样在 1.6s 之内产生"喂狗"脉冲，Watchdog 芯片必定能向单片机发出复位脉冲，实现可靠复位。

　　（2）程序含有中断服务程序的情况　程序受干扰跑飞，进入程序空白区或进入死循环的现象与上述情况相同，但如果中断服务程序中也设置了"喂狗"脉冲的指令组，不管主程序部分如何错乱，中断服务程序仍能因中断触发而照常执行指令组任务，期间会正常地送出"喂狗"脉冲，Watchdog 芯片便不会向单片机发出复位脉冲，结果仍是无法使主程序脱离干扰而实现复位。

2. Watchdog 可靠复位的措施

　　为了实现可靠复位，只需解决程序中含有中断服务程序时存在的问题。换句话说，在主程序受干扰发生错乱、但中断服务程序仍被触发运作的状态下，只要中断服务程序中的"喂狗"脉冲不发生作用，就能引发 Watchdog 芯片的复位信号。具体做法是把产生负脉冲的指令组一分为二，把其中第一条指令设在主程序内尽量靠近中断服务程序的位置，而第二条指令则设在中断服务程序的内部位置。由于这两条指令之间的程序执行时间通常不会超过 1.6s，因此这种设置是合理的。程序举例如下，假设其中含有外部中断 1 的中断服务程序。

```
        ORG   0000H
        LJMP  MAIN
        ORG   0013H        ;外中断 1 入口
        LJMP  INT1P
        ORG   0030H
MAIN:MOV  SP,#60H          ;主程序
   ⋮
        NOP
        NOP
        CLR   P1.0         ;产生"喂狗"脉冲的第一条指令
        NOP
        NOP
   ⋮
INT1P:NOP                  ;中断服务程序
        NOP
        SETB P1.0          ;产生"喂狗"脉冲的第二条指令
        NOP
        NOP
   ⋮
        RETI
```

程序正常执行时，从主程序运行到中断服务程序内部时，指令组中的两条指令合成产生一个负脉冲，使 Watchdog 芯片不产生复位信号。当主程序受干扰发生错乱后，无法执行"喂狗"脉冲的第一条指令；而中断服务程序仍能继续执行，即使执行了"喂狗"脉冲的第二条指令，但由于第一条指令的缺失，仍无法构成一个负脉冲，达不到"喂狗"的目的。中断服务程序反复执行，当超过 1.6s 时，Watchdog 芯片便会产生复位脉冲，使单片机复位。对于没有中断嵌套的应用系统，复位是绝对可靠的。对于二级中断嵌套的应用系统，可靠性也大为提高。可以在上述原理的基础上，构思更为完善的抗干扰措施。

8.1.3　中断返回与软件 Watchdog 机理

除了上述硬件 Watchdog 芯片在程序受干扰跑飞状态下使单片机系统复位（称为冷启动），还可以采用软件的方法，在程序受干扰发生错乱的状态下使程序复位（称为热启动），这就是软件 Watchdog 方法。单片机软件通常含有主程序、子程序和中断服务程序，中断服务程序中的中断返回指令（RETI）对软件 Watchdog 起到至关重要的作用。

1. 中断返回（RETI）的职能

中断返回（RETI）指令是单字节双周期指令，属于中断服务程序的结束指令，承担着如下两项重要职能：

1）通知中断系统，清除"中断优先级激活触发器"标志。中断系统内有两个用户不可寻址的"优先级激活触发器"（见第3.2.2节）。该触发器在响应中断时置位，但只有该触发器清零后才能再次响应中断。

2）装入由堆栈弹出的两个8位字节的PC（程序计数器）值，恢复原程序的执行。因为在响应中断、进入中断服务程序时，CPU首先把断点处的PC值以高低两个8位字节的形式自动压入堆栈保护，所以从堆栈自动弹出来的两个8位字节必定是PC值而装入PC。

2. 中断服务程序正常中断返回的情况

51系列单片级具有两级中断嵌套结构，低级中断能被高级中断响应所中断，正常中断返回的程序执行示意图见图8-4。

主程序开始时设置有高级中断入口和低级中断入口。高级中断服务程序执行完后，由RETI返回到低级中断服务程序的断点处，执行低级中断服务程序；待低级

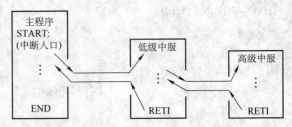

图8-4　正常中断返回的程序执行示意图

中断服务程序执行完后，由RETI返回到主程序的断点处，继续执行后续程序直至结束（END）。

3. 中断服务程序受干扰后强行拉回的情况

程序在运行过程中受干扰跑飞，其启动示意图见图8-5。以高级中断服务程序受干扰跑飞为例，程序落到了没有程序的空白区，如果按图中所示利用长跳转指令把程序拉回到开始处（START）进行热起动，结果是主程序部分可以执行，但中断服务程序部分却没有反应，出现了执行的异常，或"死机"现象。究其原因是由于高级中断服务程序和低级中断服务程序均未曾执行正常的中断返回（RETI）指令，无法清除中断优先级激活触发器标志，因此后续的中断无法响应。

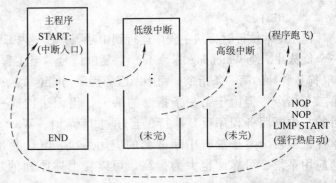

图8-5　程序受干扰跑飞的强行热启动示意图

4. 清中断激活标志的软件 Watchdog 措施

在中断服务程序受干扰跑飞的情况下，不能采用强行拉回主程序起点的做法，那样做看似合理但却是未了解清楚单片机的内部实质，即未执行正常的中断返回功能。有效的措施是设法让各级中断服务程序均执行一次中断返回，就能使中断优先级激活触发器的标志被清

除，然后装入所需运行的 PC 值。可通过人为的手段针对每一级中断服务程序各设置一段出错处理子程序，把出错处理子程序摆放在程序存储器空白区的尾部，其启动示意图见图 8-6。

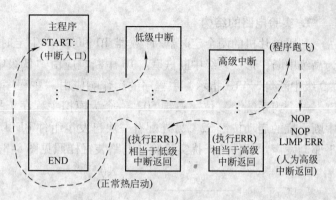

图 8-6　出错处理子程序的正常热启动示意图

其中出错处理子程序（ERR）是针对高级中断服务程序跑飞而设置的，而 ERR1 是针对低级中断服务程序跑飞而设置的。如果程序中没有中断嵌套，则只需设置一级出错处理子程序。ERR 出错处理子程序可采用如下语句结构：

```
ERR:CLR    EA              ;禁止中断
     MOV    DPTR,#ERR1      ;准备清除低级中断标志用的入口地址
     PUSH   DPL             ;入口地址进栈
     PUSH   DPH
     RETI                   ;人为高级中断返回
```

ERR 子程序执行的过程和结果是：
1）把预置地址#ERR1 压入堆栈。
2）执行 RETI 后，弹出两字节的 DPTR 作为 PC 值。
3）清除高级中断的"优先级激活触发器"标志。
4）PC 值指向#ERR1 的执行地址。

ERR1 出错处理程序可采用如下语句结构：

```
ERR1:CLR   A               ;累加器清零,准备复位地址
     PUSH ACC              ;复位地址入栈,备份作为 PC 值
     PUSH ACC
     RETI                   ;人为低级中断返回
```

ERR1 子程序执行的过程和结果是：
1）把预设地址 0000 压入堆栈。
2）执行 RETI 后，弹出两字节的 ACC 作为 PC 值。
3）清除低级中断的"优先级激活触发器"标志。
4）PC 值指向程序开始地址，从 0000H 处执行。

程序受干扰跑飞，执行完上述两段出错处理子程序后，人为设置的 RETI 指令被执行，程序从 0000H 开始重新运行，称为单片机"热启动"，主程序和所有中断服务程序均能得到正常的执行响应。

8.1.4　中断返回与软件 Watchdog 实验验证

通过如下的实验方法对清除中断激活标志的软件 Watchdog 措施进行验证，以便对软件抗干扰思路有初步的实践体验。软件抗干扰实验验证电路见图 8-7。

1. 实验电路的结构

利用单片机的两个定时器/计数器 T0 和 T1 产生定时溢出中断，设 T0 为低级中断，T1 为高级中断，形成两级中断嵌套。T0 中断响应由"低级中断灯"VL2 指示，T1 中断响应由"高级中断灯"VL3 指示，主程序的运作响应由"主程序灯"VL1 指示。电路中设置三个按键，一个为系统"复位"按键 S0，一个为模拟主程序干扰的启动按键 S1，一个为模拟高级中断干扰的启动按键 S2。另外配有一块自发声组件 BELL，由单片机的一条 I/O 口线的低电平驱动发声。软件抗干扰实验验证电路装置样照见图 8-8。

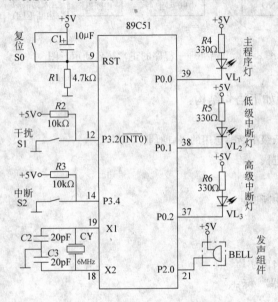

图 8-7　软件抗干扰实验验证电路

图 8-8　软件抗干扰实验验证电路装置样照

2. 程序受干扰强行热启动的验证性设计

1）电路上电复位后，主程序初始化定时器 T0、T1 和外中断 0，然后检查干扰标志 PSW.5（为 0 表示无干扰）并执行主程序灯 VL1 闪烁的循环显示任务（每次把驱动口线的输出取反）。

2）定时器 T0 在定时溢出中断服务程序中也是执行低级中断灯 VL2 的闪烁任务（每次把驱动口线的输出取反）。期间嵌套了高优先级的定时器 T1 的中断服务程序，同样是执行高级中断灯 VL3 的闪烁任务（每次把驱动口线的输出取反）。各程序在正常运行状态下，三个指示灯都在闪烁。

3）按下干扰按键 S1，触发外部中断 0，利用中断服务程序模拟对主程序的干扰，具体是在中断服务程序中把代表干扰的标志 PSW.5 设为 1，并伴以声音来指示 S1 的干扰信号接入成功，然后中断返回。

主程序检查到 PSW.5 为 1，表示有干扰进入，于是模拟脱离正常路径而转入"死循环"状态，此时主程序灯 VL1 不闪动，但两个定时器中断的指示灯仍然闪动。

4）按下模拟高级中断干扰的按键 S2 来产生低电平信号（也伴以声音提示），在高优先级定时器 T1 的中断服务程序中查询到低电平时，表示高级中断受干扰（模拟），于是程序不经正常中断返回，而是强行拉回到 0000H 处进行热启动。此时主程序指示灯恢复正常闪动，但两个定时器中断的指示灯均不闪动，按动 S2，指示灯无反应，说明两个中断均不再响应，从而能验证程序强行热启动无法达到软件抗干扰的效果。

3. 程序受干扰中断返回的热启动验证性实验设计

1）~3）的过程同上。

4）在高优先级定时器 T1 中断服务程序中查询到由按键 S2 低电平（伴以声音提示）引入的模拟干扰信号后，程序不经正常中断返回，而是转到高级中断出错处理子程序 ERR，清除中断优先级触发器标志，接着转到低级中断出错处理子程序 ERR1，清除另一个中断优先级触发器标志，然后返回到 0000H 处执行热启动。此时主程序指示灯 VL1 恢复闪动，两个定时器中断均被响应，指示灯 VL2、VL3 闪动，按动 S1 和 S2 可重复热启动的响应过程。归纳来说，所设计的实验电路旨在说明只有经历中断返回过程的热启动，才能实现软件抗干扰的效果，而强行热启动的做法是对单片机程序运行过程的一种片面性理解。

4. 实验电路验证的汇编语言源程序

程序受干扰强行热启动的验证程序如下：

```
                          ;MAIN1.asm
        BELL EQU   P2.0          ;发声组件驱动口
        ORG   0000H
START:  AJMP  MAINP
        ORG   0003H          ;外部中断 0 入口
        AJMP  INT00
        ORG   000BH          ;定时器 0 中断入口
        AJMP  TIME0
        ORG   001BH          ;定时器 1 中断入口
        AJMP  TIME1
        ORG   0030H
MAINP:  CLR   EA              ;主程序
        MOV   SP, #60H
        MOV   P1, #0FFH        ;P1 口初态
        MOV   P3, #0FFH        ;P3 口初态
        MOV   TMOD, #11H       ;设定时器模式 1
        CLR   PSW.5            ;设干扰标志
        SETB  ET0              ;定时器 0 溢出中断允许
        SETB  ET1              ;定时器 1 溢出中断允许
        SETB  EX0              ;外部中断 0 中断允许
        SETB  PT1              ;设定时器 1 高优先级
        SETB  TR0              ;启动定时器 T1
        SETB  TR1              ;启动定时器 T0
        SETB  EA               ;中断总允许
LOOP:   CPL   P0.0            ;主程序灯闪
        MOV   R7,#38           ;延时 0.5s
        ACALL  DLY
```

```
                JNB PSW.5,LOOP          ;查干扰标志
STOP:           AJMP    STOP           ;模拟死循环
                                       ; ///-----------------------------
INT00:          NOP                    ;外部中断 0 中断服务子程序
                SETB PSW.5             ;置干扰标志(来自 S1)
                CLR   BELL             ;发声
                MOV   R7,#33           ;延时 0.3s(6MHz)
                ACALL  DLY
                SETB   BELL            ;消声
                RETI                   ;中断返回
                                       ; /// -----------------------------
TIME0:          NOP                    ;定时器 0 中断服务子程序
                CPL   P0.1             ;低级中断灯闪
                MOV   TL0,#0           ;重装时间常数
                MOV   TH0,#0
                SETB  TR0              ;启动定时器 0
                RETI                   ;中断返回
                                       ; /// -----------------------------
TIME1:          NOP                    ;定时器 1 中断服务子程序
                CPL   P0.2             ;高级中断灯闪
                MOV   TL1,#0           ;重装时间常数
                MOV   TH1,#0
                JNB   P3.4,YES         ;查模拟高级中断干扰(来自 S2)
                AJMP  CC1              ;无干扰
YES:            MOV   R7,#15           ;延时 20ms
                ACALL  DLY
                JNB   P3.4,ERR         ;重查 S2 以确认
CC1:            SETB   TR1             ;启动定时器 1
                RETI                   ;中断返回
ERR:            CLR   BELL             ;发声
                MOV   R7,#33           ;延时 0.3s(6HMz)
                ACALL  DLY
                SETB  BELL             ;消声
                AJMP  START            ;强行拉回程序开始处
                                       ; /// -----------------------------
DLY:            PUSH   07H             ;延时子程序
DLA:            PUSH   07H
DLB:            PUSH   07H
DLC:            DJNZ  R7,DLC
                POP    07H
                DJNZ  R7,DLB
                POP    07H
```

```
        DJNZ   R7,DLA
        POP    07H
        DJNZ   R7,DLY
        RET
        END
```

程序受干扰中断返回的热启动验证程序如下：

```
                                ;MAIN2. asm
        BELL  EQU  P2.0         ;发声组组件驱动口
        ORG   0000H
START： AJMP  MAINP
        ORG   0003H
        AJMP  INT00            ;外部中断 0 入口
        ORG   000BH
        AJMP  TIME0            ;定时器 0 中断入口
        ORG   001BH
        AJMP  TIME1            ;定时器 1 中断入口
        ORG   0030H
MAINP： CLR   EA               ;主程序
        MOV   SP,#60H
        MOV   P1,#0FFH         ;P1 口初态
        MOV   P3,#0FFH         ;P3 口初态
        MOV   TMOD,#11H        ;设定时器模式 1
        CLR   PSW.5            ;设干扰标志
        SETB  ET0              ;定时器 0 溢出中断允许
        SETB  ET1              ;定时器 1 溢出中断允许
        SETB  EX0              ;外部中断 0 中断允许
        SETB  PT1              ;设定时器 1 高优先级
        SETB  TR0              ;启动定时器 T1
        SETB  TR1              ;启动定时器 T0
        SETB  EA               ;中断总允许
LOOP：  CPL   P0.0             ;主程序灯闪
        MOV   R7,#38           ;延时 0.5s
        ACALL DLY
        JNB PSW.5,LOOP         ;查干扰标志
STOP：  AJMP  STOP             ;模拟死循环
                                ; /// ----------------------------
INT00： NOP                    ;外部中断 0 中断服务子程序
        SETB PSW.5             ;置干扰标志(来自 S1)
        CLR   BELL             ;发声
        MOV   R7,#33           ;延时 0.3s(6MHz)
        ACALL DLY
        SETB  BELL             ;消声
```

```
              RETI
                                        ; /// ------------------------------
TIME0：       NOP                        ;定时器 0 中断服务子程序
              CPL   P0.1                 ;低级中断灯闪
              MOV   TL0,#0               ;重装时间常数
              MOV   TH0,#0
              SETB  TR0                  ;启动定时器 0
              RETI                       ;中断返回
                                        ; /// ------------------------------
TIME1：       NOP                        ;定时器 1 中断服务子程序
              CPL   P0.2                 ;高级中断灯闪
              MOV   TL1,#0               ;重装时间常数
              MOV   TH1,#0
              JNB   P3.4,YES             ;查高级中断模拟干扰(来自 S2)
              AJMP  CC1                  ;无干扰
YES：         MOV   R7,#15               ;延时 20ms
              ACALL DLY
              JNB   P3.4,ERR             ;重查确认 S2 按下,受中断模拟干扰
CC1：         SETB  TR1                  ;启动定时器 1
              RETI                       ;中断返回
                                        ; /// ------------------------------
ERR：         NOP                        ;高级中断出错处理程序
              CLR   EA                   ;禁止中断
              CLR   BELL                 ;发声
              MOV   R7,#33               ;延时 0.3s(6MHz)
              ACALL DLY
              SETB  BELL                 ;消声
              MOV   DPTR,#ERR1           ;低级中断出错处理程序首址
              PUSH  DPL                  ;人为入栈
              PUSH  DPH
              RETI                       ;人为高级中断返回
                                        ; /// ------------------------------
ERR1：        NOP                        ;低级中断出错处理程序
              CLR   A                    ;热启动的主程序首址
              PUSH  ACC                  ;人为入栈
              PUSH  ACC
              RETI                       ;人为低级中断返回
                                        ; /// ------------------------------
DLY：         PUSH  07H                  ;延时子程序
DLA：         PUSH  07H
DLB：         PUSH  07H
DLC：         DJNZ  R7,DLC
```

```
POP    07H
DJNZ   R7,DLB
POP    07H
DJNZ   R7,DLA
POP    07H
DJNZ   R7,DLY
RET
END
```

8.1.5 软件 Watchdog 的热启动改进措施

由中断返回实现的软件 Watchdog 热启动，能够解决程序受干扰跑飞的问题，使程序回到 0000H 重新运行。然而，有两类问题必须考虑：第一类问题是如果程序跑飞后不是落在程序存储器的空白区（空白区中每个储存单元的数据是 FFH，反汇编相当于指令 MOV R7，A），而是陷入了"死循环"状态，则难以执行位于程序存储器末端的出错处理程序段，实现不了热启动。第二类问题是执行了出错处理程序，实现了热启动，程序把系统当时的状态全部初始化后便往下执行。然而有些应用场合希望对系统的当前状态进行有选择的初始化，或进行系统的相关信息恢复，然后再往下执行。这就要求软件 Watchdog 具有所需形式的热启动功能，而不是一概从头开始。下面针对这两类问题在中断返回的软件 Watchdog 基础上进行改进。

1. 定时中断实现的软件 Watchdog

程序运行过程中受干扰进入了死循环状态，只有通过高优先级的中断方法才能从死循环中接管 CPU 的工作，把跑飞的程序引导出来使之进入热启动。依据这一原理，把片内定时器 T0 设为最高优先级，利用定时器 T0 的溢出中断在程序出错时启动中断服务程序。在定时器 T0 的中断服务程序中执行 8.1.3 节所述的低级出错处理程序段 ERR1 中的功能，程序段中最后一条语句是中断返回 RETI，执行后弹出热启动地址，然后清定时器中断优先级激活标志，使热启动后定时器 T0 的中断仍可继续得到响应。

在程序正常运行的过程中，为了使定时器 T0（采用模式 1 的 16 位定时器/计数器方式）不发生溢出中断，需在程序中每隔约 65ms（对 12MHz 晶振）或 130ms（对 6MHz 晶振）就插入以下两条定时器时间常数清零的指令：

```
MOV    TH0,#0          ;清定时器 T0 高字节
MOV    TL0,#0          ;清定时器 T0 低字节
```

（俗称定时器"喂狗"）使定时器 T0 不至发生溢出中断。

在程序受干扰进入死循环状态时，便失去了执行上述时间常数清零（"喂狗"）的机会。定时器 T0 会发生溢出中断，从而实现热启动。定时器 T0 初始化程序段和溢出中断服务程序段举例如下：

```
ORG    0000H
LJMP   MAIN
ORG    000BH           ;定时器 T0 中断入口
LJMP   PGT0
ORG    0030H
```

```
MAIN:    NOP
         MOV   SP,#60H
         MOV   TMOD,#01H        ;定时器 T0 模式 1
         SETB  PT0              ;定时器 T0 最高优先级
         SETB  ET0              ;定时器 T0 中断允许
         SETB  EA               ;总中断允许
         MOV   TH0,#0           ;定时器 T0 时间常数
         MOV.  TL0,#0
         SETB  TR0              ;启动定时器 T0
           ⋮
         NOP
         NOP
         MOV   TH0,#0           ;定时器"喂狗"用清零
         MOV   TL0,#0
           ⋮
         NOP
         NOP
         MOV   TH0,#0           ;定时器"喂狗"用清零
         MOV   TL0,#0
           ⋮
PGT0:    NOP                    ;定时器 T0 中断服务程序
         CLR   A                ;准备热启动地址
         PUSH  ACC              ;地址入栈,备作 PC 值
         PUSH  ACC
         RETI                   ;定时器 T0 中断返回
```

2. 部分初始化的软件 Watchdog 热启动

上述所介绍的软件 Watchdog 热启动方法,基本上属于冷启动的全面初始化的运行方式。为了实现部分初始化的热启动,即执行不同于冷启动的初始化以及信息恢复等功能,需要在上述软件 Watchdog 热启动方法的基础上加入两条改进措施。以 8.1.3 节中断返回的软件 Watchdog 热启动为例进行讨论。

1) 用程序状态字 PSW 中的 F0 作为热启动标志,置于主程序堆栈之后的部位,作为全面初始化和部分初始化的判断依据。若 F0 = 0,进行全面初始化;若 F0 = 1,进行部分初始化。把初始化程序段分为经过对 F0 标志判断后的两个分支执行,即全面初始化分支和部分初始化分支,初始化分支的软件方案见图 8-9。

对于正常的开机上电复位(包括手动复位),标志 F0 为 0,经判断后往全面初始化分支运行。对于干扰引起的软件 Watchdog 热启动,因为标志 F0 被改为 1(在下面的章节叙述),所以经判断后往部分初始化分支运行。

2) 在出错处理程序段中建立部分初始化标志 F0 = 1,其余部分同 8.1.3 节的处理过程,ERR1 程序段如下:

```
ERR1:    SETB  F0               ;建立部分初始化标志
         CLR   A                ;准备热启动地址
```

```
        PUSH    ACC                ;地址入栈,备作 PC 值
        PUSH    ACC
        RETI                       ;中断返回
```

即使热启动时 F0 被设为 1，如果断电后再上电，上电复位后的标志 F0 必为 0，对正常冷启动也没有影响。

3）如果 PSW 中的 F0 在程序中要作它用，可利用内部 RAM 的两个单元作为热启动标志，例如，用高端的 5DH 和 5EH，把 ERRR1 程序段中的 SETB F0 语句用以下设置标志值的语句替代：

```
        MOV    5DH,#0AAH
        MOV    5EH,#55H
```

因为#AAH 的 8 位二进制数为 1010 1010，而#55H 的 8 位二进制数为 0101 0101，所以作为热启动判断标志是具有代表性的。

在图 8-8 中用判断 5DH 和 5EH 是否等于标志值#0AAH 和#55H 的方法，替代对标志 F0 = 1 的判断。采用内 RAM 单元之所以能适合正常冷启动的判断，是因为系统断电后，RAM 单元的数据是随机的，只有不等于 ERR1 中所设置的标志值#0AAH 和#55H，程序才能往全面初始化分支执行，与 F0 = 0 的效果相同。

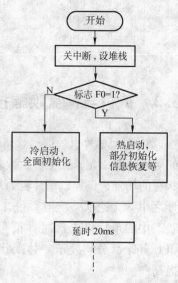

图 8-9 初始化分支的软件方案

8.1.6 防错位干扰的空操作措施

程序往往因干扰造成指令错位，把一些操作数当作指令码来执行，从而引起整个程序的混乱。51 系列单片机有 111 条指令，多数为单字节指令，当 CPU 受到干扰使程序跑飞到单字节指令上时，自身能自动回到正轨；当跑飞到双字节指令上时，有可能落到其中的操作数上，把操作数当操作码运行，使程序继续出错；当跑飞到三字节指令时，由于指令中有两个操作数，有更大的机会出错。防止干扰造成指令错位的措施是：用两个单字节的空操作（NOP）指令，插入到起到跳转和转向作用的一些关键性的指令之前，可保证跑飞的程序迅速回到正轨。这些指令有 RET、RETI、ACALL、LCALL、SJMP、AJMP、LJMP、JZ、JNZ、JC、JNC、JB、JNB、JBC、CJNZ、DJNE 等。另外，在双字节指令和三字节指令之后插入两个 NOP 指令，可保护其后的指令不被拆散，即使跑飞的程序落到操作数上，由于有两个空操作指令存在，也不会把随后的其他指令作为操作数处理。这种方法又称"指令冗余技术"，但程序中冗余指令不要用得过多，以免影响运行效率。总的来说，适当地加入 NOP 指令，能起到增强软件抗干扰的效果，以下是一些语句的范例：

```
        ⋮
        NOP
        NOP
        ACALL
        NOP
        NOP
        ⋮
```

```
NOP
NOP
JNZ
NOP
NOP
⋮
```

8.2 待机与键盘唤醒技术

51 系列单片机的待机（Idle）功能已在 1.6.3 节中进行了介绍。在一些不需要频繁操作的应用场合，尤其在操作次数较少或操作使用时间很短而在绝大部分时间内电路都处于闲置状态的场合，例如以单片机为核心组构的密码保险柜等电子装置，把待机功能融入电路设计之中，无论从节能或系统工作可靠性方面考虑都属于很好的设计构思。这是因为待机状态中的单片机内部时钟信号只提供给中断逻辑、定时器和串行口，使之呈伺服状态，CPU 其余部分均处于"休眠状态"，耗能大为减少，且不易受电气干扰，工作可靠性得到提高。

8.2.1 待机与唤醒方法的考虑

使单片机进入待机状态很简单，只需一条指令就能实现，问题是当电路需要工作时，通过什么方式将其唤醒，这需要根据应用系统的具体情况来综合考虑。重温一下前面章节介绍的原理，执行如下一条使电源控制寄存器（PCON）中的最低位 IDL 置 1 的指令，就能进入待机模式。

MOV　PCON, #01H

待机方式唤醒的方法有如下两种：

1）激活任何一个被允许的中断，使 IDL 位被硬件清零，结束待机状态。

2）由硬件系统复位终止待机方式。

当然，由硬件系统复位是最为直接的方法，但执行的是冷启动，一切都得从初始化状态做起，这往往是某些应用中所不希望看到的或者要尽量避免的。待机状态的唤醒更多是考虑采用中断的方法，因为待机状态经中断方式唤醒后，就可以继续执行紧跟在上述进入待机状态指令的后续指令，如果该后续指令是一条跳转到待机状态的指令，则又可以重新进入待机状态。中断激活方式通常与其他电路功能同时结合在一起来设计考虑，下面以电子密码保险柜中用到的键盘唤醒方案为例剖析与键盘操作相结合的中断激活方法。

8.2.2 待机方式的键盘唤醒电路

以单片机为控制核心的交流供电式电子密码保险柜，是最具代表性的适合融入待机方式的应用装置。尤其当家庭使用时，其中的电子机构运作的时间和次数少，空闲搁置的时间长，在搁置期间让其中的单片机核心电路进入待机状态，能起到降低功耗、减少发热量和增强抗干扰能力的良好效果。

从工作原理上说，待机方式必须由中断来唤醒，在电路设计上可以单独采用一个手动复位开关，在需要输入密码之前，先按动复位开关让电路系统复位，退出待机状态，然后再从键盘键入密码，实施开锁或关锁操作。显然这种需要用户执行附加操作的设计方案并没有为

用户提供方便，反而增加了用户的操作负担。好的设计构思应是用户按正常习惯键入密码，保险柜的电路系统就能从待机状态唤醒并且同时执行键盘扫描、接受密码输入的操作。

待机方式由键盘唤醒的关键技术是键盘电路的设计与中断触发电路相结合，不是采用通常的双触点按键式的矩阵键盘，而是采用具有第三公共触点的矩阵键盘（见 5.1.6 节），这里称之为中断唤醒式键盘。当任一按键按动时，均能启动第三公共触点触发外部中断，使单片机从待机状态唤醒。待机与键盘唤醒的验证电路见图 8-10，通过这个电路就可以体验和掌握待机与中断唤醒的技术方法。

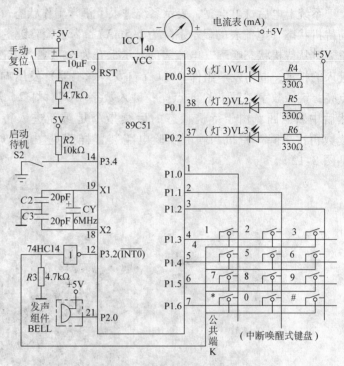

图 8-10　待机与键盘唤醒的验证电路

电路的主要构思如下：

1. 待机节能状态的检验

单片机的 VCC 供电端串入直流电流表（可用万用表的 25mA 电流挡），极性如电路图所示，万用表的红表笔应接 +5V，黑表笔应接芯片的供电端。待机状态是执行待机指令使电源控制寄存器 PCON 中的最低位 IDL 置 1 实现的（见 1.6.3 节），可通过外部按键 S2 来提供启动待机演示的输入信号，只要检测到 P3.4 口为低电平，程序便执行待机的指令，从电流表上的电流下降现象（从 6mA 降到 1.5mA）便可证明单片机进入了待机状态。

2. 中断唤醒式键盘的待机唤醒

图 8-10 中的中断唤醒式键盘属特制的 3×4 矩阵键盘，与普通的矩阵键盘的差别在于其中每个按键多了一个第三触点，并且所有第三触点共同连接在一起，形成公共端 K。当任一键按下时，按键中的三个触点都被键盘的行列线接通。按键名称为对应的键号，可赋相应功能。

图中单片机 P1 口与键盘相连接，其中 P1.0 ~ P1.2 口为键盘行线，P1.3 ~ P1.6 为键盘列线。复位后 P1 口呈高电平状态，键盘的公共端 K 连接反相器 74HC14 的输入端，且被电阻 R3 拉到低电平，使反相器输出高电平，外部中断 0 不产生触发作用。

当从键盘输入数据时，只要任一键被按下，公共端 K 就接触到行线列线的高电平，于是反相器输出低电平使外部中断 0 被触发，把单片机从待机状态唤醒，从电流表上可见到电

流值上升（从1.5mA升到6mA），接着在中断服务程序中调用键盘扫描子程序，键入密码。这里是采用反极法键盘扫描程序（见5.1.4节）。

系统上电后灯1点亮，表示系统进入了正常工作状态（电流表显示6mA）。按动S2，启动待机状态（电流表的显示下降为1.5mA）。为了检验键盘的功能正常，按动任何键，单片机立刻从待机状态唤醒（电流表的显示上升为6mA），并且相应的指示灯发亮作为键盘数字键入的指示，同时发声组件BELL（自发声蜂鸣器）发出响声。设定了键入数字"1"，灯2点亮；键入数字"3"，灯3点亮；键入数字"0"，灯2、灯3全部熄灭，结束键盘扫描，然后中断返回。由于待机状态的后续指令是重新进入待机状态，因此电流表的电流值读数再次下降。待机与唤醒实验电路装置样照见图8-11。待机状态电流表的读数样照见图8-12。

图8-11　待机与唤醒的实验电路装置样照

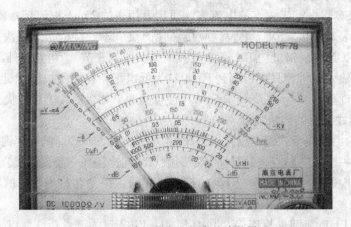

图8-12　待机状态电流表的读数样照

3. 待机与唤醒电路的汇编源程序

以下是检验电路的汇编源程序，含主程序、中断服务子程序和反极法键盘扫描子程序。

```
        BELL    EQU  P2.0            ;发声模块驱动口
        ORG     0000H
START:  AJMP    MAINP
        ORG     0003H
        AJMP    INT00               ;外部中断0入口
        ORG     0030H
MAINP:  NOP                         ;主程序
        MOV  SP,#60H
        SETB  EX0                   ;外部中断0中断允许
        SETB  EA                    ;中断总允许
LOOP:   CLR  P0.0                   ;主程序灯1亮
        JNB  P3.4,YES               ;按下S2键启动待机
        AJMP  CC1
YES:    MOV  R7,#15                 ;延时20ms
        ACALL  DLY
        JNB  P3.4,IDLE1             ;确认S2键启动待机
CC1:    AJMP  LOOP
IDLE1:  CLR  BELL                   ;发声
        MOV R7,#33                  ;持续0.3s(6MHz)
        ACALL DLY
        SETB  BELL                  ;消声
IDLE:   MOV  PCON,#01H              ;进入待机状态
        NOP                         ;等待中断唤醒
        AJMP  IDLE

                                    ; --------------------------------------
INT00:  NOP                         ;外部中断0中断服务子程序
        CLR  EA                     ;关闭总中断
AGA:    ACALL  KEY                  ;键盘扫描值存入A
        CJNE A,#0F6H,CC2            ;按下1键
        CLR  P0.1                   ;灯2亮
        AJMP  AGA
CC2:    CJNE A,#0F3H,CC3            ;按下3键
        CLR  P0.2                   ;灯3亮
        AJMP  AGA
CC3:    CJNE A,#0BDH,AGA            ;按下0键
        SETB  P0.1                  ;键灯灯2熄
        SETB  P0.2                  ;键灯灯3熄
        MOV  P1,#0FFH               ;口线恢复高电平
        SETB  EA
        RETI

                                    ;----------------------------
KEY:    NOP                         ;反极法键盘扫描子程序
```

```
            MOV   P1,#0F8H              ;行线置0
            MOV   A,P1                  ;读入列线
            ANL   A,#0F8H
            CJNE  A,#0F8H,K1
            AJMP  KEY                   ;等待键按下
K1：        MOV   R7,#15;20ms
            ACALL DLY
            MOV   P1,#0F8H              ;查键按下
            MOV   A,P1
            ANL   A,#0F8H
            CJNE  A,#0F8H,K2            ;确认键按下
            AJMP  KEY
K2：        MOV   B,A                   ;暂存
            CLR   BELL                 ;发声
                                       ;反极
            MOV   P1,#07H              ;列线置0
            MOV   A,P1
            ANL   A,#07H
            CJNE  A,#07H,K3             ;确认按下
            AJMP  KEY
K3：        ORL   A,B                   ;取键值
            MOV   B,A                   ;暂存
K4：        MOV   A,P1                  ;查键释放
            ANL   A,#07H
            CJNE  A,#07H,K4
            MOV   R7,#15                ;延时20ms
            ACALL DLY
            MOV   A,P1
            ANL   A,#07H
            CJNE  A,#07H,K4
            MOV   A,B                   ;取键值
            SETB  BELL                 ;消声
            RET

                                       ; ---------------------------
DLY：       PUSH  07H                   ;延时子程序
DLA：       PUSH  07H
DLB：       PUSH  07H
DLC：       DJNZ  R7,DLC
            POP   07H
            DJNZ  R7,DLB
            POP   07H
            DJNZ  R7,DLA
            POP   07H
```

```
DJNZ    R7,DLY
RET
END
```

8.3 数据冗余恢复技术

单片机应用系统中有些数据虽然个数不多，却非常重要。这些数据有可能因干扰而遭到破坏，因此在提取这些数据出来使用之前，必须先确认这些数据是否被破坏，把遭到破坏的数据先进行恢复处理。这类数据最典型的例子是电子密码保险柜的密码，对于常用的6位密码来说，数据量很小，但如果电路受干扰，存储的密码一旦遭到破坏，使用原先的6位正确密码就无法开启保险柜，后果是很严重的。为了加强数据的防错纠错能力，采取数据冗余恢复技术，基本上能够保证数据的正确性。数据冗余恢复技术的主要思路是把同一数据分散存放在不同的储存空间中，在取用数据之前，先把所有存放的数据进行比较，用正确的数据修复出错的数据，再把数据取出来使用。

8.3.1 冗余数据的存放区域考虑

冗余数据（Redundant Data），又称备用数据，在单片机系统中的备份区域有三种存放方式可供参考，视系统具体的结构而定。一种方式是存放在内部 RAM 中，能提高程序的执行效率，但有很多指令都可以修改片内 RAM 信息。另一种方式是扩展了片外 RAM，则可存放到片外 RAM，因为片外 RAM 只有 MOVX 指令才能对数据进行修改。这两种情况都是在程序执行过程中实时进行的，一旦断电数据便会丢失。还有一种方式是扩展并行 E^2PROM（见4.3.1节）或串行 E^2PROM（详见第9章），这些芯片属于非挥发性电可擦写器件，断电数据保留，是数据冗余备份存放的最佳选择。上述电子密码保险柜的6位密码，就是存放在这类 E^2PROM 中作为冗余数据恢复使用的。

8.3.2 数据冗余恢复的表决策略

1. 基本的三重冗余数据储存架构

数据冗余恢复技术是考虑以三组冗余数据作为最基本的储存架构，也就是说把相同的数据重复存放到三个互不相关的地址单元，以此来建立数据备份。以 512B～2KB 容量的串行 E^2PROM 芯片为例，如果芯片中的全部储存空间都可以作为为数据冗余恢复使用，那么数据的存放原则是三组数据相互分隔存放，相互之间的距离越远越好，这样受干扰冲击时三组数据同时被破坏的几率就会越低。

2. 数据冗余恢复的表决

若要进行数据冗余恢复，由于预先不清楚哪组数据已被破坏，因此可采取"三中取二"的表决策略来判断。即每两组数据之间进行比较，如果有两组数据是相同的，则说明不相同的那组数据已遭破坏，可用正确的数据组恢复出错的数据组，然后才取出来使用。数据"三中取二"表决策略的软件流图见图 8-13。

3. 数据冗余恢复表决策略的扩展

数据"三中取二"的表决过程中可能会出现这样的情况，参与表决的三组数据均被破坏，这在图 8-13 中已设置了出错处理标志。某些对数据的可靠性要求严格的应用场合，为了使数据被破坏的几率更小，可对表决策略进行扩展，采用二重"三中取二"的表决策略，就是说把相同的数据重复存放到 6 个互不相关的地址单元，以建立更可靠的数据备份。

在数据恢复的表决过程中，把 6 组数据分成两大部分，从原理上说，每一部分

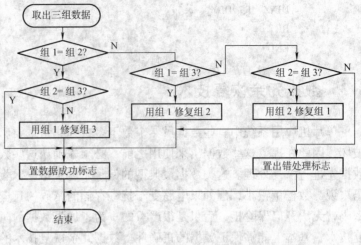

图 8-13 数据"三中取二"表决策略的软件流程图

都可采用上述"三中取二"的表决方法来判断，如果某一部分数据全部被破坏，则用另一部分正确的数据或已恢复的数据来恢复该部分被破坏的数据。在 6 组数据都经过判断或经正确恢复后，才取出来使用。

当然，如果这两大部分的 6 组数据均被破坏，为了对付这种情况，需采用 9 组冗余数据来作备份，然后分成三大部分来实施"三中取二"的表决恢复过程，更多组别的冗余数据备份可依此类推。不过，要使 6 组冗余数据均被破坏，这在应用中是很罕见的，通常采用基本的三组冗余数据备份的措施，就已经能取得很好的效果。现以上述电子密码保险柜应用例所述的干扰冲击试验来加以说明。电路装置中采用 2KB 容量的并行 E^2PROM 存放三组冗余数据，电路装置中的直流电源由交流市电经变压器降压整流后提供。在未实施数据冗余备份之前，用存放的一组 6 位密码作试验，把交流供电插头往插座上反复快速作试验拔插，制造电气火花干扰和直流电压的不稳定条件，结果数据被破坏、密码丢失。实施三组数据冗余备份和"三中取二"的表决恢复技术后，用同样方法产生供电干扰，对内部储存区域的局部测试表明其中某些数据确实已被破坏，但由于进行了冗余恢复，每次电气干扰操作之后随即进行开锁关锁的试验，键入的密码与冗余恢复的密码在数百次的试验中没有一次发生对比错误。这是因为数据恢复到正确的状态后才用作比较，不可能发生错误。上述例子是数据冗余恢复技术最具代表性的一种工程应用示例，同时也说明了对重要数据采取数据冗余恢复技术进行抗干扰保护具有实际作用和意义。

8.4 交流电断电检测与信息保护技术

大部分单片机应用系统的直流供电是通过交流变压器降压、整流、滤波、最后经三端稳压集成芯片稳压后提供的，滤波电容通常采用 $470 \sim 1000\mu F$ 的大电解电容。在单片机应用系统没有设置备用电池的情况下，一旦交流电断电，系统的工作便停止且数据丢失，有可能造成严重的后果。研究一种交流电断电检测电路，在交流电断电的半周期内完成检测并触发单片机的外部中断，利用滤波电容的残留储能完成系统内重要信息的储存保护，并把这种断电检测电路设计成小巧模块，以配件的形式与单片机应用系统配合使用，具有工程应用的实

际意义。本节将介绍这种交流电断电检测信息保护技术的实现方法。

8.4.1 交流电断电检测模块的构思与实现

交流电断电检测模块的电路设计涉及到模拟电子技术和数字电子技术的综合运用。首先需要运用一种巧妙的方法把交流电模拟信号变换成数字信号，才能发挥单片机的控制作用。

1. 交流电断电检测的信号源产生

交流市电是每秒 50Hz 的正弦波，周期为 20ms，经变压器降压，次级绕组全波整流后形成半周期为 10ms 的全半周波形，见图 8-14a。电压峰值为次级绕组电压的 1.414 倍，经稳压管初步稳压后的切峰波形见图 8-14b，切峰值相当于稳压值。波形中未到达稳压值之前的上升沿仍与正弦波相同，要变成陡峭的脉冲波，需要进行施密特整形。利用施密特反相器进

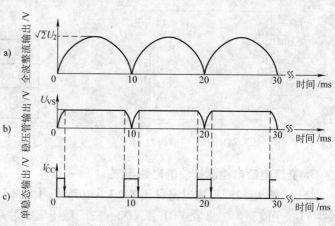

图 8-14 交流电断电检测的信号源波形

行整形并反相处理后的波形见图 8-14c，对应于正弦波每半个周期，产生了一个陡峭下降沿脉冲，脉冲幅度接近芯片供电电压 V_{CC} 值，作为断电检测的信号源。

2. 交流电断电检测的机理

交流电断电检测的思路是利用半周期的脉冲信号作为信号源，控制一种称为可重复触发的单稳态触发器，利用单稳态的输出信号作为单片机的外部中断触发信号，从而实现交流电模拟信号到单片机数字信号的控制转换。

一般的单稳态触发器的工作原理是：输入端输入一个脉冲触发信号（上升沿或下降沿视具体器件特性而定），单稳态输出端输出一个宽度由外部 RC 电路的时间常数决定的脉冲，时间常数到达后脉冲消失，输出端回复原来的状态。此时再输入一次触发信号，输出端则又送出一次脉冲，依此循环。这种特性的单稳态触发器不适合用作交流电断电检测，因为对应于交流电每个半周期的触发脉冲，单稳态触发器均产生一次输出脉冲下降沿，单片机外部中断随之被触发一次。当交流电断电后，半周期式的触发脉冲消失，作用于单稳态触发器的输入信号也消失，不能对单片机外部中断起触发作用。

可重复触发的单稳态触发器的特性是：输入端的触发脉冲使单稳态触发器输出脉冲信号，脉冲宽度同样由 RC 电路的时间常数决定。然而，在时间常数值到达之前，如果再输入一次触发脉冲，则单稳态触发器输出端的脉冲宽度会再持续延伸一个时间常数值（对于 50Hz 交流正弦波而言，RC 时间常数应设置成大于一个半周期）。不断定期向单稳态触发器的输入端提供触发脉冲，则输出端的脉冲宽度就一直持续下去不会回落，正是这一特性使得交流电断电检测能够实施。

当交流电正常供电时，可重复触发的单稳态触发器输出高电平脉冲，对单片机外部中断不产生作用。一旦交流电断电，图 8-14 中 c 的整形脉冲消失，从失去第一个半周的脉冲下

降沿开始，单稳态触发器的输出脉冲宽度就不能维持，回落时产生脉冲下降沿，用以触发单片机外部中断，在中断服务程序中执行信息保护操作。该信息保护操作的时间极短，利用电路中滤波电容的残留储能足以实现。

可重复触发的单稳态触发器芯片 74HC123 含两个相同的单稳态触发器 1 和 2，74HC123 的引脚封装如图 8-15 所示，其逻辑功能见图 8-16（详见数据手册）。应用中只需使用芯片的单稳态触发器 1，把交流电半周期对应的脉冲下降沿作为单稳态触发器输入端 1A 的触发信号。

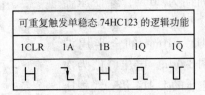

图 8-15　74HC123 的引脚封装　　　　图 8-16　74HC123 的逻辑功能

3. 交流电断电检测模块的电路组成

交流电断电检测模块电路见图 8-17。电路由两大部分构成，第一部分包含交流降压变压器 T1、全波整流二极管 VD1 和 VD2、三端稳压集成芯片 U1、滤波电解电容 C1 和 C2、限流电阻 R2 和指示灯 VL0。这部分主要实现交流降压、全波整流和直流稳压输出，提供单片机系统及其他芯片的直流供电，并向断电检测模块提供交流降压信号。

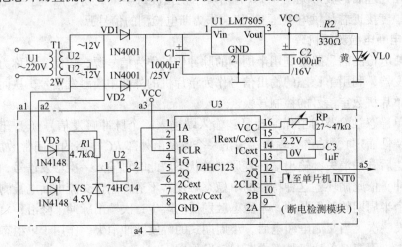

图 8-17　交流电断电检测模块电路

第二部分如图 8-17 中点画线框所示，含全波整流二极管 VD3 和 VD4、稳压管 VS 和限流电阻 R1，施密特整形反相器 U2、可重复触发式单稳态触发器芯片 U3、时间常数调整用电位器 RP 和电容 C3。把虚线范围内的电路设计制作成一个独立的小型交流电断电检测模块，其中两个输入端口 a1 和 a2 用来连接交流降压变压器的二次绕组，另外两个输入端 a3 和 a4 用来连接 U1 直流稳压输出的 VCC 和 GND，还有一个输出端 a5 向单片机提供外部中断触发脉冲，交流电断电检测模块见图 8-18。交流电断电检测模块可与单片机应用系统配合使用，实现交流电断电检测。

8.4.2 交流电断电检测的信息保护

交流电断电检测模块需要占用单片机的外部中断0，在所有外部事件中，没有什么比断电信息保护更重要的了，因此用作交流电断电检测的外部中断0应设为最高优先级。这也正符合第3章中断技术中提出的在条件允许的情况下，应尽量使用外部中断1，而把外部中断0留作处理最紧急的事件。

单片机的外部中断0已用于交流电的断电检测，仅剩下一条外部中断1口线可供使用，在某些中断源较多的应用场合下就需要进行中断口扩展。以下通过外部中断1口线进行中断触发式键盘和红外遥控中断输入的扩展应用实例，实施交流电断电检测的信息保护，使读者能对单片机技术的综合运用有更一步的体验。信息保护与中断口扩展的实验电路见图8-19。图中采用具有公共端K的中断唤醒式键盘（见8.2.2节），其中1R～4R为矩阵键盘行线，5C～7C为矩阵键盘列线，K为键盘公共触点引出脚。

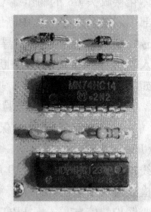

图 8-18 交流电断电检测模块

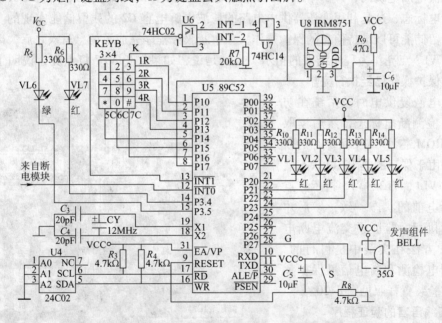

图 8-19 信息保护与中断口扩展的实验电路

1. 中断源与中断口扩展

采用两个中断源作为单片机外部中断1的输入信号，一个中断源是中断触发式矩阵键盘（键盘结构另见图8-10），另一个中断源是一体化红外接收头的解码输出（原理参见7.5.1节）。两路中断源共用一个外部中断1，需要进行中断口扩展。针对中断触发式矩阵键盘的信号极性，中断口扩展电路中拟采用或非门，或非门U6的两个输入端分别连接上述两个中断源的输出端，任何一个中断源都能触发外部中断1，但判断中断到底是由哪一个中断源所引发，需要使中断口扩展电路具有中断源的识别功能。由于仅用到两个中断源，因此只需利用单片机的一条 I/O 口线（P1.7），连接到其中一个中断源的输出端（本例是连接到红外一体化接收头 U8 的输出端 OUT，并经反相器 U7 反相使之符合与非门 U6 的极性要求）。在外部中断被触发并进入中断服务程序后，首先检查 I/O 口线 P1.7 的状态（如果是红外遥控信号，则 OUT 输出端的引导码会使 P1.7 口变为低电平；若 P1.7 口仍为高电平，则是键盘输入），以此判断是哪个中断源引发的中断，从而转向相应中断源的中断服务程序进行处理。如果中断源有两个以上，则需增加相应数目的 I/O 口线，采取顺序查询的方式判别中断源。

2. 断电信息保护与验证

为了实现断电信息保留，单片机进行串行 E²PROM 接口扩展，通过两条 I/O 口线（P3.6 和 P3.7）模拟 I²C 总线，与 E²PROM 芯片 U4 进行信息交换（原理详见第 9 章串行总线扩展技术），如图 8-19 所示。一旦交流电断电经过一个交流电半周期（10ms）后，断电检测模块便输出脉冲下降沿至单片机的 P3.2 口，触发外部中断 0，在中断服务程序中把需要保护的信息写入 E²PROM 芯片中。为了体验信息保护功能及其执行过程，设置了由 P2 口驱动的 5 个指示灯 VL1 ~ VL5，通过键盘 KEYB 或红外遥控器以随机方式键入数字，使对应指示灯点亮，例如把 VL1、VL3、VL5 点亮，对应的 P2 口的状态便可作为断电时要保留的信息。交流电断电瞬间，外部中断 0 中断服务程序立即把 P2 口状态写入串行 E²PROM 芯片，并设置断电标志，这是利用变压器供电电路的滤波电解电容 C2 的残留储能实现的。为了证明电容残留储能可以维持信息的保护操作，在中断服务程序完成了信息写入之后，以驱动红色指示灯 VL7 点亮作为程序结束的指示。也就是说，如果红色 VL7 灯点亮，说明了在它之前的信息保护操作已经执行完毕。

交流电恢复供电时，系统在初始化阶段检测断电标志，然后读取串行 E²PROM 芯片 U4 中所保存的断电信息。由于保存的是 P2 口状态信息，因此 VL1、VL3、VL5 指示灯点亮，与断电前的状态一致，然后才往下继续执行，验证了交流电断电信息保护方法在实践中是可行的。交流电断电检测和断电信息保护整合后的实验装置样照见图 8-20。

3. 汇编语言的验证程序

以下是交流电断电检测和信息保护的汇编语言程序。在图 8-20 中，上电后黄灯 VL0 亮，指示系统供电正常。键盘按下时伴随蜂鸣器发声，与按键相对应的灯 VL1 ~ VL5

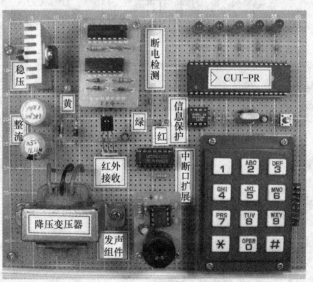

图 8-20   交流电断电检测和信息保护
整合后的实验装置样照

点亮，按"＊"键 VL1 ~ VL5 全部熄灭；按下"#"键，退出 INT1 中断返回。红外遥控器操作与键盘操作的响应相同，绿灯 VL6 伴随遥控器的按键操作而发亮。任何时刻出现交流电断电的情况，灯 VL1 ~ VL5 的显示状态会被自动保存到串行 E²PROM 中，随后红灯 VL7 短暂发亮。恢复交流电供电后，灯 VL1 ~ VL5 自动重现交流电断电前的显示状态。

```
        SDA EQU P3.6            ;设定数据线
        SCL EQU P3.7            ;设定时钟线
        SLAW EQU 18H            ;设定 E²PROM 写页
        SLAR EQU 19H            ;设定 E²PROM 读页
        ROW1 EQU P1.0           ;设定键盘行线
        ROW2 EQU P1.1
        ROW3 EQU P1.2
        ROW4 EQU P1.3
        COL1 EQU P1.4           ;设定键盘列线
        COL2 EQU P1.5
        COL3 EQU P1.6

        ;  -------------------------------------

        ORG 0000H
        AJMP MAIN
        ORG 0003H              ;外部中断 0 入口
        AJMP INT00
        ORG 0013H              ;外部中断 1 入口
        AJMP INT01
        ORG 0030H
MAIN:   NOP                    ;主程序
        MOV SP,#60H
        SETB P3.4              ;外部中断 0 红指示灯 VL7 熄
        MOV 18H,#0A0H          ;置 E²PROM 地址(写)
        MOV 19H,#0A1H          ;置 E²PROM 地址(读)
        MOV 50H,#01            ;待存数据
        MOV 51H,#02
        MOV 52H,#03
        MOV R0,#50H            ;数据缓冲区首地址
        MOV R1,#1             ;E²PROM 首地址
        MOV R3,#3             ;字节计数初值
        LCALL RNBYT           ;读 E²PROM 子程序
        MOV P2,50H            ;恢复 P2 口状态
        MOV R7,#18            ;等待 20ms
        LCALL DLY             ;延时子程序
        SETB IT0              ;置外部中断 0 边沿触发
        CLR IT1               ;置外部中断 1 低电平触发
        SETB PX0             ;置外部中断 0 优先级
        SETB EX0             ;外部中断 0 中断允许
        SETB EX1             ;外部中断 1 中断允许
        SETB EA              ;总中断允许
        AJMP $               ;等待中断
        ;  -------------------------------------
```

```
INT00:   NOP                       ;断电信息保护中断服务子程序
         MOV 50H,P2                ;暂存 P2 口状态
         MOV R0,#50H               ;数据缓冲区首地址
         MOV R1,#1                 ;E²PROM 首地址
         MOV R3,#3                 ;字节计数初值
         LCALL WNBYT               ;初始化数据写入 E²PROM
         CLR P3.4                  ;外部中断 0 红指示灯 VL7 亮
         RETI                      ;中断返回
         ;  --------------------------------------------
INT01:   NOP                       ;外部中断口扩展服务子程序
         JNB P1.7,INT1A            ;低电平属遥控器
         NOP                       ;高电平属键盘
         CLR EX1                   ;关闭外部中断 1
CYCL:    LCALL KEYB                ;键盘扫描子程序
         CJNE A,#1,L01             ;属键 1?
         CLR P2.0                  ;VL1 灯亮
         AJMP CYCL
L01:     CJNE A,#2,L02             ;属键 2?
         CLR P2.1                  ;VL2 灯亮
         AJMP CYCL
L02:     CJNE A,#3,L03             ;属键 3?
         CLR P2.2                  ;VL3 灯亮
         AJMP CYCL
L03:     CJNE A,#4,L04             ;属键 4?
         CLR P2.3                  ;VL4 灯亮
         AJMP CYCL
L04:     CJNE A,#5,L05             ;属键 5?
         CLR P2.4                  ;VL5 灯亮
         AJMP CYCL
L05:     CJNE A,#6,L06             ;属键 6?
         AJMP CYCL                 ;循环返回
L06:     CJNE A,#7,L07             ;属键 7?
         AJMP CYCL                 ;循环返回
L07:     CJNE A,#8,L08             ;属键 8?
         AJMP CYCL                 ;循环返回
L08:     CJNE A,#9,L09             ;属键 9?
         AJMP CYCL                 ;循环返回
L09:     CJNE A,#0,L10             ;属键 0?
         AJMP CYCL                 ;循环返回
L10:     CJNE A,#10,L11            ;属键 *?
         MOV P2,#0FFH              ;VL1 ~ VL5 灯全熄
         AJMP CYCL
L11:     CJNE A,#11,L12            ;属键#?
```

```
         AJMP OUT1              ;出离键入操作
L12:     AJMP CYCL              ;循环返回
OUT1:    SETB EX1               ;重开外部中断1
         RETI                   ;中断返回
                                ; --------------------------------------------
INT1A:   NOP                    ;红外遥控子程序(T9012型)
         CLR EX1                ;关闭外部中断1
         CLR P3.5               ;绿灯VL6亮
         SETB RS0               ;寄存器换成1区
         MOV TMOD,#21H          ;置定时器0模式
         MOV TH0,#0             ;置定时时间常数
         MOV TL0,#0
         SETB TR0               ;启动定时器0
         MOV R5,#4              ;置编码字节数目
         MOV R4,#8              ;置编码位数
         MOV 5BH,#0             ;清缓冲区
         MOV 5CH,#0
         MOV 5DH,#0
         MOV 5EH,#0
         MOV R0,#5BH            ;编码存放首地址
S01:     JNB P3.3,S01           ;等待外部中断1高电平
         CLR TR0                ;关闭定时器0
         MOV A,TH0              ;保存引导码
ER60:    CJNE A,#12H,ERR0       ;脉冲宽度(对应12MHz)
         AJMP S02
ERR0:    CJNE A,#10H,ERR1       ;脉冲宽度(对应11.0592MHz)
         AJMP S02
ERR1:    AJMP ERR               ;超时出错
S02:     JB P3.3,S02            ;等待外部中断1低电平
S03:     MOV TMOD,#09H          ;定时器0,门控位置1
         MOV TH0,#0             ;置定时时间常数
         MOV TL0,#0
         SETB TR0               ;启动定时器0
S04:     JNB P3.3,S04           ;等待外部中断1高电平
S05:     JB P3.3,S05            ;等待外部中断1低电平
         CLR TR0                ;停止定时器0
         MOV A,TH0              ;获高电平宽度
         CJNE A,#5H,S7M         ;比较宽度阈值(对应12MHz)
         AJMP SS6               ;=5属高电平逻辑"1"
S7M:     JNC SS6                ;>5属高电平逻辑"1"
         AJMP SW2               ;<5属低电平逻辑"0"
         NOP
SW2:     MOV A,@R0
```

```
          CLR ACC. 0                  ;位 0 置"0"
          AJMP S07
SS6：     MOV A,@ R0
          SETB ACC. 0                 ;位 0 置"1"
S07：     RR A                        ;循环右移 A
          MOV @ R0,A
          DJNZ R4,S03                 ;满 8 位?
          DJNZ R5,S08                 ;满 4 字节?
          AJMP S09
S08：     INC R0                      ;为下一字节作准备
          MOV R4,#8                   ;重置位初值
          AJMP S03
S09：     MOV R0,#5BH                 ;置缓冲器 1
          CJNE @ R0,#0EH,ERR2         ;判断用户码
          INC R0                      ;置缓冲器 2
          CJNE @ R0,#0EH,ERR2         ;判断用户码
          INC R0                      ;置缓冲器 3
          CJNE @ R0,#00H,S10          ;判断功能码 1
          INC R0                      ;置缓冲器 4
          CJNE @ R0,#0FFH,ERR2        ;判断功能反码 1
          MOV A,#1                    ;赋值
          AJMP OUT
ERR2：    AJMP ERR
S10：     CJNE @ R0,#01H,S11          ;判断功能码 2
          INC R0
          CJNE @ R0,#0FEH,ERR3        ;判断功能反码 2
          MOV A,#2                    ;赋值
          AJMP OUT
ERR3：    AJMP ERR
S11：     CJNE @ R0,#02H,S12          ;判断功能码 3
          INC R0
          CJNE @ R0,#0FDH,ERR4        ;判断功能反码 3
          MOV A,#3                    ;赋值
          AJMP OUT
ERR4：    AJMP ERR
S12：     CJNE @ R0,#03H,S13          ;判断功能码 4
          INC R0
          CJNE @ R0,#0FCH,ERR5        ;判断功能反码/4
          MOV A,#4                    ;赋值
          AJMP OUT
ERR5：    AJMP ERR
S13：     CJNE @ R0,#04H,S14          ;判断功能码 5
          INC R0
```

```
            CJNE @R0,#0FBH,ERR6      ;判断功能反码5
            MOV A,#5                 ;赋值
            AJMP OUT
ERR6：      AJMP ERR
S14：       CJNE @R0,#05H,S15        ;判断功能码6
            INC R0
            CJNE @R0,#0FAH,ERR7      ;判断功能反码6
            MOV A,#6                 ;赋值
            AJMP OUT
ERR7：      AJMP ERR
S15：       CJNE @R0,#06H,S16        ;判断功能码7
            INC R0
            CJNE @R0,#0F9H,ERR8      ;判断功能反码7
            MOV A,#7                 ;赋值
            AJMP OUT
ERR8：      AJMP ERR
S16：       CJNE @R0,#07H,S17        ;判断功能码8
            INC R0
            CJNE @R0,#0F8H,ERR9      ;判断功能反码8
            MOV A,#8                 ;赋值
            AJMP OUT
ERR9：      AJMP ERR
S17：       CJNE @R0,#08H,S18        ;判断功能码9
            INC R0
            CJNE @R0,#0F7H,ERR10     ;判断功能反码9
            MOV A,#9                 ;赋值
            AJMP OUT
ERR10：     AJMP ERR
S18：       CJNE @R0,#09H,S19        ;判断功能码0
            INC R0
            CJNE @R0,#0F6H,ERR11     ;判断功能反码0
            MOV A,#0                 ;赋值
            AJMP OUT
ERR11：     AJMP ERR
S19：       CJNE @R0,#0AH,S20        ;判断功能码1*
            INC R0
            CJNE @R0,#0F5H,ERR12     ;判断功能反码1*
            MOV A,#0AH               ;赋值
            AJMP OUT
ERR12：     AJMP ERR
S20：       CJNE @R0,#0BH,ERR13      ;判断功能码2*
            INC R0
            CJNE @R0,#0F4H,ERR13     ;判断功能反码2*
```

```
            MOV A,#0BH              ;赋值
            AJMP OUT
ERR13：AJMP ERR
OUT：  NOP                         ;键入操作回应
            CLR P2.7               ;发声
            CJNE A,#1,R01          ;属键1？
            CLR P2.0               ;VL1 灯亮
            AJMP ERR
R01：  CJNE A,#2,R02              ;属键2？
            CLR P2.1               ;VL2 灯亮
            AJMP ERR
R02：  CJNE A,#3,R03              ;属键3？
            CLR P2.2               ;VL3 灯亮
            AJMP ERR
R03：  CJNE A,#4,R04              ;属键4？
            CLR P2.3               ;VL4 灯亮
            AJMP ERR
R04：  CJNE A,#5,R05              ;属键5？
            CLR P2.4               ;VL5 灯亮
            AJMP ERR
R05：  CJNE A,#6,R06              ;属键6？
            AJMP ERR              ;循环返回
R06：  CJNE A,#7,R07              ;属键7？
            AJMP ERR              ;循环返回
R07：  CJNE A,#8,R08              ;属键8？
            AJMP ERR              ;循环返回
R08：  CJNE A,#9,R09              ;属键9？
            AJMP ERR              ;循环返回
R09：  CJNE A,#0,R10              ;属键0？
            AJMP ERR              ;循环返回
R10：  CJNE A,#10,R11             ;属键 * ？
            MOV P2,#7FH           ;VL1～VL5 灯全熄(P2.7口除外)
            AJMP ERR
R11：  CJNE A,#11,ERR             ;属键 # ？
            NOP
ERR：  NOP                         ;结束键入操作
            CLR RS0               ;寄存器恢复0区
            SETB P3.5             ;绿灯 VL6 熄
            MOV R7,#39            ;延时0.3s(12MHz)
            ACALL DLY
            SETB P2.7             ;消声
            SETB EX1             ;重开外部中断1
            RETI                   ;中断返回
```

```
                              ; -------------------------------------------
KEYB：  NOP              ;位操作法键盘子程序(A 输出键号)
        CLR ROW1         ;置行线初始低电平
        CLR ROW2
        CLR ROW3
        CLR ROW4
        SETB COL1        ;置列线初始高电平
        SETB COL2
        SETB COL3
K01：   JNB COL1,K02     ;判有键按下
        JNB COL2,K02
        JNB COL3,K02
        LJMP K01
K02：   MOV R7,#18       ;延时 20ms
        LCALL DLY
K03：   JNB COL1,K04     ;再判有键按下
        JNB COL2,K04
        JNB COL3,K04
        LJMP K01
K04：   NOP
        CLR P2.7         ;发声
        CLR ROW1         ;查哪个键按下
        SETB ROW2
        SETB ROW3
        SETB ROW4
        JNB COL1,K05
        JNB COL2,K05
        JNB COL3,K05
        SETB ROW1
        CLR ROW2
        JNB COL1,K05
        JNB COL2,K05
        JNB COL3,K05
        SETB ROW2
        CLR ROW3
        JNB COL1,K05
        JNB COL2,K05
        JNB COL3,K05
        SETB ROW3
        CLR ROW4
        JNB COL1,K05
        JNB COL2,K05
        JNB COL3,K05
```

```
        LJMP KEYB
K05：   MOV A,P1
        ANL A,#07FH            ;提取键值(剔除位7)
        MOV B,A                ;键值转存B
K06：   JNB COL1,K06           ;查键释放
K07：   JNB COL2,K07
K08：   JNB COL3,K08
        MOV R7,#18             ;延时去抖
        LCALL DLY
K09：   JNB COL1,K09           ;重查键释放
K10：   JNB COL2,K10
K11：   JNB COL3,K11
        SETB P2.7             ;消声
        SETB ROW1             ;恢复行线高电平
        SETB ROW2
        SETB ROW3
        SETB ROW4
        MOV R1,#12            ;置查表计数初值
        MOV A,#0             ;置表偏移值
        MOV DPTR,#KEYT        ;装入表头首地址
K12：   PUSH ACC             ;A入栈保护
        MOVC A,@A+DPTR        ;查表取键值
        CJNE A,B,K13          ;键值与B值比较
        POP ACC              ;相等则输出键号
        LJMP K14
K13：   POP ACC
        INC A                ;不相等再往下查表
        DJNZ R1,K12
K14：   RET
                             ;键值表
KEYT：  DB 57H               ;键"0"
        DB 6EH               ;键"1"
        DB 5EH               ;键"2"
        DB 3EH               ;键"3"
        DB 6DH               ;键"4"
        DB 5DH               ;键"5"
        DB 3DH               ;键"6"
        DB 6BH               ;键"7"
        DB 5BH               ;键"8"
        DB 3BH               ;键"9"
        DB 67H               ;键" * "(10)
        DB 37H               ;键"#"(11)

                             ; ----------------------------------
```

```
STA:    SETB SDA              ;启动 I²C 总线子程序
        SETB SCL              ;先升高电平
        NOP                   ;延时(对应 11.0592MHz)
        NOP
        NOP
        NOP
        CLR SDA               ;后降低电平
        NOP
        NOP
        NOP
        NOP
        CLR SCL
        RET

        ; -----------------------------------

STP:    CLR SDA               ;停止 I²C 总线子程序
        SETB SCL              ;先升高电平
        NOP
        NOP
        NOP
        NOP
        SETB SDA              ;后升高电平
        NOP
        NOP
        NOP
        NOP
        CLR SDA
        CLR SCL
        RET

        ; -----------------------------------
        ;查从节点 ACK(应答)子程序
CACK:   SETB SDA              ;转为输入口
        SETB SCL              ;发移位脉冲
        CLR F0                ;清标志
        MOV C,SDA
        JNC CEND
        SETB F0               ;置非 ACK(应答)标志
CEND:   CLR SCL               ;移位脉冲结束
        RET

        ; -----------------------------------
        ;主节点发送 ACK(应答)子程序
MACK:   CLR SDA               ;置 ACK(应答)低
        SETB SCL              ;发移位脉冲
```

```
            NOP
            NOP
            NOP
            NOP
            CLR SCL              ;移位脉冲结束
            SETB SDA             ;ACK(应答)结束
            RET

                                 ; --------------------------------------------
                                 ;主节点发送非 ACK(应答)子程序
NOACK:      SETB SDA             ;置 ACK(应答)高
            SETB SCL             ;发移位脉冲
            NOP
            NOP
            NOP
            NOP
            CLR SCL              ;移位脉冲结束
            CLR SDA              ;ACK(应答)结束
            RET

                                 ; --------------------------------------------
                                 ;从节点写入 8 位子程序
W8BIT:      MOV R5,#08H          ;位计数初值
WLP:        RLC A                ;循环左移
            MOV SDA,C            ;写串行数位
            SETB SCL             ;发移位脉冲
            NOP
            NOP
            NOP
            NOP
            CLR SCL              ;移位脉冲结束
            CLR SDA
            DJNZ R5,WLP          ;位数写完？
            RET

                                 ; --------------------------------------------
                                 ;从节点读出 8 位子程序
R8BIT:      MOV R5,#08H          ;位计数初值
RLP:        SETB SDA             ;转为输入口
            SETB SCL             ;发移位脉冲
            MOV C,SDA            ;读串行数位
            RLC A                ;循环左移
            CLR SCL              ;移位脉冲结束
            DJNZ R5,RLP          ;位数读完?
            MOV @R0,A            ;数据存(R0)
```

```
        RET
                            ; -------------------------------------------
                            ;从节点随机写入 N 个字节子程序
WNBYT:LCALL STA             ;启动总线
      MOV A,SLAW            ;器件寻址
      LCALL W8BIT           ;字节写
      LCALL CACK            ;查 ACK(应答)
      JB F0,WNBYT           ;无 ACK(应答),重查
      MOV A,R1              ;E²PROM 地址
      LCALL W8BIT           ;字节写
      LCALL CACK            ;查 ACK(应答)
      JB F0,WNBYT           ;无 ACK(应答),重查
WRDA: MOV A,@R0             ;内 RAM 地址
      LCALL W8BIT           ;字节写
      LCALL CACK            ;查 ACK(应答)
      JB F0,WNBYT           ;无 ACK(应答),重查
      INC R0               ;内 RAM 增 1
      DJNZ R3,WRDA         ;字节写完?
      LCALL STP            ;停止总线
      RET

                            ;-------------------------------------------
                            ;从节点随机读出 N 个字节子程序
RNBYT: LCALL STA            ;启动总线
      MOV A,SLAW           ;器件寻址(写方式)
      LCALL W8BIT          ;字节写
      LCALL CACK           ;查从节点的 ACK(应答)
      JB F0,RNBYT          ;无 ACK(应答),重查
      MOV A,R1             ;E²PROM 地址
      LCALL W8BIT          ;字节写
      LCALL CACK           ;查从节点的 ACK(应答)
      JB F0,RNBYT          ;无 ACK(应答),重查
      LCALL STA            ;启动总线
      MOV A,SLAR           ;器件寻址(读)
      LCALL W8BIT          ;字节写
      LCALL CACK           ;查从节点的 ACK(应答)
      JB F0,RNBYT          ;无 ACK(应答),重查
RDDA: LCALL R8BIT          ;字节读
      MOV @R0,A            ;数据存 RAM
      DJNZ R3,CYC
      LCALL NOACK          ;发送非 ACK(应答)
      LJMP REND
CYC:  LCALL MACK           ;发送主节点的 ACK(应答)
```

```
          INC R0                    ;RAM 增 1(E²PROM 自动增 1)
          LJMP RDDA
REND：    LCALL STP                 ;停止总线
          RET

                                    ;------------------------------------------

DLY：     PUSH 7H                   ;延时子程序
DLA：     PUSH 7H
DLB：     PUSH 7H
DLC：     DJNZ R7,DLC
          POP 7H
          DJNZ R7,DLB
          POP 7H
          DJNZ R7,DLA
          POP 7H
          DJNZ R7,DLY
          RET
          END
```

4. 交流电断电检测与信息保护技术的应用

设计电路时把交流电断电检测技术与单片机应用系统相结合，能够有效解决交流电断电时某些重要信息无法及时保存的问题。举一个电子设计竞赛中自动升旗系统的应用实例，题目要求在规定的时间内（如 30 s）把国旗模型升到规定的高度（如刻度 180 cm），而且升旗过程中具有断电后保持当前国旗状态、上电后继续完成升旗的演示功能。假设国旗上升到某一高度时（如刻度 100 cm）交流电突然断电，当恢复供电时单片机冷启动，如果在这种情况下按照初始化的零刻度或者是零时间状态继续运行，最终都不能满足题目的要求。这种情况下断电信息保护就排上用场了，采取本节所述的交流电断电检测技术，在断电瞬间把国旗当前所处的高度和上升所用的时间等数据写入 E²PROM 芯片加以保护，恢复供电时再把参数读取出来，就能使国旗按照断电前的高度和时间继续上升运行，到达预设高度时自动停止。将交流电断电检测技术融入实际应用场合，可以发挥出各种各样的创意。

8.5　PC 与多单片机通信的工程问题

51 系列单片机拥有一个全双工的串行通信口，可以在单片机之间进行双机通信或多机通信（见 3.3.4 节）。在某些应用场合下，需要进行 PC 与多片单片机之间的通信，这既能利用 PC 面向数据处理能力，又能发挥单片机面向控制的优势。从实验研究或工程研发的角度看，要实现 PC 与多片单片机之间的通信，首先要实现 PC 与每一片单片机的独立通信试验，成功后才整合成为与多片单片机的通信。然而，可能会出现这样的一种情况，虽然每片单片机都能够与 PC 单独通信，但多机通信的整合联调却无法成功。本节将结合具体的应用实例，在原理层面以及工程层面对 PC 与多片单片机的通信问题作深入的分析，并通过实验进行验证。

8.5.1 PC 与单片机的逻辑电平转换接口

1. RS-232-C 接口

RS-232-C 是使用最早应用最广泛的一种异步串行通信总线标准,由美国电子工业协会(EIA)于 1962 年公布,1968 年最后修订而成。RS 表示推荐标准(Recommended Standard),232 是标准中的标识号,C 表示一次修定。该标准在 1987~1997 年间修订了三次,但实际中还是习惯使用早期的名字"RS-232-C"。RS-232-C 主要用来定义计算机系统的一些数据终端设备(Data Terminal Equipment,DTE)和数据电路终端设备(Data Circuit Equipment,DCE)之间的电气特性。对于具有全双工串行接口的 51 系列单片机来说,与具有 RS-232-C 串行总线接口的 PC 通信是十分方便的。

完整的 RS-232-C 接口有 22 条线,采用标准的 25 针接插座,但通常用不到 RS-232-C 标准中全部的信号线,所以常使用 9 针接插座,见图 8-21。PC 主板上通常采用针式阳座,而孔式阴座则用于连接线。9 针 RS-232-C 接插座引脚定义见表 8-1。

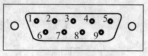
a) 针式阳座

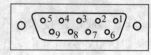
b) 孔式阴座

图 8-21 9 针 RS-232-C 接插座

表 8-1 9 针 RS-232-C 接插座引脚定义

序　号	名　称	功　能	信号方向
1	DCD	数据载波检测	输入
2	RXD	接收数据(串行输入)	输入
3	TXD	发送数据(串行输出)	输出
4	DTR	DTE 就绪(数据终端准备就绪)	输出
5	GND	信号地	
6	DSR	DCE 就绪(数据通信就绪)	输出
7	RTS	请求发送	输出
8	CTS	清除传送	输入
9	RI	振铃指示	输入

2. RS-232-C 接口最简单的应用接法

PC 利用 RS-232-C 接口向终端单向传输数据时,最简单的 RS-232-C 数据通信接口见图 8-22。接口连接线上的发送线和接收线是相互交叉连接的。

3. RS-232-C 逻辑电平

RS-232-C 采用负逻辑电平作为电气标准,逻辑"0"为 +5~+15V,逻辑"1"为 -5~-15V。TTL 电路的是在 RS-232-C 标准之后出现,其中逻辑"0"为小于 0.5V,逻辑"1"为大于 2.4V,因此 TTL 电平不能直接和 RS-232-C 电平连接,必须先进行电平转换,否则会损坏 TTL 器件。

4. RS-232-C 与 TTL 的电平转换器

RS-232-C 接口存在传输距离和传输速率方面的限制,后来又相继出现了性能改进的

RS-449、RS-422-A、RS-423-A 和 20mA 电流环路串行接口等，这些接口各有自行规定的电气标准，但这些标准大多不能满足 TTL 电平传送的要求。为此，芯片厂商针对这些接口生产了许多种类的电平调整芯片，可以很方便地实现信号与 TTL 电平的转换。早期最常用的 RS-232-C 与 TTL 电平转换芯片是 MC1488 和 MC1489。MC1488 采用 +12V 和 −12V 双电源供电，输入为 TTL 电平，输出为 RS-232-C 电平；MC1489 采用 +5V 电源供电，输入为 RS-232-C 电平，输出为 TTL 电平，见图 8-23。接口要实现与 TTL 器件的数据发送和接收，需要采用上述两块芯片进行电平转换。

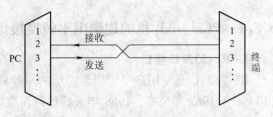

图 8-22 最简单的 RS-232-C 数据通信接口

随着集成电路技术的不断发展，MAXIM 公司推出了性能优越的电平转换芯片 MAX232，只需要使用 +5V 单电源供电，其内置的电荷泵能将 +5V 转换为 −10 ~ +10V，以满足 RS-232-C 的电平要求。芯片与 TTL/CMOS 电平兼容，含两路发送器和接收器，一块芯片就可分别实现两路数据的发送和接收，使用非常方便。MAX232 的电路结构见图 8-24，MAX232 引脚封装见图 8-25。使用时需外接电容，其连接法见图 8-26。MAX232E 使用 1 ~ 10μF 的电解电容，MAX202E 使用 0.1μF 的瓷介电容，MAX203E 则不需接电容，更节省空间。

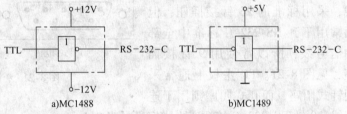

a)MC1488   b)MC1489

图 8-23 电平转换芯片

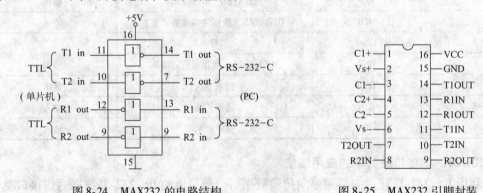

图 8-24 MAX232 的电路结构   图 8-25 MAX232 引脚封装

8.5.2 PC 与多单片机通信的问题分析

PC 通过 MAX232 芯片进行 RS-232-C 与 TTL 电平的转换，与多片单片机构成多机通信方式，PC 作为主机，各单片机作为从机，并且分配有各自的从机地址。下面对通信过程中发生的问题进行分析。

1. 单片机串行通信方式 2 的数据帧格式

典型的多机通信串行数据帧格式见图 8-27（另见第 3.3.1 节），单片机发送数据帧时，先发送低电平作为起始位，然后是后续的串行数据。注意：只有选中的从机才发送起始位，其余没被选中的从机均处于高电平状态。

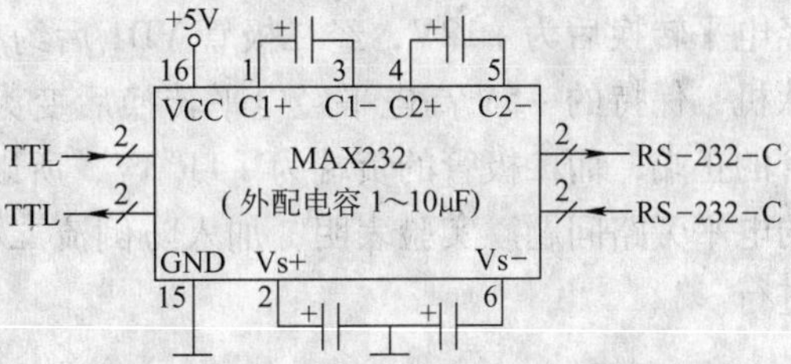

2. PC 与单片机的单机通信状况

为了实现 PC 与多片单片机的通信，首先把各个单片机与 PC 以多机通信的方式进行单机通信试验，发送和接收过程均取得了成功。在此基础上进行下述多片单片机与 PC 的通信。

图 8-26　MAX232 外配电容的连接法

3. 多机通信方式向 PC 发送数据的结果分析

多机通信方式向 PC 发送数据的电路连接见图 8-28。

成功的上述单机双向通信的单片机硬件装置，连接成多单片机的结构时就无法实现向 PC 发送数据的正常通信，出现"死机"现象。经过测试和分析，原因归纳如下：

图 8-27　典型的多机通信串行数据帧格式

1）从机处于未进行通信的空闲期，发送端 TXD 均呈高电平状态，经 MAX232 进行电平转换后，变成了 -12V，对 PC 来说，属于逻辑"1"状态。

2）当某从机（如图中的从机 1）被选中通信时，TXD 端先发送低电平的起始位，经 MAX232 进行电平转换后，变成了 +12V，对 PC 来说，属于逻辑"0"。

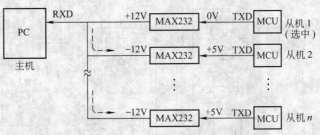

图 8-28　多机通信方式向 PC 发送数据的电路连接

3）当连接的从机较多时（如 4 个以上），仅被选中的一个从机其电平变换后的 +12V 被其他未被选中的从机的 -12V 所分流，结果被选中的从机无法维持 +12V 输出，降低到 +5V 以下时便提供不了 PC 的逻辑"0"，相当于 PC 没有收到单片机发出的"起始位"，结果是无法实现通信。

8.5.3　PC 与多单片机通信的处理措施

要保证被选中的从机发送的起始位能实现 PC 的逻辑"0"，必须采取措施避免所有未选中的从机对被选中从机的电平的分流旁路效应。工程实践中如果在每个从机电平变换器与 PC 接收端之间串入一个防倒流二极管，即可以实现上述目标，且不会影响正常的通信。多单片机向 PC 发送数据采取的工程处理措施见图 8-29。

当从机 1 被选中时，起始位

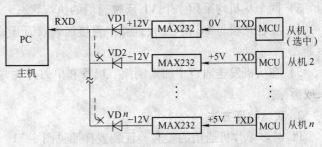

图 8-29　多单片机向 PC 发送数据采取的工程处理措施

经电平转换后为 +12V，经二极管 VD1 后约有 +11.3V 加到 PC 的接收端 RXD，未被选中的从机，保持的 +5V 高电平经电平转换后变为 -12V，分别加到了所对应的 VD2～VDn 二极管的正端，而二极管的负端为 +11.3V，所以 VD2～VDn 二极管均截止，解决了对选中从机的电平旁路问题。实验表明，加入防倒流二极管后，PC 与多片单片机之间的通信能够顺利进行。

8.5.4　PC 与多单片机通信的实验验证

为了在实验的层面上对 PC 与多单片机通信的工程处理措施进行验证，采用了如图 8-30 所示的验证电路。

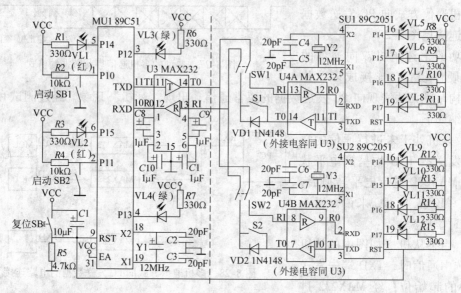

图 8-30　PC 与多单片机通信的验证电路

1. 电路的构思

1）采用单片机模拟 PC 的方法，只需通过 MAX232 芯片把单片机的电平信号变换为 RS-232-C 逻辑电平，实验上就起到 PC 串行口的作用。图 8-30 中虚线左侧由 MU1 为核心的电路实现。

2）用两个单片机组成多机通信中的从机 1 和从机 2，由图 8-30 中虚线右侧 SU1 和 SU2 为核心的电路实现，并分别通过 MAX232 进行电平变换，向 PC 提供 RS-232-C 逻辑电平。

3）两个从机均采用 4 个 VL 反映通信的执行状态。

4）在各从机与 PC 的收/发通路中直接加入双刀开关，可以把某从机的通信通道切断或接通。

5）在从机发送通道中加入倒流二极管和单刀开关并联的电路，能实现倒流二极管的接入或拆除。

2. 实验验证方法

PC 与多单片机通信的实验验证装置样照见图 8-31，通过以下 4 个测试实验，就能对 PC 与多单片机通信的工程处理措施有更为清晰的理解。

（1）从机 1 的单独测试　用双刀开关 SW1（样照上方的"断-通"开关向下拨）接通从机 1 的通信线，双刀开关 SW2（样照下方的"断-通"开关向上拨）断开从机 2 的通信线；接通单刀开关 S1（导线管插入管座），把倒流二极管 VD1 短路。主机的启动按钮 SB1 按动时发送数据，释放时红灯 VL1 亮，接收到从机 1 发来的数据后绿灯 VL3 亮。从机 1 正常执行程序时演示灯 1（VL5～VL8）循环点亮约 6s。

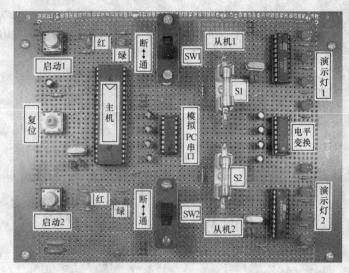

图 8-31　PC 与多单片机通信的实验验证装置样照

（2）从机 2 的单独测试　用双刀开关 SW2（样照下方的"断-通"开关向下拨）接通从机 2 的通信线，双刀开关 SW1（样照上方的"断-通"开关向上拨）断开从机 1 的通信线；接通单刀开关 S2（导线管插入管座），把倒流二极管 VD2 短路。主机的启动按钮 SB2 按动时发送数据，释放时红灯 VL2 亮，接收到从机 2 发来的数据后绿灯 VL4 亮。从机 2 正常执行程序时演示灯 2（VL9～VL12）循环点亮约 6s。

（3）双从机测试（没有防倒流二极管）　用双刀开关 SW1 和 SW2 同时接通从机 1 和从机 2 的通信线，单刀开关 S1 和 S2 把防倒流二极管 VD1 和 VD2 同时短接，主机的启动按键 SB1 或启动按键 SB2 按动时发送数据，释放时红灯 VL1 或 VL2 亮，但绿灯 VL3 和 VL4 均无反应，说明了主机没有接收到从机返回的信息，且从机 1 的 VL5～VL8 和从机 2 的 VL9～VL12 均无反应，表示此时的多机通信不成功。

（4）双从机测试（加入防倒流二极管）：用双刀开关 SW1 和 SW2 接通从机 1 和从机 2 的通信线，单刀开关 S1 和 S2 断开（导线管拨离管座），使倒流二极管 VD1 和 VD2 加入到发送线内，主机的启动按键 SB1 或启动按键 SB2 按动时发送数据，释放时红灯 VL1 或 VL2 亮，接收到从机 1 发来的数据后绿灯 VL3 亮，接收到从机 2 发来的数据后绿灯 VL4 亮。对应的从机 1 的演示灯 1（VL5～VL8）轮流点亮 6s，对应的从机 2 的演示灯 2（VL9～VL12）轮流点亮 6s，表示多单片机与 PC 的多机通信方式成功。

注：每次变换测试环节，均需按动按钮 SB 使系统复位。

3. 汇编源程序清单

以下是实验验证的汇编源程序，包含了一个主机程序和两个从机程序。

```
        ORG 0000H              ;主机程序(89C52)
        AJMP MAI
        ORG 0030H
MAI:    MOV SP,#60H
        MOV TMOD,#20H          ;定时器1,模式2(自动重装)
        MOV SCON,#0D0H         ;串行方式3,SM2＝0,允许接收
```

```
              MOV PCON,#80H           ;波特率加倍
              MOV TH1,#0F3H           ;波特率4800bit/s(12MHz 时)
              MOV TL1,#0F3H
              SETB TR1                ;启动定时器1
M01:          JB P1.0,M02             ;按键 SB1 按下？
              MOV R7,#18              ;延时 20ms
              ACALL DELAY
              JB P1.0,M02             ;再查按键按下
              CLR P1.4                ;红灯 VL1 亮
M03:          JNB P1.0,M03            ;按键 SB1 释放？
              MOV R7,#18              ;延时 20ms
              ACALL DELAY
              JNB P1.0,M03            ;再查按键释放
              SETB P1.4               ;红灯 VL1 熄
              MOV A,#1                ;置从机1 地址
              SETB TB8                ;置地址标志
              MOV SBUF,A              ;发送地址帧
M04:          JNB RI,M04              ;查从机1 回应
              CLR RI                  ;清接收标志
              CLR TI                  ;清发送标志
              CLR P1.2                ;绿灯 VL3 亮
              MOV A,#1                ;置从机1 数据
              CLR TB8                 ;置数据标志
              MOV SBUF,A              ;发送数据帧
              MOV R7,#88              ;循环等待 6s
              ACALL DELAY
              CLR TI                  ;清发送标志
              SETB P1.2               ;绿灯 VL3 熄
              AJMP M01                ;循环
M02:          JB P1.1,M01             ;按键 SB2 按下？
              MOV R7,#18              ;延时 20ms
              ACALL DELAY
              JB P1.1,M01             ;再查按键按下
              CLR P1.5                ;红灯 VL2 亮
M05:          JNB P1.1,M05            ;按键 SB2 释放？
              MOV R7,#18              ;延时 20ms
              ACALL DELAY
              JNB P1.1,M05            ;再查按键释放
              SETB P1.5               ;红灯 VL2 熄
              MOV A,#2                ;置从机2 地址
              SETB TB8                ;置地址标志
              MOV SBUF,A              ;发送地址帧
M06:          JNB RI,M06              ;查从机2 回应？
```

```
        CLR RI                  ;清接收标志
        CLR TI                  ;清发送标志
        CLR P1. 3               ;绿灯 VL4 亮
        MOV A,#2                ;置从机 2 数据
        CLR TB8                 ;置数据标志
        MOV SBUF,A              ;发送数据帧
        MOV R7,#88              ;循环等待 6s
        ACALL DELAY
        CLR TI                  ;清发送标志
        SETB P1. 3             ;绿灯 VL4 熄
        AJMP M01                ;循环


DELAY：  PUSH 07H               ;延时子程序
DLA：    PUSH 07H
DLB：    PUSH 07H
DLC：    DJNZ R7,DLC
        POP 07H
        DJNZ R7,DLB
        POP 07H
        DJNZ R7,DLA
        POP 07H
        DJNZ R7,DELAY
        RET
        END


                                ; ----------------------------------------
        ORG 0000H               ;从机 1 程序(89C2051)
        AJMP MAI
        ORG 0023H               ;串行口中断入口
        AJMP SLINT
        ORG 0030H
MAI：    MOV SP,#60H
        MOV TMOD,#20H           ;定时器 1 模式 2(自动重装)
        MOV SCON,#0F0H          ;串行方式 3,多机通信,接收允许
        MOV PCON,#80H           ;波特率加倍
        MOV TH1,#0F3H           ;波特率 4800bit/s(12MHz 时)
        MOV TL1,#0F3H
        SETB ES                 ;串行口中断允许
        SETB EA                 ;总中断允许
        SETB TR1                ;启动定时器 1
        AJMP  $                 ;等待中断


SLINT：  NOP                    ;串行口中断服务子程序
        CLR RI                  ;清接收标志
```

```
                MOV A,SBUF              ;接收地址帧
                CJNE A,#1,S03           ;比较从机号
                CLR SM2                 ;置接收数据方式
                MOV A,#1                ;置回应数据
                CLR TB8                 ;置数据标志
                MOV SBUF,A              ;发送回应帧
S01:            JNB RI,S01              ;查接收标志
                CLR RI                  ;清接收标志
                CLR TI                  ;清发送标志
                MOV R3,#7               ;循环灯闪计数初值
S02:            SETB P1.7               ;VL8 灯熄
                CLR P1.4                ;VL5 灯亮
                MOV R7,#35              ;延时 0.2s
                ACALL DELAY
                SETB P1.4               ;VL5 灯熄
                CLR P1.5                ;VL6 灯亮
                MOV R7,#35              ;延时 0.2s
                ACALL DELAY
                SETB P1.5               ;VL6 灯熄
                CLR P1.6                ;VL7 灯亮
                MOV R7,#35              ;延时 0.2s
                ACALL DELAY
                SETB P1.6               ;VL7 灯熄
                CLR P1.7                ;VL8 灯亮
                MOV R7,#35              ;延时 0.2s
                ACALL DELAY
                DJNZ R3,S02             ;循环 6s 满？
                MOV P1,#0FFH            ;全部灯熄
                SETB SM2                ;恢复通信待机状态
S03:            RETI                    ;中断返回

DELAY:          PUSH 07H                ;延时子程序
DLA:            PUSH 07H
DLB:            PUSH 07H
DLC:            DJNZ R7,DLC
                POP 07H
                DJNZ R7,DLB
                POP 07H
                DJNZ R7,DLA
                POP 07H
                DJNZ R7,DELAY
                RET
                END
```

```
                              ; ------------------------------------------
              ORG 0000H       ;从机 2 程序(89C2051)
              AJMP MAI
              ORG 0023H       ;串行口中断入口
              AJMP SLINT
              ORG 0030H
MAI:          MOV SP,#60H
              MOV TMOD,#20H   ;定时器 1,模式 2(自动重装)
              MOV SCON,#0F0H  ;串行方式 3,多机通信,允许接收
              MOV PCON,#80H   ;波特率加倍
              MOV TH1,#0F3H   ;波特率 4800bit/s(12MHz 时)
              MOV TL1,#0F3H
              SETB ES         ;串行口中断允许
              SETB EA         ;总中断允许
              SETB TR1        ;启动定时器
              AJMP  $         ;等待中断

SLINT:        NOP             ;串行口中断服务子程序
              CLR RI          ;清接收标志
              MOV A,SBUF      ;接收地址帧
              CJNE A,#2,S03   ;比较从机号
              CLR SM2         ;置接收数据方式
              MOV A,#2        ;置回应数据
              CLR TB8         ;置数据标志
              MOV SBUF,A      ;发送回应帧
S01:          JNB RI,S01      ;查接收标志
              CLR RI          ;清接收标志
              CLR TI          ;清发送标志
              MOV R3,#7       ;循环闪亮计数初值
S02:          SETB P1.7       ;VL12 灯熄
              CLR P1.4        ;VL9 灯亮
              MOV R7,#35      ;延时 0.2s
              ACALL DELAY
              SETB P1.4       ;VL9 灯熄
              CLR P1.5        ;VL10 灯亮
              MOV R7,#35      ;延时 0.2s
              ACALL DELAY
              SETB P1.5       ;VL10 灯熄
              CLR P1.6        ;VL11 灯亮
              MOV R7,#35      ;延时 0.2s
              ACALL DELAY
              SETB P1.6       ;VL11 灯熄
              CLR P1.7        ;VL12 灯亮
```

```
            MOV R7,#35          ;延时 0.2s
            ACALL DELAY
            DJNZ R3,S02         ;循环 6s 满?
            MOV P1,#0FFH        ;全部等熄
            SETB SM2            ;恢复通信待机状态
S03:        RETI                ;中断返回


DELAY:      PUSH 07H            ;延时子程序
DLA:        PUSH 07H
DLB:        PUSH 07H
DLC:        DJNZ R7,DLC
            POP 07H
            DJNZ R7,DLB
            OP 07H
            DJNZ R7,DLA
            POP 07H
            DJNZ R7,DELAY
            RET
            END
```

8.6 点阵字符 LCM 造字与显示技术

第 5 章 5.2 节介绍了七段结构的 LED 显示器接口及其显示方式。七段式 LED 显示器属于由发光二极管构成的主动光显示器，具有结构简单、使用方便的特点，但它只能显示 0 ~ 9 和 A ~ F 等有限个字符。

字段式液晶显示器（Liquid Crystal Display，LCD）由液晶材料组成，是一种功耗极低的被动光显示器件。根据具体需要可以生产不同位数的 LCD 显示屏，其驱动方式由 LCD 电极引线的选择方式确定，用户无法改变。LCD 的驱动方式一般有静态驱动和时分割驱动，多数属于交流电压驱动，不采用直流电压驱动的原因是该方法会使液晶体发生电解和电极老化，导致 LCD 使用寿命降低。当 LCD 显示位数增加时，需采用时分割驱动法来减少引出线和驱动回路的数目。许多集成化的 LCD 驱动芯片可与之配用，使用起来与 LED 驱动芯片一样方便。LCD 应用于计算器、电子表、计数器等袖珍和便携式数字仪表，但字段式 LCD 显示器也只能显示 0 ~ 9 数字、A ~ F 和英文字母等有限的字符。

点阵字符式液晶显示模块（Liquid Crystal Display Module，LCM）由 5×7 或 5×10 点阵组成，每个点阵显示一个字符。LCM 把 LCD 显示屏、LCD 控制器、一定空间的 RAM 和 ROM 通过 PCB 整合在一起，因此被称为点阵式液晶显示模块。LCM 专门用来显示字母、数字、符号，也可以用来构造汉字，具有接口简单、信息显示灵活、显示位数较多和小巧轻便等特点，被广泛应用在单片机的应用系统当中。

还有更为复杂和先进的点阵图形式 LCM，在平板上形成多行多列的矩阵晶格点，晶格点的大小可根据要求的显示清晰度来设计。点阵图形式 LCM 广泛用于图形图像显示，如仪器仪表图像曲线、游戏机画面、笔记本计算机（电脑）和彩色电视画面等。本节主要讨论

LCM 点阵字符式液晶显示模块。

8.6.1 点阵字符 LCM 的功能结构简介

LCM 液晶屏的显示字位由 5×7 或 5×10 点阵组成，采用时分割驱动形式，在排列上分为 1 行、2 行、或 4 行，每行有 8、16、20、24、32、40 字位等多种规格。由于液晶显示器本身是属于被动光，所以 LCM 通常带有背光电源，显示效果上与 LED 相同。以下针对典型的 HD44780 型 LCM 进行讨论。

1. HD44780 型点阵字符 LCM 的结构

点阵字符 LCM 的外形样照见图 8-32。

HD44780 型点阵字符 LCM 的使用很广泛，一种典型的点阵字符 LCM 结构框图见图 8-33，其中 HD44780 属低功耗 CMOS 技术制造的大规模集成电路，是 LCM 的主控驱动电路芯片，有 40 路驱动能力，HD44100 属低功耗 CMOS 技术制造的大规模集成电路，是 LCM 的扩展驱动电路芯片，同样有 40 路

图 8-32 点阵字符 LCM 的外形样照

驱动能力。对于仅有一行字符的 LCD 屏，由主控制驱动芯片 HD44780 就能完成 40 路驱动，对于 2 行字符的 LCD 屏，则要扩展一片 HD44100 驱动芯片，对于 4 行字符的 LCD 屏，HD44100 驱动芯片的数量要相应增加。与 HD44780 芯片兼容的还有 NT3881、KS0066、SPLC78A01 等型号的芯片。

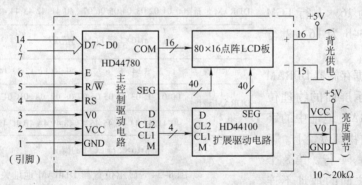

图 8-33 一种典型的点阵字符 LCM 结构框图

2. HD44780 型点阵字符 LCM 的引脚功能

如图 8-33 中虚线框所示，点阵字符型 LCM 共有 14 个引出脚，其中 8 条为数据线，3 条为控制线，3 条为电源线。此外有的模块还增加了两条背光灯的电源引线，具体的引脚功能如下：

D0 ~ D7：为 8 位数据总线。

E：片选线（高电平有效）。

R/$\overline{W}$：低电平时，数据写入 LCM。高电平时，数据读到单片机。

RS：低电平时，选通指令寄存器。高电平时，选通数据寄存器。

V0：为亮度调节接入端。

VCC：正电源接入端。

GND：接地端。

+，－：为背光供电电源接入端。

3. HD44780 型 LCM 基本特点

1）可选择 5×7 或 5×10 点阵字符，字符间距和行距为一个点的宽度。

2）主控驱动电路为日立公司出品的 HD44780 芯片，接口可直接与 4 位或 8 位微处理器连接。

3）HD44780 芯片内置 16 路行驱动器和 40 路列驱动器，自身具有驱动单行 16×40 点阵 LCD 的能力（或驱动双行 8×40 点 LCD 的能力）。

4）数据显示 RAM 容量最多为 80 字符（80×8 位）。

5）字符发生器 ROM 字库能提供 192 种字符（160 个 5×7 点阵字符和 32 个 5×10 点阵字符）。

6）具有 64 字节的自定义字符 RAM，可自编 8 个 5×7 点阵字符或 4 个 5×10 点阵字符。

7）操作指令共 11 条，功能包括清除显示、光标复位、显示开/闭、光标开/闭、显示字符闪烁、光标移动、显示移动等。

8）具有内部自动复位电路。

9）单 +5V 电源供电，低功耗、长寿命。

4. LCM 的显示地址编码

以 5×7 点阵、16×1 行和 16×2 行字符的 LCM 为例，分别说明 LCD 屏面显示位置与显示数据存储器 DDRAM（Display Data RAM）地址之间的对应关系。图 8-34a 为 16×1 行 LCM 的情况，图 8-34b 为 16×2 行 LCM 的情况。

显示位置	1 2 3 4 5 6 7 8	9 10 11 12 13 14 15 16	十进制
DDRAM 地址	00 01 02 03 04 05 06 07	40 41 42 43 44 45 46 47	十六进制

a)16×1 行 LCM 的情况

显示位置	1 2 3 4 5 6 7 8 9 10 11 12 13 14 15 16	十进制
第 1 行 DDRAM 地址	00 01 02 03 04 05 06 07 08 09 0A 0B 0C 0D 0F	十六进制
第 2 行 DDRAM 地址	40 41 42 43 44 45 46 47 48 49 4A 4B 4C 4D 4E 4F	十六进制

b)16×2 行 LCM 的情况

图 8-34 显示位置与 DDRAM 地址关系

1）显示数据存储器 DDRAM 地址与 LCD 显示屏面的物理位置相对应，DDRAM 地址中的字符显示在固定的物理位置上。

2）对于 16×1 行，第 8 个和第 9 个字符之间的地址不连续，从 07H 跳变到 40H。

3）对于 16×2 行，第 1 行和第 2 行地址不连续，从 0FH 跳变 40H。

5. LCM 的字符编码和显示方式

LCM 中有 192 个字符编码值（即地址值）内容已固化在字符图形只读存储器 CGROM（Character Graphic ROM）中，构成了一个字符库。这些字符编码值由 CGROM 的高半字节和低半字节相加而成，字符编码与字符模式对照表见表 8-2。

字符库包括数字、符号、西文字母、日文平假名等。表中除第一列字符图形读写存储器 CGRAM（Character Graphic RAM）之外，其余由高 4 位和低 4 位组成了 CGROM 编码，只要把 CGROM 中的字符编码值写入显示数据存储器 DDRAM 中，就可以在对应物理位置上显示该字符。

表 8-2　字符编码与字符模式对照表

高4位 / 低4位		0000	0010	0011	0100	0101	0110	0111	1010	1011	1100	1101	1110	1111
xxxx0000	(1)	CGRAM (1)		0	@	P	`	p		ー	タ	ミ	α	p
xxxx0001	(2)		!	1	A	Q	a	q	。	ア	チ	ム	ä	q
xxxx0010	(3)		"	2	B	R	b	r	「	イ	ツ	メ	β	θ
xxxx0011	(4)		#	3	C	S	c	s	」	ウ	テ	モ	ε	∞
xxxx0100	(5)		$	4	D	T	d	t	、	エ	ト	ヤ	μ	Ω
xxxx0101	(6)		%	5	E	U	e	u	・	オ	ナ	ユ	σ	ü
xxxx0110	(7)		&	6	F	V	f	v	ヲ	カ	ニ	ヨ	ρ	Σ
xxxx0111	(8)		'	7	G	W	g	w	ァ	キ	ヌ	ラ	g	π
xxxx1000	(1)		(	8	H	X	h	x	ィ	ク	ネ	リ	√	x̄
xxxx1001	(2)		)	9	I	Y	i	y	ゥ	ケ	ノ	ル	ˮ	y
xxxx1010	(3)		*	:	J	Z	j	z	ェ	コ	ハ	レ	j	千
xxxx1011	(4)		+	;	K	[	k	{	ォ	サ	ヒ	ロ	×	万
xxxx1100	(5)		,	<	L	¥	l	|	ャ	シ	フ	ワ	¢	円
xxxx1101	(6)		-	=	M	]	m	}	ュ	ス	ヘ	ン	£	÷
xxxx1110	(7)		.	>	N	^	n	→	ョ	セ	ホ	゛	ñ	
xxxx1111	(8)		/	?	O	_	o	←	ッ	ソ	マ	゜	ö	█

例如:"空格"的字符编码值为 0010,0000,即 20H。

执行:MOV　A,#20H　　　;通过 A 把"空格"送 DDRAM

LCALL WCH　　　　　　　;调用显示子程序

8.6.2 点阵字符 LCM 的用户造字

点阵字符 LCM 为用户提供了造字功能，即用户编码字符功能。表 8-2 中第 1 列 CGRAM 的地址空间共有 16 个地址，用来储存用户自定义的字符，包括笔划简单的汉字。由于低 4 位中的第 3 位地址是无效项，因此实际上是提供 8 个编码，即 LCM 提供的 CGRAM 为 8×8 字节。

1. CGRAM 的用户造字关系

CGRAM 用户造字（5×7 点阵）关系表如表 8-3 所示。利用 CGRAM 进行定义。

1）表 8-3 中的"字符模式"列是根据字符形状来定义的 CGRAM 数据，也就是 CGRAM 地址内填入的数据。对于 5×7 点阵字符，由 0~4 位（共 5 位码）决定字符形状的列位置，代表了具体数据内容；1 表示显示，0 表示不显示，最末一行是光标行。

2）表 8-3 中的"CGRAM 地址"列是用 CGRAM 地址的 0~2 位（共 3 位码）对应于字符形状的行位置（1~7 行），第 8 行属光标行位置。

3）表 8-3 中的"字符编码"列是 0~2 位（共 3 位码）自编字符编码值（即写入显示数据存储器 DDRAM 的数据），所以 DDRAM 数据为 00H~07H，代表了 8 个自编字符。对应关系如下：

DDRAM 数值	CGRAM 地址
00H	00H~07H
01H	08H~0FH
01H	10H~17H
01H	18H~1FH
01H	20H~27H
01H	28H~2FH
01H	30H~37H
01H	38H~3FH

当表 8-3 中的字符编码高 4 位（位 7~4）全为 0 时，选中 CGRAM 字型。由于字符编码的位 3 为无效位，所以字符编码 00H 或 08H 都能选中 CGRAM 中的"土"字型。

表 8-3 CGRAM 用户造字（5×7 点阵）关系表

字符编码 （DDRAM 数据）	CGRAM 地址	字符模式 （CGRAM 数据）	注释 （字形例）
7 6 5 4 3 2 1 0 （高位　　低位）	5 4 3 2 1 0 （高位　　低位）	7 6 5 4 3 2 1 0 （高位　　低位）	5×7 点阵
0 0 0 0 * 0 0 0	0 0 0	* * * 0 0 1 0 0	
	0 0 1	* * * 0 0 1 0 0	
	0 1 0	* * * 0 0 1 0 0	"土"
	0 1 1	* * * 1 1 1 1 1	
	0 0 0 1 0 0	* * * 0 0 1 0 0	
	1 0 1	* * * 0 0 1 0 0	
	1 1 0	* * * 1 1 1 1 1	
	1 1 1	* * * 0 0 0 0 0	←—光标行

（续）

字符编码 （DDRAM 数据）	CGRAM 地址	字符模式 （CGRAM 数据）	注释 （字形例）
76543210 （高位 低位）	543210 （高位 低位）	76543210 （高位 低位）	5×7 点阵
	000	＊＊＊11111	
	001	＊＊＊00100	
	010	＊＊＊11111	"天"
0000＊001	011	＊＊＊01010	
	001100	＊＊＊01010	
	101	＊＊＊10001	
	110	＊＊＊10001	
	111	＊＊＊00000	←光标行
⋮	⋮	⋮	⋮
	000	＊＊＊11111	
	001	＊＊＊10001	
	010	＊＊＊10001	"日"
0000＊111	011	＊＊＊11111	
	111100	＊＊＊10001	
	101	＊＊＊10001	
	110	＊＊＊11111	
	111	＊＊＊00000	←光标行

注：＊号为无关位。

2. CGRAM 的自编字符举例

5×7 点阵是字符本身的造字范围，设定 1 为显示，0 为不显示。"王"字型的用户造字过程示意图见图 8-35。

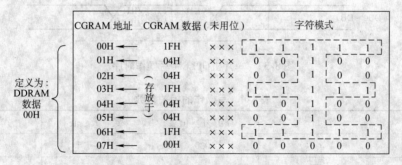

图 8-35 "王"字型的用户造字过程示意图

只要把 CGRAM 数据按顺序填入 8 个 CGRAM 地址中，就能形成 00H 地址的 DDRAM，可供显示调用。

8.6.3 点阵字符 LCM 的时序

点阵字符 LCM 可与 4 位或 8 位单片机直接连接，当与 8 位单片机连接时，总线的数据传送可一次完成；当与 4 位单片机连接时，总线的数据分两次传送，先传送高 4 位，后传送低4位，总线接在 D4～D7 位，D0～D3 位不用。

1. LCM 与 8 位单片机接口的时序

图 8-36 是 LCM 与 8 位单片机的数据传送时序图，单片机向 LCM 执行写操作后，需要后续执行一个忙标识检查（简称查忙）过程，待查到 LCM 内部（Internal）变为低电平，表示 LCM 就绪，才能进行下一个写操作，否则 LCM 会出错。

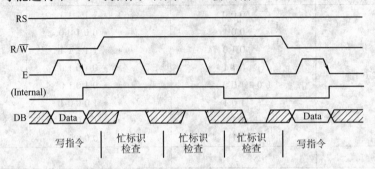

图 8-36　LCM 与 8 位单片机的数据传送时序图

2. 写操作时序（单片机至 LCM）

图 8-37 是单片机向 LCM 写操作时序，表 8-4 是写操作的相关参数。

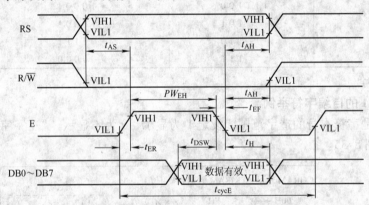

图 8-37　单片机向 LCM 写操作时序

表 8-4　写操作的相关参数

项　　目	符　　号	最　小　值	最　大　值	单　　位
使能周期	t_{cycE}	1000	—	ns
使能脉冲宽度	PW_{EH}	450	—	ns
使能升、降时间	t_{ER}、t_{EF}	—	25	ns
地址建立时间	t_{AS}	140	—	ns
地址保持时间	t_{AH}	10	—	ns
数据建立时间	t_{DSW}	195	—	ns
数据保持时间	t_{H}	10	—	ns

3. 读操作时序（LCM 至单片机）

图 8-38 是单片机往 LCM 读操作时序，表 8-5 是读操作的相关参数。

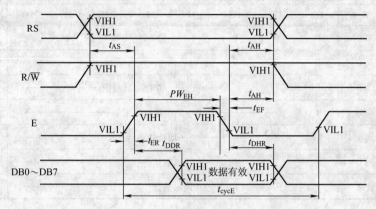

图 8-38　单片机往 LCM 读操作时序

表 8-5　读操作的相关参数

项　　目	符　　号	最　小　值	最　大　值	单　位
使能周期	t_{cycE}	1000	—	ns
使能脉冲宽度	PW_{EH}	450	—	ns
使能升、降时间	t_{ER}、t_{EF}	—	25	ns
地址建立时间	t_{AS}	140	—	ns
地址保持时间	t_{AH}	10	—	ns
数据延时时间	t_{DDR}	—	320	ns
数据保持时间	t_{DHR}	10	—	ns

8.6.4　点阵字符 LCM 的指令系统

点阵字符 LCM 是一种智能化的器件，所有显示功能都由其中的 11 条指令来实现，点阵字符 LCM 的指令系统汇总于表 8-6 中。LCM 内部的自动复位的条件是：电源上升时间在 0.1~10ms 范围内，或电源中途断电（电压低于 0.2V），持续时间不低于 1ms，则 LCM 内部复位操作能自动进行。如果上述条件不满足，则 LCM 必须通过指令来初始化。

表 8-6　点阵字符 LCM 的指令系统

指令	选择状态		指令控制字								功能说明
	RS	R/$\overline{W}$	D7	D6	D5	D4	D3	D2	D1	D0	
1	0	0	0	0	0	0	0	0	0	1	清显示屏
2	0	0	0	0	0	0	0	0	1	*	光标复位
3	0	0	0	0	0	0	0	1	I/D	S	内部方式设置
4	0	0	0	0	0	0	1	D	C	B	显示开/关

(续)

指令	选择状态		指令控制字								功能说明
	RS	R/$\overline{\text{W}}$	D7	D6	D5	D4	D3	D2	D1	D0	
5	0	0	0	0	0	1	S/C	R/L	*	*	移位控制
6	0	0	0	0	1	DL	N	F	*	*	系统功能设置
7	0	0	0	1	←		6 位地址范围			→	设 CGRAM 地址
8	0	0	1	←			7 位地址范围			→	设 DDRAM 地址
9	0	1	BF	←			地址计数器			→	忙状态检查
10	1	0	←				写入数据			→	MCU 写 LCM
11	1	1	←				读出数据			→	MCU 读 LCM

指令功能使用说明：

指令 1：设置 DDRAM 地址为 00H，并写入空格码（20H），光标返回左边。

指令 2：光标复位，DDRAM 地址设置为 00H，显示返回初始状态。

指令 3：I/D = 1，DDRAM 地址自动加 1；I/D = 0，DDRAM 地址自动减 1。

S = 1 & I/D = 1，显示向右移动；S = 1 & I/D = 0，显示向左移动。

S = 0 显示不移动。

指令 4：D = 1，打开显示；D = 0，关闭显示。

C = 1，光标出现。（用 5 个点显示在第 8 行）

C = 0，光标消失。（仍然有 I/D 功能）

B = 1，显示闪烁；B = 0 显示不闪。（光标和闪烁可同时设置）

指令 5：S/C = 0，移动光标；S/C = 1 移动显示。（DDRAM 中内容不改变）

R/L = 0，向左移动；R/L = 1 向右移动。

指令 6：DL = 0，4 位数据接口；DL = 1，8 位数据接口。

N = 0，单行显示；N = 1，双行显示。

F = 0，5 × 7 点阵；F = 1，5 × 10 点阵。（设于所有指令之前）

指令 7：CGRAM 地址设置，二进制 6 位取值范围为（00AAAAAA），即 0 ~ 63，再与 D6 位进行"或"运算，指令控制字成为（01AAAAAA），所以首地址为 40H。CGRAM 地址进入地址计数器，做好从 CGRAM 读数或向 CGRAM 写数的准备工作。

指令 8：DDRAM 地址设置，二进制 7 位取值范围为（0AAAAAAA），即 0 ~ 127，再与 D7 位进行"或"运算，指令控制字成为（1AAAAAAA），所以首地址为 80H。DDRAM 地址进入地址计数器，做好从 DDRAM 读数或向 DDRAM 写数的准备工作。

对应于指令 6 的 N = 0 时显示 1 行，地址范围为 0 ~ 79（即 00H ~ 4FH）；N = 1 时显示 2 行，第 1 行地址范围 0 ~ 39（即 00H ~ 27H），第 2 行地址范围 64 ~ 103（即 40H ~ 67H）。

注意：对 16 × 1 行显示屏，第 1 ~ 8 和第 9 ~ 16 字符的对应 DDRAM 地址不连续；对 16×2 行显示屏，第 1 行和第 2 行字符的对应 DDRAM 地址不连续。

指令 9：读忙检查，待检查到忙标志位 BF＝0（不忙）后才能进行下一个指令操作。

指令 10：写 8 位数据到 CGRAM 或 DDRAM，写后按（I/D 状态）地址自动加/减 1。

指令 11：从 CGRAM 或 DDRAM 读出数据，读后按（I/D 状态）地址自动加/减 1。

（注意：指令 11 使用之前需执行地址设置指令。）

注：表 8-6 中的"＊"为状态无关位。

8.6.5　单片机与 LCM 接口的编程方法

1. 点阵字符 LCM 控制线的逻辑关系

点阵字符 LCM 的编程接口除了 8 条数据线之外，还有 3 条控制线，即：RS（寄存器选通）、R/$\overline{\text{W}}$（读/写）、E（片选），用来实现单片机与 LCM 之间数据交换的 4 种功能：即写指令代码，读忙标志，写数据，读数据，其逻辑关系见表 8-7。

表 8-7　LCM 控制线的逻辑关系

RS	R/$\overline{\text{W}}$	E	功　能
0	0	下降沿	写指令代码
0	1	高电平	读忙标志
1	0	下降沿	写数据
1	1	高电平	读数据

2. 点阵字符 LCM 的软件编程

以图 8-39 所示的点阵字符 LCM 与单片机的接口电路为例，说明编程过程和方法。

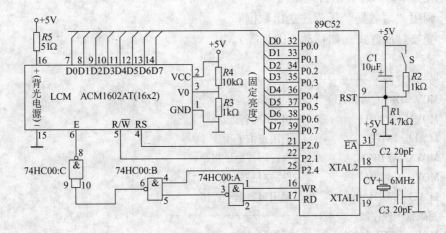

图 8-39　点阵字符 LCM 与单片机的接口电路

LCM 的控制线 RS、R/$\overline{\text{W}}$、E 分别与单片机的 P2 口进行连接（具体连接的口线由用户自定）。按图中电路接法，其 4 个口地址见表 8-8。

表 8-8　图 8-39 接口电路中的 4 个口地址

功能控制线 / 功能口地址	E						RS	R/$\overline{W}$	
	P2.7	P2.6	P2.5	P2.4	P2.3	P2.2	P2.1	P2.0	P0.7 ~ P0.0
写指令口地址：1000H	0	0	0	1	0	0	0	0	0 ~ 0
写数据口地址：1200H	0	0	0	1	0	0	1	0	0 ~ 0
读查忙口地址：1100H	0	0	0	1	0	0	0	1	0 ~ 0
读数据口地址：1300H	0	0	0	1	0	0	1	1	0 ~ 0

根据上述 4 个口地址，运用指令按以下顺序进行编程。

（1）置系统功能

　　MOV　A，#38H　　　　　　;5×7 点阵，双行显示（指令 6）

（2）置内部方式

　　MOV　A，#06H　　　　　　;DDRAM 地址自动加 1（指令 3）

（3）置显示开/关

　　MOV　A，#0CH　　　　　　;开显示，光标消失，显示不闪（指令 4）

（4）清显示屏

　　MOV　A，#01H　　　　　　;清屏（指令 1）

注：上述属初始化过程。

（5）装自编字符 CGRAM 数据

　1）先写指令口，再写数据口。

　2）写操作前须调用"查忙"子程序"查忙"，待查到低电平后才进行后续操作。

（6）显示 CGRAM 或 CGROM 字符

　1）先置 DDRAM 显示首地址。

　2）调用"写数据"子程序送出数据。

（7）变换显示方式（如移动、闪烁等）。

举例:局部程序段--

```
        MOV   DPTR,#1000H    ;写指令口地址
        MOV   A,#80H         ;DDRAM 首地址
        LCALL WAT            ;调用查忙子程序
        MOVX  @DPTR,A        ;执行写首地址指令
        MOV   A,#20H         ;设"空格"字符
        LCALL WCH            ;调用写数据子程序
```

写数据子程序段--

```
WCH:    MOV   DPTR,#1200H    ;写数据口地址
        LCALL WAT            ;调用查忙子程序
        MOVX  @DPTR,A        ;执行写数据
        RET
```

查忙子程序--

```
WAT:PUSH   ACC               ;入栈保护 A
     PUSH   DPH               ;入栈保护数据指针
     PUSH   DPL
     MOV    DPTR,#1100H       ;读查忙口地址
LOP: MOVX   A,@DPTR           ;执行忙检查
     JB     ACC.7 LOP         ;查低电平(指令9)
     POP    DPL               ;出栈恢复数据指针
     POP    DPH
     POP    ACC               ;出栈恢复累加器
     RET
```

3. 实验电路的汇编源程序

利用图 8-39 的电路,在 LCM 的两行字符屏面实现西文"DO LCM"和自编汉字"你好"的显示和右移功能。LCM 的三条控制线通过单片机的 P2 口进行控制,因此需要采用 16 位数据指针 DPTR,而自编字符的查表过程也用到数据指针 DPTR,且写数据子程序中嵌套有查忙子程序。因为这两个子程序的入口地址均对数据指针 DPTR 进行操作,所以必须在查忙子程序中先把外层程序的 DPTR 分成两个高、低 8 位字节入栈保护,待查忙子程序执行完后,再出栈恢复外层程序的 DPTR,执行外层的程序。汇编源程序如下供参考:

```
           ORG 0000H             ;LCM. asm
           AJMP MAI
           ORG 0030H
MAI:       MOV SP,#60H
           MOV DPTR,#1000H       ;"写指令"口地址
           MOV A,#38H            ;置功能(指令6),双行
           MOVX @DPTR,A          ;执行"写指令"
           NOP
           MOV A,#0CH            ;开显示(指令4),无光标
           LCALL WAT             ;"查忙"子程序
           MOVX @DPTR,A          ;执行"写指令"
           NOP
           MOV A,#01H            ;总清屏(指令1)
           LCALL WAT             ;"查忙"子程序
           MOVX @DPTR,A          ;执行"写指令"
           NOP                   ;初始化过程完成··············
           MOV DPTR,#CGR         ;装自编字符表头
           MOV R1,#40H           ;CGRAM 首址(指令7)
           MOV R2,#4             ;自编字符总数
WG0:       MOV R3,#8             ;每个字符行数
WG1:       PUSH DPH              ;入栈保护自编字符表
           PUSH DPL
           MOV DPTR,#1000H       ;"写指令"口地址
           MOV A,R1
```

```
LCALL WAT              ;"查忙"子程序
MOVX @DPTR,A           ;执行"写指令"
CLR A
POP DPL                ;出栈恢复自编字符表
POP DPH
MOVC A,@A+DPTR         ;执行查表取字符
PUSH DPH               ;入栈保护自编字符表
PUSH DPL
LCALL WCH              ;装 CGRAM 数据子程序
POP DPL                ;出栈恢复自编字符表
POP DPH
INC R1                 ;CGRAM 地址增1
INC DPTR               ;自编字符表地址增1
DJNZ R3,WG1            ;字符行数未完循环
DJNZ R2,WG0            ;自编字符数未完循环
NOP                    ;装入自编字符完成----------------
MOV DPTR,#1000H        ;"写指令"口地址
MOV A,#80H             ;DDRAM 前段(第1行)首址(指令8)
LCALL WAT              ;"查忙"子程序
MOVX @DPTR,A           ;执行"写指令"
NOP
MOV A,#06H             ;地址自动加1,显示不动(指令3)
LCALL WAT              ;"查忙"子程序
MOVX @DPTR,A           ;执行"写指令"
NOP
MOV A,#20H             ;空格
LCALL WCH              ;写数据子程序
MOV A,#44H             ;字符"D"
LCALL WCH              ;写数据子程序
MOV R7,#43             ;延时 0.8s
ACALL DLY
MOV A,#4FH             ;字符"O"
LCALL WCH              ;写数据子程序
MOV R7,#43             ;延时 0.8s
ACALL DLY
MOV C,#20H             ;空格
LCALL WCH              ;写数据子程序
MOV A,#4CH             ;字符"L"
LCALL WCH              ;写数据子程序
MOV A,#43H             ;字符"C"
LCALL WCH              ;写数据子程序
MOV A,#4DH             ;字符"M"
LCALL WCH              ;写数据子程序
```

```
        MOV DPTR,#1000H        ;"写指令"口地址
        MOV A,#0C0H            ;DDRAM 后段(第 2 行)首址(指令 8)
        LCALL WAT             ;"查忙"子程序
        MOVX @ DPTR,A          ;执行"写指令"
        MOV A,#20H            ;字符"空格"
        LCALL WCH             ;写数据子程序
        NOP
        MOV A,#20H            ;字符"空格"
        LCALL WCH             ;写数据子程序
        NOP
        MOV A,#20H            ;字符"空格"
        LCALL WCH             ;写数据子程序
        NOP
        MOV A,#00H            ;自编"字符 1"
        LCALL WCH             ;写数据子程序
        NOP
        MOV A,#01H            ;自编"字符 2"
        LCALL WCH             ;写数据子程序
        NOP
        MOV A,#20H            ;字符"空格"
        LCALL WCH             ;写数据子程序
        NOP
        MOV A,#02H            ;自编"字符 3"
        LCALL WCH             ;写数据子程序
        NOP
        MOV A,#03H            ;自编"字符 4"
        LCALL WCH             ;写数据子程序
        MOV R7,#55            ;停留延时 2s
        ACALL DLY
        NOP                   ;字符移动显示----------------
        MOV DPTR,#1000H        ;"写指令"口地址
        MOV R6,#9
        MOV A,#18H            ;字符左移(指令 5)
SHI:    NOP
        ACALL WAT             ;"查忙"子程序
        MOVX @ DPTR,A          ;执行"写指令"
        MOV R7,#35            ;停留延时 0.4s
        ACALL DLY
        DJNZ R6,SHI           ;字符未完继续
        AJMP MAI             ;循环显示
        NOP
WCH:    NOP                   ;写数据子程序--------------
        MOV DPTR,#1200H        ;"写数据"口地址
```

```
        LCALL WAT               ;"查忙"子程序
        MOVX @ DPTR,A           ;执行写数据(指令10)
        RET
WAT:    NOP                     ;读忙子程··········
        PUSH ACC                ;入栈保护 A
        PUSH DPH                ;入栈保护数据指针
        PUSH DPL
        MOV DPTR,#1100H         ;"读查忙"口地址
LOP:    MOVX A,@ DPTR           ;执行忙检查
        JB ACC.7,LOP            ;查低电平(指令9)
        POP DPL                 ;出栈恢复数据指针
        POP DPH
        POP ACC                 ;出栈恢复 A
        RET
DLY:    PUSH 07H                ;延时子程序··········
DLA:    PUSH 07H
DLB:    PUSH 07H
DLC:    DJNZ R7,DLC
        POP 07H
        DJNZ R7,DLB
        POP 07H
        DJNZ R7,DLA
        POP 07H
        DJNZ R7,DLY
        RET
        NOP                     ;造字"你好"(含4字符)
CGR:    DB 02H,04H,1CH,04H      ;字符1编码
        DB 04H,04H,04H,00H
        DB 10H,1FH,15H,04H      ;字符2编码
        DB 15H,15H,0CH,00H
        DB 08H,1FH,0AH,0AH      ;字符3编码
        DB 04H,0AH,11H,00H
        DB 1FH,02H,04H,1FH      ;字符4编码
        DB 04H,04H,0CH,00H
        END
```

8.7 实时日历时钟

单片机的应用系统中，实时日历时钟芯片（Real Time and Calendar，RTC）是实现测控功能的一个重要器件，为系统提供日期和时间基准。市面上有不同种类的实时时钟芯片可供使用，如 DS1302，属于串行实时时钟芯片，采用三线接口与单片机进行同步通信，该芯片设置有后备电源引脚，需要从外部提供后备电源，或者通过大容量电解电容的储能来维持数

据不丢失。DS12C887（DS12887）属于并行实时时钟芯片，通过并行总线与单片机进行通信，该芯片内部封装有锂电池和晶体振荡器，不必外接后备电源，在外部断电的状态下时钟可运行达十年之久，广泛用于需要连续提供实时时钟基准的应用系统。本节主要介绍 DS12C887 芯片与单片机的接口方式及其应用。

8.7.1 DS12C887 的引脚及存储器

实时时钟芯片 DS12C887（或 DS12887）内部封装了锂电池、石英晶体振荡器和写保护电路，时钟一经启动，就可持续运行。芯片功能包括：非挥发性时钟（即断电可继续保持运行），报警器，百年日历，可编程中断，方波发生器，114B 非挥发性 RAM 等，DS12C887 芯片的外形引脚见图 8-40，并采用了图 8-41 所示的专用厚型 CAPHAT DIP 封装。DS12C887 内部电路结构见图 8-42。

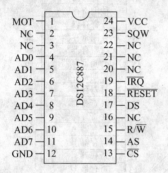

图 8-40　DS12C887 芯片的外形引脚　　　图 8-41　CAPHAT DIP 封装

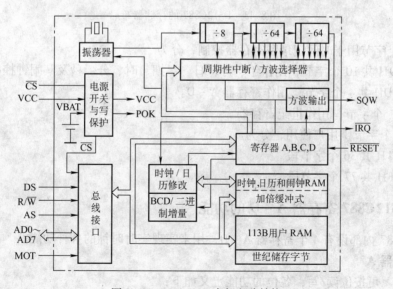

图 8-42　DS12C887 内部电路结构

1. DS12C887 引脚功能

1）MOT 脚接地，采用 Intel 时序；MOT 脚接 VCC，采用 Motorola 时序。

2）AD0 ~ AD7 脚接单片机 P0 口，作地址/数据复用。

3）$\overline{CS}$ 脚接单片机 P2 口，作片选。

4）AS 脚接单片机 ALE，作地址锁存。

5）DS 脚接单片机$\overline{RD}$，为 MOT 接地时（Intel 时序）的读出线。

6）R/W 脚接单片机$\overline{WR}$，为 MOT 接地时（Intel 时序）的写入线。

7）$\overline{RESET}$脚对片内时钟、日历及通用 RAM 无作用。

8）$\overline{IRQ}$脚接单片机的$\overline{INT0}$或$\overline{INT1}$，作中断申请（需上拉电阻）。

9）SQW 脚可输出方波信号。

10）芯片可当作单片机的外部 RAM，用 MOVX 指令进行读/写操作。

2. DS12C887 的存储器布局

DS12C887 具有 114B 的非挥发性存储器单元，其存储器布局见图 8-43。

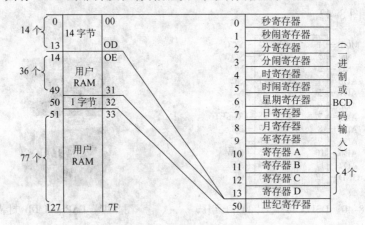

图 8-43　DS12C887 的存储器布局

1）15 个字节用于时间记录和寄存器控制，分为

00H～09H 共 10 个字节，用作年、月、日、星期、时、分、秒及其闹钟控制。

0AH～0DH 共 4 个字节，用作寄存器 A～D。

32H 共 1 个字节，用作世纪寄存器。

2）113 个字节供用户使用，分为

0EH～31H 共 36 个字节段。

33H～7FH 共 77 个字节段。

8.7.2　DS12C887 寄存器 A～D 的功能

DS12C887 内部设有 4 个寄存器 A～D，用来实现实时时钟的各种功能。

1. 寄存器 A

寄存器 A 可按位读/写，各位的功能定义如下：

UIP 属进程更改位（Update In Progress），是一种监控用的只读标志。为"1"时表示周期更新，持续时间约 244μs；为"0"时表示更新结束，其更新周期见图 8-44。

DV2 ~ DV0 属启振状态位。读得"010"时表示芯片的计时已经启动；出厂时设为"000"，使用时用户需将其改写为"010"，内部时钟才能正式运行。

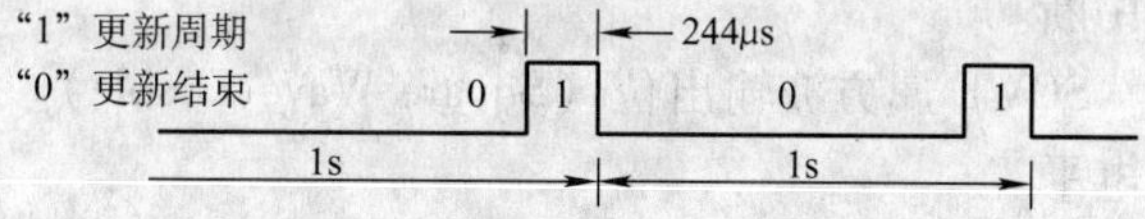

图 8-44 DS12C887 的更新周期

RS3 ~ RS0 属方波速率选择位（Rate-Selection）。为"0000"时表示无方波输出。DS12C887 的方波输出见表 8-9。输出的方波可用作其他系统的信号源。

表 8-9 DS12C887 的方波输出

寄存器 A 输出速率选择位				32768Hz 时基	
RS3	RS2	RS1	RS0	中断周期/ms	SQWF 输出频率
0	0	0	0	无	无
0	0	0	1	3. 90625	256Hz
0	0	1	0	7. 8125	128Hz
0	0	1	1	122. 070	8. 192kHz
0	1	0	0	244. 141	4. 906kHz
0	1	0	1	488. 281	2. 048kHz
0	1	1	0	976. 5625	1. 024kHz
0	1	1	1	1. 953125	512Hz
1	0	0	0	3. 90625	256Hz
1	0	0	1	7. 8125	128Hz
1	0	1	0	15. 625	64Hz
1	0	1	1	31. 25	32Hz
1	1	0	0	62. 5	16Hz
1	1	0	1	125	8Hz
1	1	1	0	250	4Hz
1	1	1	1	500	2Hz

2. 寄存器 B

寄存器 B 可按位读/写，各位的功能定义如下：

D7	D6	D5	D4	D3	D2	D1	D0	
SET	PIE	AIE	UIE	SQWE	DM	24/12	DSE	寄存器 B 可位读/写
更新/禁止	周期中断允许	报警中断允许	更新结束中断允许	方波输出	数据格式	时间格式	夏令时制	

SET 属更新/禁止位。设为"0"，允许时钟每秒更新一次；设为"1"，禁止更新，在对日历/时间进行初始化时使用。

PIE 属周期中断位（Periodic Interrupt Enable）。"0"表示禁止中断，"1"表示允许中断。

AIE 属报警中断位（Alarm Interrupt Enable）。"0" 表示禁止中断，"1" 表示允许中断。

UIE 属更新结束位（Update Ended Interrupt Enable）。"0" 表示禁止中断，"1" 表示允许中断。

SQWE 属方波输出位（Square Wave Enable）。为 "1" 时表示方波输出，为 "0" 表示低电平。

DM 属数据格式位（Date Mode）。"0" 表示 BCD 码，"1" 表示二进制码。

24/12 属时间格式位。"0" 表示 12 时制，"1" 表示 24 时制。

DSE 属夏令时制位（Daylight Savings Enable）。"0" 表示不发生，"1" 表示允许夏令时制。

3. 寄存器 C

寄存器 C 属于只读位寄存器，各位的功能定义如下：

D7	D6	D5	D4	D3	D2	D1	D0	
IRQF	PF	AF	UF	0	0	0	0	寄存器 C 只读位
中断申请标志	周期中断标志	报警中断标志	更新结束中断标志		未用，总为零			

IRQF 属中断请求标志位（Interrupt Request Flag），为 "1" 时置位。

PF 属周期中断置位标志位（Periodic Interrupt Flag），为 "1" 时置位。

AF 属报警中断置位标志位（Alarm Interrupt Flag），为 "1" 时置位。

UF 属更新结束中断置位标志位（Update Ended Interrupt Flag），为 "1" 时置位。

逻辑关系为：IRQF = PF · PIE + AF · AIE + UF · UIE

就是说，当寄存器 B 的 "允许中断" 和寄存器 C 的 "中断置位" 同时满足时，IRQF 中断申请才有效。

注意，寄存器 C 属于只读位，读出后或 $\overline{RESET}$（复位）后，标志位全部清为零。

4. 寄存器 D

寄存器 D 属于只读位寄存器，各位的功能定义如下：

D7	D6	D5	D4	D3	D2	D1	D0	
VRT	0	0	0	0	0	0	0	寄存器 D 只读位
有效 RAM 和时间位				保留位，未用				

最高位 VRT 属有效 RAM 和时间位（Valid RAM and Time），出厂设置为 "1"，锂电池耗尽则变为 "0"。也就是说，当检测到 VRT 位为 0 时，表明内置锂电池已经耗尽，时钟和 RAM 数据不再可靠。该位不受 RESET 复位的影响。

8.7.3 DS12C887 的读数方法与复位

1. 关于 $\overline{RESET}$ 的影响

芯片正常供电时，复位脚 $\overline{RESET}$ 低电平有效，能使寄存器 C 清零，继而使寄存器 B 的三个允许中断位清零。实际应用中把 $\overline{RESET}$ 引脚接 VCC，使之对寄存器不产生影响。

2. 查询寄存器 A 的 UIP 位

如果采用查询法查到寄存器 A 的最高位 UIP = 1，表示时钟正在更新，可延时约 $300\mu s$ 以便确认更新周期结束，再读取日历和时间等数据。

8. 7. 4 DS12C887 的读/写时序

DS12C887 与 51 系列单片机的写操作时序见图 8-45。AS 引脚、DS 引脚和 R/W 引脚的信号分别由 51 系列单片机的 ALE、$\overline{\text{RD}}$ 和 $\overline{\text{WR}}$ 口线控制。芯片在片选 CS 和地址锁存 ALE 有效后，通过 $\overline{\text{WR}}$ 对芯片进行写操作（低电平有效），数据 AD0 ~ AD7 写入 DS12C887，这期间 $\overline{\text{RD}}$ 处于高电平状态对写操作不产生影响。

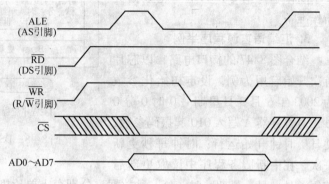

图 8-45 DS12C887 与 51 系列单片机的写操作时序

DS12C887 与 51 系列单片机的读操作时序见图 8-46。AS 引脚、DS 引脚和 R/$\overline{\text{W}}$ 引脚的信号分别由 51 系列单片机的 ALE、$\overline{\text{RD}}$ 和 $\overline{\text{WR}}$ 口线控制。芯片在片选 CS 和地址锁存 ALE 有效后，通过 $\overline{\text{RD}}$ 对芯片进行读操作（低电平有效），数据 AD0 ~ AD7 从 DS12C887 读出，这期间 $\overline{\text{WR}}$ 处于高电平状态对读操作不产生影响。

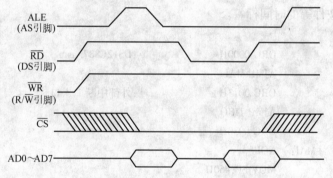

图 8-46 DS12C887 与 51 系列单片机的读操作时序

8. 7. 5 DS12C887 与单片机的接口电路

DS12C881 与 51 系列单片机的接口电路很简洁，不必附加外部元件就能工作。

1. 硬件电路

图 8-47 是 89C51 与 DS12C887 的并行接口电路实例，采取中断方式读取日历/时间等数据。

2. 软件流程

DS12C887 接口电路的软件流程图见图 8-48，包含了主程序流程图（见图 8-48a）和中断服务程序流程图（见图 8-48b）。主程序首先读取寄存器 A 的 DV2 ~ DV0 位状态，判断该时钟芯片是否属首次启用，如果属首次启用，则进行日历/时钟的初始化，并启动更

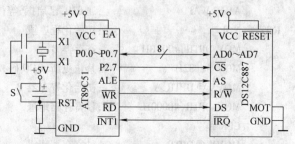

图 8-47 89C51 与 DS12C887 的并行接口电路实例

新和中断功能。在中断服务程序中读取日历/时钟等参数，存入单片机内部RAM中备用；每次时钟数据更新后均读寄存器C的中断申请标志位IRQF，使中断标志位清零，为下一轮数据更新作准备。

3. 汇编语言源程序举例

结合图8-47的接口电路，以芯片首次开始启用为例，设定初始化参数为2003年6月3日星期一0时0分0秒，对寄存器A写入010起振码参数，使日历时钟开始运行；时钟每秒更新一次，在中断服务程序中读取更新后

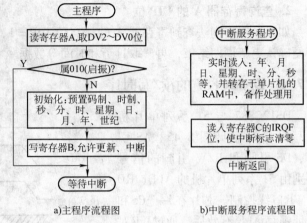

a) 主程序流程图   b) 中断服务程序流程图

图8-48 DS12C887接口电路的软件流程图

的年、月、日、星期、时、分、秒数据，分别存入单片机内部RAM（31H～37H）的对应单元。这些日历时钟的实时数据通常在单片机系统中用LED或LCM配合显示，或者用作数据文件等的时间标签。

```
            ORG 0000H           ;DS12C887. asm
            AJMP MAI
            ORG 0013H           ;外部中断1入口
            AJMP TIRQ
            ORG 0030H
MAI:        NOP
            MOV SP,#60H
            CLR IT1             ;外部中断1低电平触发
            SETB EX1            ;外部中断1中断允许
            SETB EA             ;总中断允许
            NOP
            MOV DPTR,#000AH     ;寄存器A
            MOVX A,@DPTR
            ANL A,#01110000B    ;取DV2～DV0位
            CJNE A,#20H,INIT    ;判初次启振?
            AJMP WAIT           ;属010,已启振,等待中断更新计时
INIT:       NOP                 ;初始化程序段
            MOV DPTR,#000BH     ;寄存器B
            MOV A,#82H          ;禁止更新,BCD码,24时制
            MOVX @DPTR,A        ;初始化寄存器B
            MOV DPTR,#0000H     ;秒寄存器地址
            CLR A
            MOVX @DPTR,A        ;秒寄存器清零
            INC DPTR            ;秒闹寄存器地址
```

```
        CLR A
        MOVX @ DPTR,A          ;秒闹寄存器清零
        INC DPTR               ;分寄存器
        CLR A
        MOVX @ DPTR,A          ;分寄存器清零
        INC DPTR               ;分闹寄存器地址
        CLR A
        MOVX @ DPTR,A          ;分闹寄存器清零
        INC DPTR               ;时寄存器地址
        CLR A
        MOVX @ DPTR,A          ;时寄存器清零
        INC DPTR               ;时闹寄存器地址
        CLR A
        MOVX @ DPTR,A          ;时闹寄存器清零
        INC DPTR               ;周寄存器地址
        MOV A,#01H
        MOVX @ DPTR,A          ;星期 1 写入周寄存器
        INC DPTR               ;日寄存器地址
        MOV A,#03H
        MOVX @ DPTR,A          ;3 日写入日寄存器
        INC DPTR               ;月寄存器地址
        MOV A,#06H
        MOVX @ DPTR,A          ;6 月写入月寄存器
        INC DPTR               ;年寄存器地址
        MOV A,#03H
        MOVX @ DPTR,A          ;2003 年写入年寄存器
        NOP
        MOV DPTR,#000AH        ;寄存器 A
        MOV A,#20H             ;010 启振码
        MOVX @ DPTR,A          ;启振码写入寄存启 A
        MOV DPTR,#000CH        ;寄存器 C
        MOVX A,@ DPTR         ;读寄存器 C 清中断标志 IRQF
        INC DPTR               ;寄存器 D
        MOVX A,@ DPTR         ;读锂电池标志
        MOV DPTR,#000BH        ;寄存器 B
        MOV A,#12H             ;允许更新中断,24 时制
        MOVX @ DPTR,A          ;写入寄存器 B..
WAIT:   AJMP WAIT             ;等待中断 IRQ
TIRQ:   NOP                    ;中断服务子程序,更新读数
        MOV DPTR,#0009H        ;年寄存器
        MOVX A,@ DPTR         ;读年寄存器数据
        MOV 31H,A             ;年数据转存 RAM
        MOV DPTR,#0008H        ;月寄存器
```

```
        MOVX A,@ DPTR           ;读月寄存器数据
        MOV 32H,A               ;月数据转存 RAM
        MOV DPTR,#0007H         ;日寄存器
        MOVX A,@ DPTR           ;读日寄存器数据
        MOV 33H,A               ;日数据转存 RAM
        MOV DPTR,#0006H         ;星期寄存器
        MOVX A,@ DPTR           ;读星期寄存器数据
        MOV 34H,A               ;星期数据转存 RAM
        MOV DPTR,#0004H         ;时寄存器
        MOVX A,@ DPTR           ;读时寄存器数据
        MOV 35H,A               ;时数据转存 RAM
        MOV DPTR,#0002H         ;分寄存器
        MOVX A,@ DPTR           ;读分寄存器数据
        MOV 36H,A               ;分数据转存 RAM
        MOV DPTR,#0000H         ;秒寄存器
        MOVX A,@ DPTR           ;读秒寄存器数据
        MOV 37H,A               ;秒数据转存 RAM
        MOV DPTR,#000CH         ;寄存器 C
        MOVX A,@ DPTR           ;通过读寄存器 C 清中断标志 IRQF
        RETI
```

练习与思考

1. 中断返回指令 RETI 的功能和作用是什么？程序不能正常中断返回会出现什么后果？

2. 有哪些型号的硬件 Watchdog 芯片适于 51 系列单片机作抗干扰复位使用？

3. 在含有中断服务子程序的情况下，硬件 Watchdog 芯片如何与单片机配合使用才能发挥有效的抗干扰作用？

4. 通过人为手段清除不可寻址的中断优先级激活触发器标志，使程序重新运行的思路是什么？

5. 应采取什么措施，才能在设置有软件 Watchdog 的应用系统中，正确识别是系统正常冷启动或者是属于抗干扰复位的热启动？

6. 空操作 NOP 指令常被用于防范指令出现错位，主要针对哪类指令？

7. 举例说明最适合运用单片机待机功能的应用场合。

8. 利用键盘中断方式唤醒单片机的待机状态，哪种键盘接口方式既便于用户操作又符合编程规律？为什么？

9. 在单片机的实际应用系统中，能不能通过定时溢出中断的方式来唤醒单片机的待机状态？为什么？

10. 举例说明如何通过键盘中断方式结束待机状态，并同时实现键盘输入功能的调用。

11. 举例说明数据冗余恢复的应用场合。

12. 说明数据冗余恢复的原理和表决策略，进一步提高数据抗干扰能力的做法是什么？

13. 实际应用中采用什么类型的存储器件来作数据冗余恢复的数据备份，数据存放的原则是什么？

14. 举例说明交流电断电检测措施对单片机应用系统的作用及其应用场合。

15. 如果单片机的电源是通过交流电整流滤波提供，外中断口如何取得交流电断电的触发信号？

16. 由可重复触发式单稳态触发器芯片 74HC123 为核心组成的交流电断电检测模块，其中的 *RC* 时间常数应设置在什么范围，才能使模块在交流电断电半个周期就能检测到？

17. 把 51 系列单片机中的一个外部中断口用于检测交流电断电这种最紧急事件，如果应用系统中还有

两个以上的中断源需要处理，该通过什么方法来应对？

18. 适合作单片机断电信息保护的器件是哪种？程序设计时，单片机恢复交流电供电后能从断电之前的状态开始继续运行的关键步骤是什么？

19. 恢复交流电供电之时单片机系统上电复位的瞬间，外中断口可能会接收到干扰的触发脉冲，为了避免此时误入断电保护，应采取什么软件处理措施，然后才往下运行？

20. 具体说明单片机与 PC 串行通信为何要进行逻辑电平变换？

21. 最方便的 RS-232 电平变换器件是哪种？外围电路的电容应如何配置？

22. PC 与单片机在单机通信成功的基础上，与多个单片机进行多机通信不成功的原因在哪里？

23. PC 与多单片机进行多机通信，单片机的串行发送线应采取什么措施才能使通信正常？单片机的串行接收线要不要采取同样的措施？

24. 点阵字符液晶显示模块（LCM）有哪些常见的显示规格可供选择？

25. 说明 LCM 的字符编码存储器 CGRAM 与显示数据存储器 DDRAM 以及 LCM 屏面显示位置三者的关系。

26. 说明 LCM 字符编码与字符模式对照表中的 CGRAM 作何用途。

27. 利用 LCM 的用户编码字符（造字）功能自造一个汉字"工"字符，说明实现过程和步骤。

28. 从 LCM 指令系统的关系说明为何显示存储器 DDRAM 的地址不连续。

29. 在 LCM 四个 16 位口地址的编程应用中涉及到"查忙"环节，数据指针 DPTR 应如何运用才不会发生混乱。

30. 实时日历时钟芯片 DS12C887 与其他串行实时日历时钟芯片的最主要区别是什么？

31. 购买到 DS12C887 时，芯片已出厂两年，从其内置锂电池能保持数据 10 年计算，是不是还剩 8 年？为什么？

32. 实时日历时钟芯片的时间数据每秒更新一次，应在什么时候读取？以什么方式读进单片机？

33. 在编制实时日历时钟 DS12C887 的应用程序时，应采取什么程序结构，使之适应任何已知或未知使用状态的芯片？

34. 如何用北京标准时间来校准实时日历时钟芯片 DS12C887，试提出一种实施方案。

第9章 串行总线扩展技术

单片机总线扩展技术中分为两大类：一类是并行总线扩展技术；另一类是串行总线扩展技术。串行总线连线少，结构简单，占用单片机（MCU）的 I/O 口资源较少，可直接与许多外围设备连接。串行总线已成为单片机的一种流行扩展方式，串行总线的应用已是一种发展趋势。51 系列单片机可以用自身的并行输入/输出口线通过软件方法模拟产生对应的串行总线时序信号，控制具有串行接口的芯片，以充分利用丰富的串行接口器件资源。常见的串行总线有美国 Motorola 公司推出的 SPI（Serial Peripheral Interface）总线、美国 NSC 公司（National Semiconductor Corp）推出的 I^2C（Inter-Integrated Circuit Bus）总线、美国 Intel 公司和 Duracell 公司共同推出的 SMBus（System Management Bus）总线以及美国 Dallas 公司推出的单总线（1-Wire Bus）接口技术等。这些总线协议来源于受市场支配的企业标准，没有经过国际标准化委员会的制定和授权。正因为如此，在总线的发展历史过程中，出现了各种各样信号条件不同、功能上存在差异的总线。由于使用范围很广，这些总线现已成为一种世界性的工业标准。

9.1 SPI 总线扩展技术

9.1.1 SPI 总线概述

SPI（Serial Peripheral Interface）总线，是一种同步串行外设接口技术，由 Motorola 公司最先提出。SPI 总线允许 MCU（称为主设备、主机或主器件）与外围设备（称为从设备、从机或从器件）以串行方式进行通信和数据交换。SPI 支持的外围设备包括如串行 E^2PROM、串行 A/D 或 D/A 转换器、串行日历/时钟、串行 UART 控制器和串行 LED 显示驱动器等。标准的 SPI 总线采用 4 条逻辑信号线实现主设备和从设备之间的通信，分别是：

SCLK——串行时钟线（由主设备发出）

MOSI——串行主出从入信号线（由主设备发出）

MISO——串行主入从出信号线（由从设备发出）

SS——从设备片选线（由主设备发出，低电平有效）

SPI 总线又称四线/三线制（不计及片选线 SS 时）同步串行总线，但更多时候被称为三线制总线。SPI 总线的单主单从设备的连接关系见图 9-1。

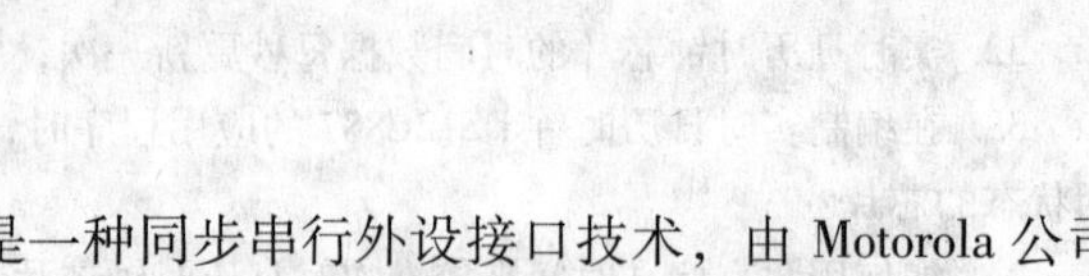

目前广泛使用如下的一种非标准的 SPI 总线命名方式：

SCK, CLK——串行时钟线（由主设备发出）

图 9-1 SPI 总线的单主单从设备的连接关系

SDI, DI, SI——串行数据输入线

SDO, DO, SO——串行数据输出线

nCS, CS, Nss, STE——从设备片选线（由主设备发出，低电平有效）

使用这种命名方式时需要注意，主设备的 SDO 端、SDI 端应分别连接从设备的 SDI 端、SDO 端，还需要注意片选信号的电平极性。

SPI 总线只用到 4 条数据线和控制线，就可以和具有 SPI 接口的各种器件相连接。相比之下，MCU 的并行总线扩展方法需要 8 条数据线、8 ~ 16 条地址线和 2 ~ 3 条控制线。显然，SPI 总线节省 I/O 口线资源，简化了电路设计，同时提高了电路的可靠性。

1. SPI 总线的主要特点

1）全双工模式，可以同时发送和接收数据。

2）主从工作方式。

3）提供 4 种频率可编程时钟。

4）具有发送结束中断标志。

5）具有写冲突保护。

6）具有总线竞争保护。

2. 集成了 SPI 总线功能的 MCU

如今，许多芯片厂商生产的 MCU 和外围器件都集成了 SPI 硬件接口，在工程应用上有大量的型号可供选择。附录 E 列举了部分芯片厂商生产具有 SPI 总线的 MCU 系列及代表性型号，供参考。

3. 集成了 SPI 总线功能的外围器件

SPI 总线具有良好的数据传输特性，已越来越多地集成在各种功能器件之中。这些器件广泛地应用在电路设计的各个领域，附录 F 按功能分类列举了部分具有 SPI 总线的器件，供参考。

附录 F 中带 * 号的三大类别器件（储存器，转换器和实时日历时钟）占了 SPI 器件很大的比例。某些器件除了集成了 SPI 总线外，还可能集成有其他类型的串行总线，具体可查器件的数据手册。

9.1.2　SPI 总线扩展电路

SPI 总线的控制系统可以有多种组成方式，例如一个主 MCU 连接一个或几个从 MCU，一个主 MCU 连接一个或几个从外围器件；又或者是一个主 MCU 连接几个从 MCU 与外围器件。从设备只能通过主设备的控制来接收或发送数据。

图 9-2 是 SPI 总线扩展电路的连接图。主设备只能有一个，而从设备的数目视具体的需要而定。图中仅给出以三个从设备为例的 SPI 连接方法，从设备可以是 MCU 或外围器件。

图 9-2　SPI 总线扩展电路的连接图

（1）串行信号线　系统中的主入从出信号线（MISO）和主出从入信号线（MOSI）各自连接，可实现主从设备的收/发双向通信。如果某个从设备只接收主设备的信息而不发送信息，则该从设备的 MISO 线可悬空，同样地，如果该从设备只向主设备发送信息而不接收信息，则该从设备的 MOSI 线可悬空。全双工的情况下主设备把一位数据送到 MOSI 线、从设备从 MOSI 线读取该位数据的同时，从设备也把一位数据送到 MISO 线上、主设备从 MISO 线读入该位数据。

（2）串行时钟　系统中串行时钟线（SCLK）用于实现数据从 MISO 和 MOSI 传输的同步功能。对于主设备，SCLK 输出同步时钟信号，该信号由 MCU 内部时钟总线提供；对于从设备，SCLK 则作为同步时钟信号的输入。主设备每传输一字节数据，自动在 SCLK 产生 8 个时钟脉冲，在脉冲发生跳变时进行数据的移位和采样。主设备使用的 SPI 时钟频率必须小于或等于从设备支持的最大 SPI 时钟频率，通常在 1～70MHz 之间。

（3）从设备片选线　系统中的片选线$\overline{SS}$是主设备选择从设备进行数据传输的控制线，主设备向每个从设备提供独立的$\overline{SS}$线，通过从$\overline{SS}$送出低电平使对应的从设备生效，起到防止数据传输产生冲突的作用。对于有多个从设备的系统，每次只会有一个被$\overline{SS}$信号选中的从设备参与通信，SCLK 和 MOSI 上的信号对其他的从设备不起作用，主设备也不会收到这些设备返回的 MISO 信号，使得通信能够成功。

9.1.3　SPI 总线数据交换原理

主设备与从设备之间进行 SPI 串行通信，其数据交换的原理图见图 9-3。

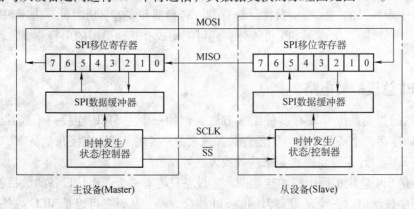

图 9-3　SPI 主从设备数据交换原理图

SPI 总线的主从设备内部均含有一个 8 位的移位寄存器、一个时钟发生器、一个数据寄存器（SPDR）、一个控制寄存器（SPCR）和一个状态寄存器（SPSR）。主设备和从设备通过 MOSI 和 MISO 信号线的连接，使两者的移位寄存器形成一个环路。SPI 控制寄存器 SPCR 和 SPI 状态寄存器 SPSR 的位定义见图 9-4 和图 9-5。

BIT	7	6	5	4	3	2	1	0
读/写功能	SPIE 中断允许	SPE 系统允许	DORD 数据顺序	MSTR 主从模式	CPOL 时钟极性	CPHA 时钟相位	SPR1 传输速率	SPR0 传输速率
复位值	0	0	0	0	0	0	0	0

图 9-4　SPI 控制寄存器 SPCR 的位定义

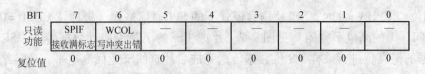

BIT	7	6	5	4	3	2	1	0
只读功能	SPIF 接收满标志	WCOL 写冲突出错	—	—	—	—	—	—
复位值	0	0	0	0	0	0	0	0

图 9-5 SPI 状态寄存器 SPSR 的位定义

复位后，两个寄存器的值都是 0，数据的传输从最高位开始，通过设置 SPI 控制寄存器 SPCR 实现 SPI 的数据传输。控制寄存器 SPCR 的 MSTR（方式位）置 1，则器件设定为主设备，置 0 则器件设定为从设备。设定为主设备时，器件先从（SS）线送出低电平片选信号选中从设备，再把数据写入数据寄存器 SPDR。数据不经过缓冲就直接进入移位寄存器，在 SCLK 脉冲的作用下立即从 MOSI 线上串行移出，从设备移位寄存器的数据则从 MISO 线移入主设备的移位寄存器（由数据寄存器 SPDR 作缓冲）。经过 8 个串行脉冲后，主、从设备移位寄存器的数据交换结束，状态寄存器 SPSR 的 SPIF（SPI 中断标志位）置 1，产生中断请求。此时主设备所接收到的数据暂存在寄存器 SPDR 中，传输下一个数据之前需要把数据从 SPDR 读出，使标志位 SPIF 清零。控制寄存器 SPCR 的 MSTR 位清 0，器件设定为从设备，数据在主设备 SCLK 脉冲的作用下进入移位寄存器后，被送到数据寄存器 SPDR。在接收下一字节的数据之前，需要先读出 SPDR 中的数据，并把要传输到主设备的数据存入 SPDR 中。不再传输数据时，主设备停止发送时钟信号，取消从设备的片选信号，结束主、从设备之间的通信。

9.1.4 SPI 时钟相位和极性

不同种类的 SPI 外围设备对电平和采样方式有不同的要求，可以通过软件设定 SPI 控制寄存器 SPCR 中的 CPOL（极性位 Polarity）和 CPHA（相位位 Phases），以适应不同外围设备的串行通信要求。SCLK 信号有 4 种模式，见图 9-6。

极性位 CPOL 设置时钟线的空闲电平，相位位 CPHA 设置数据线采样所用的时钟跳变沿。当极性位 CPOL = 0 时，SCLK 脉冲处于低电平时空闲，高电平有效；极性位 CPOL = 1 时，SCLK 脉冲处于高电平时空闲，低电平有效。当相位位 CPHA = 0 时，设备在 SCLK 脉冲前沿（上跳变或下跳变）采样数据，后沿跳变允许数据变动；相位位 CPHA = 1 时，设备在 SCKL 脉冲后沿（下跳变或上跳变）

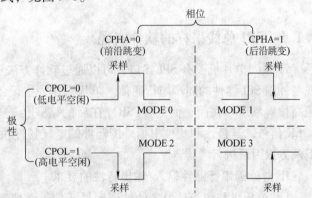

图 9-6 SCLK 极性与相位组合的 4 种模式

采样数据，前沿跳变允许数据变动。采样前的半个时钟周期，数据就必须处于稳定状态，采样结束后才允许变动。其中 MODE0（SCLK 脉冲低电平空闲、前沿跳变采样）和 MODE3（SCLK 脉冲高电平空闲、后沿跳变采样）较为常用。如果选择了某种模式，则要求主、从设备通信时 SCLK 信号的极性和相位必须相同。

下面将分别介绍几种 SCLK 信号模式下 SPI 通信的格式：

1）相位位 CPHA＝0 时，SCLK 信号模式下的 SPI 通信格式（极性位 CPOL＝0 的低电平空闲和 CPOL＝1 的高电平空闲）见图 9-7。片选线$\overline{SS}$的下降沿启动数据传输，SCLK 前沿跳变时对数据的最高位进行采样，8 位数据传送完成后片选线$\overline{SS}$返回高电平，通信结束。

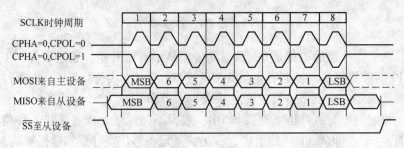

图 9-7　CPHA＝0 时，SCLK 信号模式下的 SPI 通信格式

2）相位位 CPHA＝1 时，SCLK 信号同样有两种通信格式（极性位 CPOL 的设置方法与上述一致）。通信过程中片选线$\overline{SS}$的下降沿启动数据传输，SCLK 后沿跳变时对数据的最高位进行采样。片选线$\overline{SS}$返回高电平后通信结束。CPHA＝1 时，SCLK 信号模式下的 SPI 通信格式见图 9-8。

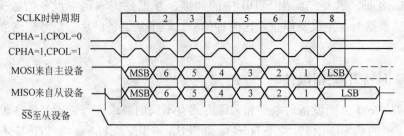

图 9-8　CPHA＝1 时，SCLK 信号模式下的 SPI 通信格式

9.1.5　SPI 总线采样的软件实现

51 系列单片机没有 SPI 接口，可以通过软件方法用普通 I/O 口模拟 SPI 总线的时序，实现与外围 SPI 器件的同步串行通信。单片机作为主设备，外围串行器件作为从设备，数据按照高位（MSB）在前、低位（LSB）在后的格式传输。单片机向外围器件提供软件模拟的 SCLK 信号，其极性和相位根据外围器件的电气特性决定。整体电路和软件设计需要结合以下两方面因素进行考虑。

1. 对外围串行器件输入/输出特性的要求

1）单片机与作为从设备的外围器件通信，需要通过器件的允许控制端（如片选线$\overline{SS}$）控制数据的输入。器件被选中时单片机通过产生 SCLK 脉冲把数据移入串行器件内。如果器件没有片选线$\overline{SS}$，则需要增加门电路控制 SCLK 的输入，否则该器件一直处于选通的状态，单片机只能与该器件通信，无法连接更多的 SPI 器件。

2）外围串行器件应具有三态控制端（如$\overline{OE}$），可以使未被选中的器件的数据输出端处于高阻状态，不输出数据。如果器件没有三态控制端，则需要增加三态门电路控制 MISO 的数据输出，否则单片机的 MISO 信号线只能单独连接该器件。

2. 外围串行器件对时钟信号的要求

如果外围串行器件在 SCLK 脉冲的上升沿输入（接收）数据、在下降沿输出（发送）数据，则 SCLK 信号应初始化为高电平，通信结束后设置为低电平。

相反地，如果外围串行器件在 SCLK 脉冲的下降沿输入（接收）数据、在上升沿输出（发送）数据的类型，则 SCLK 信号应初始化为低电平，通信结束后设置为高电平。

3. 单片机模拟 SPI 接口输入数据

51 系列单片机作为主设备，软件模拟 SPI 接口串行输入数据的主要步骤如下：

1）单片机设置从设备 SCLK 信号所需的初始电平。

2）把从设备的片选线置低，允许通信。

3）根据数据位数设定循环次数。

4）改变 SCLK 线的电平状态。

5）读取从设备输出的数据，保存至进位位 CY。

6）累加器 ACC 带进位位循环左移 1 位。

7）恢复 SCLK 线为初始电平状态。

8）循环次数未完则重复步骤 4）~7）。

9）保存所输入的字节，通信结束。

4. 单片机模拟 SPI 接口输出数据

51 系列单片机作为主设备，软件模拟 SPI 接口串行输出数据的主要步骤如下：

1）单片机设置从设备 SCLK 信号所需的初始电平。

2）选择从设备（片选允许）。

3）根据数据位数设定循环次数，把要发送的数据存入累加器 ACC。

4）改变 SCLK 线的电平状态。

5）累加器 ACC 带进位位循环左移 1 位。

6）进位位 CY 的数据送至从设备。

7）恢复 SCLK 线为初始电平状态。

8）循环次数未完则重复步骤 4）~7）。

9）通信结束。

5. 单片机模拟 SPI 接口输入/输出数据

51 系列单片机作为主设备，软件模拟 SPI 接口串行输入/输出数据的主要步骤如下：

1）单片机设置从器件 SCLK 信号所需的初始电平。

2）选择从设备（片选允许）。

3）根据数据位数设定循环次数。

4）待发送的数据装入累加器 ACC。

5）改变 SCLK 线的电平状态。

6）把从设备输出的数据读入进位位 CY。

7）累加器 ACC 带进位位循环左移 1 位。

8）进位位 CY 的数据送至从设备。

9）恢复 SCLK 为初始电平状态。

10）循环次数未完则重复步骤 5）~9）。

11）通信结束。

9.1.6 51 系列单片机的 SPI 扩展应用

下面以 51 系列单片机进行 SPI 总线扩展的应用实例，介绍电路的设计思想和 SPI 的软件模拟方法。实例中扩展了两片级联的串行/并行转换器件，单片机只需三条口线就能实现两位 LED 数码管的数据显示，大大节省了 I/O 口线资源。如果用并行总线技术（参见 5.2.3 节）驱动两位 LED 数码管，采用软件译码的动态扫描显示方案，需占用 10 条 I/O 口线（8 条口线驱动字符、2 条口线控制字位）；采用硬件译码（如 CD4511）的静态显示方案，也要占用 6 条 I/O 口线（4 条口线用作译码、2 条口线控制字位），而且，需要显示的位数越多，占用的 I/O 口线也越多。在这种情况下，SPI 总线扩展技术无疑是更好的选择。

1. 实例电路的组成

51 系列单片机的 SPI 总线扩展实例电路见图 9-9，图中省略了单片机复位电路和晶振电路。单片机 AT89C2051 的 P1.2 口模拟串行数据输出线 MOSI，连接第一片串行/并行转换器 74HC595 的串行数据输入端 DS；P1.3 口模拟串行时钟线 SCLK，分别连接两片 74HC595 的移位脉冲输入端 SH-CP。为了使示例简单化，单片机只发送而不接收数据（单片机接收数据的过程类同），因此不必模拟数据输入线 MISO。两片 74HC595 的并行输出控制线 ST-CP 均由单片机的 P1.4 口控制；片选线 $\overline{MR}$ 均接高电平，片选均有效；三态输出控制线 $\overline{OE}$ 均接低电平，并行输出均有效；并行输出线 Q0 ~ Q7 分别作为共阳极型 LED 数码管的段驱动器（电路中省略"小数点"段），经电阻限流后连接数码管段端口 a ~ g。此外，第一片 74HC595 的串行输出线 Q'7 接第二片 74HC595 的串行输入线 DS，形成级联的连接方式。

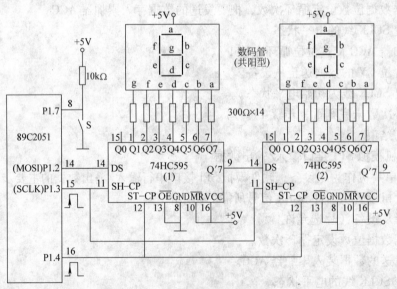

图 9-9　51 系列单片机的 SPI 总线扩展实例电路

2. 实例电路的工作原理

串行/并行转换器件 74HC595 在串行时钟脉冲的上升沿对串行输入数据进行采样，在并行控制脉冲的上升沿并行输出数据。这里以两位 LED 数码管显示数字 0 ~ 9 为例说明电路的工作原理：单片机向累加器 ACC 装载显示 "0" 的数据，在 P1.3 口产生 8 个 SCLK 脉冲，依次把 8 位数据按从高位到低位的顺序通过 P1.2 口送入第一片 74HC595。接着，累加器装载显示 "1" 的数据，按照同样的方法送入第一片 74HC595。与此同时，第一片 74HC595 会把显示 "0" 的数据通过串行输出线 Q'7 送到第二片 74HC595。完成数据的移位后，单片机的 P1.4 口发出控制信号，使两片 74HC595 的并行输出口同时输出各自的数据，使第一个 LED 数码管显示 "1"，第二个 LED 数码管显示 "0"。每按动一次按键 S，后续每两个为一组的十进制数又按同样的方法送入 74HC595。重复执行上述步骤，就能循环分组显示数字 0~9。

74HC595 的并行输出用于直接驱动 LED 数码管的 7 个段 a~g（不使用第 8 段 "小数点"）。由于采用了 "共阳极" 型数码管，各段低电平时点亮，因此在编写数字 0~9 的显示程序时，要把送往累加器的数字转换为对应的十六进制段字节码。在需要处理较多段字节的场合下，通常采用查段字节码转换表的方式来编写程序。在本电路中，数字 0~9 对应的段字节码转换关系见表 9-1。其他条件下的转换关系需要另外推导。

表 9-1　数字 0~9 对应的段字节码转换关系

数字 \ 段符	a	b	c	d	e	f	g	*	段字节码
0	0	0	0	0	0	0	1	1	→ 03H
1	1	0	0	1	1	1	1	1	→ 9FH
2	0	0	1	0	0	1	0	1	→ 25H
3	0	0	0	0	1	1	0	1	→ 0DH
4	1	0	0	1	1	0	0	1	→ 99H
5	0	1	0	0	1	0	0	1	→ 49H
6	0	1	0	0	0	0	0	1	→ 41H
7	0	0	0	1	1	1	1	1	→ 1FH
8	0	0	0	0	0	0	0	1	→ 01H
9	0	0	0	0	1	0	0	1	→ 09H

注：小数点 "*" 段不用，本例均设为高电平。

3. 实例电路的程序流程

实例电路实现的是 0~9 共十个数字的分组循环显示，实例电路的程序流程图见图 9-10。

具体显示过程为：从 0 开始把相邻的两个数字分为一组，右边的数码管显示偶数数字，左边的数码管显示奇数数字。系统上电后，自动显示第一组数据 "0" 和 "1"。每按一次按键 S，显示的数字切换至下一组。第五组数字 "8" 和 "9" 显示完毕后，下一次重新由第一组数字开始显示，按照这样的规律一直循环。

4. 实例电路的 C 语言程序

实例电路中的程序根据图 9-10 的流程采用 C 语言编写，下面给出了 C 语言程序的源代码：

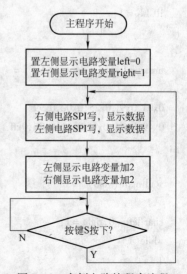

图 9-10　实例电路的程序流程

```c
#include < at89x2051. h >
#include < intrins. h >

#define _rrca_()   CY = ACC & 0x01           // 定义循环右移指令
#define _rlca_()   CY = ACC & 0x80           // 定义循环左移指令


#define SRCLK    P1_3                        // 定义 SH- CP 引脚
#define SER      P1_2                        // 定义 DS 引脚
#define RCLK     P1_4                        // 定义 ST- CP 引脚
#define KEY      P1_7                        // 定义按键引脚

    void WriteSIOByte(unsigned char val)
{
    unsigned char i;
    ACC = val;
    for (i = 8; i > 0; i - -)
    {
        SRCLK = 0;                           // 拉低 74HC595 时钟
        _rlca_();                            // 累加器 A 的数据左移一位
        SER = CY;                            // 发送 74HC595 一位串行数据
        SRCLK = 1;                           // 拉高 74HC595 时钟
        _nop_();                             // 空操作延时
    }

    SER = 1;                                 // 释放数据总线

    RCLK = 0;
    _nop_();                                 // 空操作延时
    RCLK = 1;                                // 发出脉冲使并行数据送显示
}

    unsigned char code segcode[ ] =          // 共阳极显示数据表(0-9),0xff 为熄灭码
{
    0x03,0x9f,0x25,0x0d,0x99,
    0x49,0x41,0x1f,0x01,0x09,0xff
};

    void main(void)
{
    char left = 0, right = 1;                // 置左右两侧数据变量初值
    while(1)
    {
        WriteSIOByte(segcode[right]);        // 先送出右侧显示器数据
```

```
        WriteSIOByte(segcode[left]);          // 后送出左侧显示器数据
        left + = 2;                           // 变动左侧显示的数据变量
        if(left > 8)left = 0;
        right = left + 1;                     // 变动右侧显示的数据变量
        KEY = 1;while(KEY);while(! KEY);      // 等待按键 S 操作
    }
}
```

9.2　Microwire 总线扩展技术

9.2.1　Microwire 总线概述

Microwire 总线（3- Wire，又称为 3 线制总线），缩写为 μWire，是一种同步串行通信接口技术，由美国国家半导体（NSC）公司提出。Microwire 总线最早集成在 COP400 系列单片机中，实现单片机与外围器件的串行通信。Microwire 总线只允许有一个主设备，其余都只能是从设备。后来改进的 Microwire/Plus 总线，属于增强型 Microwire 总线，集成在 COP8 等一系列单片机中，允许同时有多个主设备存在。Microwire 总线的 3 线分别是：

SI——串行输入线（主、从设备中都用作同步数据接收）

SO——串行输出线（主、从设备中都用作同步数据发送）

SK——串行时钟线（主设备中作输出线，从设备中作输入线）

器件作为主设备时自身发出串行时钟信号，作为从设备时从外部输入串行时钟信号。此外，还要向每个从设备配置一条片选线 CS。另一种命名方式是用 DO 表示串行输出线，DI 表示串行输入线。Microwire 总线的数据传输均按照最高位（MSB）在前、最低位（LSB）在后的方式进行。Microwire/Plus 总线与 SPI 总线是相互兼容的。

9.2.2　Microwire 总线扩展电路

分别以集成了 Microwire 总线的单片机和外围器件作为主设备和从设备进行 Microwire 总线扩展，其电路的连接方式见图 9-11。

图中是以一个主设备扩展三个从设备作为例子，实际上，能够扩展多少从设备是由主设备所能提供的片选线数量决定的。器件的连接关系是：主设备的串行输出线 SO 和串行输入线 SI 分别连接所有从设备的串行输入线 SI 和串行输出线 SO，串行时钟线 SK 连接所有从设备的串行时钟线 SK。主设备为各个

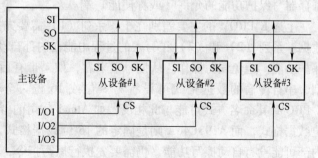

图 9-11　Microwire 总线扩展电路的连接方式

从设备提供独立的片选控制线 CS，只有被选中的从设备才能与主设备通信，其余从设备的数据线处于高阻的空闲状态。使用片选控制线时应注意，Microwire 总线的单片机（如

COP400 系列）用作从设备时，片选线 CS 为低电平有效，而 Microwire 总线的串行器件（如 NMC93C46）作为从设备时，片选线 CS 为高电平有效。因此，在 Microwire 总线的单片机和串行器件一同作为从设备的扩展电路中，需要特别注意片选信号的极性。

9.2.3 Microwire 总线串行 E²PROM 的数据传输

集成 Microwire 总线的 3 线制串行器件，与主设备（单片机）之间进行数据传输，需要严格遵循相应的指令时序。下面以常用的 3 线制串行 E²PROM 为例，分析 Microwire 总线数据传输的工作原理。

1. Microwire 总线串行 E²PROM

美国 NSC 公司推出的 Microwire 总线串行 E²PROM（电可写可擦只读存储器），有下面几个代表性的系列：

（1）NMC9306；

（2）NMC93C06/C26/C46/C56/C66；

（3）NMC93CS06/CS26/CS46/CS56/CS66。

这些串行 E²PROM 的共同特点是：与 Microwire 总线兼容；以 16 位的格式串行传输数据；内部擦写周期自定时；输出端能提供内部擦写"忙"的状态指示；除系列（1）在早期采用 TTL 技术外，其余采用 CMOS 技术，功耗低（待机时电流为 $25\mu A$，工作时电流为 $400\mu A$），可擦写 10 万次，数据可保留 $10 \sim 40$ 年以上；均为 8 引脚 DIP 封装。图 9-12 给出了三线制串行 E²PROM 的引脚配置。

其中，图 9-12a 是 16 位数据格式的串行 E²PROM 的引脚配置图。器件的第 6 引脚、第 7 引脚为空脚 NC，不需要连接。图 9-12b 是 8 位/16 位数据格式可选的串行 E²PROM 引脚配置图。器件通过第 6 引脚 ORG 选择数据格式，

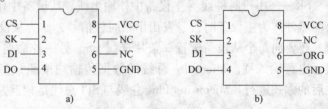

图 9-12　三线制串行 E²PROM 的引脚配置

ORG 接 VCC 为 16 位数据格式，接地则为 8 位数据格式。某些型号的芯片还把第 7 引脚用作寄存器写保护功能的允许（或称使能）端。

上述 E²PROM 的主要差别在于：系列（1）需要先执行数据的擦写操作，然后才能写入数据。系列（2）和（3）在写入的过程中能在内部自动执行擦写操作。系列（3）设置了写保护功能，避免误写操作。从型号上来看，如果带有后缀 A（如 NMC93C46A）则属于改进型，串行传输的数据格式可设置为 8 位或 16 位。至于其他芯片厂商生产的同类型串行 E²PROM，其命名方式可能与此相反，如 Atmel 公司的 AT93C46/56/57/66，可选择 8 位或 16 位数据格式，而 AT93C46A 则是固定的 16 位数据格式。此外，某些厂商的同类型 E²PROM 内部可能没有自动擦写功能，仍需要先执行擦写指令，然后才可以写入数据，具体请查阅相关器件的技术手册。

除了 NSC 公司生产 3 线制串行 E²PROM 外，还有很多芯片厂商生产类似的器件。以 NM93C46（内部结构为 64×16 位）为例，一些芯片厂商生产的同类型 E²PROM 型号列举如下：NM93C46（NSC），93AA46（Microchip），AT93C46（Atmel），FM93C46（Fairchild），

M93C46（ST），CAT93C46（Catlyst），M93C46R（SGS-Thomson），KM93C46（Samsung）。

2. Microwire 总线串行 E^2PROM 的指令集

Microwire 总线串行 E^2PROM 共有 7 条操作指令，下面以 NMC93C06（容量 256 位，组织成 16×16 位的形式）和 NMC93C46（容量 1024 位，组织成 64×16 位的形式）为例进行讨论。这些指令也适用于其他型号的串行 E^2PROM。上述两种串行 E^2PROM 的指令集见表 9-2。

表 9-2　指令集（NMC93C06，NMC93C46）

指　令	前 导 码	操 作 码	地 址 码	数　据	说　明
READ	1	10	A5 ~ A0		读出所指地址的数据
WEN	1	00	11 × × × ×		使能所有擦/写模式
ERASE	1	11	A5 ~ A0		擦写所指地址的数据
WRITE	1	01	A5 ~ A0	D15 ~ D0	向所指地址写入数据
ERAL	1	00	10 × × × ×		把整块芯片的数据擦除
WRALL	1	00	01 × × × ×	D15 ~ D0	把数据写入整块芯片
WDS	1	00	00 × × × ×		禁止全部擦/写模式

地址码为 A5 ~ A0 的 6 位范围。更大容量的器件如 NMC93C56/C66（容量 2048 位/4096 位），地址码扩大到了 A7 ~ A0 的 8 位范围，增加了两个地址位进行寻址。各指令均由 1 位前导码、2 位操作码、6 或 8 位地址码和 16 位数据（写入模式时）组成。

采用 CMOS 技术的 NMC93C 系列 E^2PROM，执行 WRITE（写）和 WRALL（整块写）指令之前，不必先执行一次 ERASE（擦写）指令。保留 ERASE（擦写）和 ERAL（全擦写）指令在指令集中是为了与早期采用 TTL 技术的 NMC9306/46 器件兼容。每条指令在片选信号 CS 从低电平变换到高电平后才开始执行，数据的读出和写入均在串行时钟 SK 的上沿跳变进行。

3. Microwire 总线 E^2PROM 指令功能和时序

下面介绍 Microwire 总线串行 E^2PROM 指令集的功能和时序。清楚每条指令的操作过程和时序，对设计和编写软件有很大的帮助。

（1）READ 指令（Read，读出）　收到 READ 指令后，串行 E^2PROM 对指令和地址进行译码，把目标地址所在存储器的数据送到 16 位移位寄存器，从 DO 口先输出一个逻辑"0"，随后输出数据位 D15 ~ D0，片选信号 CS 变为低电平则结束指令的操作，时序图见图 9-13。因为 READ 指令不属"擦/写"指令，所以不受 WEN 指令和 WDS 指令的影响。

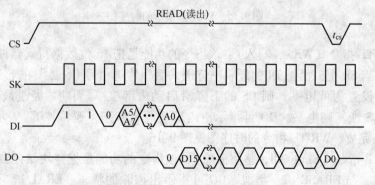

图 9-13　READ 指令的时序图

（2）WEN 指令（Erase/Write Enable，擦/写允许） 该指令有时候也被命名为 EWEN。由于串行 E^2PROM 上电时会自动执行 WDS 指令（擦/写功能），因此在执行任何擦/写指令之前，必须先执行 WEN 指令，WEN 指令的时序图见图 9-14。

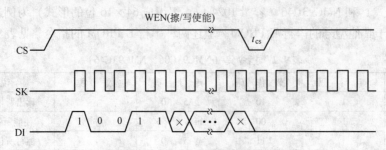

图 9-14 WEN 指令的时序图

在 DI 口的波形中，符号"×"表示可以为任意值。WEN 指令的效果一直维持到执行 WDS 指令或切断供电电源才会结束。

（3）ERASE 指令（Eease，擦除） 该指令的功能是把目标地址所在的存储器的所有数位擦除为逻辑"1"。输入地址的最后一位之后，片选信号 CS 的下降沿启动内部擦/写周期，经过最小延时时间 t_{cs}（250μs）后，CS 信号恢复高电平。DO 可指示出内部的擦写状态，逻辑"0"表示擦除"忙"，逻辑"1"表示擦除完成。ERASE 指令的时序图见图 9-15。

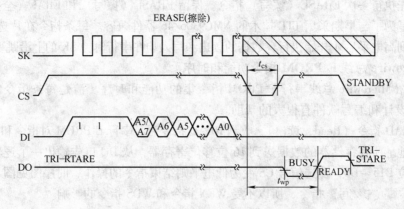

图 9-15 ERASE 指令的时序图

（4）WRITE 指令（Write，写入） 该指令的功能是把 16 位数据写入器件内部指定地址的寄存器中。当 SK 上升沿把 DI 的最后一位送入后，片选信号 CS 必须在下一个 SK 时钟上升沿到来之前设置为低电平，则 CS 的下降沿启动内部擦/写周期，经过最小延时时间 t_{cs}（250μs）后 CS 恢复高电平。DO 可指示出内部的写入状态，逻辑"0"表示"忙"，逻辑"1"表示写入完成。WRITE 指令的时序图见图 9-16。

（5）ERAL 指令（Erase All，整块擦除） 该指令的功能是把整块储存器的全部数位擦除为逻辑"1"，与 ERASE 指令类似。DO 可指示出擦除的状态。ERAL 指令的时序图见图 9-17。

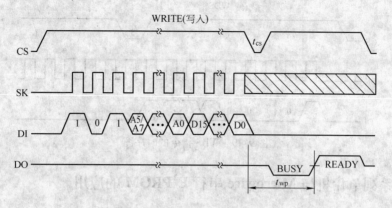

图 9-16　WRITE 指令的时序图

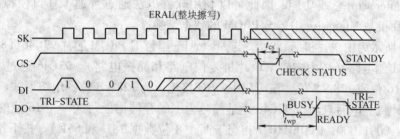

图 9-17　ERAL 指令的时序图

（6）WRALL 指令（Write All，整块写入）　该指令的功能是把 16 位数据写入到整块储存器中。DO 可指示出写入状态。WRALL 指令的时序图见图 9-18。

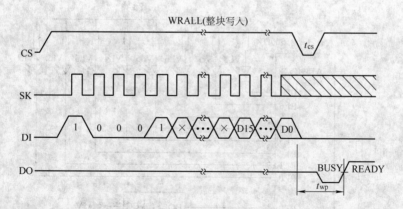

图 9-18　WRALL 指令的时序图

（7）WDS 指令（Erase/Write Disable，擦/写禁止）　该指令有时候也被命名为 EWDS。该指令的功能是禁止所有的擦/写操作，防止数据被误擦写。WDS 指令的时序见图 9-19。

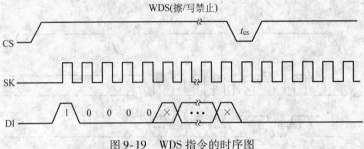

图 9-19　WDS 指令的时序图

9.2.4　51 系列单片机与 Microwire 串行 E^2PROM 的应用

51 系列单片机只需要四条口线就能扩展 Microwire 串行 E^2PROM，可应用于需要保存少量数据如密码、电子标签等场合，实现起来较为容易而且价格相对较低。51 系列单片机内部没有集成 Microwire 总线功能，因此可以利用软件方法通过普通 I/O 口模拟 Microwire 时序，实现单片机与 Microwire 串行 E^2PROM 的数据交换。

图 9-20 所示为由单片机 AT89C52 与 Microwire 串行 E^2PROM 芯片 93C46（8 引脚 DIP 封装）组成的实例电路（图中省略了单片机复位电路和晶振电路）。93C46 通过 ORG 引脚可以组成 64×16 位或 128×8 位，该应用中 ORG 接地，为 128×8 位的组织形式。电路实现的功能是：单片机上电后自动在 93C46 地址编号为 1 的存储器处写入一个 16 位的数据，从高到低依次为：00011000，01100110（相当于两个 8 位数据 18H 和 66H）。按下按键 S，单片机从 93C46 读出写入的数据，并通过发光二极管进行显示，验证操作是否成功。按键第一次被按下显示数据的高 8 位，第二次被按下显示数据的低 8 位，第三次被按下发光二极管全部熄灭。为了验证指令的时序关系的正确性，在写入操作之前仍执行一次擦写操作，以确保存储器内无数据。

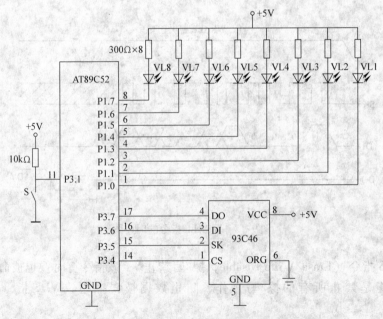

图 9-20　AT89C52 与 93C46 的实例电路

1. 实例电路的程序流程

实例电路的程序流程见图 9-21。先对 Microwire 串行 E^2PROM 芯片执行一次擦除操作，接着把数据分两个 8 位字节写入，然后把数据读出进行检验。按键 S 第一次按动，读出第一个 8 位数据并显示；按键 S 第二次按动，读出第二个 8 位数据并显示；按键 S 第三次按动则显示熄灭，可依此反复循环。在显示的二进制数据中约定，1 表示发光二极管发亮，0 表示发光二极管熄灭。从高到低显示 00011000（18H），则 P1 口需送出 11100111（E7H）；从高到低显示 01100110（66H），则 P1 口需送出 10011001（99H）；其余类推。

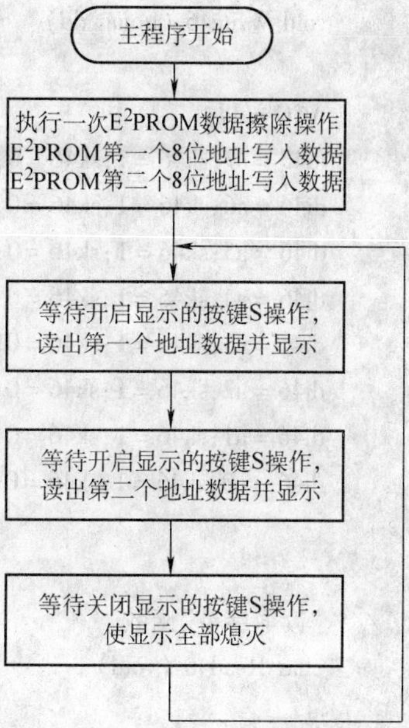

2. 实例电路的 C 语言程序

实例电路中的程序根据上述流程图采用 C 语言编写。93C46 串行 E^2PROM 使用 8bit 的数据模式，读、写地址都为 7 位，程序在操作当中把地址与操作码的最后一位合并成一个字节写入。C 语言程序的源代码如下：

```
主程序开始

执行一次E²PROM数据擦除操作
E²PROM第一个8位地址写入数据
E²PROM第二个8位地址写入数据

等待开启显示的按键S操作，
读出第一个地址数据并显示

等待开启显示的按键S操作，
读出第二个地址数据并显示

等待关闭显示的按键S操作，
使显示全部熄灭
```

图 9-21　实例电路的程序流程

```c
#include <at89x52.h>
#include <intrins.h>


#define cs46 P3_4          // 定义 CS 引脚
#define sk46 P3_5          // 定义 SK 引脚
#define di46 P3_6          // 定义 DI 引脚
#define do46 P3_7          // 定义 DO 引脚


#define KEY P3_1           // 定义按键
#define LED P1             // 定义 VL


#define uchar unsigned char    // 定义数据类型
#define uint unsigned int

sbit a0 = ACC^0;           // 定义 ACC 位,使用 ACC 读写速度最快
sbit a1 = ACC^1;
sbit a2 = ACC^2;
sbit a3 = ACC^3;
sbit a4 = ACC^4;
sbit a5 = ACC^5;
sbit a6 = ACC^6;
sbit a7 = ACC^7;


//   "写入字节"函数
```

```
    void Write46 (uchar dd)
{
    ACC = dd;
    di46 = a7;sk46 = 1;sk46 = 0;          // SK 周期之前,给 DI 赋值,SK 上升沿写入
    di46 = a6;sk46 = 1;sk46 = 0;
    di46 = a5;sk46 = 1;sk46 = 0;
    di46 = a4;sk46 = 1;sk46 = 0;
    di46 = a3;sk46 = 1;sk46 = 0;
    di46 = a2;sk46 = 1;sk46 = 0;
    di46 = a1;sk46 = 1;sk46 = 0;
    di46 = a0;sk46 = 1;sk46 = 0;
}
```

```
//  "读取字节"函数
    char Read46 (void)
{
    do46 = 1;                             // 读取之前,给端口赋1,以便读取准确
    sk46 = 1;a7 = do46;sk46 = 0;          // SK 上升沿数据由 DO 送出
    sk46 = 1;a6 = do46;sk46 = 0;
    sk46 = 1;a5 = do46;sk46 = 0;
    sk46 = 1;a4 = do46;sk46 = 0;
    sk46 = 1;a3 = do46;sk46 = 0;
    sk46 = 1;a2 = do46;sk46 = 0;
    sk46 = 1;a1 = do46;sk46 = 0;
    sk46 = 1;a0 = do46;sk46 = 0;
    return( ACC );
}
```

```
//  "发送一个位"函数
    void Sendbit (bit IO)
{
    di46 = IO;                            // 写入0 或1
    sk46 = 1;sk46 = 0;                    // 送入 SK 脉冲
}
```

-----------------------------/ * 指令集函数 * /-----------------------------

```
//  "擦/写允许"函数
    void EWEN46 (void)                    // 控制码 1 00 11 × × × × ×
{
    _nop_();
    cs46 = 1;                             // 置片选
    Sendbit(1);                           // 发送起始位
```

```
    Sendbit(0);                          // 发送操作码高位
    Write46(0x60);                       // 将地址信息与操作码低位整合一起发送
    cs46 = 0;                            // 取消片选
}


//  "擦/写禁止"函数
    void EWDS46 (void)                   // 控制码 1 00 00 × × × ×
{
    _nop_();
    cs46 = 1;
    Sendbit(1);
    Sendbit(0);
    Write46(0x00);
    cs46 = 0;
}


//  "整块擦除"函数
    void ERAL46 (void)                   // 控制码 1 00 10 × × × ×
{
    _nop_();
    cs46 = 1;
    Sendbit(1);
    Sendbit(0);
    Write46(0x40);
    cs46 = 0;
}

-----------------------------/* 用户接口功能函数 */-----------------------------


//  "读指定地址的一字节数据"函数
    char ReadByte46 (uchar addr)         // 控制码 1 10 × × × × × ×
                                         // 7 位地址对应 8bit 模式
{
    cs46 = sk46 = 0;
    cs46 = 1;                            // 片选开启
    _nop_();                             // 延时
    Sendbit(1);                          // 发送开始位
    Sendbit(1);                          // 发送操作码高位
    Write46(0x7F&addr);                  // 整合地址与操作码地位一起发送
    addr = Read46();                     // 获取数据
    cs46 = 0;_nop_();                    // 关闭片选
    return (addr);                       // 返回数据
}
```

```
//  "一字节数据写入指定地址"函数
    void WriteByte46 ( uchar addr, char thedata)
    {                                          // 控制码 1 01 × × × × × × ×
                                               // 7 位地址对应 8bit 模式

    uint time = 0;                             // 定义超时变量
    uchar i = 0;                               // 定义写入循环变量
    do{                                        // 开始三次写入循环,成功写入后跳出
        cs46 = sk46 = 0;
        cs46 = 1;                              // 开片选信号
        EWEN46( );                             // 开写入允许
        _nop_( );                              // 延时
        cs46 = 1;                              // 重新开片选
        _nop_( );
        Sendbit(1);                            // 发送开始码
        Sendbit(0);                            // 发送操作码高位
        Write46(0x80|addr);                    // 整合操作码低位与 7 位地址
        Write46(thedata);                      // 写入数据
        cs46 = 0;                              // 关闭片选
        _nop_( );                              // 延时
        cs46 = 1;                              // 重开片选

        do                                     // 忙判别
        {
            if( time > 500) break;             // 如果期间有问题,超时退出
            time++ ;
        }
        while( ! do46);                        // 如果器件准备就绪,取消循环

        cs46 = 0;                              // 关闭片选
        if( ReadByte46( addr) = = thedata) break;
        // 判断写入是否正确,正确退出循环,否则写入三次
        i++ ;
    }
    while( i < 3) ;                            // 写入三次自动退出
    }


------------------------------/* 主程序 */------------------------------


    void main( void)
    {
    ERAL46( );                                 // 擦除整块 93C46
    WriteByte46(1,0x18);                       // 写入第一个地址
    WriteByte46(2,0x66);                       // 写入第二个地址
```

```
    while(1)
    {
        while(KEY);while(! KEY);           // 等待按键 S 按下
        LED = ~ ReadByte46(1);             // VL 显示第一组数据
        while(KEY);while(! KEY);           // 等待按键 S 按下
        LED = ~ ReadByte46(2);             // VL 显示第二组数据
        while(KEY);while(! KEY);           // 等待按键 S 按下
        LED =0xff;                         // VL 熄灭
    }
}
```

9.3　I²C 总线扩展技术

9.3.1　I²C 总线概述

　　I²C 总线（Inter-Integrated Circuit Bus，又写成 I2C 或 IIC）是 Philips 公司在 20 世纪 80 年代推出的一种 2 线制串行总线。通过 I²C 总线，单片机可以作为主设备与作为从设备的 2 线制外围设备进行同步双向串行数据传输。I²C 总线已成为一种世界范围内的工业接口标准，被所有主流的芯片制造厂商采用，集成到很多不同种类的器件中，成为应用最广泛的串行总线之一。

　　I²C 总线采用 2 条信号线实现数据的传输，一条是串行数据线 SDA，另一条是串行时钟线 SCL。所有进行数据交换的主设备和从设备都连接在这两条线上。总线上的每个从设备都有一个唯一的地址，连接到同一总线的设备不能使总线的最大电容量超过 400pF，从设备的数量还受到器件地址的限制。I²C 总线属主从工作方式，总线的运行由主设备控制，允许总线上有多个主设备，各个主设备之间不存在优先级次序，主设备之间出现竞争现象时由内部硬件自动完成仲裁。I²C 总线在不同的工作模式下有不同的数据传输速率，标准模式下为 100Kbit/s，快速模式下为 400Kbit/s，高速模式下可达 3.4Mbit/s，且传输速率没有最低限制，最低可以为零。

　　1. I²C 总线的主要特点

　　1）主从工作方式。

　　2）总线上的从设备通过自身分配的唯一地址与主设备通信，从设备之间不能通信。

　　3）数据的输入和输出共用一条双向传输的串行数据线 SDA，与时钟线 SCL 配合产生启动、传输、应答和停止信号。

　　4）I²C 总线的主从设备是漏极或集电极开路结构，因此 2 线必须接上拉电阻。

　　5）I²C 总线的驱动能力强，2 线制总线的外围器件由 CMOS 技术制造，功耗低，所以总线的长度和总线上器件的数量主要由总线电容负载和从设备地址决定。

　　2. I²C 总线扩展连接

　　I²C 总线的扩展连接图如图 9-22 所示，其中 MCU 作为主设备（如果有多个 MCU，则属多主设备），其余 I²C 总线器件作为从设备。图中的 I²C 总线连接了 1 个主设备和 3 个从设备，实际应用中可以按需要连接多个主设备和从设备。只要把所有主从设备的 SDA 线、SCL 线相互连接，两线分别通过上拉电阻连接供电电源 VCC，就构成了整个传输系统。显然，I²C 总线给 MCU 的扩展应用带来了极大的方便。

3. I²C 总线接口的电气结构

I²C 总线为双向同步串行总线，图 9-23 是 I²C 设备的接口电气结构图。

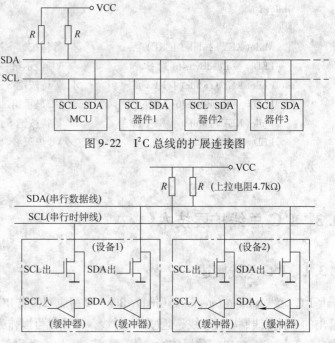

图 9-22 I²C 总线的扩展连接图

SDA 和 SCL 两线的内部结构相同。总线输出端的场效应晶体管 FET 为集电极开路结构，SDA 和 SCL 需通过上拉电阻（典型值为 2~10kΩ）接到供电电源正极，当总线处于空闲状态时，两线为高电平。总线上所有电路的输出极共同构成线"与"关系。SDA 或 SCL 对应的 FET 管截止时，线输出"1"；FET 管导通时，线输出"0"。总线上的 I²C 器件通过 SDA 输入缓冲器、SCL 输入缓冲器获取总线上的数据、时钟信号。

图 9-23 I²C 设备的接口电气结构图

4. 多主式系统的总线仲裁

图 9-22 的 I²C 总线上如果有两个或多个主设备（MCU），称为多主式系统。多主式系统会出现总线竞争的现象，因此，这些主设备必须由具有 I²C 总线接口的 MCU 担任。MCU 可直接把自身的 SDA 和 SCL 口线接入系统，两线内部的硬件电路能通过线"与"操作自动完成时钟的同步和总线的仲裁，防止多个主设备同时启动数据传输而产生竞争现象，使总线在同一时刻内只有一个主设备传送数据。

如果 I²C 总线上只有一个主设备，称为基本系统。基本系统不会出现总线竞争的现象，因此不存在总线仲裁问题。没有 I²C 总线接口的 MCU 可以用普通 I/O 口线来模拟 SDA 和 SCL 口线，接入 I²C 总线中，但这种 I/O 口模拟的方法不能实现多主式系统的总线仲裁功能。

5. I²C 总线接口的单片机和外围器件

I²C 总线使用简便、通用性强，已经广泛地集成在各种类型的器件之中。附录 G 列举了一些常见的具有 I²C 总线的单片机，附录 H 按功能分类列举了部分具有 I²C 总线的器件，供检索参考。

9.3.2 I²C 总线时序

1. I²C 总线信号的时序关系

作为串行同步传输总线，I²C 总线的数据与时钟完全同步。SCL 与 SDA 时序关系见图 9-24。

时钟线 SCL 高电平时，数据线 SDA 上的数据电平有效（高电平表示数据"1"，低电平表示数据"0"）；时钟线 SCL 低电平时，允许数据线 SDA 的数据变动。主设备在时刻（1）产

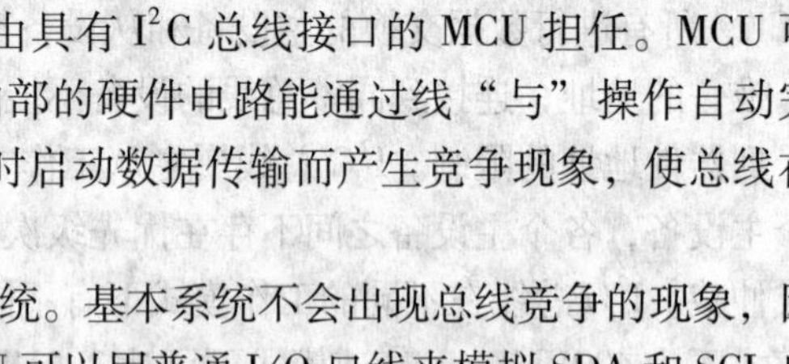

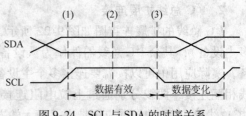

图 9-24 SCL 与 SDA 的时序关系

生时钟 SCL 的上升沿，在时刻（2）读 SDA 的数据，在时刻（3）产生时钟 SCL 的下降沿。

I^{2}C 总线基本的工作时序包括：启动总线、传输数据、应答和停止总线等。下面介绍各个工作时序需要符合的 I^{2}C 总线协议要求。

2. 启动信号与停止信号

I^{2}C 总线的主设备发出
启动信号（Start，S）启动
总线。启动信号与停止信号
如图 9-25 所示，当时钟 SCL
线为高电平时，主设备使数
据线 SDA 发生从高电平到低
电平的跳变，则启动总线。

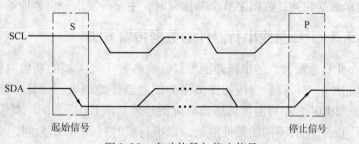

图 9-25 启动信号与停止信号

I^{2}C 总线的主设备发出停止信号（Pause，P）停止总线。主设备先释放时钟线 SCL，使 SCL 为高电平，然后使数据线 SDA 发生从低电平到高电平的跳变，则终止总线。这种终止总线的操作可以发生在数据传输中途，总线终止后需要新的启动信号才能再次启动总线。

3. 应答信号与非应答信号

I^{2}C 总线传输的地址和数据字节都是 8 位的，每一个地址字节或数据字节传输完之后，从设备都要发出一个应答信号位（Acknowledge Bit）或者非应答信号位（Non-acknowledge Bit）。

应答信号 ACK 和非应答信
号 $\overline{ACK}$ 均对应于第 9 个
SCL 时钟信号，应答信号
ACK 为低电平，非应答信
号 $\overline{ACK}$ 为高电平，如图
9-26 所示。从设备发送信
号后，释放 SDA 线为高电
平，完成信号的传输。

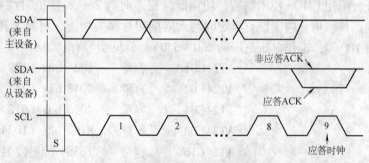

图 9-26 应答信号和非应答信号

4. 数据传输过程

I^{2}C 总线在 SCL 低电平时处于数据的准备期，允许数据电平发生变化；在 SCL 高电平时处于数据的传输期。总线启动后，主设备在 SDA 线上传送的第一个字节用来选择需要通信的从设备，传输顺序是从最高位（MSB）到最低位（LSB），其中前 7 位为地址码，最后 1 位为读/写方式位，"0"表示向从设备写入数据，"1"表示由从设备读出数据。从设备把总线上发出的地址与自身的地址进行比较，如果地址一致，则该从设备属于被寻址的设备，按照读/写方式位的要求进行后续字节的传送。如图 9-27 所示，每个字节传送之后从设备都发出应答信号 ACK，与 SCL 线上的第 9 个时钟脉冲相对应，每次传送的字节数量没有限制。每传输完一个字节，如果想暂停传输数据，可以把时钟线 SCL 一直保持为低电平，即可实现速度为零的数据传输。所有数据交换完毕后，主设备发出停止信号，使总线停止工作。

总线 启动S	从设备 寻址	R/$\overline{W}$ 方式	应答 ACK	字节 1	应答 ACK	字节 2	应答 ACK		字节 M	应答ACK/ 非应答$\overline{ACK}$	总线 停止P
	7位	1位	1位	8位	1位	8位	1位		8位	1位	

图 9-27 I^{2}C 总线连续传输数据的格式

主设备向从设备写入（传输）每一个数据字节，均由从设备返回一位应答 ACK 信号；数据字节全部传输完毕时，从设备返回最后一位应答 ACK 信号，然后停止总线。主设备由从设备读出数据字节时，从设备每传输一个数据字节，主设备就发出一位应答 ACK 信号，表示数据收到；数据字节全部读完时，主设备发出一位非应答$\overline{ACK}$信号，然后停止总线。

9.3.3 I²C 总线串行器件的数据传输方法

I²C 总线接口的串行外围器件，有各种不同类型的功能（见附录 H）。这些器件可以通过芯片生产厂商自行按器件类型分配的器件地址进行寻址，如串行 E²PROM 分配的地址都为"1010"，串行温度传感器分配的地址为"1001"。同一类型的器件，可能因为生产厂商不同而分配有不同的器件地址，以串行实时时钟 RTC 为例，MAXIM 公司的 DS1339 器件地址为"1101"，而 Philips 公司的 PCF8563 器件地址却为"1010"。这种 4 位的器件地址在芯片出厂时就已经设定完毕，用户无法更改。因此，具体器件的地址需要查阅相应的数据手册才能得知。在 I²C 串行器件中，串行 E²PROM 的应用最为广泛，有众多的型号可供选择，与单片机的连接也很方便。下面以 I²C 串行 E²PROM（AT24C××）为例，讨论数据传输的具体方法。其他类型的 I²C 器件的数据传输方法与之类似。

1. 串行 E²PROM 的主要特点

AT24C×× 系列 I²C 串行 E²PROM 属于 8 位数据格式，可以进行双向数据传输和页区寻址。采用 CMOS 技术制造，功耗低（三态时约 2mA，待机时约 60μA），均为 8 引脚封装形式，体积小。内部设有自定时写入周期和写保护功能，可反复擦写 10 万次以上，数据可保留 100 年，工作电压范围从 2.0~5.0V。常见型号有：

AT24C01A	容量	1024 bits（128 ×8）
AT24C02	容量	2048 bits（256 ×8）
AT24C04	容量	4096 bits（512 ×8）
AT24C08	容量	8192 bits（1024 ×8）
AT24C16	容量	16384 bits（2048 ×8）

上述型号采用单字节（7 个地址位）进行器件的地址寻址。采用双字节进行器件地址寻址（10 个地址位）的型号有 AT24C164（2048 ×8），AT24C32（4096 ×8）和 AT24C64（8192 ×8）。单字节地址寻址的器件更为常见，下面主要讨论单字节地址寻址的器件。

2. 串行 E²PROM 的器件寻址

AT24C×× 系列器件的引脚定义如图 9-28 所示。

A0 ~ A2 地址输入线

SDA 串行输入/输出线

SCL 串行时钟输入线

WP 写保护线（或空脚 NC）

VCC 供电电源线

GND 接地线

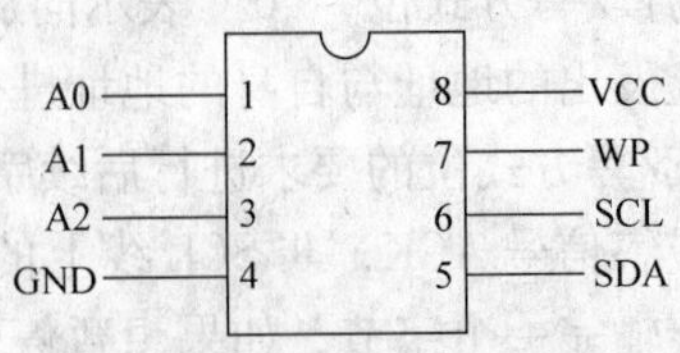

图 9-28 AT24C×× 器件引脚定义

其中，"写保护"线 WP 接地时，器件可正常进行读/写操作，不实行写保护；WP 接 VCC 时，写保护生效。至于是对器件整体容量保护还是对局部容量保护，要视具体型号而定。总线启动后，主设备发出器件寻址字节，最高位在前，最低位在后，前 7 位属于址址位，第 8 位为读/写方式位 R/$\overline{W}$，该位为 "0" 表示写入方式，为 "1" 表示读出方式。地址位中的前 4 位是器件地址，后 3 位是器件引脚 A2 ~ A0 的值，作为同型号器件的片选线（接 VCC 或接 GND）使用，结合软件编码来确定器件的页区首地址。由于 AT24C×× 系列按 256 字节为一页对片内存储器进行分页，因此，AT24C02 只有 1 页，而 AT24C04 分为 2 页，AT24C08 分为 4 页，AT24C16 分为 8 页。页数超过 1 页的器件通过引脚来表示页区首址 Pi（i 取 0 或 1）。具体来说，一个 2 页的器件，A0 被 P0 占用，编码可以为 0 和 1；4 页的器件，A1 和 A0 被 P1、P0 占用，编码可以为 00、01、10 和 11；8 页的器件，A2、A1 和 A0 被 P2、P1 和 P0 占用，编码可以为 000 ~ 111。器件的页面首地址如表 9-3 所示。

表 9-3　器件的页面首地址

器 件 名	A2	A1	A0	页面首地址							
AT24C02	A	A	A	(无)							
AT24C04	A	A	P	0	1						
AT24C08	A	P	P	00	01	10	11				
AT24C16	P	P	P	000	001	010	011	100	101	110	111

如果总线上同时接有多个同类型的器件，那么各器件的 A2 ~ A0 引脚接线的考虑原则是：软件编址 Pi 值后，只要保证页面首地址之间有 256B 的存储间隔，各器件的页面就不会出现地址重叠的情况。器件的寻址字节见表 9-4。

表 9-4　器件的寻址字节

型　　号	容　　量	器件寻址字节（8 位）					页　面　数
AT24C02	256 × 8	1010	A2	A1	A0	R/$\overline{W}$	1
AT24C04	512 × 8	1010	A2	A1	P0	R/$\overline{W}$	2
AT24C08	1024 × 8	1010	A2	P1	P0	R/$\overline{W}$	4
AT24C16	2048 × 8	1010	P2	P1	P0	R/$\overline{W}$	8

例 1：I²C 串行 E²PROM 器件的接线方式。硬件连接与页面编址见图 9-29。

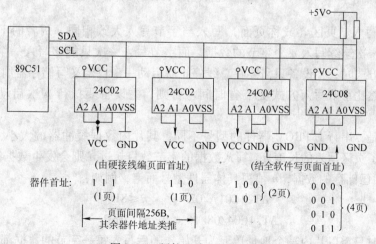

图 9-29　硬件连接与页面编址

由于寻址的最大空间为 2KB，因此 I^2C 总线可以连接的器件数量为

1 片 AT24C16（2KB/片）

2 片 AT24C08（1KB/片）

4 片 AT24C04（512B/片）

8 片 AT24C02（256B/片）

3. 串行 E^2PROM 的读/写模式

I^2C 总线的启动与停止信号时序、应答与非应答信号时序和数据的传输过程等已在 9.3.2 节作了详细的讨论。下面具体介绍串行 E^2PROM 器件的 5 种读/写操作方法。

（1）字节写入 字节写入的方法是：主设备启动总线（S），向器件写入一个字节的"器件寻址地址"，器件返回一位"0"电平应答信号 ACK。检测到应答信号 ACK 后，主设备送出第 9 个时钟脉冲，接着写入一字节的器件片内地址（Address），器件再返回一位"0"电平的应答信号 ACK。最后，主设备写入一字节的数据（Data），器件返回一位"0"电平应答信号，主设备停止总线（P）。此时，器件进入内部自定时写非易失性存储器周期，在此期间（约 10ms）所有数据输入均被禁止，直到写周期完成器件才能继续进行新一轮的字节写入过程。字节写入格式见图 9-30。

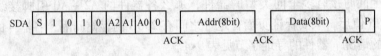

图 9-30 字节写入格式

例 2： 向"例 1"中的 24C04 的片内 2E 单元写入数值 33H。24C04 为 2 页器件，2E 单元在第 1 页之中，字节写入的数据线 SDA 的实际信号格式见图 9-31。

图 9-31 字节写入的数据线 SDA 的实际信号格式

（2）页区写入 页区（或称页面）写入与字节写入大致相同。两者的不同之处在于：页区写入可以一次连续写入 n 个字节的数据，而字节写入一次只能够写入一个字节的数据。使用页区写入方式时，主设备只需要在总线停止后启动一个自定义写储存器周期就能完成数据的写入，显然比字节写入方式更节省时间。否则，主设备要执行 n 次启动/停止总线的过程。

要注意的是，串行 E^2PROM 器件的型号不同，其片内数据缓冲器的大小（长度）也不同，从而决定了页区写入的长度 n。写入数据的字节数目超过 n 则会发生数据循环上卷（重叠），覆盖前面已储存的数据，n 值视具体器件型号而定，例如：

AT24C01A/02 $n \leqslant 8B$

AT24C04/08/16 $n \leqslant 16B$

页区写入时只需以片内某个地址单元为开始，随后写入每一字节的数据都会使地址自动加 1。页区写入的格式见图 9-32。

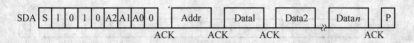

图9-32 页区写入的格式

例3：根据上述格式，在2EH单元开始进行页区写入操作，分别写入数据33H，34H，35H，36H，页区写入的数据线SDA的实际信号格式如图9-33所示。

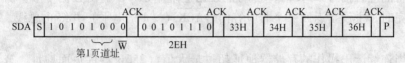

图9-33 页区写入的数据线SDA的实际信号格式

（3）现行地址读 所有的读出操作只需要把器件寻址地址中的最低位$R/\overline{W}$改为"1"即可读出数据。只要系统仍然维持在工作状态，每次读/写操作完成后，目标地址仍然有效。现行地址读方式可以立即读出上一次读/写操作所保持的地址加1的地址（即现行地址），而不必送入数据字节的首地址。

主设备一旦送出器件的寻址字节，且器件返回了应答信号ACK，现行地址的数据字节就能读出，随后主设备送出非应答信号$\overline{ACK}$（"1"电平）并终止总线。现行地址读的格式如图9-34所示。

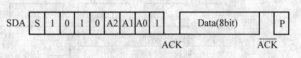

图9-34 现行地址读的格式

（4）随机读出 此读取方式是灵活性最大的"读"方式，可以读取任意地址的数据。随机读出方式首先使用"伪字节写入"送出器件的寻址字节（$R/\overline{W}$位为"0"）和器件的片内地址字节。器件返回应答信号ACK后，再重新启动总线（S），按现行地址读方式读出数据，在现行地址读方式送出器件的寻址字节，其中的$R/\overline{W}$位为"1"。器件返回应答信号ACK后，把目标地址的数据送入数据线SDA。主设备送出非应答信号$\overline{ACK}$（"1"电平）并终止总线。随机读出的格式见图9-35。

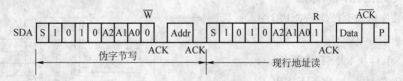

图9-35 随机读出的格式

采用"伪字节写"的原因是："字节写入"方式给出器件的寻址字节和器件的片内地址后，执行数据字节的写操作，而"伪字节写"方式不执行写操作。在执行"伪字节写"后，重新启动总线并执行"现行地址读"，地址不会加1，这样就能读出目标地址的数据。

例4：续上述"例1"，若2FH地址单元的数据为34H，将数据随机读出，SDA的实际参数见图9-36。

（5）序列读出 序列读出（或称连续读）方式可以在执行了"现行地址读"或"随机

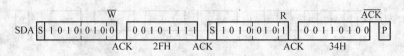

图 9-36　随机读出的 SDA 的实际参数

读"操作之后进行。主设备每读出一个字节的数据，就返回一个应答信号 ACK 给器件。器件收到主设备的应答信号 ACK 后，自动把数据地址增加 1，输出数据字节。所需要的数据字节数目读完时，主设备返回一个非应答信号ACK（"1"电平）并终止总线，序列读出操作结束。

注意：当连续读出操作的存储器地址超过最大值（256B 器件页面地址，或 24C01 的全地址范围）时，计数器会重置为零并继续读出数据，但数据会出现上卷（重叠）。

序列读出方式与现行地址读或随机读方式的差别在于：序列读出方式使器件内部的数据地址自动增加 1，但主设备每读出一个数据字节，需要给器件返回一个应答信号 ACK。通过这种方法，主设备只需要启动/停止总线一次就能连续读出一个或以上的数据字节。序列读出的格式见图 9-37。

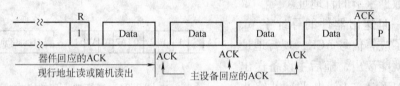

图 9-37　序列读出的格式

9.3.4　51 系列单片机与 I²C 串行 E²PROM 的扩展应用

51 系列单片机内部没有 I²C 总线接口，可以通过自身的 I/O 口模拟 I²C 总线接口的功能，实现 2 线制串行器件的扩展应用。下面介绍 51 系列单片机扩展 I²C 串行 E²PROM 的具体方法，包括应用电路的设计、原理的分析以及读/写操作程序的模块化编程方法等。

1. 实例电路的结构和原理

51 系列单片机与 I²C 串行E²PROM 的接口电路见图 9-38。

电路中，单片机 89C51 的两条I/O 口线模拟 I²C 总线，与串行E²PROM 型 AT24C04 的 I²C 接口相连接。图中 AT24C04 的 A2、A1、A0 均接地，页区首址为 000。电路实现的功能是：单片机固定从 AT24C04 首页的地址单元 00 开始写入 0～9 共 10 个自然数，然后把数据依次读出，送往 BCD 码七段译码/锁存/驱动器 MC14495（见 5.2.2 节）进行译码，

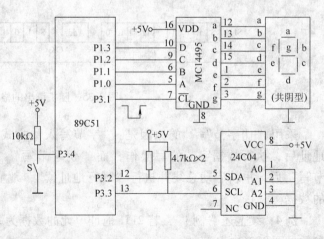

图 9-38　51 系列单片机与 I²C 串行 E²PROM 的接口电路

最后由共阴极型 LED 数码管进行静态显示。MC14495 输出口内部集成了 290Ω 的限流电阻，外部不必再外加限流电阻即可直接驱动 +5V 供电的 LED 数码管。MC14495 控制线CL低电平时 4 位 BCD 码直接译码输出，在上升沿锁存 4 位 BCD 码，高电平时保持译码的显示数据不变。MC14495 可以驱动 7 段 LED 数码管显示 0~9、A~F 共 16 个字符，没有熄灭码。单片机读出的 10 个自然数，把低 4 位 BCD 码送至 P1.3~P1.0 口，由按键 S 进行显示控制，每按下 S 一次，显示一个数据。

2. 汇编语言程序的模块化设计

程序模块中把 I^{2}C 总线主设备的单片机称为主节点，把从设备的 E^{2}PROM 器件称为从节点。I^{2}C 总线的基本操作过程由 9 个模块组成，由入口参数决定读/写的字节数目。读/写时序中的脉冲宽度通过空操作指令的延时来调整，使脉冲宽度满足 4.7μs 范围。接口模拟的程序模块适用于不带 I^{2}C 接口的单片机移植使用。

汇编语言的 E^{2}PROM 读/写子程序由如下 9 个基本模块构成：

STA——启动 I^{2}总线

STP——停止 I^{2}总线

W8BIT——向从节点写入 8 位（BIT）

R8BIT——向从节点读出 8 位（BIT）

CACK——检查从节点应答位（ACK）

MACK——主节点发送应答位（ACK）

NOACK——主节点发非应答位（/ACK）

WNBYT——向从节点随机写入 N 字节

RNBYT——向从节点随机读出 N 字节

使用的伪指令如下：

```
SDA    EQU   P3.2      ;数据线
SCL    EQU   P3.3      ;时钟线
SLAW   EQU   18H       ;写器件寻址页
SLAR   EQU   19H       ;读器件寻址页
```

子程序调用时赋初值如下：

18H——例如写第 1 页时赋#A0H，即（#10100000B）

19H——例如读第 1 页时赋#A1H，即（#10100001B）

R0——RAM 数据存/取首地址

R1——E^{2}PROM 数据存/取首地址

R3——数据个数计数

子程序模块编写例：

（1）"启动总线"子程序 "启动总线"子程序流程图见图 9-39。

（2）"停止总线"子程序 "停止总线"子程序流程图见图 9-40。

（3）8 位"字节写"子程序 8 位"字节写"子程序流程图见图 9-41。

入口：A←Data

（SDA←p3.2，SCL←p3.3）

（4）8 位"字节读"子程序 8 位"字节读"子程序流程图见图 9-42。

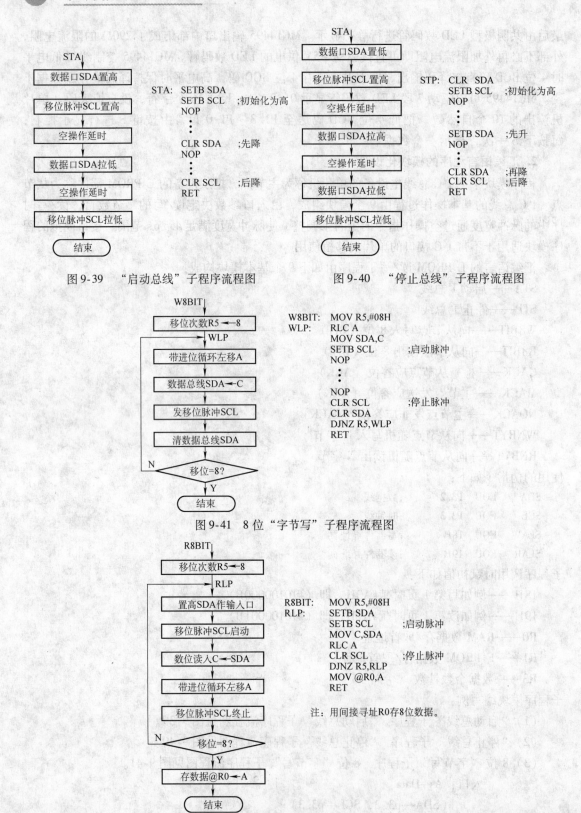

图 9-39 "启动总线"子程序流程图

图 9-40 "停止总线"子程序流程图

图 9-41 8 位 "字节写"子程序流程图

图 9-42 8 位 "字节读"子程序流程图

（5）查从节点"应答 ACK"子程序 查从节点"应答 ACK"子程序流程图见图 9-43。

（6）主节点发"应答 ACK"子程序 主节点发"应答 ACK"子程序流程图见图 9-44。

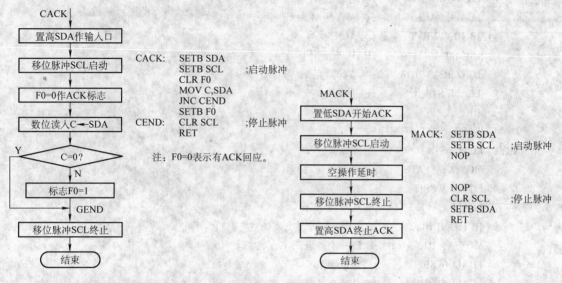

图 9-43 查从节点"应答 ACK"子程序流程图　　图 9-44 主节点发"应答 ACK"子程序流程图

（7）主节点发"非应答 ACK"子程序 主节点发"非应答 ACK"子程序流程图见图 9-45。

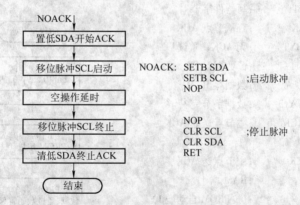

图 9-45 主节点发"非应答 ACK"子程序流程图

（8）"随机写 N 字节"子程序。

```
WNBYT: LCALL STA        ;启动总线
       MOV A,SLAW       ;器件地址（写）
       LCALL W8BIT      ;写器件字节
       LCALL CACK       ;查从节点 ACK
       JB F0,WNBYT      ;无 ACK，重写
       MOV A,R1         ;E²PROM 地址
       LCALL W8BIT      ;写地址字节
       LCALL CACK       ;查从节点 ACK
```

```
         JB F0,WNBYT        ;无 ACK,重写
WRDA:    MOV A,@ R0         ;RAM 地址
         LCALL W8BIT        ;写地址字节
         LCALL CACK         ;查从节点 ACK
         JB F0,WNBYT        ;无 ACK,重写
         INC R0             ;RAM 地址增 1
         DJNZ R3,WRDA       ;字节计数完?
         LCALL STP          ;停止总线
         RET
```

(9)"随机读 N 字节"子程序

```
RNBYT:   LCALL STA          ;启动总线
         MOV A, SLAW        ;器件地址（写）
         LCALL W8BIT        ;写器件字节
         LCALL CACK         ;查从节点 ACK
         JB F0, RNBYT       ;无 ACK, 重读!
         MOV A, R1          ;E²PROM 地址
         LCALL W8BIT        ;写地址字节
         LCALL CACK         ;查从节点 ACK
         JB F0, RNBYT       ;无 ACK, 重读!
         LCALL STA          ;再启动总线
         MOV A, SLAR        ;器件地址（读）
         LCALL W8BIT        ;写器件字节
         LCALL CACK         ;查从节点 ACK
         JB F0, RNBYT       ;无 ACK, 重读!
RDDA:    LCALL R8BIT        ;读数据字节
         MOV @ R0, A        ;数据存 RAM
         DJNZ R3, CYC       ;数据字节完?
         LCALL NOACK        ;主节点送非 ACK
         LJMP REND
CYC:     LCALL MACK         ;主节点送 ACK
         INC R0             ;RAM 增 1
                            ;(E²PROM 自动增 1)
         LJMP RDDA          ;循环读数据
REND:    LCALL STP          ;停止总线
         RET
```

3. 实例电路的 C 语言主程序流程图

I^2C 总线实例电路的主程序流程图见图 9-46。

4. 实例电路的 C 语言程序源代码

```
#include < at89x51. h >
#include < intrins. h >

#define SDA P3_2          // 定义 I²C 口线
```

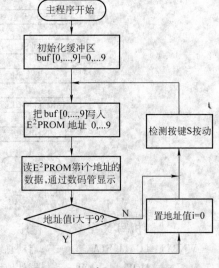

图 9-46 I^2C 总线实例电路的
主程序流程图

```
#define SCL P3_3
```

-------------------------------/ * 读/写操作函数 * /--------------------------------

```
//   "启动总线"函数
    void iic_start(void)
{

    SDA = 1;                              // 数据线置高
    SCL = 1;                              // 移位脉冲升高
    _nop_();                              // 延时
    SDA = 0;                              // 数据线先下降
    _nop_();                              // 延时
    SCL = 0;                              // 移位脉冲后下降


//   "停止总线"函数
    void iic_stop(void)
{

    SDA = 0;                              // 数据线置低
    SCL = 1;                              // 移位脉冲升高
    _nop_();                              // 延时
    SDA = 1;                              // 数据线先升高
    _nop_();                              // 延时
    SDA = 0;                              // 数据线下降
    SCL = 0;                              // 移位脉冲后下降

}

//"字节写入"函数
    void iic_w8bit(unsigned char cData)
{

    unsigned char i;
    for(i = 0x80;i > 0;i > > = 1)
    {

       SDA = (cData & i)? 1:0;
       SCL = 1;                           // 移位脉冲开始
       _nop_();                           // 延时
       _nop_();
       SCL = 0;                           // 移位脉冲终止
       SDA = 0;                           // 数据线置低

    }

}
//   "字节读出"函数
    unsigned char iic_r8bit(void)

{
```

```
        unsigned char cData = 0;
        unsigned char i;
        for( i = 8; i > 0; i − −)
        {
            SDA = 1;                              // 数据线置为输入口
            SCL = 1;                              // 移位脉冲开始
            cData = (cData < <1) | SDA;           // 数据循环左移
            SCL = 0;                              // 移位脉冲终止
        }
        return cData;
    }


    // "查 ACK"函数
    char iic_cack(void)
    {
        char flag;
        SDA = 1;                                  // 数据线置高
        SCL = 1;                                  // 移位脉冲开始
        if( SDA) flag = 1;
        else flag = 0;
        SCL = 0;                                  // 移位脉冲终止
        return flag;                              // ACK 返回 0,非 ACK 返回 1
    }


    // "发 ACK"函数
    void iic_mack(void)
    {
        SDA = 0;                                  // 数据线置低
        SCL = 1;                                  // 移位脉冲开始
        _nop_();                                  // 延时
        _nop_();
        SCL = 0;                                  // 移位脉冲终止
        SDA = 1;                                  // 数据线置高
    }


    // "发非 ACK"函数
    void iic_noack(void)
    {
        SDA = 1;                                  // 数据线置高
        SCL = 1;                                  // 移位脉冲开始
        _nop_();                                  // 延时
        _nop_();
        SCL = 0;                                  // 移位脉冲终止
```

```
        SDA = 0;                                    // 数据线置低
}


//  "随机写 n 字节" 函数
        void iic_wnbyt(    unsigned char slaw,      // 从节点写器件寻址页(最低位 LSB 为 0)
                           unsigned char rom_addr,  // E²PROM 写操作地址
                           unsigned char * buf,     // 写操作缓冲区
                           unsigned char size)      // 缓冲区容量
{
        unsigned char * p;
        unsigned char sz;


WNBYT:
        p = buf;                                    // 暂存输入的数据,以备出错时恢复
        sz = size;
        iic_start();                                // 启动总线

        iic_w8bit(slaw);                            // 写入器件寻址字节
        if(iic_cack() == 1) goto WNBYT;             // 查从节点 ACK,无 ACK 则重写
        iic_w8bit(rom_addr);                        // 写入 E²PROM 地址字节
        if(iic_cack() == 1) goto WNBYT;             // 查从节点 ACK,无 ACK 则重写
        while(sz > 0)
        {
            iic_w8bit( * p);                        // 取 RAM 地址,写入数据字节
            if(iic_cack() = =1) goto WNBYT;         // 查从节点 ACK,无 ACK 则重写
            p ++;                                   // RAM 地址增 1
            sz --;                                  // 字节计数未完循环
        }
        iic_stop();                                 // 停止总线
}


//  "随机读 n 字节" 函数
        void iic_rnbyt(    unsigned char slaw,      // 从节点伪写器件寻址页(最低位 LSB 为 0)
                           unsigned char rom_addr,  // E²PROM 读操作地址
                           unsigned char * buf,     // 读操作缓冲区
                           unsigned char size  )    // 缓冲区容量
{
        unsigned char slar = slaw | 0x01;           // 从节点读器件寻址页

RNBYT:
        iic_start();                                // 启动总线
        iic_w8bit(slaw);                            // 写入器件寻址字节
        if(iic_cack() = =1) goto RNBYT;             // 查从节点 ACK,无 ACK 则重写
```

```
    iic_w8bit(rom_addr);                    // 写入 E²PROM 地址字节
    if(iic_cack() = = 1)goto RNBYT;         // 查从节点 ACK,无 ACK 则重写
    iic_start();                            // 再启动总线
    iic_w8bit(slar);                        // 伪写入器件寻址地址字节
    if(iic_cack() = = 1)goto RNBYT;         // 查从节点 ACK,无 ACK 则重写

    while(1)                                // 循环读数据
    {
        * buf = iic_r8bit();                // 读出数据字节,存于 RAM
        if(--size = = 0)                    // 数据字节未读完继续
        {
            iic_noack();                    // 主节点送出非 ACK
            break;                          // 跳出循环
        }
        iic_mack();                         // 主节点送出 ACK

        buf ++;                             // RAM 地址加 1,E²PROM 数据自动加 1
    }
    iic_stop();                             // 停止总线

}
```

-------------------------------/ * 主程序 */-------------------------------

```
    #include < string. h >

    void main(void)
    {
    unsigned char i,num;
    unsigned char buf[10];

    for(i = 0;i < 10;i + +)buf[i] = i;
    iic_wnbyt_v2(0xa0,                      // 从节点写器件寻址页(最低位 LSB 为 0)
            0x00,                           // E²PROM 写操作地址
            buf,                            // 写操作缓冲区
            10);                            // 缓冲区容量
    i = 0;

    while(1)                                // 循环读出 0~9 共 10 个数字
    {
        iic_rnbyt(0xa0,                     // 从节点伪写器件寻址页(最低位 LSB 为 0)
                i,                          //E²PROM 读操作地址
                &num,                       // 读操作缓冲区
                1);                         // 缓冲区容量
        P1 = num;                           // BCD 码送入 P1 口
```

```
    P3_1 = 0;nop_();P3_1 = 1;              // 发CL脉冲,LED 数码管显示 P1 口数据
    if( ++i > 9)i = 0;
    while(P3_4);while(! P3_4);             // 等待按键 S 按下
  }
}
```

9.4 单总线扩展技术

9.4.1 单总线概述

单总线（1- Wire Bus）是美国 Dallas Semiconductor（该公司成立于1984 年，在 2001 年并入 MAXIM 公司）推出的一种串行总线专有技术，已经集成到各种类型的芯片中，如存储器、温度传感器、A/D 转换器、实时时钟和电池管理芯片等。单总线技术只需要一条信号线和一条地线，就能以普通双绞线的方式进行串行通信。单条信号线既能传输时钟，又能双向传输数据，实行半双工通信，可挂接多个单总线器件（从设备），同时还是从设备的电源线，实现了传统并行总线的地址线、数据线和控制线三大总线的功能。每个单总线器件内部固化了全球唯一的 64 位器件 ID（标识码）。单总线器件具有技术先进、结构简单、节省 I/O 口线、扩展和维护方便等特点，在测量、控制、认证和识别等领域的应用越来越广泛。

1. 单总线器件

Dallas- MAXIM 公司生产的单总线器件有两类封装形式：一类是传统芯片形式的封装；另一类是用不锈钢外壳制作的 iButton（信息钮扣）封装，外形独特、非常坚固，见图9-47。

iButton 器件有 F3 和 F5 两种厚度，不锈钢钮扣外壳作为地线，背面的金属触点作为信号线并与外壳电气隔离。iButton 设计成为接触式、可热拔插的器件，配合专门的电气探头、通过接触的方式使用（探头型号如 DS9092L，带有 LED 指示灯）。

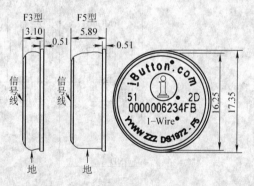

图 9-47 iButton（信息钮扣）封装外形

典型的 1- Wire 器件有如下型号：DS2430（E^2PROM）、DS2506（EPROM）、DS18B20（温度传感器）、DS2405（A/D 转换器）、DS2480B（RS232 与 1- Wire 接口变换控制器）和 DS2408（8 路可编址开关）等。典型的 iButton 器件型号有如下型号：DS1990A（电子标识）、DS1991（多页加密存储器，又称电子货币）、DS1972（E^2PROM）、DS1986（EPROM）、DS1996（SRAM 存储器）、DS1920（温度传感器）和 DS1904（RTC 日历时钟）等。

2. 单总线的特点

1）主从设备之间的连接简单、连线少。

2）单总线器件采用 CMOS 技术制造，功耗极低（静态电流达到 μA 级），可通过单总线由主设备供电。

3）单总线上可挂接多达数百个以上的单总线器件，主设备通过每个器件内部唯一的ID码进行器件的识别。

4）单主多从的双向半双工串行通信方式。

5）主从设备都为开漏结构，总线上需要外接上拉电阻。

9.4.2 单总线工作原理

单总线上可挂接多个单总线器件（从设备），由单片机（主设备）的I/O口直接驱动。单总线主/从设备的电路连接方式见图9-48。

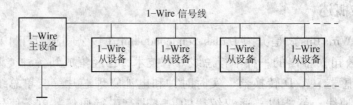

图9-48 单总线主/从设备的电路连接方式

在实际的应用中，小规模单总线系统的从设备可采用插件的方式直接接入。引线电缆没什么特殊的要求，最长可达5m；如果从设备是沿着引线电缆分布开来的，则推荐采用没有屏蔽的双绞线作为接入电缆，最长可达25m。单片机与单总线器件连接的内部结构图见图9-49。

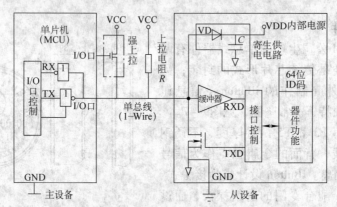

图9-49 单片机与单总线器件连接的内部结构图

图中单片机的I/O口为开漏结构，需外接上拉电阻R（可用4.7kΩ或5kΩ）。每个单总线器件内部存储了一个激光刻制的8字节ROM单元，含有64位全球唯一的ID（标识码，又称注册码）。ROM格式见图9-50。

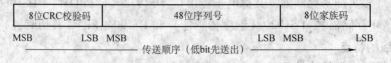

图9-50 64位光刻ID码

ID码的组成是：第一个字节存储8位家族码（Family Code），是产品类型的分类标志。

接着是 6 个字节的 48 位地址序列号（Serial Number）。地址序列号的总量可达 2^{48} 个，有足够的数量分配使每个器件的地址不会发生冲突。最后一个字节是循环冗余校验码 CRC（Cyclic Redundancy Check）。单总线器件内部设置有生成 CRC 校验码的硬件电路（其 CRC 多项式发生器由一个移位寄存器和一个异或门比较电路组成），以 DS1990A 器件为例，CRC 的关系式如下：

$$CRC = X^8 + X^5 + X^4 + 1$$

主设备则是通过软件方法产生 CRC 校验码，实现数据的校验。通信过程中主设备收到 64 位器件 ID 码后，用最后一字节之外的其余 56 位数据作为 X 值参与计算多项式 CRC 的值，计算结果与接收到的 8 位 CRC 值进行比较，数值相同则表示数据传输无误，否则需要重新传输。

单总线器件内部设置有寄生供电电路（Parasite Power Circuit）。当单总线处于高电平时，一方面通过二极管 VD 向芯片供电，另方面对内部电容 C（约 800pF）充电；当单总线处于低电平时，二极管截止，内部电容 C 向芯片供电。由于电容 C 的容量有限，因此要求单总线能间隔地提供高电平以能不断地向内部电容 C 充电、维持器件的正常工作。这就是通过网络线路"窃取"电能的"寄生电源"的工作原理。要注意的是，为了确保总线上的某些器件在工作时（如温度传感器进行温度转换、E^2PROM 写入数据时）有足够的电流供给，除了上拉电阻之外，还需要在总线上使用 MOSFET（场效应晶体管）提供强上拉供电，如图 9-49 中"强上拉"点画线框所示。

单总线的数据传输速率一般为 16.3Kbit/s，最大可达 142 Kbit/s，通常情况下采用 100 Kbit/s 以下的速率传输数据。主设备 I/O 口可直接驱动 200m 范围内的从设备，经过扩展后可达 1km 范围。

9.4.3 单总线信号传输时序

所有单总线器件都必须严格遵循单总线的通信协议。单总线接口基本通信流程见图 9-51。

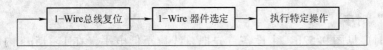

图 9-51 单总线接口基本通信流程

基本的通信流程包括：①初始化；②ROM 命令传输；③功能命令传输。这些命令序列都是由复位脉冲、应答脉冲、写"0"、写"1"、读"0"和读"1"等几种基本时序组成。除了应答信号外，上述时序均由主设备发出，所发送的命令和数据字节都是按照低位在前、高位在后的顺序进行传输（注意，这种顺序与多数串行同步通信的顺序不同，但与异步串行通信的顺序相同）。单总线的串行通信分为标准模式和高速模式，在默认状态下以标准模式通信。单总线的基本信号时序见图 9-52。

1. 初始化时序

初始化时序见图 9-52a。包括主设备发出的复位脉冲和从设备返回的应答脉冲。主设备通过拉低单总线 480～960μs 产生 TX 复位脉冲，然后释放总线（总线经上拉电阻拉回高电平），转为 RX 接收状态。总线释放时产生上升沿跳变，从设备检测到该上升沿跳变后，延

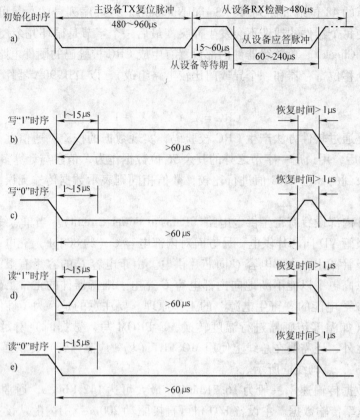

图 9-52 单总线的基本信号时序

时 15~60μs，接着拉低总线 60~240μs 产生应答脉冲。主设备检测到从设备的应答脉冲后，开始向从设备传输 ROM 命令和功能命令。在此期间，主设备的 RX 监测时间至少在 480μs 以上。

2. 写"1"时序

写"1"时序见图 9-52b。主设备首先把总线拉至低电平，在 1~15μs 内释放总线，由上拉电阻把总线拉至高电平并至少保持 60μs。从设备在 15~60μs 内读取总线的电平状态。在该时段总线便完成了数据"1"的传输。两个独立时段（Slot，或称时隙）之间的数据写入至少应有 1μs 的恢复时间。

3. 写"0"时序

写"0"时序见图 9-52c。主设备首先把总线拉至低电平，1~15μs 后继续保持至少 60μs 的低电平，则从设备在 15~60μs 内读取总线电平状态。在该时段总线完成了数据"0"的传输。同样地，两个独立时段之间的数据写入至少应有 1μs 的恢复时间。

4. 读"1"时序

读"1"时序见图 9-52d。读"1"操作由主设备发起，主设备首先把总线拉低 1~15μs。若从设备随后送出"1"，则总线变为高电平。电平有效的时间为 15μs，主设备在该时段内对总线采样，然后从设备在大于 15μs 小于 60μs 的时间内释放总线，总线恢复高电平，完成读"1"的操作。两个独立时段之间的数据读出至少应有 1μs 的恢复时间。

5. 读 "0" 时序

读 "0" 时序见图 9-52e。读 "0" 操作由主设备发起，主设备首先把总线拉低 1 ~ 15μs。若从设备随后送出 "0"，则总线变为低电平。电平有效的时间为 15μs，主设备在该时段内对总线采样，然后从设备在大于 15μs 小于 60μs 的时间内释放总线，总线恢复高电平，完成读 "0" 的操作。同样地，两个独立时段之间的数据传输至少应有 1μs 的恢复时间。

上述读时序需要在主设备向从设备发出读数据的 ROM 命令后马上产生，以便从设备能够传输数据。而主设备发出读时序之后，从设备才开始在总线上发送 "0" 或 "1"。在整个过程中，如果单总线上保持的低电平超过 480μs，总线上的所有器件将自动复位。

9.4.4　单总线的 ROM 命令

单总线的 ROM 命令有 7 个，每个命令长度为一个字节，单总线器件对这些命令的支持情况视具体型号而定。ROM 命令主要用来管理和识别单总线器件，实现器件的 "片选" 功能。主设备在初始化时，检测到单总线的应答脉冲后就可以发出 ROM 命令。这些命令与各个单总线器件的 64 位 ID 码相关，能够检测出单总线上连接的从设备数量及类型，或检测出是否有从设备处于报警状态。下面简单介绍各个 ROM 命令及其功能。

1. 搜索 ROM ［命令码 F0h］

系统上电启动时，主设备可能不知道有多少个从设备挂接在总线上，也可能不知道具体设备的 ID 码。主设备可通过循环执行搜索 ROM 命令，用排除法获取总线上所有从设备的 ID 码。循环搜索过程分为三个步骤：读出一位、读该位的补码、向该位写入指定值。按照这三个步骤逐位重复执行，根据两次读得的状态值判断并选择不同的搜索分支，所有与该值不匹配的从设备随后都不被搜索，重复执行直到第 64 位操作完毕。经过一次完整的搜索过程，主设备就可知道某个从设备的 ID 码。重复执行同样的搜索过程可以识别其余从设备的 ID 码，具体的操作方法见参考文献 ［12］。

2. 读 ROM ［命令码 33h］

此命令适用于总线上只有一个从设备的场合。主设备无需执行搜索 ROM 过程，可以直接读出从设备的 64 位 ID 码。如果总线上接有多个从设备，总线会因多个从设备同时送出数据形成的 "线与" 关系而产生数据冲突。

3. 匹配 ROM ［命令码 55h］

此命令适用于总线上有多个从设备的场合，允许主设备对某个指定的从设备进行寻址。匹配 ROM 命令后面跟随 64 位 ID 码，从设备把收到的 ID 码与自身的 ID 码进行比较，只有 ID 码匹配的从设备才会响应主设备随后发出的功能命令，否则保持等待状态不作响应。

4. 跳跃 ROM ［命令码 CCh］

此命令适用于只有一个从设备的场合。主设备不需要发 64 位 ID 码，直接访问芯片进行数据交换。如果存在多个从设备，也会发生数据冲突。

5. 条件查找 ROM ［命令码 ECh］

此命令仅适用于有少量单总线器件的场合，等同于搜索 ROM 命令，允许主设备检测哪些从设备发生了条件报警（如欠电压、过温、欠温等）。

6. 超速跳跃 ROM［命令码 3Ch］

此命令适用于只有一个从设备的场合。单总线设置为超速模式执行跳跃 ROM 命令，直接访问芯片进行数据交换。

7. 超速匹配 ROM［命令码 69h］

此命令适用于有多个从设备的场合。单总线设置为超速模式执行匹配 ROM 命令，对从设备寻址。

9.4.5 单总线的功能命令

单总线器件对功能命令的支持视器件的具体类型而定。功能命令主要实现单总线器件 RAM 存储器的读、写操作和数据交换。主设备发出 ROM 命令后，可以接着发出某个从设备的具体功能命令，如访问温度传感器 DS18B20 时，主设备发出跳跃 ROM 命令，接着发出温度转换命令［44h］，就可以使 DS18B20 进行温度转换。如果 ROM 命令后跟随的是读暂存器命令［BEh］，则适用于只有一个从设备的情况，否则多个从设备同时响应该命令会引起数据冲突。

9.4.6 51 系列单片机与单总线器件的扩展应用

51 系列单片机与单总线器件的应用电路见图 9-53（图中省略了单片机复位电路和晶振电路），由 89C51 与单总线 iButton 结构的 DS1990A（电子标识）组成主从通信电路。

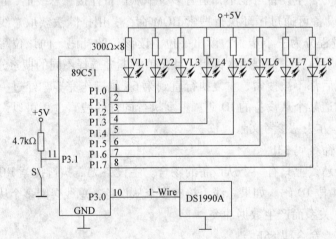

图 9-53 51 系列单片机与单总线器件的应用电路

由于单总线上只有一个从设备，因此，单片机通过读 ROM 命令［33h］直接读取 DS1990A 的 64 位 ID 码，用以演示初始化、写 "1"、写 "0"、读 "1"、读 "0" 等基本信号时序的实现过程。电路上电后指示灯会闪烁两次，然后全部熄灭，系统进入等待读取 ID 码的状态。读出的 8 个字节共 64 位的 ID 码，通过 8 个 VL 指示灯进行验证显示。手动按键 S 用作显示控制，每按动一次按键 S，依次显示一个 8 位字节。按动按键 S 达 8 次后，64 位 ID 码按照从低到高的顺序全部显示完毕。实例中的初始化、读、写时序可以移植到其他单总线器件中使用。

以下是 C 语言编写的读取单总线 ID 码的程序源代码：

```c
//    工程文件：One wire operation demo based on DS1990A.
//    文件名：DS1990A_Main. c
//    单片机：AT89S51
//    晶振：12MHz
//    编译器：KEIL uVision3

//    系统相关定义------------------------------------------------------------
#define _GCC_  0
#define _IAR_  0
#define _ICC_  0

#define _KEIL_  1                        //编译器类型定义
#ifdef _KEIL_
#include < reg51. h >
#include < intrins. h >
#define   sei( )   IE | = (1 < <7)       //EA =1,全局中断允许
#define   cli( )   IE & = ~ (1 < <7)     //EA =0,全局中断禁止
#define   NOP    _nop_( );               //空操作
typedef unsigned char uint8_t;           //数据类型定义
typedef unsigned int uint16_t;
typedef unsigned long uint32_t;

sbitP0_0 = P0^0;                         //51 系列单片机端口定义
sbitP0_1 = P0^1;
sbitP0_2 = P0^2;
sbitP0_3 = P0^3;
sbitP0_4 = P0^4;
sbitP0_5 = P0^5;
sbitP0_6 = P0^6;
sbitP0_7 = P0^7;

sbitP1_0 = P1^0;
sbitP1_1 = P1^1;
sbitP1_2 = P1^2;
sbitP1_3 = P1^3;
sbitP1_4 = P1^4;
sbitP1_5 = P1^5;
sbitP1_6 = P1^6;
sbitP1_7 = P1^7;

sbitP2_0 = P2^0;
sbitP2_1 = P2^1;
```

```
sbitP2_2 = P2^2;
sbitP2_3 = P2^3;
sbitP2_4 = P2^4;
sbitP2_5 = P2^5;
sbitP2_6 = P2^6;
sbitP2_7 = P2^7;

sbitP3_0 = P3^0;
sbitP3_1 = P3^1;
sbitP3_2 = P3^2;
sbitP3_3 = P3^3;
sbitP3_4 = P3^4;
sbitP3_5 = P3^5;
sbitP3_6 = P3^6;
sbitP3_7 = P3^7;
#endif


#define BUTTON0                    P3_1                      //按键端口定义
#define DISPLAY_PORT               P1                        //显示端口定义
#define DISPLAY_ALL_ON             DISPLAY_PORT  = 0x00;
#define DISPLAY_ALL_OFF            DISPLAY_PORT = 0xFF;
#define TIMER1_msSTEPH             0xFC                      //定时器1(1ms)
#define TIMER1_msSTEPL             0x18
#define TRUE_                      0
#define ERROR_                     1
#define ZYHUA_DELAY1US             NOP
#define ZYHUA_DELAY2US             NOP   \
                                   NOP
#define ZYHUA_DELAY5US             ZYHUA_DELAY1US   \
                                   ZYHUA_DELAY2US   \
                                   ZYHUA_DELAY2US


#define ZYHUA_DELAY10US            ZYHUA_DELAY5US   \
                                   ZYHUA_DELAY5US
//   结束系统相关定义
//   ----------------------------------------------------------------------------------


//   单总线相关定义------------------------------------------------------------
//   (内容可根据具体应用情况修改)
//   单总线数据线操作定义
#define ONEWIRE_DATALINE           P3_0


#define ONEWIRE_DATALINE_DIR_OUT   ;
```

```
#define ONEWIRE_DATALINE_DIR_IN              ;
#define ONEWIRE_DATALINE_STATUS        ONEWIRE_DATALINE
#define ONEWIRE_DATALINE_HI            ONEWIRE_DATALINE = 1;
#define ONEWIRE_DATALINE_LO            ONEWIRE_DATALINE = 0;
// 结束单总线数据线操作定义


// 单总线 ROM 命令定义
#define ONEWIRE_READ_ROM              0x33
#define ONEWIRE_MATCH_ROM             0x55
#define ONEWIRE_SKIP_ROM              0xCC
#define ONEWIRE_SEARCH_ROM            0xF0
// 结束单总线 ROM 命令定义


// 单总线时隙定义, 单位 μs
// TPDL 分成两部分:TPDL0 和 TPDL1, 其余类推
#define ZYHUA_DELAY_TRSTL_US          Zyhua_DelayNUs(240);\
                                      Zyhua_DelayNUs(240);\
                                      Zyhua_DelayNUs(240);
#define ZYHUA_DELAY_TPDH_US           ZYHUA_DELAY10US  \
                                      ZYHUA_DELAY5US
#define ZYHUA_DELAY_TPDL0_US          Zyhua_DelayNUs(50);
#define ZYHUA_DELAY_TPDL1_US          ZYHUA_DELAY10US
#define ZYHUA_DELAY_TRSTH1_US         Zyhua_DelayNUs(250);\
                                      Zyhua_DelayNUs(250);
#define ZYHUA_DELAY_TLOW1_US          ZYHUA_DELAY2US
#define ZYHUA_DELAY_TSLOT_US          Zyhua_DelayNUs(80);
#define ZYHUA_DELAY_TREC_US           Zyhua_DelayNUs(80);
#define ZYHUA_DELAY_TSU_US            ZYHUA_DELAY1US
#define ZYHUA_DELAY_TLOWR1_US         ZYHUA_DELAY1US
#define ZYHUA_DELAY_TRDV1_US          ZYHUA_DELAY5US  \
                                      ZYHUA_DELAY2US  \
                                      ZYHUA_DELAY1US
#define ZYHUA_DELAY_TRELEASE_US       Zyhua_DelayNUs(25);
//结束单总线时隙定义
//结束单总线相关定义
//-----------------------------------------------------------------


//DS1990A 相关定义-----------------------------------------------
    typedef enum _ROM_CMD
{

    READ_ROM  = 0x0F
}   ROM_CMD;
```

```
    typedef enum _CODE_TYPE
{
    FAMILY_CODE = 0,
    CRC_CODE = 7
}   CODE_TYPE;


    typedef struct _DS1990A
{
    uint8_t    ID[8];
    uint8_t    ID_byte_num;
    ROM_CMD    rom_cmd;
}   DS1990A;


    DS1990A  gDs1990a;                                      //全局变量
//结束 DS1990A 相关定义
//------------------------------------------------------------------------


//系统相关函数声明---------------------------------------
void Zyhua_DelayNMs(uint16_t time_ms);                      //延时 n ms
void Zyhua_DelayNUs(uint8_t time_greater_than_17us);        //延时大于 17μs
void StopTimer0(void);
void StopTimer1(void);
//结束系统相关函数声明
//------------------------------------------------------------


//单总线相关函数声明---------------------------------------
void OneWire_DataLineInit(void);                            //单总线信号线置高
uint8_t OneWire_Init(void);                                 //单总线初始化
uint8_t OneWire_ReadBit(void);                              //从单总线读出 1 位
void OneWire_Write0(void);                                  //把位 0 写入单总线
void OneWire_Write1(void);                                  //把位 1 写入单总线
void OneWire_WriteRomCmd(uint8_t rom_cmd);                  //把 ROM 命令写入单总线器件
uint8_t OneWire_DoCrc8(uint8_t * data_block, uint8_t data_len); //产生 CRC 校验码
//关系式 G(x) = x^8 + x^5 + x^4 + 1
//结束单总线相关函数声明
//------------------------------------------------------------


//DS1990A 相关函数声明---------------------------------------
uint8_t DS1990A_ReadID(void);                              //读 DS1990A 的 ID 码
//结束 DS1990A 相关函数声明
//------------------------------------------------------------
```

```
//按键处理函数声明-----------------------------------------------------
void Button0Event(uint8_t * button_state);                    //处理 button0 事件
//结束按键处理函数声明
//-------------------------------------------------------------------------------


//系统相关函数实现-------------------------------------------------
uint8_t timer0_steps,timer1_stepsH,timer1_stepsL;
volatile uint16_t timer0_count,timer1_count;
//---------------------------------------------------------------------
//   Zyhua_DelayNMs():delay for (time_ms) ms
     void Zyhua_DelayNMs(uint16_t time_ms)
{

    timer1_count  =0;                                 //定时器 1 溢出计数
    timer1_stepsH = TIMER1_msSTEPH;                   //取定时器 1 计数初值
    timer1_stepsL = TIMER1_msSTEPL;
    TH1 = timer1_stepsH;                              //加载初值
    TL1 = timer1_stepsL;
    //set timer1 work mode
    TMOD & = ~(1 < <5);                               // M1M0 = 01,16 位定时器模式 1
    TMOD | = (1 < <4);                                //M0 = 1
    IE | = (1 < <3);                                  //ET1 =1,定时器 1 中断允许
    TCON | = (1 < <6);                                //TR1 =0,启动定时器 1
           while(timer1_count < time_ms);            //等待定时满
    StopTimer1();                                      //停止定时器 1
}


//   延时时间大于 17us 但小于 255us
     void Zyhua_DelayNUs(uint8_t time_greater_than_17us)
{

    if(time_greater_than_17us > 17)
    {

       time_greater_than_17us > > =1;                 //调整
       time_greater_than_17us – =8;
       while( – –time_greater_than_17us);
    }
}


//   停止定时器 1
     void StopTimer1(void)
{

    TCON & = ~(1 < <6);                               //TR1 =0,停止定时器 1
    IE & = ~(1 < <3);                                 //ET1 =0,禁止定时器 1 中断
```

```
    }


//   定时器 0 溢出中断服务程序
        #if _GCC_                                               //GCC 编译中断服务程序
        ISR(TIMER0_OVF_vect)
        #endif


        #if _IAR_                                               //IAR 编译中断服务程序
        #pragma vector = TIMER0_OVF_vect
        __interrupt void zyh_TIMER0_OVF(void)
        #endif


        #if _ICC_                                               //ICC 编译中断服务程序
        #pragma interrupt_handler    timer0_handler:iv_TIMER0_OVF
        void timer0_handler(void)
        #endif


        #if __KEIL__
        void timer0(void) interrupt 1 using 1
        #endif
    {
        ++timer0_count;                                         //定时器 0 溢出计数递增
    }

//   定时器 1 溢出中断服务程序
        #if _GCC_                                               //GCC 编译中断服务程序
        ISR(TIMER1_OVF_vect)
        #endif


        #if _IAR_                                               //IAR 编译中断服务程序
        #pragma vector = TIMER1_OVF_vect
        __interrupt void zyh_TIMER1_OVF(void)
        #endif


        #if _ICC_                                               //ICC 编译中断服务程序
        #pragma interrupt_handler    timer1_handler:iv_TIMER1_OVF
        void timer1_handler(void)
        #endif


        #if _KEIL_
        void timer1(void) interrupt 3 using 1
        #endif
    {
```

```
    ++ timer1_count;                                //定时器 1 溢出计数递增
    TH1 = timer1_stepsH;                            //重装定时计数值
    TL1 = timer1_stepsL;
}
//结束系统相关函数实现
//-------------------------------------------------------------------------------


//单总线相关函数实现-------------------------------------------------
//    把单总线信号线置高
    void OneWire_DataLineInit( void)
{

    ONEWIRE_DATALINE_DIR_OUT
    ONEWIRE_DATALINE_HI

}


//    初始化单总线
    uint8_t OneWire_Init( void)
{

    ONEWIRE_DATALINE_LO
    ZYHUA_DELAY_TRSTL_US                            // 480 < TRSTL = 720 < 960
    ONEWIRE_DATALINE_HI

    ONEWIRE_DATALINE_DIR_IN
    ZYHUA_DELAY_TPDH_US                             // TPDH = 15
    ZYHUA_DELAY_TPDL0_US                            // TPDL0 = 50
    if( ONEWIRE_DATALINE_STATUS)
    {                                               //没有单总线器件响应
        ONEWIRE_DATALINE_DIR_OUT
        return ERROR_;
    }
    else
    {                                               //1 个单总线器件响应
        ZYHUA_DELAY_TPDL1_US                        // TPDL1 = 10
        ZYHUA_DELAY_TRSTH1_US                       // 确认 480 < ( TPDH + TPDL0 +
                                                    TPDL1 +
                                                    // TRSTH1 ) = ( 15 + 50 + 10 +
                                                    500) = 575

        ONEWIRE_DATALINE_DIR_OUT
        return TRUE_;
    }

}


//    从单总线读出 1 位
```

```
        uint8_t OneWire_ReadBit( void)
{

        uint8_t bit_read;
        ONEWIRE_DATALINE_LO
        ZYHUA_DELAY_TSU_US                                  // TSU = 1
        ONEWIRE_DATALINE_HI
        ONEWIRE_DATALINE_DIR_IN
        ZYHUA_DELAY_TLOWR1_US                               //TLOWR1 = 1
        if( ONEWIRE_DATALINE_STATUS)
        {                                                   //该位读"1"操作

            bit_read = 1;

        }
        else
        {                                                   //该位读"0"操作

            bit_read = 0;
        }
        ZYHUA_DELAY_TRDV1_US                                // TRDV1 = 8
        ONEWIRE_DATALINE_DIR_OUT
        ONEWIRE_DATALINE_HI
        ZYHUA_DELAY_TREC_US                                 //1 < TREC = 80
        return bit_read;

}


//    单总线写 1 位"0"操作( write bit 0 to 1-wire bus)
      void OneWire_Write0( void)
{
        ONEWIRE_DATALINE_LO
        ZYHUA_DELAY_TSLOT_US                                // 60 < TSLOT = 80 < 120
        ONEWIRE_DATALINE_HI
        ZYHUA_DELAY_TREC_US                                 // 1 < TREC = 80

}

//    单总线写 1 位"1"操作( write bit 1 to 1-wire bus)
      void OneWire_Write1( void)
{
        ONEWIRE_DATALINE_LO
        ZYHUA_DELAY_TLOW1_US                                // 1  <  TLOW1 = 2 < 15
        ONEWIRE_DATALINE_HI
        ZYHUA_DELAY_TSLOT_US                                // 60  <  TSLOT = 80 < 120
        ZYHUA_DELAY_TREC_US                                 // 1 < TREC = 80

}
```

```
//   向单总线器件写 ROM 命令
     void OneWire_WriteRomCmd( uint8_t rom_cmd)
{
     volatile uint8_t i;
     for( i = 8;i >0; − − i)                                    //循环写 8 位数据
     {
         if( 0x01 & rom_cmd)
         {
             OneWire_Write1( );                                 //最低有效位 LSB 为 1
         }
         else
         {
             OneWire_Write0( );                                 //最低有效位 LSB 为 0
         }
         rom_cmd > > = 1;                                       //右移 1 位
     }
}


//   产生并返回 CRC 校验码 code：G( x) = x^8 + x^5 + x^4 + 1
     uint8_t OneWire_DoCrc8( uint8_t  ∗ data_block,uint8_t data_len)
{
     uint8_t i,j,CRC_tmp = 0,datai,data_tmp;
     for( i = 0;i < data_len; + + i)                            //处理全部数据
     {
         datai = data_block[ i] ;
         for( j = 8;j >0; − − j)                                //每字节处理 8 位
         {
             data_tmp = datai;
             data_tmp^ = CRC_tmp;
             if( data_tmp&0x01)
             {
                 CRC_tmp^ = 0x18;
             }//if
             CRC_tmp > > = 1;
             if( data_tmp & 0x01)
             {
                 CRC_tmp| = 0x80;
             }//if
             datai > > = 1;
         }//for
     }//for
     return CRC_tmp;
}
```

```
//结束单总线相关函数实现
//------------------------------------------------------------------------------------------------


//DS1990A 相关函数实现------------------------------------------------
//   读出 DS1990A 的 ID 码
    uint8_t DS1990A_ReadID(void)
{
    volatile uint8_t i,j;
    if(TRUE_ = = OneWire_Init())
    {
        OneWire_WriteRomCmd(gDs1990a. rom_cmd);
        for(i = 0;i < 8; ++ i)                              //读出 8 字节 ID 码
        {
            for(j = 8;j > 0; -- j)                          //每字节读 8 位
            {
                if(OneWire_ReadBit())                       //读"1"操作
                {
                    gDs1990a. ID[i] > > = 1;
                    gDs1990a. ID[i] | = 0x80;
                }//if
                else                                        //读"0"操作
                {
                    gDs1990a. ID[i] > > = 1;
                    gDs1990a. ID[i] & = 0x7F;
                }//else
            }//for
        }//for
        return TRUE_;
    }//if
    else
    {
        return ERROR_;
    }
}
//结束 DS1990A 相关函数实现
//------------------------------------------------------------------------------------------------


//按键处理函数实现----------------------------------------------------
//   处理按键 button0 事件
    void Button0Event(uint8_t * button_state)
{
    switch( * button_state)
```

```
        {
    case0:
        if(TRUE_ = = DS1990A_ReadID())
        {
            if(gDs1990a. ID[CRC_CODE] = = OneWire_DoCrc8(gDs1990a. ID,gDs1990a. ID_byte_num-
1))
            {
                DISPLAY_ALL_OFF
                Zyhua_DelayNMs(500);
                DISPLAY_PORT = gDs1990a. ID[ * button_state];
//read DS1990A's ID successfully,and display first byte of ID
                ++( * button_state);                          //按键下一次按下则进入下一
                                                               状态

                break;
            }
            else
            {
                DISPLAY_ALL_OFF                               // CRC 校验码出错,不显示
                break;
            }
        }//if
        else
        {
            DISPLAY_ALL_OFF                                   //读 ID 码出错,不显示
            break;
        }
    case 1:
        DISPLAY_ALL_OFF
        Zyhua_DelayNMs(500);
        DISPLAY_PORT = gDs1990a. ID[ * button_state];       //显示第 2 字节 ID 码
        ++( * button_state);                                 // 按键下一次按下则进入下一
                                                               状态

        break;
    case 2:
        DISPLAY_ALL_OFF
        Zyhua_DelayNMs(500);
        DISPLAY_PORT = gDs1990a. ID[ * button_state];       //显示第 3 字节 ID 码
        ++( * button_state);                                 // 按键下一次按下则进入下一
                                                               状态

        break;
    case 3:
        DISPLAY_ALL_OFF
        Zyhua_DelayNMs(500);
```

```
                DISPLAY_PORT = gDs1990a. ID[ * button_state];      //显示第 4 字节 ID 码
                ++ ( * button_state);                              // 按键下一次按下则进入下一
                                                                   // 状态
                break;
        case 4:
                DISPLAY_ALL_OFF
                Zyhua_DelayNMs(500);
                DISPLAY_PORT = gDs1990a. ID[ * button_state];      //显示第 5 字节 ID 码
                ++ ( * button_state);                              // 按键下一次按下则进入下一
                                                                   // 状态
                break;
        case 5:
                DISPLAY_ALL_OFF
                Zyhua_DelayNMs(500);
                DISPLAY_PORT = gDs1990a. ID[ * button_state];      //显示第 6 字节 ID 码
                ++ ( * button_state);                              // 按键下一次按下则进入下一
                                                                   // 状态
                break;
        case6:
                DISPLAY_ALL_OFF
                Zyhua_DelayNMs(500);
                DISPLAY_PORT = gDs1990a. ID[ * button_state];      //显示第 7 字节 ID 码
                ++ ( * button_state);                              // 按键下一次按下则进入下一
                                                                   // 状态
                break;
        case7:
                DISPLAY_ALL_OFF
                Zyhua_DelayNMs(500);
                DISPLAY_PORT = gDs1990a. ID[ * button_state];      //显示第 7 字节 ID 码
                ( * button_state) =0;                              // 按键下一次按下则进入下一
                                                                   // 状态
                break;
        default:
                DISPLAY_ALL_OFF
                ( * button_state) =0;
                break;
        }//switch
}
//结束按键处理函数实现
//------------------------------------------------------------------------------------


//  主函数----------------------------------------------------------------
    int main( void)
```

```
{
    uint8_t button0_state = 0;
    gDs1990a. ID_byte_num = 8;
    gDs1990a. rom_cmd = READ_ROM;
    sei( );
    OneWire_DataLineInit( );

    //denote system start
    DISPLAY_ALL_ON
    Zyhua_DelayNMs(500);
    DISPLAY_ALL_OFF
    Zyhua_DelayNMs(500);
    DISPLAY_ALL_ON
    Zyhua_DelayNMs(500);
    DISPLAY_ALL_OFF
    Zyhua_DelayNMs(500);
    //end of denote system start

    while(1)
    {
        if(0 = = BUTTON0)                        //按键被按下
        {
            Zyhua_DelayNMs(10);                  //延时去抖动
            if(0 = = BUTTON0)                    //确认按键被按下
            {
                while(0 = = BUTTON0)             //等待按键释放
                {
                    ;
                }//while
                Button0Event(&button0_state);
            }//if
        }//if
    }//while

    return 0;
}
```

9.5　几种串行总线技术的比较

前面的章节中已经对 SPI 总线、Microwire 总线、I^{2}C 总线和单总线作了详细的介绍和讨论。SPI 总线和 Microwire 总线称为三线制总线，I^{2}C 总线和 SMBus（本书不作详细介绍）称为二线制总线，单总线称为一线制总线。

1. 三线制总线

三线制总线中的 Microwire 总线，实际上是 SPI 总线的前身，相当于 SPI 总线的一个限制性子集，采用的是 SPI 总线的模式 0（极性 CPOL = 0，相位 CPHA = 0），数据的读取总是在时钟的上升沿进行，数据的输出总是在时钟的下降沿进行。而增强型 Microwire/plus 总线能够支持 SPI 总线的其他模式（模式 0 ~ 3）。SPI 和 Microwire 总线均没有限制数据传输的最大速率。Microwire 总线的时钟频率比 SPI 总线的时钟频率低。

三线制总线的优点是：可以工作在较高的时钟频率，不必外接上拉电阻，比二线制总线的功耗低；数据传输的灵活性强，可以一次传送两个或多个字节，信息量和内容完全由用户定义；不存在总线竞争的仲裁问题；总线上的从设备自身不必带有精确的振荡器，可利用主设备的时钟工作；从设备不必设置唯一的从机地址（二线制则需要）；SPI 总线是全双工模式（Microwire 总线则是半双工模式），采用边沿触发方式，比电平触发方式具有更强的抗干扰能力；接口软件的设计比二线制总线相对简单且效率更高。

三线制总线的缺点是：要为每个从设备提供一条独立的片选线$\overline{CS}$，电路连线比二线制总线多；没有判断数据传输是否正确的应答机制和快发慢收速率控制的硬件结构；总线上只支持一个主设备。

2. 二线制总线

二线制总线属于多主（设备）串行同步总线，与低速的串行外围设备进行数据交换，实现主/从接口的双向半双工通信。每一个从设备具有唯一的地址，总线上连接的从设备数量只受最大线上电容（400pF）的限制。二线制总线具有多主设备总线竞争的仲裁机制。

SMBus 总线是 I^2C 总线的一个子集，其电气标准较为严格。I^2C 总线与 SMBus 总线的主要差别在于时钟频率，前者不存在总线超时的问题，时钟频率可低至"静止"状态；后者规定了最低的时钟频率为 19KHz，一旦低于该数值，总线上的所有从设备全部复位。I^2C 总线最初起源于电视机的设计，于 1992 年推出，后来朝通用电路方向发展；SMBus 是制定笔记本电脑用的智能电池时研发的，于 1995 年推出，参考了 I^2C 总线协议，后来成为先进的组态和电源管理接口。现在使用的 I^2C 总线已经结合了 SMBus 总线的一些策略和规则，实际应用中这两套总线标准之间通常不作明显的界定。

二线制总线的优点是：总线的连接线比三线制总线的少；不必为每个从设备提供独立的片选线；数据的接收设置有应答机制。

二线制总线的缺点是：数据传输速率有限制，I^2C 总线为 3.4Mbit/s（高速模式），SMBus 不超过 100Kbit/s；与 SPI 总线相比，二线制总线只能工作在半双工模式，数据的读写不可以同时进行，开漏型输出线需外接上拉电阻；由于采用了电平触发方式，在有干扰的环境下数据的传输会发生数位错误的现象；噪声抑制能力比三线制总线为弱。

3. 一线制总线

单总线属于一线制总线，电路的组态和数据传输的方式均与其他两类串行总线不同。单总线系统通过一根信号线实现了地址线、数据线、控制线和电源线多种总线的功能。总线上可挂接数百个单总线器件，由器件内部固化的全球唯一的 64 位 ID 码进行器件的识别，可方便地组建分布式测控系统。数据是双向传输的，抗干扰能力强，一般情况下不必外加电源。单总线器件工作时必须严格遵守相关的总线时序，单片机的任何一条口线都可以与单总线器件进行双向数据传输。数据传输速率有最低的限制，如果总线上的低电平维持在 480μs 以上，总线上的所有器件会自动复位。单总线的设计理念与 I^2C 总线类似，数据传输率较低，但传输距离较长。单总线特别适合与小型价廉的外围器件（如数字温感器）进行通信，或组成分布式多点监测系统。

单总线器件除了常见的集成电路芯片封装形式外，还有一种不锈钢外壳的纽扣式封装（iButton），适用接触式热拔插的场合使用。

4. 串行总线的应用和发展

串行总线具有占用 I/O 口线少、连接简单、接口扩展和维护方便和成本较低等特点而受到青睐。每种串行总线都有其特殊的优势，一种总线标准不可能完全取代另一种总线标准。越来越多的外围器件集成了同步串行总线，其中，集成了 I^2C 总线接口的器件发展较快，大部分微处理器支持该类二线制总线。由于 I^2C 总线的使用简单、硬件接线更少，因此其使用量的增长超过了 SPI 总线。许多主流的微处理器和外围器件内部同时集成了三线制和二线制总线接口（可据附录 E～H 中的具体芯片型号查阅芯片技术手册），提供了更为灵活的接口解决方案。

如果微处理器自身不带有三线制或二线制总线接口，可以通过 I/O 口软件模拟的方法实现串行总线的接口扩展。不过，与集成了串行总线接口的微处理器相比，使用这种方法会增加编程的工作量，在某种情况下会降低系统的可靠性。

目前，同步串行总线的应用范围越来越广，一些高性能的微处理器芯片、DSP 芯片和数字编解码器等都集成了 E^2PROM、Flash、RTC、A/D 等串行总线接口器件。串行总线扩展技术正广泛地应用于通信产品、消费类电子产品、汽车电子产品、仪器仪表以及工业测控的系统中。串行总线已成为一种主流的扩展接口，正渗透到单片机的各个应用领域中，发挥着越来越多的作用。学习和掌握串行总线扩展技术，能够更好提升 51 系列单片机的控制能力。

练习与思考

1. 常见的串行总线有哪几类？共同特点是什么？

2. 说明 SPI 总线的 4 条逻辑信号线的命名的含义。

3. 51 系列单片机哪种芯片采用了 SPI 总线协议？作何用途？

4. 举出几种常见的 SPI 总线功能的外围器件的名称和用途。

5. 简述 SPI 总线在主设备与从设备之间串行通信的过程和原理。

6. 为了适应不同种类 SPI 外围设备在串行通信中的 SCLK 电平和采样方式要求，需通过软件来设置 SPI 控制寄存器中的哪两位？两位如何组合？

7. 举例说明 51 系列单片机如何用软件模拟 SPI 总线的字节输出功能。

8. 举例说明 51 系列单片机如何用软件模拟 SPI 总线的字节输入功能。

9. 说明 Microwire 总线的 3 条逻辑信号线的命名含义。

10. Microwire 总线的数据线是多少位？列举具体的器件型号来说明如何作为 8 位数据线应用。

11. Microwire 总线器件应用时，在哪些指令操作前要执行一次擦写操作？

12. 试用 51 系列单片机与 Microwire 器件 93C06 组成接口电路，编程序写入 6 个 8 位字节。

13. 说明 I^2C 总线的 2 条逻辑信号线的命名含义。

14. 应用 I^2C 总线器件时，应如何启动总线和停止总线？

15. 51 系列单片机挂接一片 24C02 和一片 24C04，画出硬件电路图，写出器件的页面首址。

16. 举例说明 I^2C 总线器件连续地址写的最大字节数目，如果数目超过会出现什么问题？

17. 对 I^2C 总线器件进行连续地址读，最大字节读数范围如何界定？

18. 说明 I^2C 总线需要何时发出应答信号，由哪个设备发出？程序中应如何对待应答信号？

19. I^2C 总线的数据位传送次序与单片机串行通信的数据帧传送次序有何不同？

20. 用 51 系列单片机模拟 I^2C 总线与 24C04 组成接口电路，编写程序在首页写入 6 个 8 位字节。

21. 单总线有什么特点？单总线器件靠什么来识别？

22. 说明单总线 ID 码的组成及其含义。

23. 单片机上可以挂接多少单总线器件？与什么因素有关？

24. 单总线器件是如何获得供电电源的？

25. 单总线有哪几种工作时序？

26. 单总线有哪些主要的 ROM 命令？

27. 单片机一条 I/O 口线上挂接了两个相同型号的单总线数字温度传感器，为了分别读取两器件的数据，应采取什么处理步骤？

28. 设计 51 系列单片机与一种单总线 iButton（电子纽扣）器件的接口电路，画出软件流程图。

29. 说明三线制与二线制总线在传输速率方面的差别。

30. 对于所讨论的 4 种串行总线，分别列举 1~2 种代表性的器件型号，并说明主要用途。

附　　录

附录 A　51 系列单片机按字母顺序排列的指令表

操 作 码	操 作 数	机 器 码	字 节 数	机器周期数
ACALL	Addr11	$a_{10}a_9a_8$10001 addr7 ~ 0	2	2
ADD	A，Rn	28 ~ 2F	1	1
ADD	A，direct	25 direct	2	1
ADD	A，@Ri	26 ~ 27	1	1
ADD	A，# data	24 data	2	1
ADDC	A，Rn	38 ~ 3F	1	1
ADDC	A，direct	35 direct	2	1
ADDC	A，@Ri	36 ~ 37	1	1
ADDC	A，# data	34 data	2	1
AJMP	Addr11	$a_{10}a_9a_8$00001 addr7 ~ 0	2	2
ANL	A，Rn	58 ~ 5F	1	1
ANL	A，direct	55 direct	2	1
ANL	A，@Ri	56 ~ 57	1	1
ANL	A，# data	54 data	2	1
ANL	direct，A	52 direct	2	1
ANL	direct，# data	53 direct data	3	2
ANL	C，bit	82 it	2	2
ANL	C，/bit	B0 bit	2	2
CJNE	A，direct，rel	B5，direct rel	3	2
CJNE	A，# data，rel	B4，data rel	3	2
CJNE	Rn，# data，rel	B8 ~ BF data rel	3	2
CJNE	@Ri，# data，rel	B6 ~ B7 data rel	3	2
CLR	A	E4	1	1
CLR	C	C3	1	1
CLR	bit	C2 bit	2	1
CPL	A	F4	1	1
CPL	C	B3	1	1
CPL	bit	B2 bit	2	1
DA	A	D4	1	1
DEC	A	14	1	1
DEC	Rn	18 ~ 1f	1	1
DEC	direct	15 direct	2	1
DEC	@Ri	16 ~ 17	1	1
DIV	AB	84	1	4

（续）

操 作 码	操 作 数	机 器 码	字 节 数	机器周期数
DJNZ	Rn, rel	D8 ~ DF rel	2	2
DJNZ	Direct, rel	D5, direct rel	3	2
INC	A	04	1	1
INC	Rn	08 ~ 0F	1	1
INC	direct	05 direct	2	1
INC	@ Ri	06 ~ 07	1	1
INC	DPTR	A3	1	2
JB	bit, rel	20 bit rel	3	2
JBC	bit, rel	10 bit rel	3	2
JC	rel	40 rel	2	2
JMP	@ A + DPTR	73	1	2
JNB	bit, rel	30 bit rel	3	2
JNC	rel	50 rel	2	2
JNZ	rel	70 rel	2	2
JZ	rel	60 rel	2	2
LCALL	addr16	12 addr15 ~ 8 addr7 ~ 0	3	2
LJMP	addr16	02 addr15 ~ 8 addr7 ~ 0	3	2
MOV	A, Rn	E8 ~ EF	1	1
MOV	A, direct	E5, direct	2	1
MOV	A, @ Ri	E6 ~ E7	1	1
MOV	A, # data	74 data	2	1
MOV	Rn, A	F8 ~ FF	1	1
MOV	Rn, direct	A8 ~ AF direct	2	2
MOV	Rn, # data	78 ~ 7F data	2	1
MOV	direct, A	F5 direct	2	1
MOV	direct, Rn	88 ~ 8F direct	2	2
MOV	direct, direct	85 direct direct	3	2
MOV	direct, @ Ri	86 ~ 87 direct	2	2
MOV	direct, # data	75 direct data	3	2
MOV	@ Ri, A	F6 ~ 7F	1	1
MOV	@ Ri, direct	A6 ~ A7 direct	2	2
MOV	@ Ri, # data	76 ~ 77 data	2	1
MOV	C, bit	A2 bit	2	1
MOV	bit, C	92 bit	2	2
MOV	DPTR, # data16	90 data15 ~ 8, data7 ~ 0	3	2

（续）

操 作 码	操 作 数	机 器 码	字 节 数	机器周期数
MOVC	A, @ A + DPTR	93	1	2
MOVC	A, @ A + PC	83	1	2
MOVX	A, @ Ri	E2 ~ E3	1	2
MOVX	A, @ DPTR	E0	1	2
MOVX	@ Ri, A	F2 ~ F3	1	2
MOVX	@ DPTR, A	F0	1	2
MUL	AB	A4	1	4
NOP		00	1	1
ORL	A, Rn	48 ~ 4F	1	1
ORL	A, direct	45 direct	2	1
ORL	A, @ Ri	46 ~ 47	1	1
ORL	A, # data	44 data	2	1
ORL	direct, A	42 direct	2	1
ORL	direct, # data	43 direct, data	3	2
ORL	C, bit	72 bit	2	2
ORL	C, /bit	A0 bit	2	2
POP	direct	D0 direct	2	2
PUSH	direct	C0 direct	2	2
RET		22	1	2
RETI		32	1	2
RL	A	23	1	1
RLC	A	33	1	1
RR	A	03	1	1
RRC	A	13	1	1
SETB	C	D3	1	1
SETB	bit	D2 bit	2	1
SJMP	rel	80 rel	2	2
SUBB	A, Rn	98 ~ 9F	1	1
SUBB	A, direct	95 direct	2	1
SUBB	A, @ Ri	96 ~ 97	1	1
SUBB	A, # data	94 data	2	1
SWAP	A	C4	1	1
XCH	A, Rn	C8 ~ CF	1	1
XCH	A, direct	C5 ~ direct	2	1
XCH	A, @ Ri	C6 ~ C7	1	1
XCHD	A, @ Ri	D6 ~ D7	1	1

（续）

操 作 码	操 作 数	机 器 码	字 节 数	机器周期数
XRL	A, Rn	68 ~ 6F	1	1
XRL	A, direct	65 direct	2	1
XRL	A, @Ri	66 ~ 67	1	1
XRL	A, #data	64 data	2	1
XRL	direct, A	62 direct	2	1
XRL	direct, #data	63 direct data	3	2

注：指令系统所用的符号及含义：

addr11	11 位地址
addr16	16 位地址
bit	位地址
rel	相对偏移量（补码形式的 8 位有符号数）
A	累加器
#data	立即数
direct	直接地址单元（RAM, SFR, I/O）
@	间接寻址方式的间址寄存器符号
Ri	i = 0, 1（数据指针 R0 或 R1）
Rn	工作寄存器 R0 ~ R7
X	片内 RAM 中直接地址或寄存器
(X)	X 指出的地址单元中的内容

附录 B 特殊功能寄存器综览表

位功能与位地址								字节地址	符　号	SFR 的名称
D7	D6	D5	D4	D3	D2	D1	D0			
F7	F6	F5	F4	F3	F2	F1	F0	F0H	B	B 寄存器
Acc. 7 E7	Acc. 6 E6	Acc. 5 E5	Acc. 4 E4	Acc. 3 E3	Acc. 2 E2	Acc. 1 E1	Acc. 0 E0	E0H	A	A 累加器
CY D7	AC D6	F0 D3	RS1 D4	RS0 D3	OV D2	--- D1	P D0	D0H	PSW	程序状态字
不可位寻址								CDH	TH2*	定时器/计数器 2 高字节
不可位寻址								CCH	TL2*	定时器/计数器 2 低字节
不可位寻址								CBH	RLDH*	定时器/计数器 2 自动重装高字节
不可位寻址								CAH	RLDL*	定时器/计数器 2 自动重装低字节

（续）

		位功能与位地址						字节地址	符　号	SFR 的名称
D7	D6	D5	D4	D3	D2	D1	D0			
TF2 CF	EXF2 CE	RCLK CD	TCLK CC	EXEN2 CB	TR2 CA	C/T2 C9	CP/RL2 C8	C8H	T2CON*	定时器/计数器 2 控制
--- ---	--- ---	PT2 BD	PS BC	PT1 BB	PX1 BA	PT0 B9	PX0 B8	B8H	IP	中断优先级控制
P3.7 B7	P3.6 B6	P3.5 B5	P3.4 B4	P3.3 B3	P3.2 B2	P3.1 B1	P3.0 B0	B0H	P3	P3 口
EA AF	--- ---	ET2 AD	ES AC	ET1 AB	EX1 AA	ET0 A9	EX0 A8	A8H	IE	中断允许控制
P2.7 A7	P2.6 A6	P2.5 A5	P2.4 A4	P2.3 A3	P2.2 A2	P2.1 A1	P2.0 A0	A0H	P2	P2 口
不可位寻址								99H	SBUF	串行数据缓冲器
SM0 9F	SM1 9E	SM2 9D	REN 9C	TB8 9B	RB8 9A	TI 99	RI 98	98H	SCON	串行接收控制
P1.7 97	P1.6 96	P1.5 95	P1.4 94	P1.3 93	P1.2 92	P1.1 91	P1.0 90	90H	P1	P1 口
不可位寻址								8DH	TH1	定时器/计数器 1 高字节
不可位寻址								8CH	TH0	定时器/计数器 0 高字节
不可位寻址								8BH	TL1	定时器/计数器 1 低字节
不可位寻址								8AH	TL0	定时器/计数器 0 低字节
GATE	C/T	M1	M0	GATE	C/T	M1	M0	89H	TMOD	定时器/计数器 0、1 模式控制
不可位寻址										
TF1 8F	TR1 8E	TF0 8D	TR0 8C	IE1 8B	IT1 8A	IE0 89	IT0 88	88H	TCON	定时器/计数器 0、1 控制
SMOD	---	---	---	GF1	GF0	PD	IDL	87H	PCON	电源控制
不可位寻址										
不可位寻址								83H	DPH	数据指针高字节
不可位寻址								82H	DPL	数据指针低字节
不可位寻址								81H	SP	堆栈指针
P0.7 87	P0.6 86	P0.5 85	P0.4 84	P0.3 83	P0.2 82	P0.1 81	P0.0 80	80H	P0	P0 口

注：带 * 的寄存器为 52 子系列所属有。

附录 C　内部 RAM 空间结构布局图

D7	D6	D5	D4	D3	D2	D1	D0	字节地址	存储单元用途	存储区划分
片内 RAM 存储单元位地址								字节地址	存储单元用途	存储区划分
							↙	FFH	任意数据储存（只能间接寻址）	数据缓冲区
（重叠于 SFR 空间）　52 子系列所属范围								⋮		
							↖	80H		
							↙	7FH	任意数据储存（直接/间接寻址）	
51 子系列所属范围								⋮		
							↖	30H		
7F	7E	7D	7C	7B	7A	79	78	2FH	位地址单元 或 任意数据储存	位寻址区（共 16 字节）
77	76	75	74	73	72	71	70	2EH		
6F	6E	6D	6C	6B	6A	69	68	2DH		
67	66	65	64	63	62	61	60	2CH		
5F	5E	5D	5C	5B	5A	59	58	2BH		
57	56	55	54	53	52	51	50	2AH		
4F	4E	4D	4C	4B	4A	49	48	29H		
47	46	45	44	43	42	41	40	28H		
3F	3E	3D	3C	3B	3A	39	38	27H		
37	36	35	34	33	32	31	30	26H		
2F	2E	2D	2C	2B	2A	29	28	25H		
27	26	25	24	23	22	21	20	24H		
1F	1E	1D	1C	1B	1A	19	18	23H		
17	16	15	14	13	12	11	10	22H		
0F	0E	0D	0C	0B	0A	09	08	21H		
07	06	05	04	03	02	01	00	20H		
R7								1FH	工作寄存器 3 区 或 任意数据储存	工作寄存器区
⋮								⋮		
R0								18H		
R7								17H	工作寄存器 2 区 或 任意数据储存	
⋮								⋮		
R0								10H		
R7								0FH	工作寄存器 1 区 或 任意数据储存	
⋮								⋮		
R0								08H		
R7（复位时堆栈）								07H	工作寄存器 0 区 或 任意数据储存	
⋮								⋮		
R0								00H		

附录 D　IC 封装含义汇总

PDIP（Plastic Dual In-line Package）塑料双列引脚直插式封装

CERDIP（Ceramic Dual In-line Package）带玻璃窗口的陶瓷双列引脚直插式封装

PSDIP（Plastic Shrink Dual In-line Package）塑料缩窄型双列引脚直插式封装

SIP（Single In-line Package）单列引脚直插式封装

ZIP（Zig-Zag In-line Package）交错引脚直插式封装

LCC（Leadless Chip Carrier）无引脚芯片载体式封装

LCCC（Leadless Ceramic Chip Carrier）陶瓷无引脚芯片载体式封装

CLCC（Ceramic Leaded Chip Carrier）陶瓷引脚芯片载体式封装

JLCC（J-leaded Chip Carrier）J 形引脚芯片载体式封装

PLCC（Plastic Leaded Chip Carrier）塑料带引脚芯片载体式封装

P-LCC（Plastic Leadless Chip Carrier）塑料无引脚芯片载体式封装

PFP（Plastic Flat Package）塑料四测引脚扁平式封装

QFP（Quad Flat Package）方型引脚扁平式封装

PQFP（Plastic Quad Flat Package）塑料方型引脚扁平式封装

TQFP（Thin Quad Flat Package）薄方型引脚扁平式封装

LQFP（Low profile Quad Flat Package）低立面方型引脚扁平式封装

FQFP（Fine pitch Quad Flat Package）小间距方型引脚扁平式封装

SQFP（Shrink Quad Flat Package）缩小方型引脚扁平封装

CERQUAD（Ceramic Quad Flat Pack）带窗口陶瓷方型引脚扁平式封装

SOP（Small Outline Package）小外形封装

SOIC（Small Outline Integrated Circuit）小外形集成电路封装

SOI（Small Outline I-leaded Package）I 形引脚小外型封装

SOJ（Small Outline J-lead Package）J 型引脚小外形封装

SQL（Small Outline L-leaded package）L 型引脚小外形封装

VSOP（Very Small Outline Package）甚小外形封装

TSOP（Thin Small Outline Package）薄小外形封装

MSOP（Miniature Small Outline Package）微小外形封装

SSOP（Shrink Small Outline Package）紧缩小外形封装

TSSOP（Thin Shrink Small Outline Package）薄紧缩小外形封装

HSOP（Heat Sink Small Outline Package）带散热片小外形封装

CSP（Chip Scale/Size Package）芯片级尺寸封装

TCSP（Thin Chip Scale/Size Package）薄型芯片级尺寸封装

uCSP（Micro Chip Scale/Size Package）微型芯片级尺寸封装

LAMINATE TCSP 层压式薄型芯片级尺寸封装

LLP（Leadless Lead Frame Package）无引线框架式封装

MCM（Multi-Chip Module）多芯片组件封装

LOC（Lead on Chip）芯片上引线封装

COB（Chip-On-Board）板上芯片技术

FCOB（Flip Chip-On-Board）倒焊装板上芯片技术

PGA（Pin Grid Array Package）插针方阵式封装

CPGA（Ceramic Pin Grid Array Package）陶瓷插针方阵式封装

FC-PGA（Flip Chip Pin-Grid Array）倒装芯片插针方阵式封装

BGA（Ball Grid Array Package）球栅方阵式封装

PBGA（Plastic BGA）塑料基板球栅方阵式封装

CBGA（Ceramic BGA）陶瓷基板球栅方阵式封装

SBGA（Small BGA）小型球栅方阵式封装

LGA（Land Grid Array）岸面栅格阵列（矩栅阵列）封装

CGA（Column Grid Array）圆柱栅格阵列（柱栅阵列）封装

附录 E　SPI 总线的 8 位 MCU

生 产 厂 商	MCU 系列	型　　号
Freescale（Motorola）	68HC11	MC68HC11D3
NXP（Philips 更名）	LPC900	P89LPC932A1
Atmel	AVR	ATmega8
	AT89S	AT89S252
		AT89S51 *
Winbond	W79E800	W79E834
SST	SST89	SST89E564RD
Silabs	C8051F	C8051F023
Microchip	PIC16	PIC16F877
NSC	COP8	COPSBE9
ST	ST7	ST7FOXK2
NEC	μPD78	uPD78f9418

* 用作 ISP（在线编程）。

附录 F　SPI 总线的外围器件

器 件 类 别	中 文 译 名	型　　号	生产厂商
E^{2}PROM *	电可擦写储存器	AT2501	Atmel
		25C040	Microchip
		FM25C020U	Fairchild
		X25020	Xicor
		ST95040	ST
Flash *	闪速储存器	M25P16	ST
		AT45DB081	Atmel
		NX25P10	Nexflas
		X25F008	Xicor
		A25L80P	Amic
DAC *	数/模转换器	MAX531	MAXIM
		TLV5616	TI
ADC *	模/数转换器	AD7853	ADI
		ADS1286	BURR-Brown
		CS5531	ciRRUS Logic
		LTC1287	Linear Technology
		MAX1470	MAXIM
		mcp3001	Microchip
		TLV1544	TI
RTC *	实时日历/时钟	DS1305	MAXIM
		RTC4513	EPSON
Temperature Sensor	温度传感器	LTC1392	Linear Technology
		DS1722	MAXIM
		LM74	NSC
		ADT7411	ADI
Digital Potentiometer	数字电位器	AD8400	ADI
		DS1267	MAXIM
Touch-Screen Controller	触摸屏控制器	ADS7843	BURR-Brown
		TSC2101	TI
CAN Controller	CAN 总线控制器	82527	Intel
		MCP2510	Microchip
UART	通用异步收发器	MAX3140	MAXIM
Multiplexer	多路复用控制器	MAX349	MAXIM
Switch	转换开关	MAX395	MAXIM

（续）

器 件 类 别	中 文 译 名	型 号	生 产 厂 商
Pressure Sensor	压力传感器	Kp100	Infineon
USB Controller	USB 控制器	USBN9602	NSC
LED Display Driver	LED 显示驱动器	MAX7221	MAXIM
LCD Driver	LCD 驱动器	MM5483	NSC
CPU Supervisor	CPU 电压监视器	X5001	Xicor
Multi Media Card	多媒体卡	SDMB-4	San Disk
Audio Mixer	音频混合器	SSM2163	AD
Gain Trim Amplifier	增益微调放大器	CLC5506	NSC
Accelerometer	加速度传感器	ADXL345	ADI
Net Controller	网络控制器	W5100	WIZnet

注：带 * 号的三大类别器件（储存器，转换器和实时日历时钟）占了 SPI 器件很大的比例。

附录 G I²C 总线的 8 位 MCU

生 产 厂 商	MCU 系列	型 号
NXP（Philips 更名）	P8XC	P87C554
Atmel	AVR	ATmega32
Silabs	C8054	C8051F021
Winbond	W79E800	W79E825
Freescale	68HC	68HC908LD64
ST	ST7	ST7FOXF1
Microchip	PIC16	PIC16C67

附录 H I²C 总线的外围器件

器 件 类 别	中 文 译 名	型 号	生 产 厂 商
E^2PROM	电可擦写储存器	NM24C02L	NSC
		AT24C04	Atmel
		24AA024	Microchip
		M24C08	ST
		FM24C16	Fairchild
		24WC32	Catalyst
		PCF8582C	NXP
		CAT24AA01	ON Semi
Static RAM	静态随机储存器	PCF8570C	NXP

（续）

器件类别	中文译名	型　号	生产厂商
ADC	模/数转换器	AD7993	ADI
		MAX1039	MAXIM
		ADC081C021	NSC
		LTC2309	Liner Technology
DAC	数/模转换器	AD1936	ADI
		MAX5820	MAXIM
		DAC121C081	NSC
		LTC2619	Liner Technology
I/O Expander	I/O 口扩展器	PCF8574	NXP
RTC	实时日历/时钟	DS1339	MAXIM
		PCF8563	NXP
Digital Potentiometer	数字电位器	MAX5419	MAXIM
		X9428	Xicor
		AD5246	ADI
		ISL95311	Intersil
Temperature Sensor	温度传感器	MAX6626	MAXIM
		ADT7418	ADI
		TC74A5	Microchip
		TMP101NA/3K	TI
Ambient Light Sensor	环境光传感器	ISL29001	Intersil
LED Dimmer	LED 调光器	PCA9531	NXP
LED Controller	LED 驱动控制器	LTC3206	Liner Technology
		SAA1064	NXP
LCD Driver	LCD 驱动器	PCF8576	NXP
Multiplexer	多路复用控制器	PCA9540	NXP
Switch	转换开关	PCA9546	NXP
KEY Matrix Sensor	键盘阵列传感器	AT42QT2160	Atmel
Touch Screen Controller	触摸屏控制器	AD7879-1	ADI
Programmable LCD Calibrator	可编程 LCD 电压校正器	ISL45041	Intersil
μP Supervisor	电压监视器	CAT1162	Catalyst
I^2C to I/O Port Adapter	I/O 端口适配器	PCA9534	NXP
I^2C to Parallel Converter	串—并转换器	NJU3730	New Japan Radio
Accelerator	串口加速器	LTC1694	Liner Technology
Net Controller	网络控制器	W3100	WIZnet

参 考 文 献

［1］蔡美琴，张为民，沈新群，等. MCS-51 系列单片机系统及其应用 ［M］. 北京：高等教育出版社，1992.

［2］李华. MCS-51 系列单片机实用接口技术 ［M］. 北京：北京航空航天大学出版社，1993.

［3］《CMOS Integrated Circuits》，Motorola Inc. 1978.

［4］《The TTL Data Book for Design Engineers》，Texas Inc. 1981.

［5］《Linear Databook》，National Semicondutor Corp. 1981.

［6］《Memory Databook》，National Semiconductor Corp. 1994.

［7］《Nonvolatile Memory Data Book》，Atmel Corp. 1995.

［8］http：//www. datasheetcatalog. com

［9］http：//www. atmel. com

［10］http：//www. nxp. com

［11］http：//www. freescale. com

［12］http：//www. maxim- ic. com

［13］http：//www. keil. com